Sheet Metal Forming

# 판재성형학

문영훈 지음

한티미디어

## 저자약력

• **문영훈**

부산대학교 공과대학 기계공학부 교수

Colorado School of Mines 금속공학박사

POSCO 석좌교수

# 판재성형학

**발행일** 2015년 1월 2일 초판 1쇄
**지은이** 문영훈
**펴낸이** 김준호
**펴낸곳** 한티미디어 | **주소** 서울시 마포구 연남로 1길 67 1층
**등 록** 제15-571호 2006년 5월 15일
**전 화** 02)332-7993~4 | **팩스** 02)332-7995
**ISBN** 978-89-6421-214-1 (93580)
**정 가** 27,000원

**마케팅** 박재인 최상욱 김원국 | **편집** 이소영 박새롬 안현희 | **관리** 김지영

이 책에 대한 의견이나 잘못된 내용에 대한 수정 정보는 한티미디어 홈페이지나 이메일로 알려주십시오.
독자님의 의견을 충분히 반영하도록 늘 노력하겠습니다.
**홈페이지** www.hanteemedia.co.kr | **이메일** hantee@empal.com

# PREFACE

이 책은 저자가 지난 십여 년간 판재성형학을 강의하면서 사용해온 강의 자료를 수강생을 비롯한 관련분야 기술자들의 요청에 따라 책으로 엮은 것입니다.

다양한 소성가공 공정 중에서도 판재성형법은 가장 널리 사용되는 성형기술 중의 하나로서 자동차, 가전, 항공, 중공업, 건축, 토목, 레저 등의 다양한 산업분야에 적용되고 있으며, 판재성형학은 고체역학, 재료공학, 소성역학, 탄소성이론, 열전달 등 다양한 전문분야 기술이 직간접적으로 관여되는 종합적인 학문분야입니다. 광범위한 판재성형이론을 원리에 입각하여 보다 쉽게 설명한 책이 필요하다고 판단하여 다양한 분야의 전공자가 함께 이해할 수 있도록 집필하였으며 산업현장의 실용화 기술을 염두에 두고 내용을 구성하였습니다.

판재성형과 관련된 연구에 매진하시면서 여러모로 도움을 주신 CSM의 VanTyne 교수, 서울대 정관수 교수, 한홍남 교수, 포항공대 Barlat 교수, 부산대 김병민 교수, 강범수 교수, 김지훈 교수, 고려대 이명규 교수, 재료연구소의 이영선 박사, POSCO의 남재복 박사, 성우하이텍(주) 이문용 박사, 그리고 한국소성가공학회 박판성형위원회에 감사드리며, 자료정리를 도와준 Li Min군을 비롯한 부산대학교 신공정실험실 대학원생들에게도 감사드립니다.

모쪼록 이 책이 판재성형 관련 학문 및 산업기술을 이해하는데 도움이 될 수 있기를 바라며, 본 출판의 수익금은 후학들을 위한 후원기금 마련에 전액 사용할 것을 약속드립니다.

부산대학교 기계공학부

문 영 훈

# CONTENTS

CHAPTER 1

# 판재의 물성

물체가 외부로부터 힘을 받으면 그 내부에는 이에 대응하는 힘이 생기고 아울러 물체의 형상도 변하게 된다. 가해지는 외력이 작을 때는 일반적으로 탄성을 나타낸다. 외력을 어느 정도 이상 크게 하면 이것을 제거한 후에도 변형이 남게 되는데 이를 항복(yielding)이라 하고, 이 때 남은 변형은 영구변형으로, 이를 소성변형이라고 한다. 소성변형을 이용하여 물질을 목적하는 형상으로 가공(성형)하는 과정을 소성 가공이라고 하며 특히 일정 형상의 금형이 장착된 프레스를 이용하여 금속판재를 금형의 형상에 부합되게 만드는 과정을 프레스 가공(press forming) 또는 스탬핑(stamping)이라고 한다.

프레스 가공의 구성요소로는 판재, 프레스 기계, 금형(다이) 등을 들 수 있는데, 본 장에서는 이들 요소 중 판재의 물성에 대해 다루고자 한다. 판재의 인장시험 시 성형영역은 장방형이고 응력상태는 단축으로 인장방향의 $\sigma_1$만 존재하며, 인장방향에 수직한 폭방향 및 두께방향의 응력 $\sigma_2$, $\sigma_3$는 0으로 간주한다. 또한 인장 시의 소재연신은 면내(in-plane)에서만 발생하므로 곡률변형을 생각할 필요가 없다.

그림 1.1은 비교적 저속의 변형속도 하에서 얻어지는 전형적인 응력-변형률(stress-strain) 선도를 나타낸다. 이 선도의 점 $A$에서 점 $B$까지의 경로는 직선으로 나타낼 수 있는데, 이 때의 재료는 탄성적인 거동을 보인다고 할 수 있으며 하중 제거 시 응력-변형 경로는 다시 원점으로 복귀하게 된다. 이때 점 $A$에서 $B$까지의 기울기를 탄성계수라고 한다. 점 $B$ 이후부터는 소재는 소성변형의 상태를 보이게 되는데, 이 점을 항복점(yield point)이라 한다. 점 $C$에서 하중을 제거하면 $AD$ 만큼의 영구적인 소성변형량을 남기게 된다. 인장시험 중에는 시편의 단면적이 계속해서 감소함에도 불구하고 소재의 가공경화에 의해 점 $B$ 이후의 일정변위 동안에는 하중곡선이 계속 상승하는 모양을 보이고 있다. 그러나 이와 같은 가공변형에 의한 하중지지 능력의 증가도 시편 단면적 감소를 무한정으로 보상할 수 없기 때문에 최대 하중점 $E$에서 한계에 도달하게 된다. 점 $E$까지는 시편의 표점길이(gauge length)가 균일하게 변형을 하나 점 $E$ 이후부터는 시편의 면 내에서 네킹(necking)이 시작되는 소성 불안정(plastic instability)현상이 나타난다. 이와 같은 현상은 급격히 발생하는 것이 아니고 그림 1.2와 같이 네킹이 판재 전면에 확산되는 확산 네킹(diffuse necking)이

먼저 생기며, 결국 소재의 국부적인 부분에 응력이 집중되는 국부 네킹(local necking)에 의해 파단에 이르게 된다.

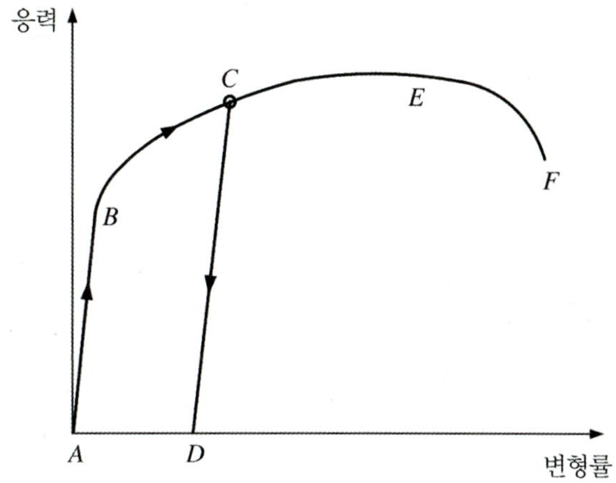


**그림 1.1** 인장시험의 응력-변형률 선도

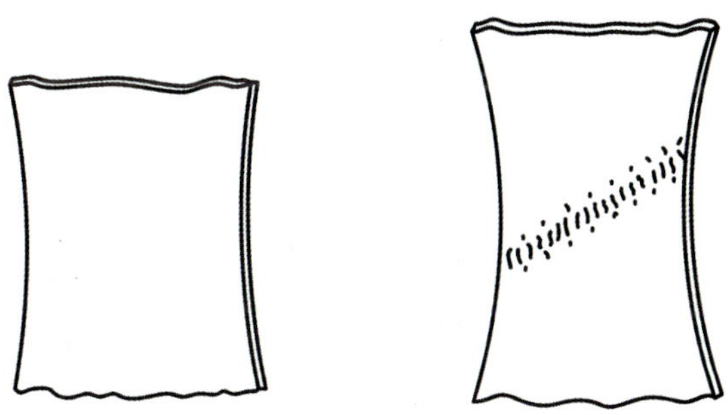

(a) 확산 네킹 (b) 국부 네킹

**그림 1.2**

판재의 인장시험을 통해 얻을 수 있는 유용한 기계적 물성에는 다음과 같은 것이 있으며 각각에 대해 자세히 설명하고자 한다.

- 탄성계수(elastic modulus)
- 항복강도(yield strength)

- 인장강도(tensile strength)
- 연신율(elongation)
- 소성이방성계수(plastic anisotropy 또는 strain ratio)
- 가공경화지수(work hardening exponent)
- 변형률 민감도(strain rate sensitivity)
- 항복점 연신(yield point elongation)

## 1.1 탄성계수

그림 1.1에 나타낸 응력-변형률 곡선에서 탄성영역의 기울기를 탄성계수 또는 영율($E$: Young's modulus)로 정의한다. 즉 탄성변형에서의 응력-변형률 간의 관계식 $\sigma = E\epsilon$의 계수이다.

$$E = \frac{\sigma}{\epsilon} \tag{1.1}$$

강의 영률은 일반적으로 210GPa 수준이며, 영률이 클수록 탄성변형에 더욱 높은 하중이 필요하다는 것을 의미한다. 이와 같은 단순한 개념의 영률은 실제 측정에서는 다음과 같은 어려움이 있다.

(가) 인장곡선에 나타나는 탄성영역이 작다.

(나) 인장시험기 자체가 시험도중 탄성변형을 한다.

(가)를 극복하기 위해서는 대단히 정교한 연신율계(extensometer)가 요구되며 측정의 숙련도가 요구된다. (나)는 인장시험기가 충분한 강성(stiffness)을 가지면 쉽게 극복될 수 있는 문제이나 실제로 시험기도 탄성적으로 변형하므로 측정된 값에는 시험기의 탄성계수

가 포함되게 되므로 인장-변형률 곡선에서 얻어진 탄성계수는 실제 탄성계수보다 작은 값을 보이는 것이 일반적이다.

## 1.2 항복 및 인장강도

인장시험 시 탄성에서 소성으로의 천이구간이 분명하게 드러나는 경우는 아래와 같이 천이가 일어나는 항복하중($P$)을 초기 시편단면적으로 나눈 값이 공칭 항복응력($YS$: yield stress)이 된다. 즉

$$YS = \frac{P}{A_0} \tag{1.2}$$

그러나 일반적인 강의 인장시험에서와 같이 탄성-소성 천이구간이 점진적으로 변하게 되면 항복점을 정확히 찾을 수가 없게 되며, 따라서 내력(proof stress)의 개념이 도입된다. 그림 1.3에 보인 바와 같이 0.2% 오프셋(offset) 되는 점에서부터 탄성을 나타내는 직선부와 평행한 선을 그어 하중-변위곡선과 만나는 점에서의 하중($P_{0.2\%}$)을 초기 시편단면적으로 나눈 것이 0.2% 항복응력이 된다.

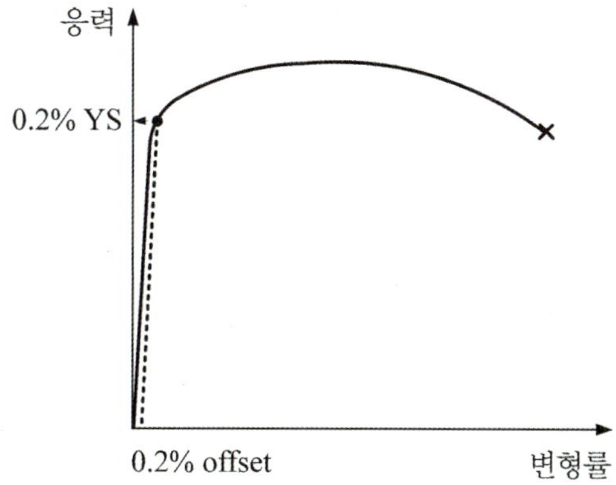


그림 1.3 0.2% offset 항복강도

$$0.2\%\ YS = \frac{P_{0.2\%}}{A_0} \tag{1.3}$$

인장강도($TS$: tensile strength)는 최대 하중값 $P_{max}$를 초기 단면적으로 나눈 값은 다음과 같다.

$$TS = \frac{P_{max}}{A_0} \tag{1.4}$$

파괴강도($FS$: fracture strength)는 파괴 하중값 $P_{fracture}$를 초기 단면적으로 나눈 값은 다음과 같다.

$$FS = \frac{P_{fracture}}{A_0} \tag{1.5}$$

## 1.3 연신율

그림 1.4에 보인 바와 같이 인장시험의 공칭(engineering)응력-변형률 곡선에서 파단까지의 변형률을 총연신율(total elongation) 또는 파단 연신율(fracture elongation)로 정의한다. 네킹이 일어나는 최대 하중점까지의 변형률은 균일 연신율(uniform elongation)이라 하고, 최대 하중점에서 파단까지의 변형률을 후균일 연신율(post-uniform elongation)로 정의한다. 연신율은 판재의 성형성과 밀접한 관계를 가지는 특성치로, 일반적으로 그 값이 클수록 성형성이 좋다. 연신율은 항복강도 및 인장강도와 상관성을 가지는데 일반적으로 소재의 항복비($YS/TS$)가 작을수록 연신율이 증가한다. 또한 파단 후 시험편의 파단부 단면적이 초기 단면적에 비해 얼마나 감소하느냐에 따라 연신율을 파단하기도 하며 이것을 단면 수축률($AR$: area reduction)이라고 한다. 단면 수축률이 클수록 연신율이 크다

는 것을 의미한다.

$$\%\mathrm{Elongation} = (l_f - l_o)/l_o \times 100 \tag{1.6}$$

$$\%AR = (A_o - A_f)/A_o \times 100 \tag{1.7}$$

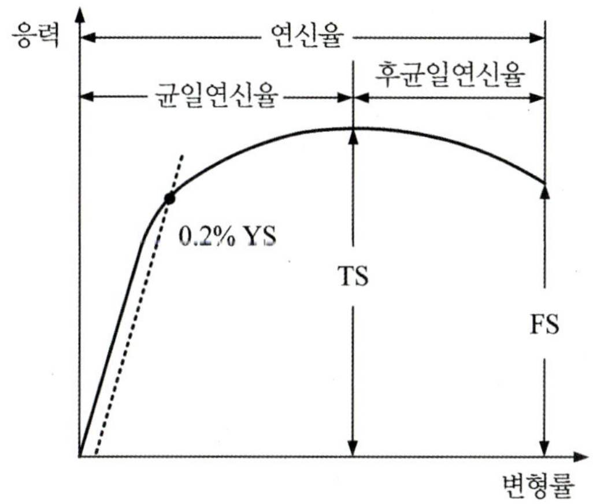


그림 1.4 응력-변형률 곡선의 도식도

## 예제 1.1

두께 2mm, 폭 10mm, 표점길이(gauge length)가 50mm인 판상의 인장시험편에서 0.2% 오프셋 하중에 해당하는 값이 880kg이고, 최대 하중은 1,350kg이다. 1,050kg에서 파괴가 일어났고, 파괴 후 파단면의 두께는 1.1mm, 폭 8.4mm, 표점길이는 68mm이었다. 이 인장시험으로부터 재료의 대표적 인장물성을 계산하라.

풀이

- 시험편의 초기 단면적: $A_0 = 2 \times 10 = 20mm^2 = 20 \times 10^{-6} m^2$
- 시험 후 파단면의 단면적: $A_f = 1.1 \times 8.4 = 9.24mm^2 = 9.24 \times 10^{-6} m^2$
- 최대 인장강도: $TS = \dfrac{P_{\max}}{A_0} = \dfrac{1350 \times 9.8}{20 \times 10^{-6} m^2} = 661.5MPa$

- 0.2% 항복강도: $0.2\%\,YS = \dfrac{P_{0.2\%\,offset}}{A_0} = \dfrac{880 \times 9.8}{20 \times 10^{-6} m^2} = 431.2 MPa$
- 파괴응력: $FS = \dfrac{P_{fracture}}{A_0} = \dfrac{1050 \times 9.8}{20 \times 10^{-6} m^2} = 514.5 MPa$
- 연신율: $\%Elongation = \dfrac{l_f - l_o}{l_o} \times 100 = \dfrac{68-50}{50} \times 100 = 36\%$
- 단면수축율: $\%AR = \dfrac{A_0 - A_f}{A_o} \times 100 = \dfrac{20 - 9.24}{20} \times 100 = 53.8\%$

## 1.4 소성이방성 계수

압연공정을 통해 만들어지는 금속판재는 일반적으로 소성변형 시 이방성(anisotropy)을 보인다. 즉, 판재는 압연방향과 폭방향, 그리고 두께방향으로 서로 다른 소성 유동 특성을 가진다. 판재가 가지는 이방성은 생산과정에서 압연과 소둔공정을 거치면서 금속 내부조직이 결정학적으로 방향성을 가지고 배열되기 때문이다. 판재의 평면상에서의 유동 특성이 다르다면 이는 평면이방성(planar anisotropy) 또는 직교이방성(orthotropy)이라고 부른다. 더 간단한 경우로는 평면 내에서 방향에 관계없이 특성이 같고 두께방향으로 유동의 성질만 다르다면, 이는 수직이방성(normal anisotropy) 또는 평면등방성(planar isotropy)

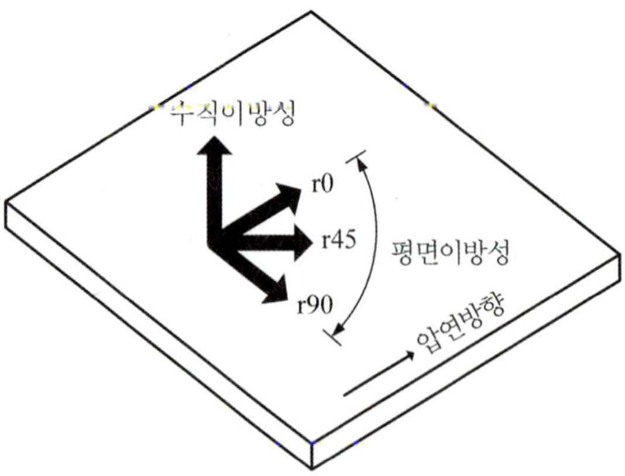


그림 1.5 평면이방성과 수직이방성 도식도

이라고 부른다. 그림 1.5에 이를 도식적으로 나타내었다.

주어진 방향에 대한 소성이방성은 소성이방성계수($r$: anisotropy coefficient, plastic strain ratio 또는 Lankford value)로 평가하며 이는 해당 방향으로 행하여진 인장시험에서 다음 식으로 구해진다.(그림 1.6 참조)

$$r = \frac{\epsilon_{22}}{\epsilon_{33}} \tag{1.8}$$

여기서 $\epsilon_{22}$는 시편 폭방향의 진변형률이고, $\epsilon_{33}$은 두께방향의 진변형률이며, 다음에 나오는 $\epsilon_{11}$은 길이방향 진변형률을 의미한다. 그림 1.6은 압연방향에 90°의 각도에서 시험재를 채취하는 것을 나타내고 있으며, 시험편에서의 변형률을 도식적으로 나타내고 있다.

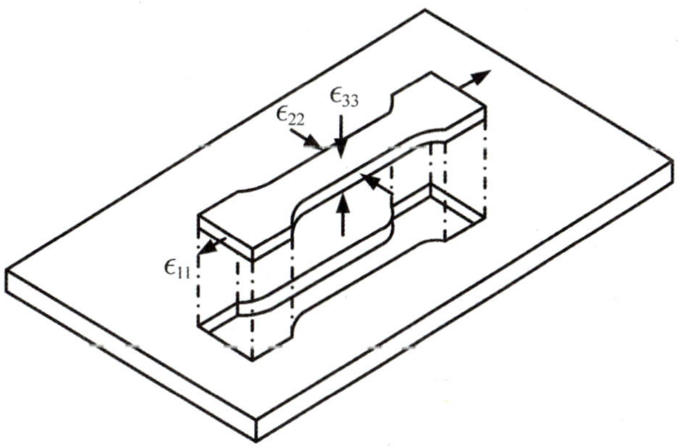


**그림 1.6** 압연방향에 대한 인장시험편 방위와 시험편의 변형률에 대한 도식도

위 식에서 $\epsilon_{22}$가 크고 $\epsilon_{33}$이 작다면 큰 r값이 얻어지게 되며, 이는 시험편의 두께가 감소하는(thinning) 정도는 무시할 정도인데 반해, 폭방향으로 넥(neck)이 형성됨을 의미한다. 등방성 측정을 위한 시험은 반드시 네킹이 일어나기 전에 시험을 종료하여야 정확한 값을 얻을 수 있으며, 두께방향의 변형률이 작을 경우 오차가 크게 발생하므로 주의를 요한다. 이러한 이유로 $\epsilon_{33}$ 대신 상대적으로 그 값이 크고 측정이 용이한 $\epsilon_{11}$과 $\epsilon_{22}$를 이용하여 r값

을 계산하기도 한다. 체적 일정법칙으로부터 $\epsilon_{11}+\epsilon_{22}+\epsilon_{33}=0$가 성립하므로

$$r=\frac{\epsilon_{22}}{\epsilon_{33}}=\frac{\epsilon_{22}}{-(\epsilon_{11}+\epsilon_{22})} \tag{1.9}$$

여기서 시편 폭방향의 진변형은 $\epsilon_{22}=\ln(w/w_o)$로 구하되 표점 내에서 등간격으로 세 위치에서 폭방향 진변형을 구하여 평균하는 것이 바람직하다. 길이방향의 진변형은 $\epsilon_{11}=\ln(L/L_o)$로 구한다.($w_o$와 $w$는 인장전과 후의 폭을 $L_o$와 $L$은 인장전과 후의 길이를 나타낸다.)

등방성 재료의 경우는 모든 방향에서 $r=1$로 변형저항이 방향에 따라 변하지 않음을 의미한다. 판재의 $r$값이 1보다 크면 두께방향의 변형저항이 큰 재료임을 의미하고, 1보다 작은 경우는 두께방향으로의 변형이 쉽게 일어날 수 있음을 의미한다.

수직이방성의 평균값($\bar{r}$) 및 평면이방성($\Delta r$)은 다음과 같이 정의된다.

$$\bar{r}=\frac{r_0+2r_{45}+r_{90}}{4} \tag{1.10}$$

$$\Delta r=\frac{r_0-2r_{45}+r_{90}}{2} \tag{1.11}$$

여기서 $r_o, r_{45}, r_{90}$은 각각 압연방향에 평행(0°), 45°, 수직(90°)의 각도에서 채취된 시험재로부터 구해진 소성이방성계수를 의미한다.

판재의 이방성을 실제 판재성형 시 쉽게 확인할 수 있는 것이 디프 드로잉(deep drawing)과 같은 원통 용기를 성형할 때이다. 평면이방성은 귀발생(earing)에 크게 영향을 미친다. 성형이 완료된 용기의 높이가 원주둘레를 따라 일정하게 얻어지는 것이 아니고, 방향별로 용기의 높이가 다르게 나타나는 현상인 귀발생을 판재의 평면이방성과 관련시켜 그림 1.7에 나타내었다. $\Delta r>0$인 경우 즉, 압연 45°방향보다 0° 또는 90°방향으로의 이방성이 큰 소재는 압연 0°, 90° 방향에서 귀가 발생하게 되며 $\Delta r<0$인 경우는 45°방향에서 귀가 발생한다는 것을 의미한다.

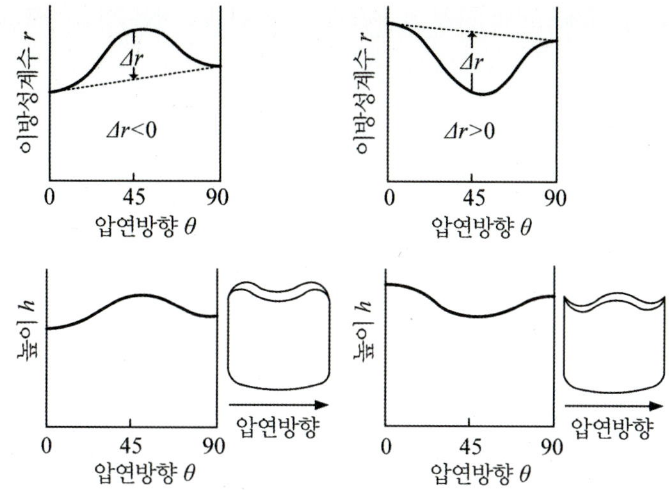


그림 1.7 방향별 귀발생 현상($h$는 컵의 높이를 나타낸다.)

수직이방성($\bar{r}$) 값은 디프 드로잉 깊이에 직접 관련되며 높은 $\bar{r}$는 높은 드로잉 능력을 가지게 되어 드로잉 깊이가 큰 성형이 가능하다. 그림 1.8은 $\Delta r > 0$인 경우에 $\bar{r}$가 성형성에 미치는 영향을 보여주고 있다.

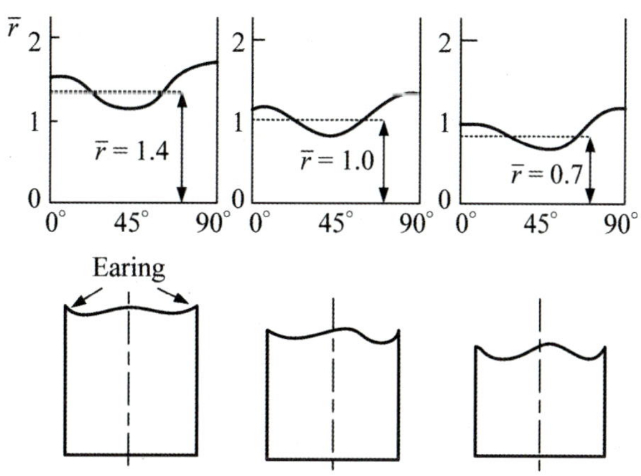


그림 1.8 $\Delta r > 0$인 경우에 $\bar{r}$가 성형성에 미치는 영향

이방성은 재료의 미세조직에 크게 영향을 받으며 미세조직은 합금성분과 제조공정(열간압연 온도, 냉간 압하량, 열처리 종류 등) 등에 의존한다. 냉간 가공은 $r$값에 큰 영향을 미치는 것으로 알려져 있으며 그림 1.9에 그 예를 나타내었다.

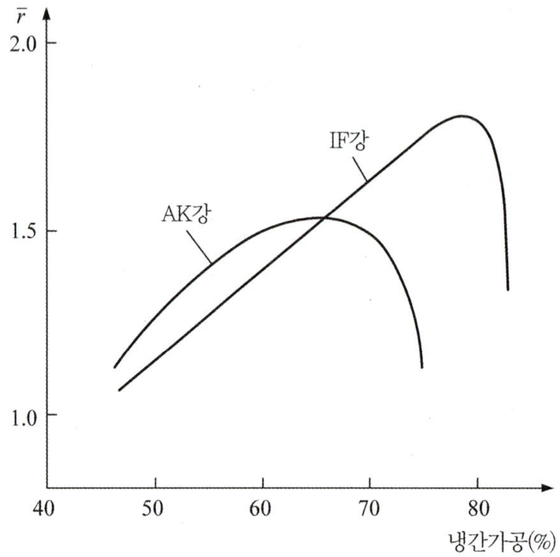


그림 1.9 AK(aluminum killed)강과 IF(interstitial free)강의 냉간압연에 따른 $\bar{r}$ 변화 추이

일반적으로 높은 수직이방성($\bar{r}$) 값을 갖는 재료는 평면이방성($\Delta r$) 또한 높은 값을 보인다.

### 예제 1.2

어떤 금속판재에서 압연방향과 각각 0°, 45°, 90°의 세 방향으로 인장시편을 채취하여 인장시험을 수행하였다. 길이방향으로 진변형률 15%로 인장시켰을 때 각 방향의 인장시편에서 측정한 두께방향 진변형율은 압연방향과 0° 방향일 때 −5.9%, 45° 방향일 때 −6.7%, 90° 방향일 때 −5.3%이다.

(a) 각 방향에 대한 수직이방성계수 $r_0$, $r_{45}$, $r_{90}$을 계산하라.

(b) 수직이방성의 평균값($\bar{r}$) 및 평면이방성계수($\Delta r$)를 계산하라.

풀이

(a) 수직이방성계수는 $r=\epsilon_{22}/\epsilon_{33}$로 정의되며, $\epsilon_{11}$은 길이방향, $\epsilon_{22}$는 시편폭방향, $\epsilon_{33}$은 두께방향의 진변형률이다. 체적 일정법칙으로부터 $\epsilon_{11}+\epsilon_{22}+\epsilon_{33}=0$이 성립하므로 문제에서 주어진 길이방향 진변형률 $\epsilon_{11}$과 두께방향의 진변형률 $\epsilon_{33}$을 사용하여 계산하기 위해 아래와 같이 계산한다.

$r=\epsilon_{22}/\varepsilon\epsilon_{33}=-(\epsilon_{11}+\epsilon_{33})/\epsilon_{33}$로 구할 수 있다. 따라서

$$r_0=-(\epsilon_{11}+\epsilon_{33})/\epsilon_{33}=-(0.15-0.059)/(-0.059)=1.54$$

$$r_{45}=-(\epsilon_{11}+\epsilon_{33})/\epsilon_{33}=-(0.15-0.067)/(-0.067)=1.24$$

$$r_{90}=-(\epsilon_{11}+\epsilon_{33})/\epsilon_{33}=-(0.15-0.053)/(-0.053)=1.83$$

(b) 수직이방성의 평균값($\bar{r}$) 및 평면이방성계수($\Delta r$)는 정의에 의하여,

$$\bar{r}=(r_0+2r_{45}+r_{90})/4=(1.54+2\times1.24+1.83)/4=1.46$$

$$\Delta r=(r_0-2r_{45}+r_{90})/2=(1.54-2\times1.24+1.83)/2=0.445$$

## 1.5 가공경화지수

판재의 성형성에 중요한 영향을 미치는 재료 특성치중의 하나가 변형에 따른 경화능력이다. 성형 가공을 받고 있는 부분 중에서 외력이 집중되어 두께감소가 일어나고 있는 부위는 재질이 경화되는 가공경화 특성으로 인하여 더 이상의 변형이 억제되며 보다 연한 인접부위로 변형이 전파된다. 그림 1.10에 가공경화지수가 서로 다른 $A$소재와 $B$소재를 변형률 분포를 도식적으로 나타내었다. 곡선의 아래 면적이 동일하다고 간주할 때, 가공경화지수가 낮은 $A$소재가 변형집중이 심화되고 소성불안정 상태에 쉽게 도달하게 됨을 보여주고 있다.

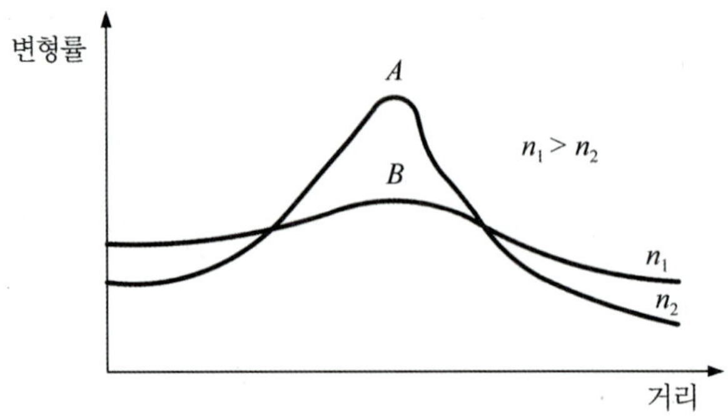


그림 1.10 가공경화지수에 따른 변형률 분포의 도식도

따라서 한 부분으로의 변형이 집중되어 조기의 파단이 생기는 현상을 방지하며 하중을 받는 전체 성형영역에 골고루 변형을 분산시키는 즉, 전체 면 내에 더욱 균일한 두께감소를 촉진하는 역할을 하게 된다. 가공경화는 미시적으로 보면 금속 내에서 전위(dislocation)들이 축적되고 증가된 전위밀도로 인해 전위들의 이동이 억제되어 나타나는 현상이다. 인장 시험에서 얻어지는 응력-변형률이 $\sigma = K\epsilon^n$ 의 관계(Ludwik-Hollomon의 식이라고 부름)를 따른다고 가정하면 가공경화지수(strain hardening exponent)는 n값으로 정의한다.

그림 1.11에 $n$값에 따른 응력-변형률 곡선의 변화를 나타내었다.

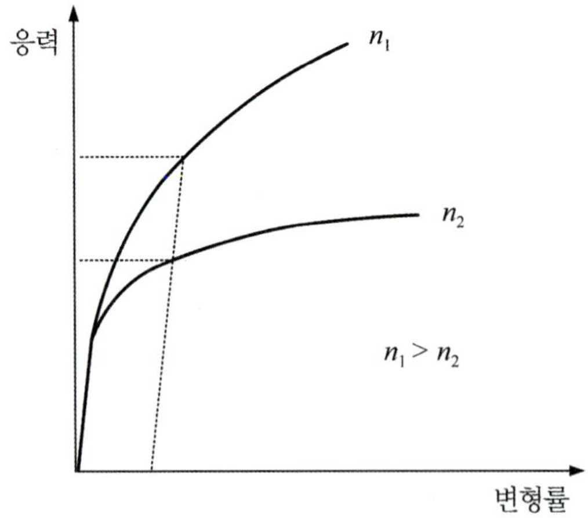


그림 1.11 n값에 따른 응력-변형률 곡선

인장시험에서 얻어지는 응력-변형률이 $\sigma = K\epsilon^n$의 관계를 따른다고 가정하면 가공경화지수($n$)는 다음의 식으로 얻어진다.

$$n = \frac{\log \sigma - \log K}{\log \epsilon} \tag{1.12}$$

위 식에서 $n$은 그림 1.12에 보인 바와 같이 log-log 도표의 기울기를 의미한다.

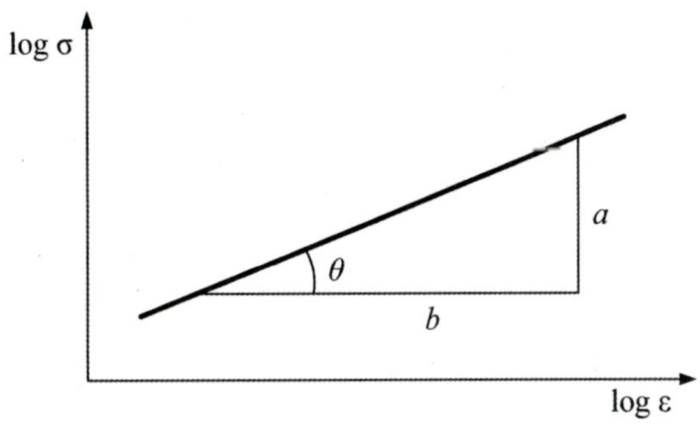


그림 1.12 가공경화지수, $n$의 결정

서로 다른 변형률 $\epsilon_1$과 $\epsilon_2$에서 측정된 응역이 $\sigma_1$과 $\sigma_2$라면 가공경화지수($n$)는 다음과 같이 구할 수 있으며, 소성변형 시 가공경화지수는 많은 경우에 0.15 부근의 값을 보인다.

$$n = \tan\theta = \frac{a}{b} \tag{1.13}$$

## 1.6 변형률속도 민감도

변형률속도 민감도(strain rate sensitivity)는 성형속도에 대한 소재의 유동 특성 변화를 나타내는 지수로, 이 값이 클수록 균일한 변형분포를 가지게 하여 성형성을 좋게 하는 중요한 재료상수이다. 성형과정 중에는 마찰과 기하학적 제한조건에 의하여 변형률과 변형률속도의 구배는 항상 존재한다. 변형률속도가 큰 부위에서는 변형률속도 민감도에 의해 다른 부분보다 큰 응력이 걸릴 수 있게 되고, 따라서 가공경화와 함께 국부적 변형을 억제하며 한계변형률을 증가시키는 역할을 한다. 변형률속도 민감도는 재료 내의 용질 원자, 격자 간 마찰 등의 짧은 거리에 걸친 장애물들에 의해 전위 움직임이 방해 받아 생기는 것으로, 이러한 장애물들은 열로 전위의 움직임을 활성화하여 벗어날 수 있다. 변형률속도가 증가하면 전위는 더 빨리 장애물을 통과해야 하고 이 때문에 더욱 증가된 응력이 걸리게 된다. 냉간 가공 시에는 변형률속도의 증가가 온도강하와 동일한 효과를 보이게 되며, 그림 1.13에 보인 바와 같이 항복강도의 증가와 함께 가공경화가 약간 증가하게 된다.

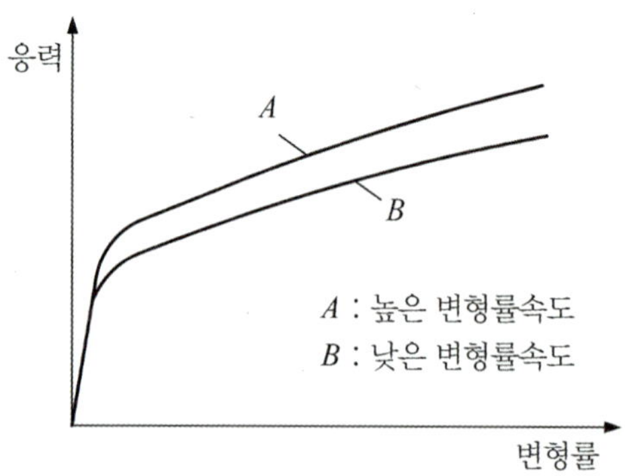


**그림 1.13** 변형률속도가 페라이트강의 냉간 가공 시 유동응력에 미치는 효과

반면 열간 가공의 경우에는, 변형률속도와 온도 모두 전위기구(dislocation mechanism)를 통해 항복강도에 큰 영향을 미치게 되며 회복(recovery)과 재결정(recrystallization) 효과도 포함된다. 그림 1.14의 실선은 회복의 영향을 점선은 재결정이 부가된 영향을 보여주고 있다.

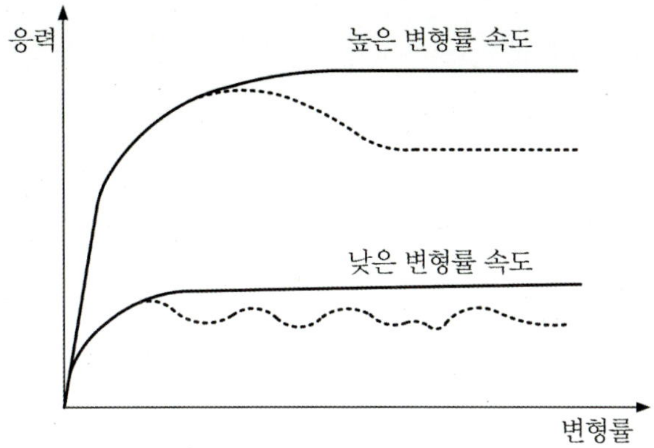


그림 1.14 열간 가공 시 변형률속도가 유동응력에 미치는 효과

재료의 변형률속도 민감도는 변형률속도 민감지수($m$)로 표시되며 그림 1.15에 보인 바와 같이 일정 변형률 하에서 변형률 변화시험을 통해 다음과 같이 구한다.

$$m = \frac{\log \sigma_2 - \log \sigma_1}{\log \dot{\epsilon}_2 - \log \dot{\epsilon}_1} \tag{1.14}$$

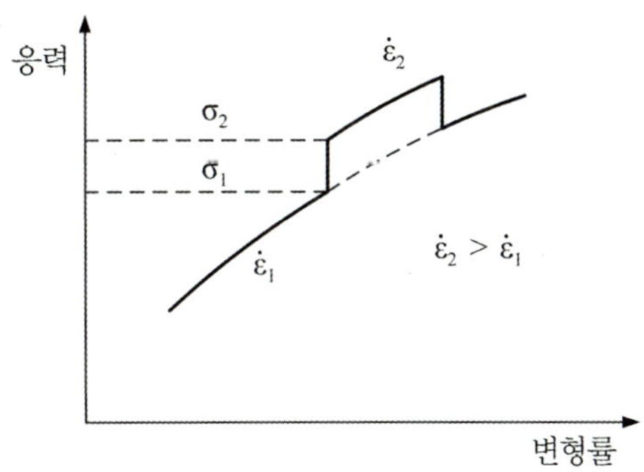


그림 1.15 변형률속도 민감지수(m)를 구하기 위한 변형률 변화시험

열간 가공 온도에서 유동응력은 변형률속도에 크게 의존하며 근사적으로 아래의 식을 사용하여 표현한다. 온도가 올라가면 $C$ 값이 감소하고 $m$값은 증가한다.

$$\sigma = C(\dot{\epsilon})^m \tag{1.15}$$

여기서 $C$ : 강도상수, $\dot{\epsilon}$ : 진 소성변형률, $m$ : 변형률 민감도지수

상온에서는 변형률속도의 영향이 상대적으로 미미하다. 냉간 가공에서도 변형률속도가 비록 작지만 유동응력에 영향을 미치게 되므로, 변형률속도 효과를 다룰 때 루드윅-홀로몬(Ludwik-Hollomon) 형태의 식을 종종 사용하여 나타내는데 일정 온도에서

$$\sigma = K\epsilon^n(\dot{\epsilon})^m \tag{1.16}$$

여기서 $K$ : 강도계수, $\dot{\epsilon}$ : 진 소성변형률, $n$ : 가공경화지수, $m$ : 변형률 민감도지수

표 1.1에 여러 온도구간에서의 가공 시 변형률 민감도지수와 마찰계수를 근사적으로 나타내었다.

**표 1.1** 온도구간별 변형률 민감도지수와 마찰계수

| 분류 | 온도범위 | 변형률 민감도지수 | 마찰계수 |
|---|---|---|---|
| 냉간 가공 | $\leq 0.30T_m$ | $0.00 \leq m \leq 0.05$ | 0.1 |
| 온간 가공 | $0.30T_m \sim 0.50T_m$ | $0.05 \leq m \leq 0.10$ | 0.2 |
| 열간 가공 | $0.50T_m \sim 0.75T_m$ | $0.05 \leq m \leq 0.40$ | 0.4~0.5 |

## 예제 1.3

고온에서 재료 유동응력의 변형률속도 민감도를 나타낸 식(1.14)의 인자인 $C$와 $m$을 구하기 위해 인장시험을 실시하였다. 시험온도는 500℃이다. 변형률속도가 12/sec일 때 응력은 160MPa로 측정되었고, 변형률속도가 250/sec일 때 응력은 300MPa이었다.

(a) 주어진 데이터를 이용하여 $C$와 $m$을 구하라.

(b) 만약 온도가 600℃였다면 $C$와 $m$값은 어떻게 변할 것으로 예상되는가?

풀이

(a) $\sigma = C(\dot{\epsilon})^m$ 에 변형률속도별 인장시험 결과를 각각 대입해주면

160MPa = $C$ (12/sec)$^m$ ①

300MPa = $C$ (250/sec)$^m$ ②

①, ②를 연립하여 풀면, $m = 0.207$, $C = 95.66$

(b) 온도가 올라가면 유동응력은 낮아지고 변형률 민감도는 증가하므로 $C$ 값은 감소하고 $m$ 값은 증가하게 될 것이다.

## 예제 1.4

순수 알루미늄에서 0.3의 진변형률일 때 서로 다른 온도에서 구한 $C$와 $m$ 값은 아래와 같다.

| | 21℃(294K) | 440℃(713K) |
|---|---|---|
| C | 70.3MPa | 14.5MPa |
| m | 0.066 | 0.211 |

각 온도에서 변형률 속도를 100배 만큼 증가시켰을 때 유동응력 변화를 계산하라.

풀이

21℃에서의 데이터를 대입하면

$$\sigma_1 = C(\dot{\epsilon})^m = 70.3(1)^{0.066} = 70.3MPa$$

$$\sigma_{100} = C(\dot{\epsilon})^m = 70.3(100)^{0.066} = 95.3MPa$$

따라서 21℃에서는 $\sigma_{100}/\sigma_1 = 1.35$

440℃에서의 데이터를 대입하면

$$\sigma_1 = C(\dot{\epsilon})^m = 14.5(1)^{0.211} = 14.5MPa$$

$$\sigma_{100} = C(\dot{\epsilon})^m = 14.5(100)^{0.211} = 38.3MPa$$

따라서 440℃ 에서는 $\sigma_{100}/\sigma_1 = 2.64$

온도가 올라갈수록 변형률 민감도가 증가하여 440℃에서는 2.64배가 증가하는 반면 21℃에서는 1.35배가 증가한다.

## 1.7 항복점 연신

탄소나 질소와 같은 침입형 원소와 전위의 상호반응에 의한 항복점 현상은 그림 1.16(a)에 보인 바와 같이 탄성변형과 함께 하중이 직선적으로 증가하다가 갑자기 떨어져 작은 하중변동을 일으키다가 다시 증가하는 현상을 말한다. 갑자기 떨어질 때 하중을 상부 항복점(upper yield point)이라 하고 작은 하중변동 하에서 일어나는 연신을 항복점 연신(yield point elongation)이라고 한다. 항복점 연신량은 변형률속도가 크거나 결정립 크기가 작을수록 증가하며 일반적으로 항복점 연신량은 보통 수 % 정도이다. 항복점 연신 시 일어나는 변형은 불균일하다. 상부 항복점에서는 눈으로도 쉽게 볼 수 있는 변형된 금속의 띠(band)를 볼 수 있으며 응력이 집중된 경우에 나타난다. 이러한 띠의 형성과 함께 하중이 하부 항복점(lower yield point)으로 떨어진다. 이 띠는 시편의 길이를 따라 전파하면서 항복점 연신을 일으킨다. 보통의 경우 여러 개의 띠가 여러 곳의 응력 집중부에서 형성될 수 있으며, 이러한 띠들은 그림 1.16(b)에 보인 바와 같이 보통 인장축에 대해 45° 각도를 이룬다. 이 띠를 뤼더스(Lüders)띠, 하트만(Hartmann)선, 신장 줄무늬(stretcher strain)라 하며, 이러한 형태의 변형을 피오버트 효과(Piobert effect)라 한다. 띠가 형성될 때마다 작은 하중변동이 생기며 띠가 시편의 전체길이에 걸쳐 전파된 후 하중곡선이 정상적으로 증가하게 된다.

이 띠는 판재가 국부적으로 신장되어 얇아져서 표면에 나타난 것이므로 최종제품의 외관에도 남게 된다. 따라서 후속되는 도금이나 도장공정에 어려움을 주기도 한다. 항복점 연신현상은 조질압연(temper rolling) 또는 스킨패스압연(skin pass rolling)을 통해 냉간상태에서 판재의 두께를 0.5~1.5% 정도 압하시켜 주면 이때 생성되는 전위(dislocation)에 의해 항복점 연신현상을 없애거나 줄일 수 있다. 그러나 변형시효(strain aging)로 인해 항복점 연신현상은 상온에서 며칠 이내에, 고온에서는 수 시간 이내에 다시 나타날 수 있기 때문에 금속판재는 조질압연 후 가능한 빠른 시간(림드(rimmed)강인 경우에는 1주 내지 3주) 내에 가공하는 것이 항복점 연신현상의 방지에 유리하다.

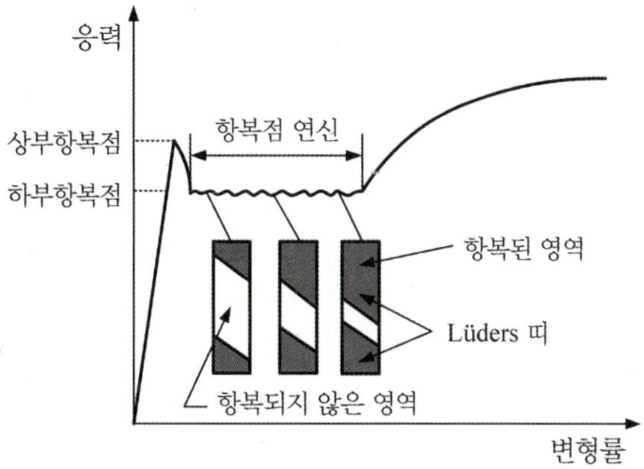


(a) 항복점신장

(b) 인장시험편 Lüders 띠

**그림 1.16**

CHAPTER 2

# 전단 가공

전단(shearing)은 적당한 도구에 힘을 가하여 잘라서 모양을 만드는 가공법이다. 전단 가공에서의 도구에 해당하는 공구를 박판 프레스 가공에서는 금형이라 부르고, 가공될 소재는 피가공재라 한다. 전단 가공은 상부금형과 하부금형의 틈새와 가하는 전단력에 의해 가공의 건전성이 결정된다. 그림 2.1에 전단 가공의 예를 나타내었다.

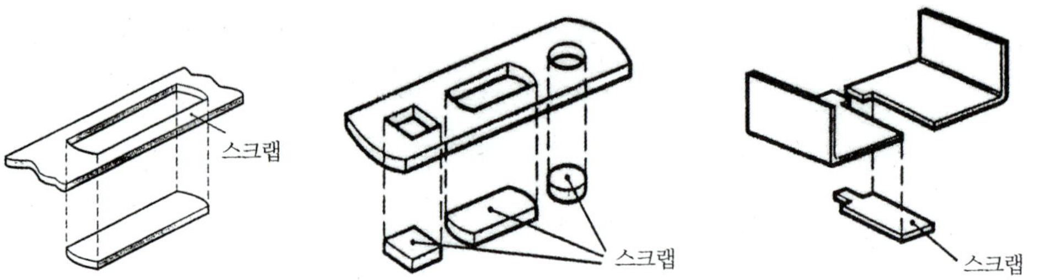


(a) 블랭킹(blanking) (b) 펀칭(punching) (c) 파팅(parting)

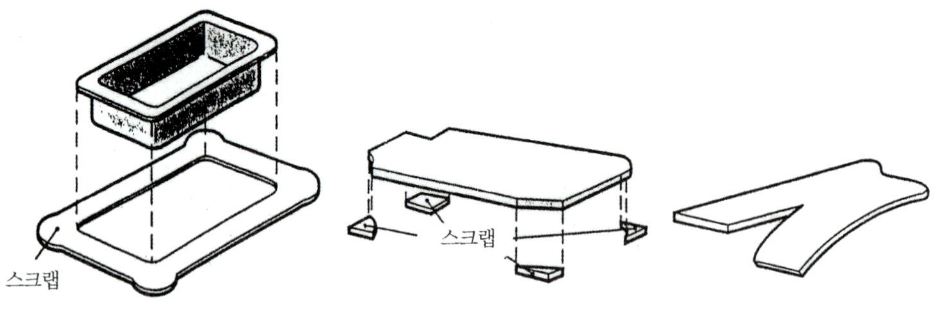


(d) 트리밍(trimming) (e) 에지-트리밍(edge-trimming) (f) 스리팅(slitting)

그림 2.1

## 2.1 전단 가공에 작용하는 힘

편치와 다이에 의한 전단 과정을 그림 2.2에 도식적으로 나타내었다.

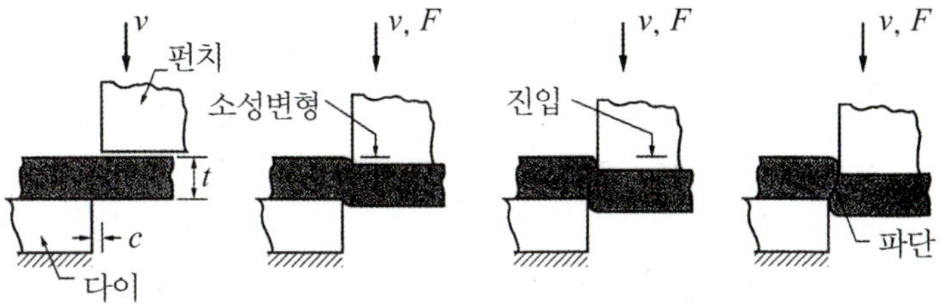


그림 2.2 전단공정의 도식도(c:간극)

가위로 종이를 자를 때에도 단지 힘만 가하면 되는 것이 아니라 가위의 조작에 의해 잘 자를 수 있다. 즉, 간단하게 보이는 전단공정에서도 가해지는 힘은 여러 장소에서 적절히 작용되어야 전단이 되기 때문이다. 전단 가공에 있어 전단력이 이용되는 공구(금형)와 피가공재에 어떻게 작용하는가를 아래에 나타내었다.

먼저 물체에 힘이 작용할 때에는 가한 힘(작용력)이 있으면 그것에 반대로 작용하는 힘(반작용력)이 존재한다. 그리고 프레스 가공에서는 가공되기 전과 후에 있어서 피가공재의 체적은 변화하지 않는다고 하는 것을 전제로 하고 있다.

### 2.1.1 공구에 작용하는 힘

전단 가공되는 피가공재는 두께가 있는 3차원이기 때문에 일반적으로 그림 2.3과 같이 힘이 상측($Z$방향)에서 작용하면 피가공재는 $X$축방향과 $Y$축방향으로 넓어지려고 한다. 이상의 것을 고려하여 전단 가공 초기에 피가공재를 압입하는 공구에 작용하는 힘을 정리하면 다음과 같다.

- $A$ : 전단력을 가하여서 실제 전단을 하는 공구(펀치)의 칼날부는 피가공재를 가압하므로, 이에 대한 반작용력으로 소재가 공구를 압축하는 힘.
- $B$ : 피가공재에 $Z$축방향으로 압축력이 작용하므로, 체적을 일정하게 유지하기 위해 재료가 넓어지며(변형하며) 공구면과 같은 수평방향($X \cdot Y$축방향)으로 공구에 걸리는 힘.
- $C$, $D$ : 공구의 날끝과 피가공재와의 전단면 상대운동에 의해서 생기는 수직방향(Z방향)과 수평방향의 마찰력

이들 힘은 작용과 반작용의 관계에서 쌍을 이루는 전단공구(고정되어 있는 다이)에 대해서 방향이 반대인 $A'$, $B'$, $C'$, $D'$ 각각의 힘이 작용한다. $A$의 수직방향의 압축력은 펀치의 바닥부 전체에 작용하는 것이 아니라, 실제 전단은 펀치의 단면인 절단날 부근에서 생긴다. 단면 부근에서는 전단 시에 있어서 수직압축력은 단면(절단날) 부근에서는 급격히 증대하는 경향을 보인다. 구체적인 수치로 보면 절단날로부터 피가공재 두께의 1/3 정도 거리에서 수직압축력은 전단 저항(전단강도)의 3배 정도이다. 이 때문에 전단공구(펀치와 다이)인 금형의 마모나 결함현상은 수직압축력이 상당히 높은 것이 원인이라고 생각되어 진다. 또한 실제 전단 가공에 필요한 힘은 수직압축력에 펀치단면과 피가공재 절단면 사이에 마찰력에 의한 저항이 더하여진다.

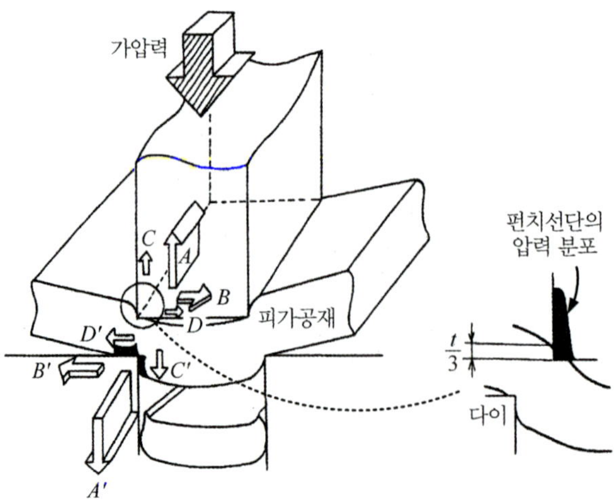


그림 2.3 공구에 작용하는 힘의 도식도

## 2.1.2 피가공재에 작용하는 힘

전단공구(펀치와 다이)에 있어서 피가공재의 두께가 줄어들며 전단이 진행되는 것은 그림 2.4와 같이 펀치의 수직방향과 수평방향의 힘이 피가공재를 통하여 다이로 전달되어지는 것에 의한 것이다. 이때 체적은 변화하지 않는다고 하는 원칙에서 피가공재는 압축되는 부분이 있으면 당연히 반대의 인장력이 작용하는 부분도 있게 된다. 즉, 펀치 바로 밑과 다이면 바로 위에서는 높은 압축력이 작용하고 인장력은 펀치와 다이의 단면에 생긴다. 이것은 펀치단면 · 다이단면과 피가공재 사이의 마찰력에 의해 인장되어지는 것에 의해 압축력 영역의 반대측에 인장력이 작용하는 영역이 생기는 것이다.

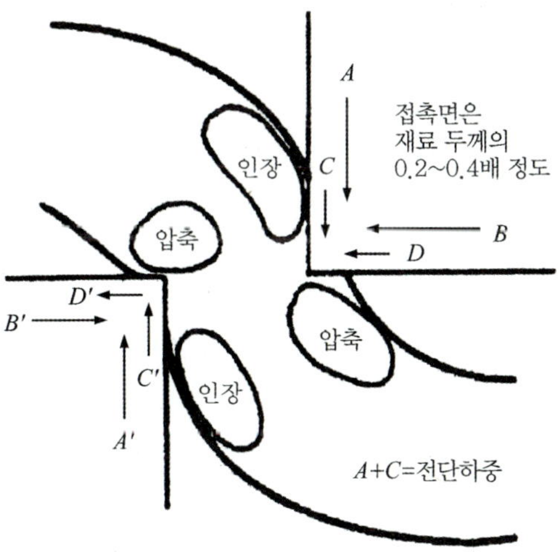


그림 2.4 피가공재에 작용하는 힘의 도식도

## 2.2 전단 하중

실제 프레스 작업이나 금형설계에 있어서 "이 제품은 종래 것의 2배 크기이므로 전단에 필요한 하중도 2배다."라는 식의 안이한 방법으로 전단에 필요한 하중을 정할 수는 없다. 전단 하중은 프레스기계의 선택이나 금형설계를 할 때에 중요한 포인트가 되며 특히 최대 전단 하중은 중요한 요인이다.

전단 하중의 계산을 위해서는 계산식의 원리를 이해하는 것이 중요하다. 전단 가공과 전단 하중에 대하여 새로이 생각해 보면 그림 2.4와 같이 된다. 즉 실제 전단 가공에 관계하고 있는 것은 펀치의 날끝과 다이의 날끝이며 이들에 의해 피가공재에 균열을 발생시켜 전단을 한다. 따라서 전단 하중 결정에 크게 관여하는 요인은 다음의 2가지를 들 수 있다.

(a) 날끝의 길이(전단 가공에 관여하는 날 끝의 길이)

(b) 피가공재의 재료 특성(특히 재료가 변형에 저항하는 힘)

프레스 가공 등에서 힘의 계산에 이용되는 가공 하중은 피가공재를 변형시키려는 면적과 변형에 필요한 힘으로 구하듯이 전단 하중($P$)은 다음과 같이 구할 수 있다.

$$P = L\,t\,S \tag{2.1}$$

여기서 $L$ : 전단길이, $t$ : 피가공재의 두께, $S$ : 전단 저항

대상 재료의 전단 저항을 모를 경우, 인장강도를 이용하여 근사적으로 계산하는 경우도 있다. 경험적으로 많은 경우에 전단 저항이 근사적으로 인장강도의 약 80%에 해당하므로 '전단 저항 = 인장강도 × 0.8'을 사용한다. 이론적으로 전단 항복응력은 인장 항복응력의 0.5배이지만 실제의 전단은 보다 복잡하고 변형영역도 넓으므로 0.5배보다 크게 경험적 요소를 포함시켜 0.8 수준을 적용한다. 단단하고 부서지기 쉬운 피가공재의 경우에는 변형 양식이 단순히 전단에 가까운 양식이므로 0.8보다 작은 0.5~0.6 사이의 값을 주로 적용한

다. 여기서 주의할 점은 전단 저항은 간극과 판가압력(blank holding force) 등의 전단조건에 의해 변화한다는 사실을 유념하여야 한다.

### 예제 2.1

인장강도 28kgf/mm$^2$를 갖는 두께 1mm의 소재로부터 아래 그림과 같이 직경 100mm인 원형 블랭크를 전단 가공하려고 한다. 이때의 전단 하중은 얼마인지 계산하라. 전단 저항은 인장강도의 80%로 가정한다.

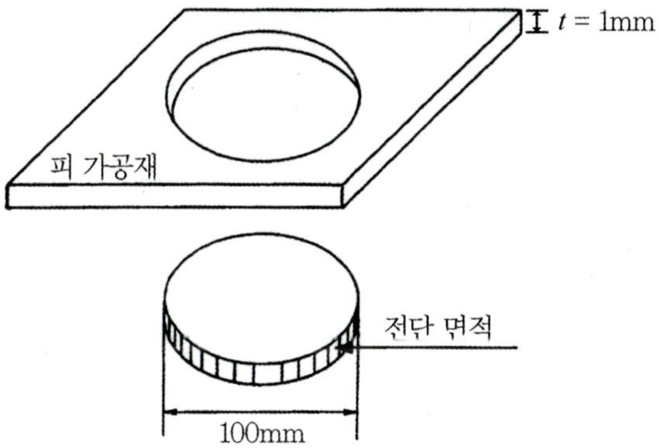


풀이

전단 길이 $L = \pi D = 314mm$

전단 저항 $S = 0.8 \times 28\text{kgf/mm}^2 = 22.4\text{kgf/mm}^2$

따라서 전단 하중($P$)는 식(2.1)로부터,

$P = L\,t\,S = 314\text{mm} \times 1\text{mm} \times 22.4\text{kgf/mm}^2 = 7033.6\,\text{kgf}$

### 예제 2.2

전단 저항 20kgf/mm$^2$를 갖는 두께 1.6mm의 소재로부터 아래 그림과 같은 블랭크를 전단 가공하려고 한다. 이때의 전단 하중은 얼마인지 계산하라.

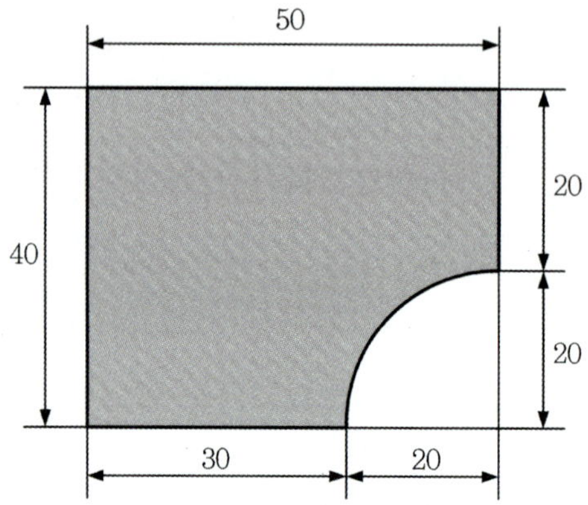


풀이

전단 길이 $L = 50 + 40 + 30 + 20 + (20 \times 2 \times \pi)/4 = 171.4\,\mathrm{mm}$

따라서 전단 하중($P$)는 식(2.1)로부터,

$P = L\,t\,S = 171.4\mathrm{mm} \times 1.6\mathrm{mm} \times 20\mathrm{kgf/mm^2} = 5485\,\mathrm{kgf}$

## 2.3 전단 저항

프레스 가공에 있어서 전단되는 피가공재는 작용 · 반작용의 관계에서 펀치 압입하중이 가해졌을 때 피가공재에는 전단에 저항하는 힘이 작용한다. 이것이 "전단 저항"의 개념이다. 즉, 압입 하중이 전단 저항을 넘어서면 전단이 일어난다. 기구학적으로 전단 가공이 단순하게 보일지 모르지만 변형의 과정은 대단히 복잡하고 많은 요인이 관여하고 있다. 실제로 이용하는 '전단 저항력'은 전단에 필요한 힘인 전단 하중을 전단되는 피가공재의 잘린 자리의 총면적으로 나눈 값 즉, 단위면적당 값을 의미한다. 전단 저항의 최대값은 프레스 기계의 능력이나 금형에 관계하는 중요한 값으로 '최대 전단 저항'으로 정의한다.

전단 가공에 있어 저항력-펀치행정의 관계를 나타나는 '전단선도'는 그림 2.5와 같다. 이것에 의하면 최대 전단 저항이 발생하는 공정은 다음의 3단계로 나누어 생각해 볼 수 있다.

(a) 전단이 진행되는 면적감소 효과 < 가공경화 효과 ⇒ 전단 저항 증가

(b) 전단이 진행되는 면적감소 효과 = 가공경화 효과 ⇒ 최대 전단 저항

(c) 전단이 진행되는 면적감소 효과 > 가공경화 효과 ⇒ 전단 저항 감소

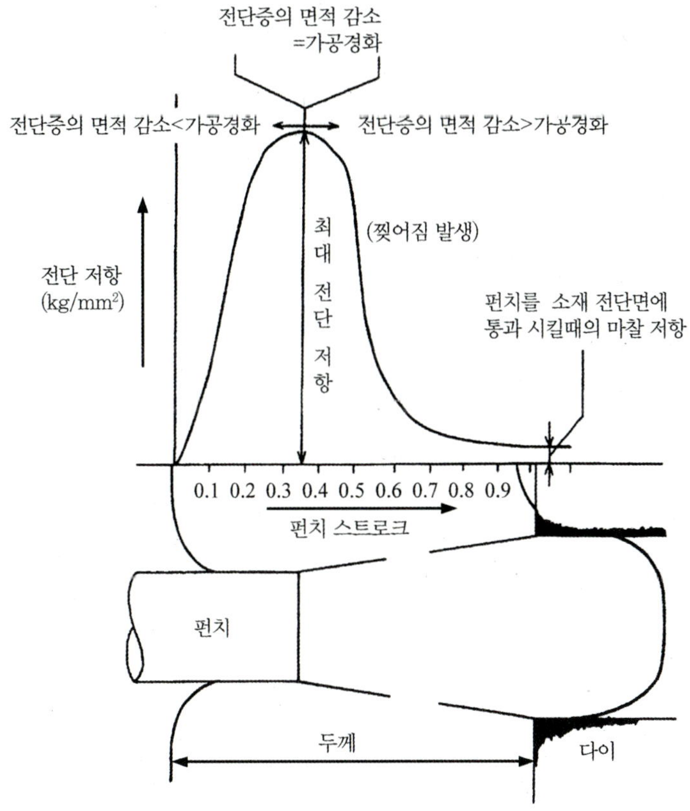


그림 2.5 전단 선도

전단 시 파단발생 시점은 재료에 따라 차이를 보인다. 질기거나 상대적으로 연성이 커서 파단이 일어나기 어려운 재료는 최대전단 저항 이후에 파단이 발생한다. 반면에 연성이 작은 재료는 전단 저항의 상승영역에서 파단을 일으키는 경우가 많이 발생한다.

편치행정의 후반에서도 작지만 전단 저항을 보이는 것은 펀치를 소재 전단면에 통과시킬 때 마찰저항에 의한 것이다.

### 예제 2.3

전단 저항은 프레스 전단 가공에 있어서 매우 중요한 값이다. 두께 1mm인 판재로부터 직경 100mm의 원형 블랭크를 전단 시 6,280kgf의 전단 하중이 가해졌다면 이 소재의 전단 저항은 얼마인지 계산하라.

**풀이**

전단 길이 $L=\pi D=314\text{mm}$ 이므로

전단면적 $=314\text{mm}\times 1\text{mm}=314\text{mm}^2$, 따라서

전단 저항 = 전단 하중/전단 면적 $=6{,}280\text{kgf}/314\text{mm}^2=20\text{kgf/mm}^2$

## 2.4 간극

가위로 종이를 자를 때 윗날과 아랫날의 틈새를 조절하면서 자르듯이, 펀치와 다이로 이루어진 금형으로 금속을 전단할 때에도 펀치와 다이의 틈새가 매우 중요하며, 이 간극(clearance)은 제품 정밀도 · 공구수명 등에 크게 관여한다.

일반적으로 간극(c)은 그림 2.6에 나타난 바와 같이 피가공재 판 두께에 대한 공구의 한쪽 틈새의 백분율을 가지고 '간극이 몇 %'라고 하는 표현으로 다음과 같이 나타낸다.

$$C=\frac{D-d}{2t}\times 100(\%) \tag{2.2}$$

여기서, $t$는 판재의 두께.

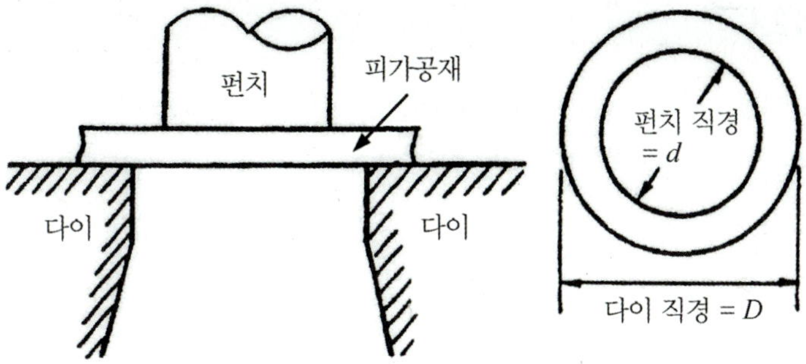


그림 2.6 간극의 정의

적정 간극을 설정하기 위해 표 2.1에 나타낸 권장하는 간극을 주로 사용한다. 주의해야 하는 점은, 같은 재질의 재료에서도 극단적으로 얇은 피가공재를 전단할 때는 표 2.1에 나타낸 펀치 · 다이의 간극을 적용하면 공구(금형)제작이 불가능한 수치가 계산될 수도 있다. 따라서 표 2.1은 일반적으로 사용되고 있는 간극의 권장값으로 간주하고 실제의 간극은 피가공재의 재질을 비롯하여 많은 관련 요소를 고려하여 결정하는 것이 바람직하다. 일반 전단의 경우 판 두께가 두꺼울수록 간극을 크게 설정하며 실제 클리어런스는 $c = t \times a(\%)$를 적용한다.

표 2.1 전단 가공의 전단 여유, a(%)

| 재질 | 정밀 | 일반 | 재질 | 정밀 | 일반 |
|---|---|---|---|---|---|
| 연강 | 2 - 5 | 6 - 10 | 경질 알루미늄 | 2 - 5 | 6 - 10 |
| 경강 | 4 - 8 | 9 - 13 | 동 | 1 - 3 | 4 - 7 |
| 스테인리스강 | 3 - 6 | 7 - 11 | 황동 | 1 - 4 | 5 - 10 |
| 연질 알루미늄 | 1 - 3 | 4 - 8 | 청동 | 2 - 5 | 6 - 10 |

### 예제 2.4

150mm 직경의 원형 디스크가 3.2mm 두께의 연질 알루미늄 판재로부터 블랭킹된다. 이 재료의 전단 저항은 19kgf/mm2이다. 다음을 결정하라.

(a) 적절한 펀치, 다이직경 (b) 블랭킹력

**풀이**

(a) 표 2.1로부터 연질 알루미늄 판재의 전단 여유 a(%)는 일반 용도의 경우 4~8% 사이의 값을 가지므로 6%를 가정하면 $c = t \times a(\%) = 3.2 \times 0.06 = 0.192\text{mm}$

블랭크의 직경이 150mm이고 다이 크기가 블랭크 크기를 결정하므로,

다이 구멍 지름 $= 150.00\text{mm}$

펀치 지름 $= 150 - 2 \times 0.192 = 149.62\text{mm}$

(b) 블랭킹력을 구하기 위해 제품의 전체 둘레가 한 번에 절단된다고 가정하면

전단 길이 $L = \pi D_b = 150\pi = 471.23\text{mm}$ 이므로

전단 면적 $= 471.23\text{mm} \times 3.2\text{mm} = 1507.96\text{mm}^2$, 따라서

블랭킹력 $=$ 전단 저항 $\times$ 전단면적 $= 19\text{kgf/mm}^2 \times 1507.96\text{mm}^2 = 28{,}651\text{kgf}$

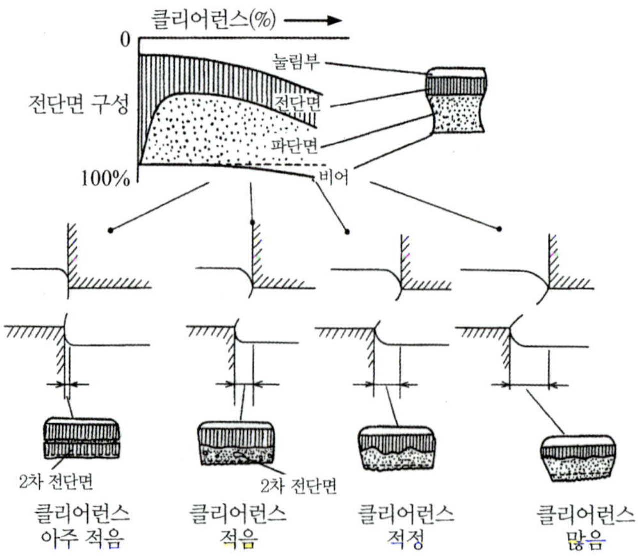


그림 2.7 간극에 따른 전단특성 도식도

간극의 크기에 따라 전단면의 상태가 민감하게 영향을 받으며 그림 2.7에 간극의 변화에 따른 전단면을 도식적으로 나타내었다.

### ■ 간극이 대단히 작을 경우

전단이 시작되어 전단면이 생성되고 균열발생으로 진행하나 공구(펀치와 다이)의 측면에서 발생한 균열이 성장하지 않고 도중에 가만히 있기 때문에 새롭게 다른 장소에서 전단이 시작되어 균열이 발생하여 분리된다. 이 때 뒤에 전단되는 것을 2차 전단이라 하고 완성된 전단면을 2차 전단면이라고 한다. 이와 같은 조건에서는 도중에 정지하는 균열은 일반적으로 작다. 또 전단이 2번 이상 일어나므로 전단면의 양을 크게 할 수 있다.

### ■ 간극이 작을 경우

균열이 발생하여 성장하는 과정에서 펀치 · 다이 측의 쌍방의 균열이 잘 만나지 않고 다른 방향으로 성장하여 상하의 균열 사이에 갇히는 듯한 부분이 성장되어 전단 완료와 함께 탈락하는 수가 있다. 또 곳곳에 작은 2차 전단면이 성장되는 수 있으며 이 조건에서 얻어지는 절단면의 상태는 나쁘다.

### ■ 간극이 적절할 경우

적정한 간극 조건에서 일반적인 프레스 가공이 행해지고 있다. 펀치 · 다이의 쌍방에서 진행한 균열이 어긋나지 않고 만나는 것에 의해 전단이 완료하는 조건이다. 이 조건에서는 통상 전단면은 판 두께의 1/3 정도로 생성된다.

### ■ 간극이 과대할 경우

이 조건에서는 균열이 발생하기까지의 시간이 길고 압축부가 크게 된다. 이것은 전단되는 판 두께가 얇게 된다고 생각할 수가 있으며, 사실상 간극이 크게 되므로 보다 나쁜 조건에서 전단이 이루어지는 것이 된다. 또한, 발생한 균열이 어긋나 마치 잡아 찢는 듯한 상태에서 전단이 완료하므로 전단면은 직각도가 극히 나쁘고 스프링백도 크게 발생된다.

## 2.5 간극의 측정

금형은 많은 부품으로 구성되어 있다. 각각의 부품은 높은 정밀도를 가지고 있으나 실제 가공단계에서 시험 전단을 한 경우 제품정도나 외관이 만족스럽지 못한 경우가 생겨 간극을 다시 확인할 필요가 생기는 상황이 일어날 수 있다. 금형이 조립된 상태에서 소정의 제품 가공을 시험하는 경우 시험 가공에서 원하는 결과를 얻는 것이 이상적이나 대부분의 경우 미세조정 과정을 거치게 되는데, 이 때 간극의 정확한 측정이 필요하다. 간극의 측정은 실제 전단 가공(동적 · 부하 시)상태에서 간극을 측정하는 것과 조립(정적 · 무부하 시) 시에 간극을 측정하는 두 가지 방법이 있다.

실제 전단 가공 중 간극 측정의 하나로 그림 2.8(a)에 나타낸 바와 같이, 금형을 프레스 기계에 조립한 후에 프레스 기계의 하사점 조절을 통해 연질의 피가공재(알루미늄 등)를 이용하여 절반 정도 전단된 상태 (약간 물린 상태)에서 피가공재를 꺼내고 수지로 마운팅한 후 측정하려는 부분을 절단하여 공구현미경으로 간극을 측정한다. 이때 피공재로 연질의 알루미늄이나 납 등을 이용하는 것은 전단된 제품의 탄성 복원량이 작아서 실제 간격을 보다 정확하게 측정할 수 있기 때문이다. 이와 같은 방법은 간극뿐만 아니라 전단 가공된 제품의 구멍치수 등의 측정에도 이용 가능하다. 또, 그림 2.8(b)와 같이 버어(burr)를 측정하여 과거의 데이터를 집적함으로써 간극의 상대적인 크기를 예상할 수가 있다.

조립 및 무부하 시의 간극 측정은 펀치 · 다이를 맞물린 상태에서 실시한다. 그림 2.8(c)에 보인 바와 같이 간극을 측정할 수 있는 위치에 금형을 설치하여 상하형 (펀치와 다이)사이에 전구를 설치한다. 이와 같은 상태에서 간극 부분을 전구로 비추면서 두께 게이지를 이용하여 간극을 측정한다. 또, 동시에 금형의 펀치 · 다이의 편심 등도 체크할 수가 있다.

이상과 같은 방법이 있으나 통상 금형제작에 있어서 펀치 · 다이의 치수는 연마가공이 되어 있으므로 다이 · 펀치의 치수차로 간극의 총량(양측의 간극의 합)이 결정된다. 따라서 문제가 되는 것은 실제 전단된 부분에서 간극이 균일한지의 여부이다. 보다 실용적인 방법으로는 그림 2.8(d)에 보인 바와 같이 얇은 종이를 이용하여 전단공정을 진행시켜 종이가 잘리지 않고 꺾인다거나(간극 대) 또는 종이가 날카롭게 잘린다(간극 소)는 것으로 간극의 적정성을 판정할 수 있다.

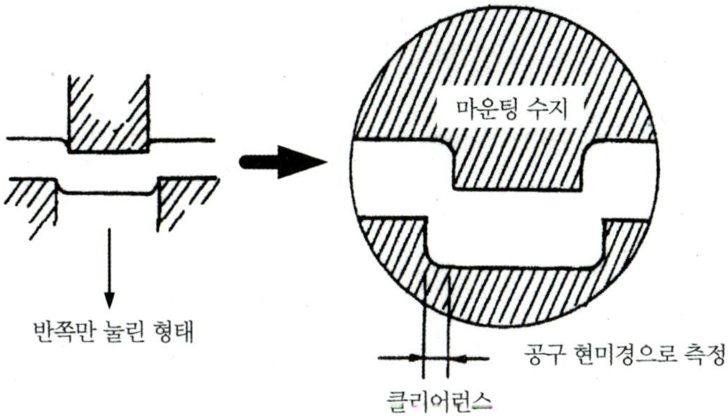


(a) 수지 마운팅법

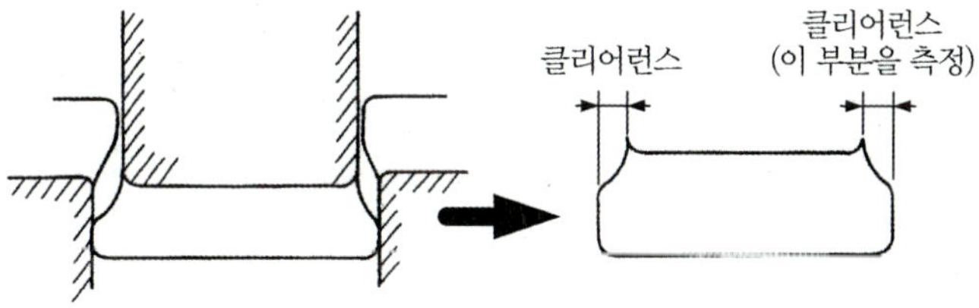


(b) 버어 측정법

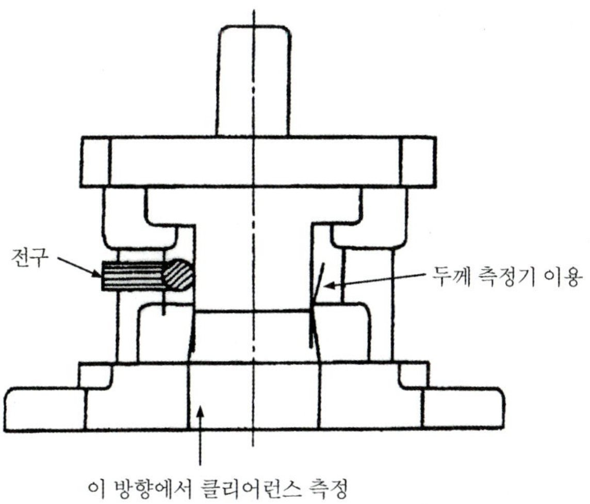


(c) 두께 게이지 측정법

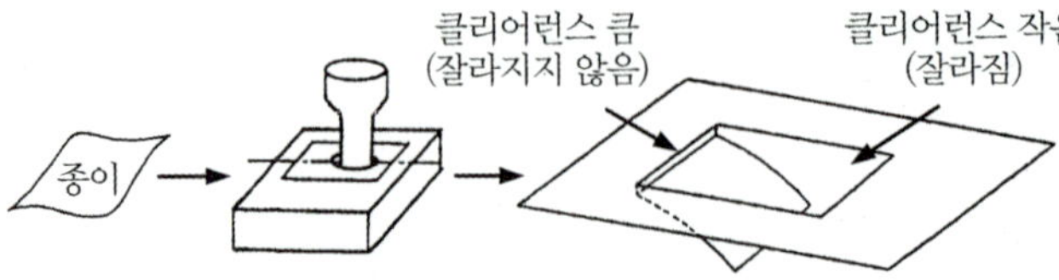


(d) 종이 전단법

**그림 2.8** 간극 측정방법

## 2.6 전단 가공의 전단 날 송입량

전단 날 송입량(lap)은 전단 가공에 있어서 전단이 완료되기까지의 펀치 이동거리로 정의할 수가 있다. 전단 가공에 있어서 전단 날 송입량이 어느 정도 필요한 것인지에 대해 전단의 기본으로 돌아가 생각해 보자. 먼저 송입량이 적은 경우에는 그림 2.9와 같이 펀치 · 다이 끝단부의 양측에서 금형(공구)에 의해 압축된 전단면이 만들어진 후 균열이 발생, 성장하여 펀치 · 다이의 양측에서 균열이 만나 전단된다. 결국 균열발생 · 성장 · 관통이 일어나면서 전단이 완료하는 것이 된다. 따라서 전단을 완료시키기 위해서는 반드시 피가공재의 판 두께에 해당하는 스트로크를 필요로 하지 않는 것을 알 수 있다. 전단 완료까지의 펀치 이동거리는 피가공재의 물성, 간극, 판가압력 등에 의해 변하게 된다.

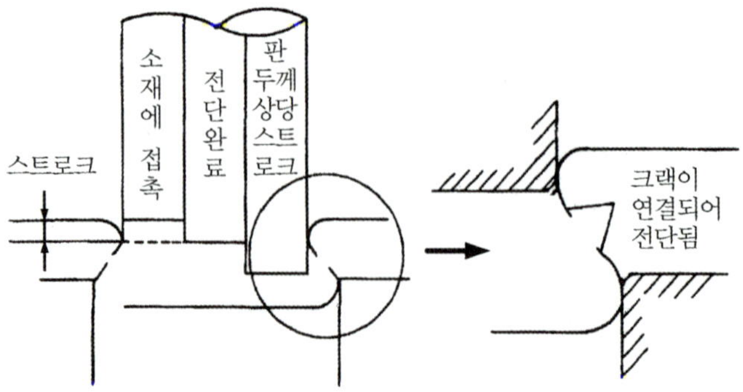


**그림 2.9** 전단 가공에서의 펀치 송입량

피가공재의 재료 특성에 따른 차이를 전단 선도에서 비교하였다. 그림 2.10(a)에 보인 재료특성 측면에서 보면, 연성 재료는 일반적으로 스트로크가 크며 균열은 스트로크가 최대 전단 저항을 넘어선 후 발생한다. 적정 간극을 가정하면 대개 판 두께의 50%에 해당하는 스트로크가 필요하다. 취성 재료는 일반적으로는 스트로크가 작으며 최대 전단 저항에 이르기 전에 균열이 발생하는 것이 일반적이다. 적정 송입량은 간극의 크기에도 영향을 받게 되는데, 간극이 매우 작을 때는 2차 전단의 발생 등으로 균열의 관통이 늦어지며, 간극이 크면 전단시편 가장자리 압축과 스프링 백이 크게 되므로 이 경우에도 균열의 관통이 늦어

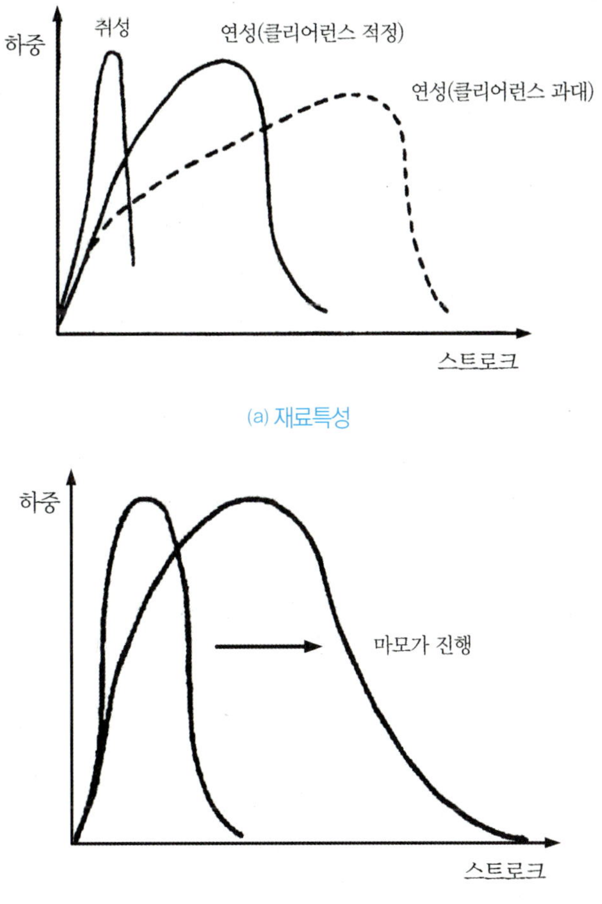


(a) 재료특성

(b) 금형마모

**그림 2.10** 재료 특성과 송입량

져 높은 송입량이 요구된다. 간극이 매우 커지게 되면 이 상태는 잡아 찢는 듯한 형태이기 때문에 펀치가 판 두께보다 깊은 스트로크에서도 전단이 완료되지 않는 수도 있다.

펀치 송입량은 또한 금형의 마모 등에도 영향을 받는다. 그림 2.10(b)에 보인 바와 같이, 날끝이 마모하면 균열발생 · 관통이 늦어지기 때문에 전단 완료까지의 펀치 스트로크가 크게 된다. 즉, 스트로크가 큰 경우는 피가공재와 펀치 · 다이의 마찰에 의해 금형의 측면이 깎이게 되는 상태가 되므로 간극이 크게 되는 것과 같은 상태가 된다. 금형의 송입량은 될 수 있는 한 작게 하는 것이 바람직하다.

## 2.7 판가압력의 이용과 전단면의 관계

전단 가공의 요소로써 펀치력, 판가압력(blank holding force), 펀치 · 다이 치수, 역 판가압력 등을 들 수 있다. 통상의 전단 가공면은 전단부, 파단부, 버어 등이 발생되며 전단면에 테이터가 발생된다. 제품의 형상 · 치수 정밀도 측면에서는 전단면을 가능한 많이 형성시키고 전단면의 테이퍼는 최소화 시키는 것이 권장된다. 결국, 전단 가공된 단면을 깨끗하게 하는 데에는 전단면을 증가시켜 파단면을 감소하는 것이 중요하며 이를 위해서는, 그림 2.11에 보인 바와 같이 피가공재 내부에 발생하는 굽힘 모멘트나 인장력을 적게 하여 균열발생을 억제시키거나 가공경화에 의한 재료의 연성감소를 억제하는 방법이 효과적이다.

통상의 전단 가공공정을 개선하기 위한 방안으로 여러 방법들이 작용되고 있다. 대표적인 방법으로는 그림 2.12에 나타낸 바와 같이 판가압력과 역판가압력을 가할 수 있는 장치를 가진 충분한 강성의 금형을 이용하여, 피가공재 플랜지부의 굽힘 변형을 구속하는 파인블랭킹(fine blanking) 방법을 들 수 있다. 그림 2.13에 보인 바와 같이 간극을 작게 하는 것에 의해 전단면을 증가시키는 방법도 가능하며 이것은 판 두께의 70% 정도까지가 한계이다.

그림 2.14에 보인 방법은 간극을 0 또는 음의 값으로 설정하고, 다이 날 부분에 라운딩

(목표값으로 판 두께의 10~20% 정도)을 주어 전단 가공을 한다. 이러한 방법을 적용하면 전단 시 균열발생이 지연되어 파단면의 영역이 줄어드는 효과를 얻을 수 있다. 이 방법은 파단을 늦출 수 있을 정도의 충분한 연성을 가진 피가공재에 한하여 적용가능하다. 또, 이 가공방법에서는 큰 휨이 발생하기 때문에 휨을 방지하도록 역판가압력을 사용할 필요가 있다. 대개 역판가압력은 통상 전단력의 30% 이상을 필요로 한다. 이 방법에 의해서 파단면이 없는 순수 전단면을 얻을 수도 있으나 전단면의 테이퍼는 크게 된다. 이들 가공법은 금형수명의 저하가 일반금형 이상으로 크다는 것을 사전에 알아두는 것이 중요하다.

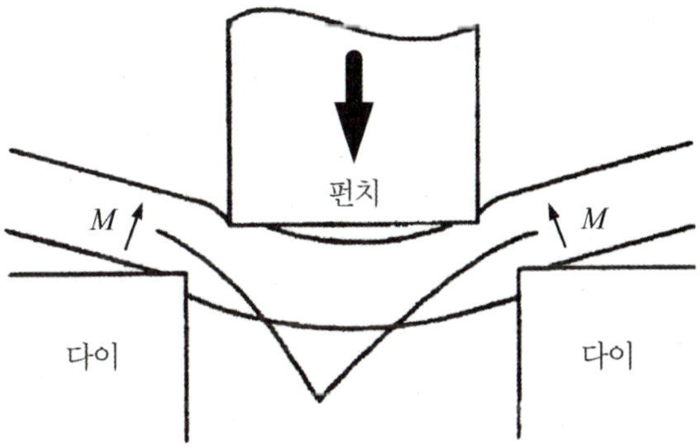


그림 2.11 전단 가공에서의 굽힘 모멘트

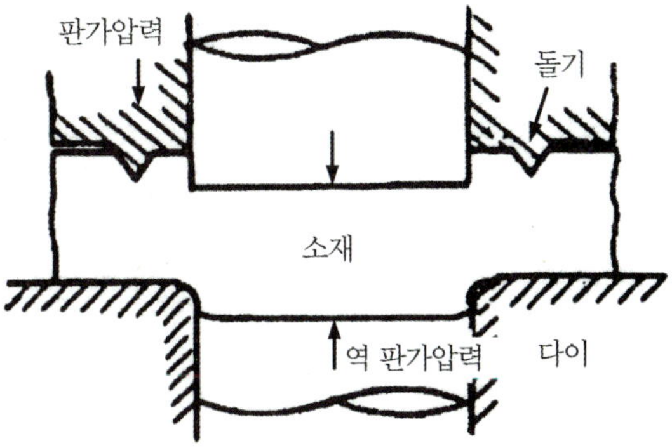


그림 2.12 정밀 전단면(파인 블랭킹법)

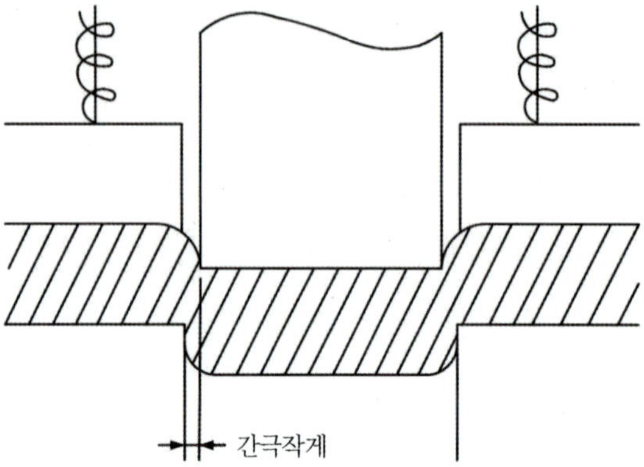


그림 2.13 간극 감소를 통한 전단면적 증가

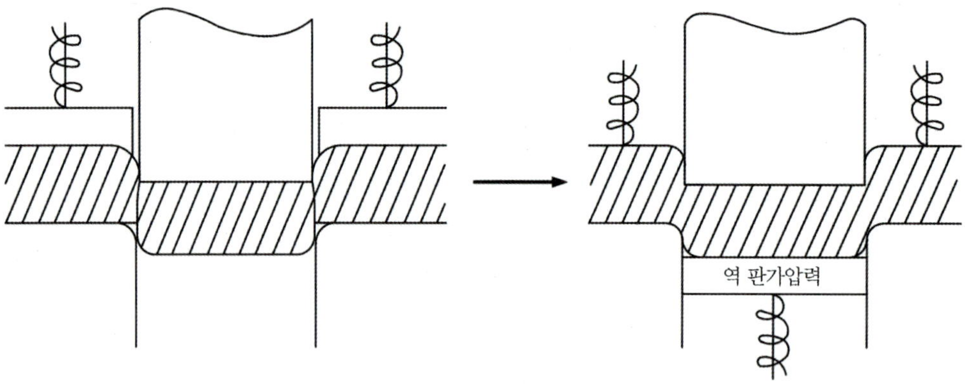


그림 2.14 무간극과 판가압력을 이용한 전단면적 증가

## 2.8 블랭킹과 펀칭의 차이

일반 프레스 가공작업에서 많이 쓰이고 있는 블랭킹(blanking)과 펀칭(punching)을 그림 2.15에 나타내었다. 블랭킹(외형뽑기)은 닫힌 형상의 전 외주를 전단하여 다이를 통과한 쪽이 제품이 되는 공정이며, 펀칭(구멍뽑기)은 닫힌 형상의 주위를 전단한 후 남은 쪽이 제품이 되는 공정이다.

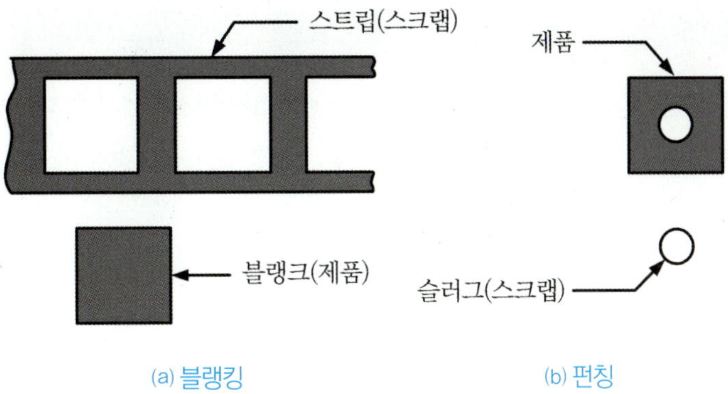


**그림 2.15** 블랭킹과 펀칭의 공정 도식도

### ■ 블랭킹

뽑힌 것을 제품으로 하는 경우에는 휨부와 전단면이 다이의 날 끝에서 발생하여 다이 단면에서 생성되고, 다이구멍을 통과하므로 블랭킹된 제품은 다이구멍 치수와 동일하다. 따라서 직경 $D_b$의 원형 블랭크를 따내기 위한 펀치와 다이의 크기는 다음과 같이 결정된다.

블랭킹 펀치 직경$=D_b-2c$

블랭킹 다이 직경$=D_b$

### ■ 펀칭

펀칭 후 피가공재의 휨부와 전단면은 펀치의 날끝에서 생성되어 뚫어진 구멍으로 펀치가 압입된 상태이므로 피가공재에 뚫어진 구멍치수는 펀치치수와 동일하다.

직경 $D_h$의 원형 구멍을 따내기 위한 펀치와 다이의 크기는 다음과 같이 결정된다.

구멍 펀치 직경$=D_h$

구멍 다이 직경$=D_h+2c$

### 예제 2.5

컴파운드 금형을 이용하여 2.8mm 두께의 연강(mild steel) 박판소재에서 와셔를 블랭킹 및 펀칭하여 제작하고자 하며, 가공하고자 하는 와셔의 치수는 외경 76mm 내경 32mm이다. 다음을 결정하라.

(a) 블랭킹 작업 시 적절한 펀치와 다이 직경　　(b) 펀칭 작업 시 적절한 펀치와 다이 직경

**풀이**

2.8mm 두께의 연강재의 전단 여유(a %)는 표 2.1에서 일반 용도의 경우 6~10% 사이의 값을 가지므로 8%를 가정하면 $c = t \times a(\%) = 2.8 \times 0.08 = 0.224\text{mm}$

(a) 와셔의 목표 외경으로 블랭킹하여야 하므로,

블랭킹 펀치 직경 $= D_b - 2c = 76 - 2(0.224) = 75.552\text{mm}$

블랭킹 다이 직경 $= D_b = 76\text{mm}$

(b) 와셔의 목표 내경으로 펀칭하여야 하므로,

펀칭 펀치 직경 $= D_h = 32\text{mm}$

펀칭 다이 직경 $= D_h + 2c = 32 + 2(0.224) = 32.448\text{mm}$

블랭킹 및 펀칭공정으로 가공된 피가공재의 전단면은 눌림부 · 전단면 · 파단면 · 버어(burr)로 구성되어 있다. 그리고 펀치와 다이의 쌍방에서 전단이 진행하기 때문에 전단으로 분리된 두 개의 절단면의 상태는 서로 반대가 된다. 이것은 특히 버어의 위치가 중요하며 다른 가공(굽힘 · 2차 가공 등)과의 관계에 있어서도 중요하다. 예를 들면 전단 가공된 제품을 그대로의 방향에서 다음의 공정에서 구멍뚫기를 하면 버어의 방향은 역으로 되는 상태이다.

제품의 가공 정밀도 측면에서는 다이와 펀치 간의 간극이 중요한 요인이 된다. 펀칭에 있어서 전단된 피가공재, 남은 피가공재의 치수 및 형태가 제품 정밀도에 큰 영향을 미친다. 펀치 · 다이에 의해 원형 형상의 제품을 가공하는 경우에 대하여 그림 2.16에 가공 예를 나타내었다.

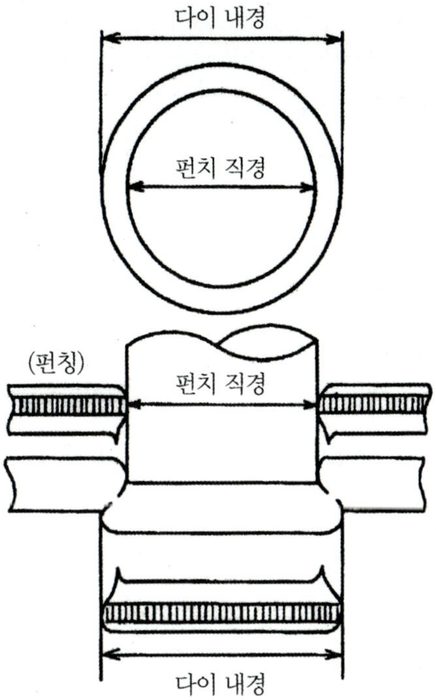


그림 2.16 원형형상의 가공 예

프레스작업에 있어서의 제품은 블랭킹과 펀칭은 완전히 반대이므로 제품 가공 후 가공 잔재(슬러그)를 회수하는 방법에 대해서도 고려할 필요가 있다. 또, 전단 하중을 분산 저감시키기 위하여 2.10절에 설명할 바와 같이 다이와 펀치에 전단각을 붙이는 경우도 있다.

## 2.9 전단 가공의 가공한계

전단은 펀치와 다이의 날끝 부근에서 이루어지나 전단에 사용되는 힘은 피가공재가 일체로 되어 있기 때문에 영향은 날끝의 일부분만이 아니라 주위에도 영향을 준다. 따라서 표 2.2에 보인 바와 같이 펀칭 가능한 최소직경이 존재한다.

표 2.2 편칭 시 실용 최소 구멍 직경 d(t: 판 두께)

| 피가공재 | 일반 편칭 | | 정밀 편칭 (d≧0.4mm) | |
|---|---|---|---|---|
| | 원 펀치 | 각 펀치 | 원 펀치 | 각 펀치 |
| 경 강 | 1.3t | 1.0t | 0.5t | 0.4t |
| 연강, 황동 | 1.0t | 0.7t | 0.35t | 0.3t |
| 알루미늄 | 0.8t | 0.5t | 0.3t | 0.28t |

또한 피가공재의 판끝에서 가까운 장소에 구멍을 뚫으면 판끝의 직선부가 전단(펀칭)력에 의해 부풀음이 발생되는 수가 있다. 그림 2.17에 보인 원형과 각형 펀칭 시 펀칭 간격의 최소 허용한계를 표 2.3에 나타내었다.

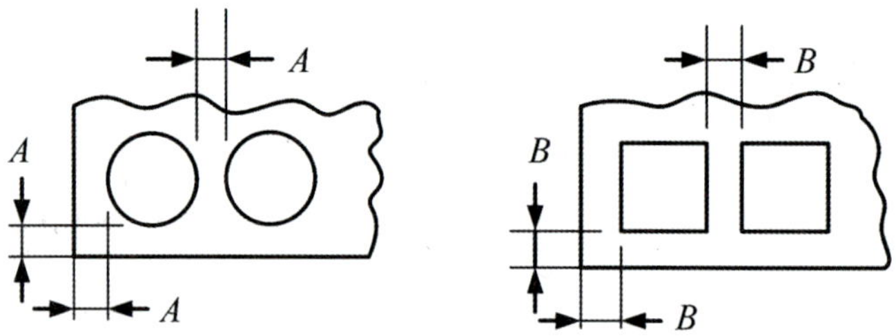


(a) 원형 펀칭 (b) 각형 펀칭

그림 2.17 금속판에서 펀칭 간격 한계

표 2.3 금속판에서 펀칭 간격 한계

| 원형 펀칭 | | 각형 펀칭 | |
|---|---|---|---|
| 판 두께 | 최소 거리 A | 판 두께 | 최소거리 B |
| 1.55mm 이하 | 3.1mm | 2.3mm 이하 | 4.6 mm |
| 1.55mm 초과 | 판 두께의 2배 | 2.3mm 초과 | 판 두께의 2배 |

이와 같은 가공한계(가공제한)는 전단 가공 시 반드시 고려되어야 할 매우 중요한 사항이며 아래에 가공한계와 관련된 사항을 나타내었다.

① 제품의 구석이나 각부에 반경을 0으로 한 예리한 형상은 피한다. 펀치 코너반경 0, 다이 엣지(edge)반경 0에서 가공하면 반드시 제품에 둥근 부분이 생기고 만다. 그 양은 간극의 2.5배 정도이다. 따라서 적절한 반경을 붙여주어야 한다. 또, 공구(금형)에 있어서는 둥근 부분 반경이 판 두께의 1/4이하로 되면 공구의 수명은 급격히 악화된다(그림 2.18).

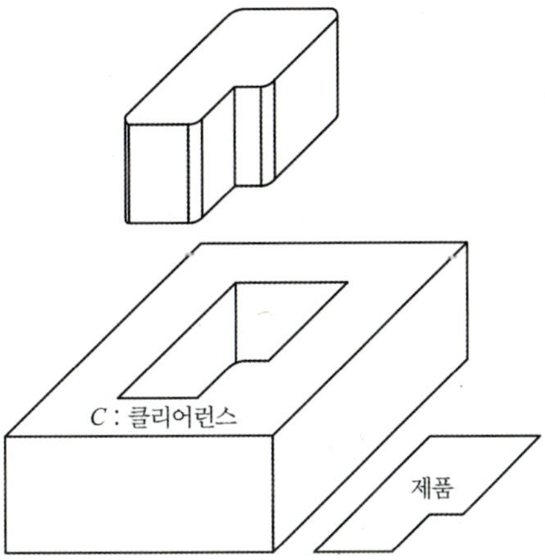


그림 2.18 각부 곡률반경 한계

② 전단 영향력을 받기 쉬운 영역, 즉 좁은 연결부나 좁은 돌기는 피한다(그림 2.19).

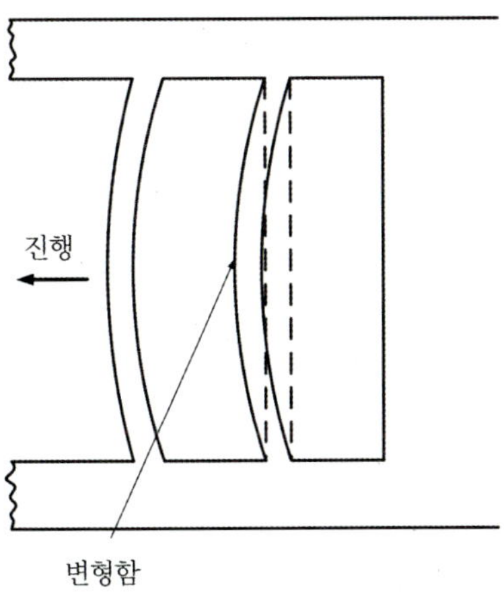


그림 2.19 순송 금형에 의한 좁은 경계의 변형

③ 전단 가공에 있어서 펀칭의 가공한계는 어느 정도로 작은 구멍을 뚫는 것이 가능한지를 결정하는 것이다. 이는 근사적으로 펀치의 압축강도로 계산할 수 있다.

$$P = pA = L\,t\,S \tag{2.3}$$

여기서, $P$ : 전단 하중, $p$ : 압축강도($\mathrm{kgf/mm^2}$), $A$ : 펀치밑면 면적($\mathrm{mm^2}$)

$L$ : 전단 길이(mm), $t$ : 피가공재의 판 두께(mm), $S$ : 전단 저항($\mathrm{kgf/mm^2}$)

즉, 전단 저항이 $32\mathrm{kgf/mm^2}$인 피가공재를, 압축강도 $p = 130\mathrm{kgf/mm^2}$의 공구강으로 전단한다고 가정할 때 전단 가능한 구멍직경은

$p\left(\dfrac{\pi d^2}{4}\right) = \pi d\,t\,S$이므로

$d = \dfrac{4 \times t \times 32}{130} = 0.98\,t$가 되어 판 두께의 98%까지의 직경이 전단 가능

④ 굽힘이나 드로잉 성형제품의 펀칭가공 시 펀칭 후 성형을 하면 구멍이 변형하거나 치수정도가 나오기 어려운 수가 있다. 가공에 영향을 받지 않는 부위에 펀칭가공을 하거나 가공 후에 펀칭가공을 하는 등의 방법을 취하는 것이 바람직하다(그림 2.20).

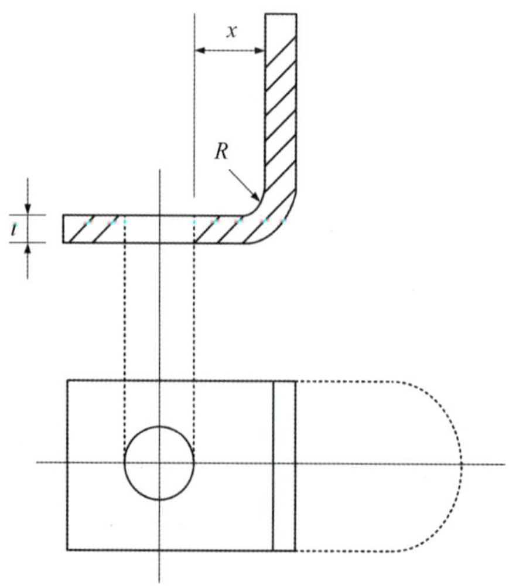


그림 2.20 이후 굽힘공정 시 구멍변형 방지 위치: $x \geq 1.5t + R$

그리고 금형의 구조를 변경하여 다소 개선 가능한 것이 있다. 간단한 예로 스트리퍼(stripper)에 의해 판가압력을 증가시키는 방법으로는 전단부 근방에 잡아주는 영역을 0.03-0.05mm 정도의 단차를 붙여 판가압력을 집중시켜 재료변형을 적게 한다(그림 2.21).

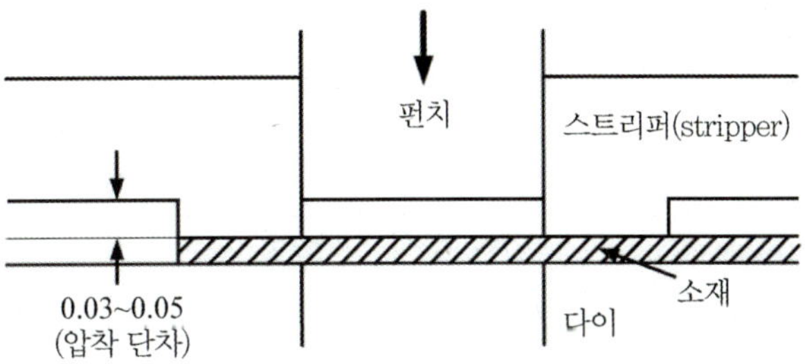


**그림 2.21** 스트리퍼를 이용한 재료변형의 방지

## 예제 2.6

아래 그림에 보인 형상으로 블랭킹할 수 있는 금형을 설계하고자 한다. 재료는 두께 4mm인 스테인리스강이다. 블랭킹 펀치와 다이구멍의 크기를 결정하라.(단위 : mm)

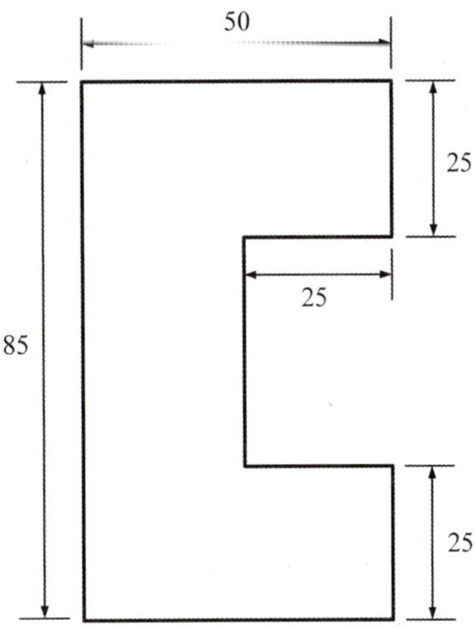

풀이

4mm 두께의 스테인리스강의 전단 여유(a %)는 표 2.1에서 일반용도의 경우 7~11% 사이의 값을 가지므로 10%를 가정하면 $c = t \times a(\%) = 4 \times 0.1 = 0.4\mathrm{mm}$

목표 형상으로 블랭킹하기 위한 펀치 및 다이의 직변부 치수는

펀치 형상$= D_b - c = D_b - 0.4$

다이 형상$= D_b$

목표형상이 코너부 곡률이 없이 직변부만 있으므로 아래 그림과 같은 다이 및 펀치형상을 얻게 된다.

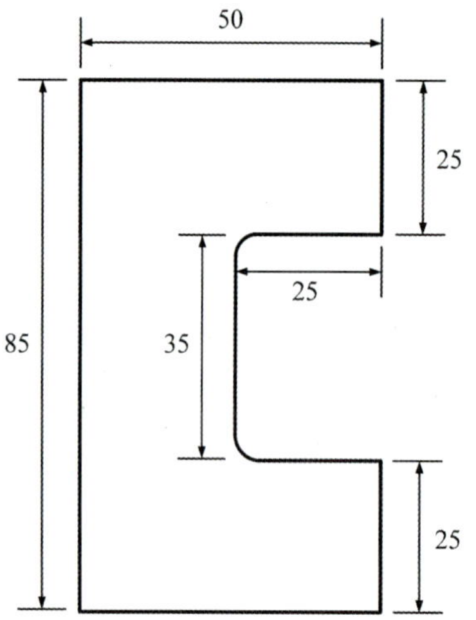


다이

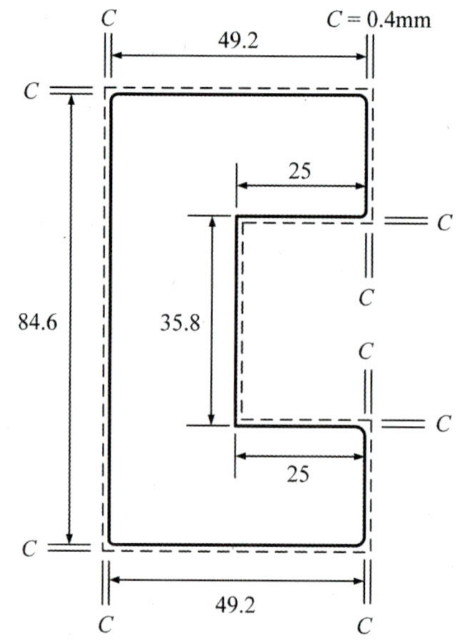


펀치

하지만 그림 2.18에 설명한 바와 같이 반경을 0으로 한 예리한 형상은 피하는 것이 바람직하며 설계공차가 허용된다면 $r = 2.5c = 1\mathrm{mm}$ 정도의 반경붙임을 해주는 것이 바람직하다.

## 2.10 전단각

전단 하중을 계산하여 소요 하중이 프레스기계의 공칭능력과 같은 경우는 가공하기가 불안하다. 통상, 프레스기계는 공칭능력의 70%까지 범위에서 사용하는 것이 좋다고 알려져 있다. 가위를 사용한 전단은 피전단재를 조금씩 전단하여 가기 때문에 한 번에 큰 하중은 필요하지 않다. 이러한 원리를 프레스기계에 응용하여, 펀치 또는 다이를 경사지게 해서 비스듬하게 가공하면 피가공재에 전단 저항이 동시에 걸리지 않으므로 전단 저항의 저감이 가능하게 된다. 경사지게 하는 것은 공구에 전단각을 부여한다는 것이고 그 각도를 전단각(shear angle)이라 한다. 전단 하중이 저감하는 정도는 전단 하중을 산출하는 방법으로 생각해 보면

$$P = A\,S \tag{2.4}$$

여기서, $P$: 전단 하중, $A$: 전단 면적, $S$ : 전단 저항

으로 계산되므로 그림 2.22와 같은 상태에서 전단이 행하여졌다고 가정하면,

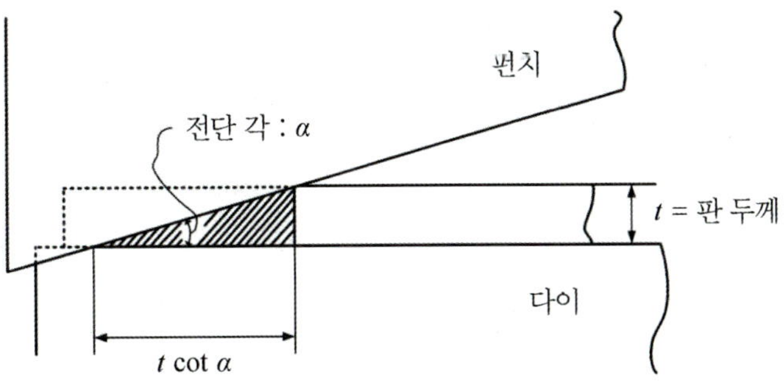


그림 2.22 전단각에 의한 전단 하중

$$P= A\,S= \frac{1}{2}t(t\cot\alpha)\,S= \frac{t^2\cot\alpha}{2}S \tag{2.5}$$

와 같이 전단면적이 삼각형의 형상으로 변화한 것뿐이다.

일반적으로는 전단 저항보다도 인장강도가 이용되고 있으므로 전단 저항은 인장강도의 80% 정도인 것을 고려하여 보다 범용적으로 생각하면,

$$P= \frac{t^2\cot\alpha}{2}S = K\,\sigma_t t^2\cot\alpha \tag{2.6}$$

여기서 $\alpha$는 전단각, $\sigma_t$는 인장강도이며, $K$는 전단 저항과 인장강도의 변환계수이다.

### 예제 2.7

5mm 두께, 2m 폭을 갖는 판재를 폭방향으로 절단한다. (a) 전단각을 부여하지 않은 경우와 (b) 6°의 전단각을 부여한 경우 전단 하중을 각각 계산하라. 판재의 전단 저항은 380MPa이다.

풀이

(a) 식(2.1)로부터 전단 저항은 $P= L\,t\,S$ 이므로

$$P= L\,t\,S= 2\times 0.005\times 380 = 3800\,\text{kN}$$

(b) 식(2.5)로부터 전단 저항은 $P= \frac{t^2\cot\alpha}{2}S$이므로

$$P= \frac{t^2\cot\alpha}{2}S= \frac{(0.005)^2\times\cot6\times380}{2} = 45.19\text{kN}$$

따라서 전단각을 이용한 전단공정은 전단 하중을 현저히 감소시켜준다.

전단각에 의해 전단된 피가공재는 변형이 생기므로 다음과 같은 것을 고려하여야 한다.

① 블랭킹 : 다이 측에 전단각을 부여한다. 이때 생기는 능선에는 약간의 $R$을 붙인다. 펀치 밑면이 평면이므로 제품에 변형이 적다.

② 펀칭 : 펀치 측에 전단각을 부여한다. 다이밑면이 평면이므로 제품에 변형이 적다.

그리고 전단각을 부여하는 형태는 그림 2.23에 보인 바와 같이 여러 가지 모양이 가능하다.

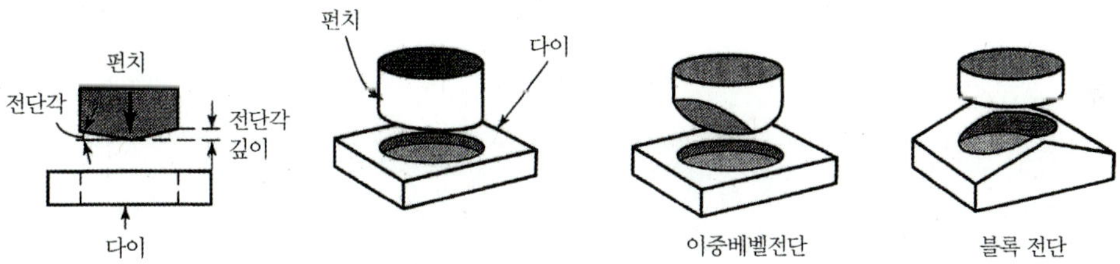


그림 2.23 펀치와 다이에 전단각을 두는 예

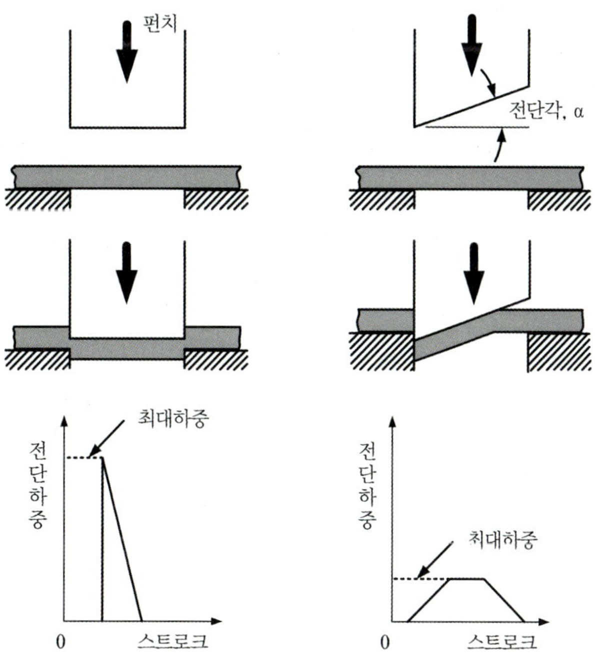


그림 2.24 전단 스트로크

전단각을 가진 전단 가공에서 전단 하중-스트로크 선도를 보면, 전단각을 가진 금형에서의 가공은 당연히 최고 전단 하중이 낮아지지만 전단되는 면적은 전단각에 무관하게 동일하므로 선도에 의해 둘러싸인 면적은 에너지 측면에서 동일해야 한다. 즉, 전단이 완료하기까지의 스트로크가 길어지게 된다(그림 2.24).

전단량은 일반적으로 피가공재 두께의 2/3정도가 채용되며 이에 의해 전단 하중은 3/4-2/3정도로 저감이 가능하다. 또, 이와 같이 전단각은 전단 하중의 저감뿐만 아니라 전단 휨의 방지에도 유용하다. 특히 그림 2.25에 보인 바와 같이 순차 이송금형에 있어서는 피가공재 이동에 따른 펀치의 파손방지나 하중 중심의 설정 등에도 효과가 있다.

그림 2.25 순차 이송금형의 피가공재 이동 예

## 2.11 휨의 발생

전단 가공된 제품의 검사 시 평탄도를 측정하는 경우가 자주 있다. 전단 가공에서의 전단 하중은 금형과 피가공재 간의 드로잉, 굽힘, 횡방향 힘 등으로 작용하고 있다. 그 중에서 굽힘 모멘트는 전단의 진행과 같이 작용하여 전단 가공의 초기단계에서는 힘을 제거하면 원래대로 돌아가는 탄성회복의 특성을 가지지만, 소성영역에서 전단이 완료되면 다소의 탄성회복(스프링백)과 영구변형 하는 잔류변형이 생겨 휨(만곡)이 발생될 수 있다(그림 2.26). 휨 현상은 재료특성에 의해 상당부분이 좌우되는데, 연질재나 가공경화지수가 큰 재료에서 휨이 증가하는 경향을 보인다. 휨이 생기는 펀치 밑면과 노크-아웃(knock-out)면 사이에 놓인 피가공재를 강한 스프링으로 누름으로써 높은 정밀도의 내·외형 동시 전단이 가능하다(그림 2.27).

굽힘 모멘트가 휨발생의 큰 원인이라면 간극(clearance)이 클수록 휨이 증가할 것으로 예상할 수가 있다. 그러나 극단적으로 작은 간극을 부여하면 다이구멍에 박힌 피가공재는 다이 구멍보다 약간 크게 되기 때문에(대개 같은 치수가 된다) 박혀진 피가공재는 다이구멍 벽면에서 부딪혀 마찰의 영향으로 도리어 휨이 증가할 수가 있다. 그리고 이러한 현상은 벽면의 표면조도와 윤활상태에도 영향을 받는다. 일반적으로 휨이 가장 적게 되는 간극은 5-10% 정도로 알려져 있다.

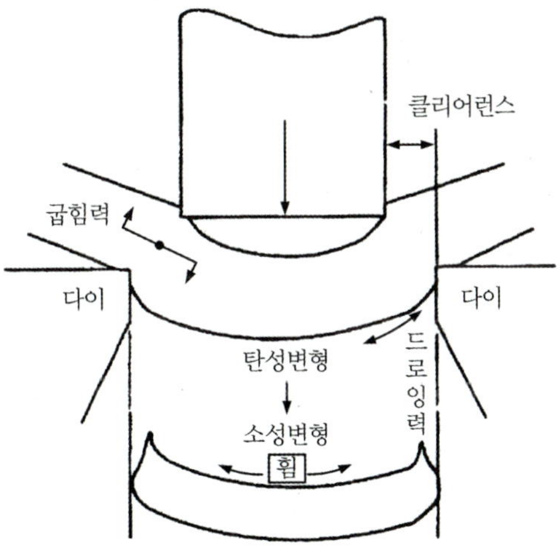


그림 2.26 휨의 발생

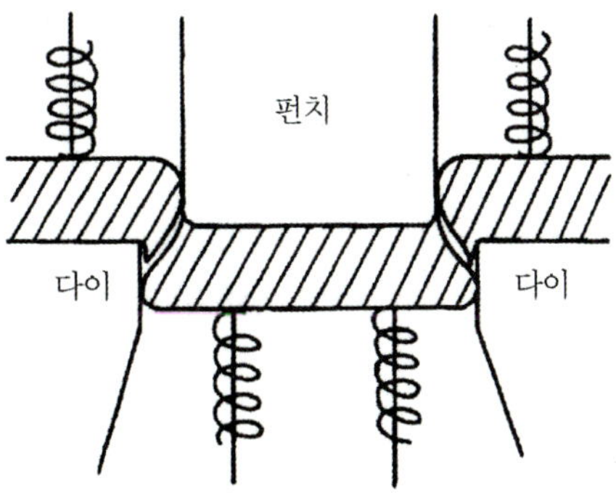


그림 2.27 노크-아웃 방식

다이 날끝의 마모에 의해 전단된 피가공재가 다이의 곡률부에서 횡방향으로 압축되기 때문에 휨이 발생할 수 있다. 따라서 가공 중에 날끝의 관리(마모 등)가 중요하다. 또한 펀치밑면과 피가공재 사이에 이물이 들어가 휨이 발생하는 경우와 가공속도와 가공 열에 의한 금형의 변형 등도 휨발생의 요인이 될 수 있다.

제품형상이 복잡한 경우는 각 부분에서 전단면이 달라서 전단력에 편차가 생기며 이 때문에 휨이 나타날 수 있다. 휨으로 변형한 그대로 가공을 종료하면 스프링백이 생겨 전단된 제품의 치수가 가공 시에 이용되는 다이나 펀치의 목표치수와 달라져 작업이 어려워질 수 있다. 이에 대한 대책으로 각 부분에 대한 간극을 설정하거나 또는 역판가압력을 이용한다.

피가공재 측면에서는 피가공 소재의 제조공정에서 축적된 내부응력이 원인이 되어 전단 가공 후 휨을 일으킬 수 있다. 이 경우에는 사전에 피가공재를 소둔처리(annealing)하거나 교정기를 이용하여 교정하는 방안을 생각할 수 있다.

## 2.12 전단 가공의 공정과 전단면

전단 가공을 받은 피가공재의 전단면은 절삭 가공된 면과는 다른 형태를 보인다. 절삭 가공된 제품의 절단면은 일정하게 광택이 있는 직각단면의 상태인 반면, 프레스 전단된 단면은 일정하지 않고 단면이 이완되거나 광택이 나는 부분이나 꺼칠꺼칠한 부분 등이 있으며 직각이 아닌 단면형상이기도 하다. 전단 가공 시 전단면은 (눌림기) → (전단기) → (파단기)를 거치면서 전단을 일으키게 되는데 이러한 전단의 과정을 살펴보자.

펀치와 다이에 끼워진 피가공재가 압입되는 상태에서 시작하여 그림 2.28과 같이 된다.

- $A$점 까지 : 펀치에 가해진 하중에 의해 펀치가 다이구멍에 들어가려고 하며 피가공재를 펀치밑면(엄밀하게는 날 끝부분)에 밀착하여 다이구멍에 끌어 들이려고 하면서 판

압축이 일어난다. 전단은 펀치에서 다이로 다이에서 펀치로의 상호 대응적으로 일어나고 있다.

- *B*점 까지 : 급격하게 전단에 필요한 하중이 증가한다. 이 때 펀치 날끝이 압입되어 피가공재가 펀치의 단면에 접하여 진행하여 가며, 광택이 있는 평활한 전단면이 형성된다.

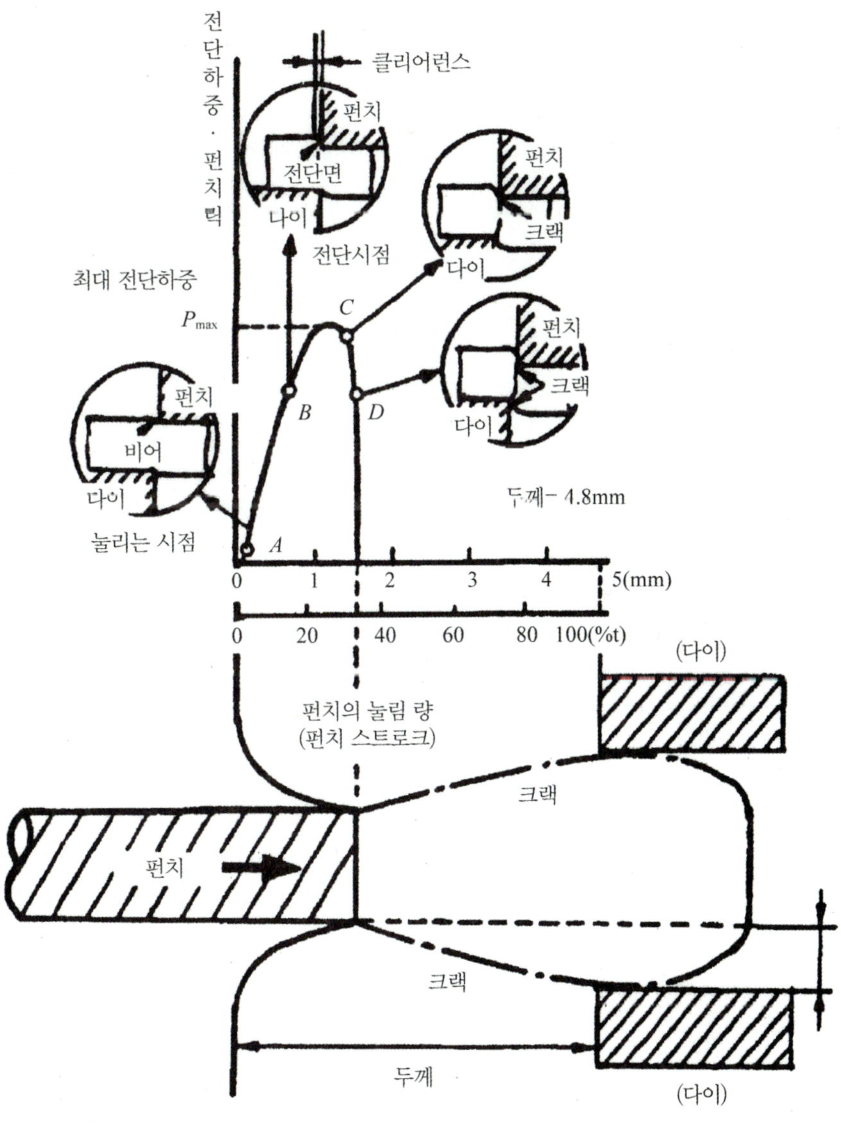


그림 2.28 전단공정

- *B*점-*C*점 사이: *B*점을 지나서도 전단 하중은 계속 증가하지만, 전단변형에 의한 판 두께 감소비율이 증가하고 피가공재의 가공경화 비율은 줄어들게 되므로 전단 하중이 최고점을 지나고 감소하게 된다.
- *C*점에서 : 파단이 일어난다. 펀치나 다이의 날 부에서 균열이 발생하여 이 균열이 펀치측 · 다이 측에서 성장하며 관통하여 분리된다. 이것에 의해 완성된 면의 표면형태는 톱니모양의 거친 파단면을 형성한다.

전단면은 눌림부와 전단면 및 파단면으로 구성되며, 실제 전단에서 균열이 날 끝의 선단이 아니라 공구(펀치, 다이)측면에서 발생하기 때문에 단면 끝부분에 버어(burr)가 형성된다. 이는 그림 2.29에 나타내었다. 또한 그림 2.28에서 알 수 있는 바와 같이 전단 가공 시 판 두께의 30% 정도의 펀치 스트로크(punch stroke)에서 균열이 발생하여 전단이 완료하고 있는 것을 알 수 있다. 그림 2.28에 나타낸 것은 일반적인 가공 상태에 있어서의 전단 선도이며, 전단에 영향을 주는 많은 요인에 의해 이들 전단 선도는 다르게 나타난다. 즉 눌림부, 전단면, 파단면, 버어 등의 생성비율과 상태에 따라 변화하게 된다.

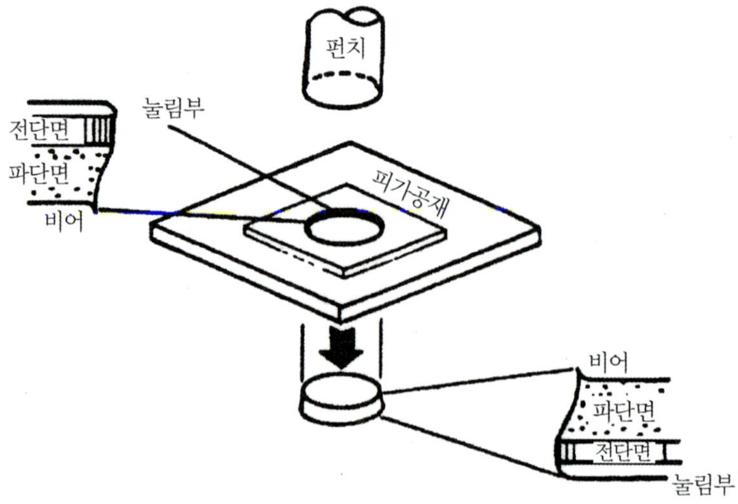


**그림 2.29** 전단 가공과 절단면

## 2.13 버어의 발생

프레스 가공에서 전단된 피가공재의 전단면을 잘 관찰하여 보면, 판면과 단면의 경계가 둥글게 되어있는 측과 뾰족하게 있는 측이 있다. 전자가 눌림부라고 불리며 다음으로 전단면 · 파단면과 연결되어간다. 후자의 뾰족해져 있는 측을 버어라고 부르고 있다.

이러한 버어는 제품측면에서 다음과 같은 이유로 바람직하지 않다(그림 2.30).

- 조립부품 상호 간에서 간섭하게 된다.
- 외관부품 등에서 손이 닿는 부부에서는 외상을 입을 수 있다.
- 버어쪽이 신장을 많이 받으면 파단 위험성이 높다.

이러한 버어의 발생 기구를 살펴보면 다음과 같다. 전단 가공은 펀치측 · 다이 측에서 발생한 균열이 만나서 전단이 완료된다. 이때의 균열발생 장소가 펀치와 다이의 에지부이면 이론상은 버어는 없어지게 된다. 그러나 많은 실험에서 실제의 균열은 펀치 · 다이의 날끝보다 조금 공구의 측면으로 들어간 곳에서 발생하고 있다. 이 어긋남이 버어가 발생하는 큰 요인이다.(그림 2.31) 또, 공구 에지에서의 어긋난 거리가 버어의 높이가 된다.(그림 2.32)

전단 가공에서 힘이 걸리는 상태를 살펴보면, 펀치하면에서는 압축력이 펀치측면에서는 인장력이 작용하고 있다. 이 2개의 상반된 힘의 작용으로 균열이 발생하게 되며 파단은 인장력이 한계에 달한 경우에 발생된다.

버어를 억제하기 위해서는 피가공재의 균열 발생부분에 인장력을 집중시키는 것이 중요하다. 이를 위해서는 간극이 대단히 큰 역할을 한다. 간극을 선정하는 방법으로서는 아래에 제시한 사항이 중요하다.

- 간극이 극단적으로 작으면 펀치하면에 작용하는 압축력이 크게 되어 버어가 크게 된다.
- 간극이 극단적으로 크면 인장력이 집중하지 않아 버어가 크게 된다. 즉, 적정한 간극을 선택하는 것이 중요하다. 그리고 이것은 펀치 · 다이의 날끝 형상에 크게 영향을 받는다.
- 예리한 날끝 : 인장력이 집중하기 쉬워 버어의 억제에 효과가 있다.
- 무딘 날끝 : 펀치하면의 압축력이 증가하고, 인장력이 집중되지 않아 버어가 크게 된다.

즉, 피가공재의 연성을 억제하는 것에 의해 버어를 줄일 수 있는 것을 알 수 있다.

이 현상을 상세하게 살펴보면, 블랭킹(전단)가공에서 버어의 크기는 명확하게 펀치의 날끝형상(무딘 정도)에 의해 영향을 받지만 다이 측의 날끝 형상에는 영향을 덜 받는다. 반면에 펀칭가공은 다이 측의 날끝 형상이 문제가 된다. 따라서 가공하는 제품에 대해 펀치 또는 다이의 날끝을 주의하는 것이 중요하다. 대응책으로는 금형의 재연삭을 들 수 있다. 금형의 마모는 통상적으로 사용하는 경우 그림 2.33과 같이 전단 수에 비례하여 마모량이 증가하는 마모곡선이 생긴다. 마모량을 생각하여 재연삭을 하는 것이 생산효율을 고려하면 매우 중요하다. 다음으로 판가압력도 버어의 발생억제에 효과가 있다. 피가공재의 재질에 관해서는 당연히 연질재질보다도 취성재료 쪽이 버어의 발생을 작게 할 수 있다.

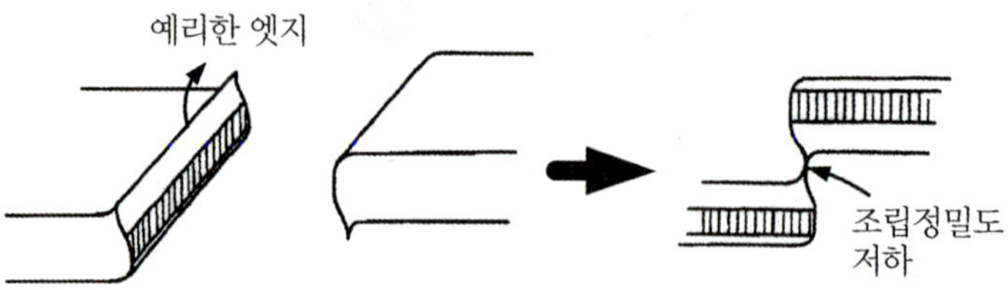


그림 2.30 버어의 문제

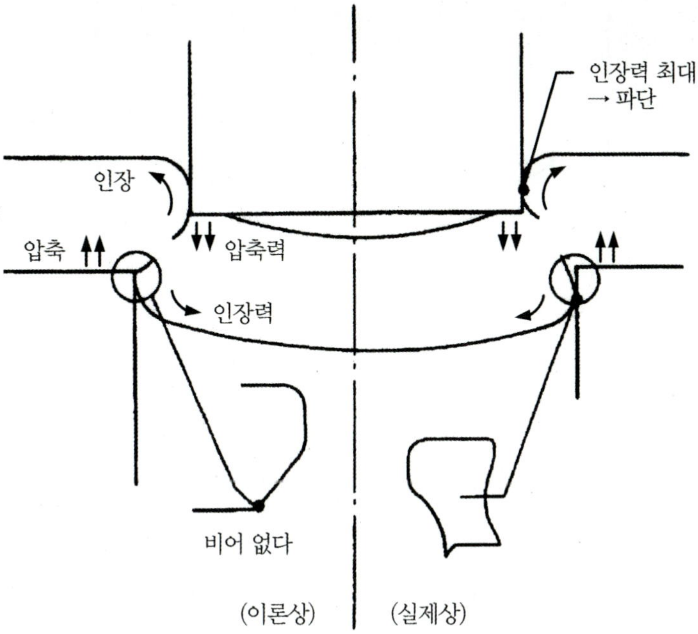


그림 2.31 버어의 발생

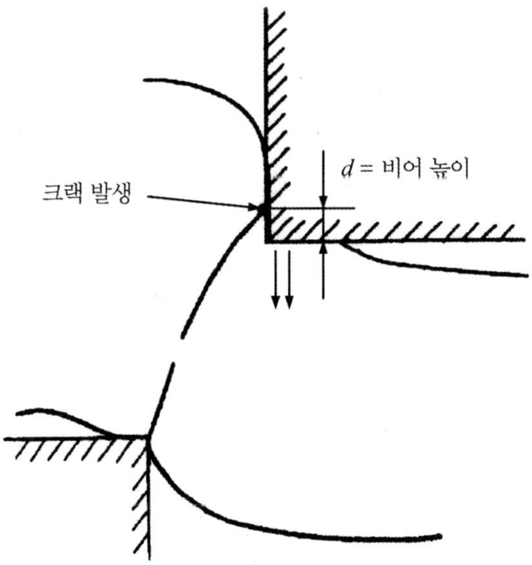


그림 2.32 버어의 생성

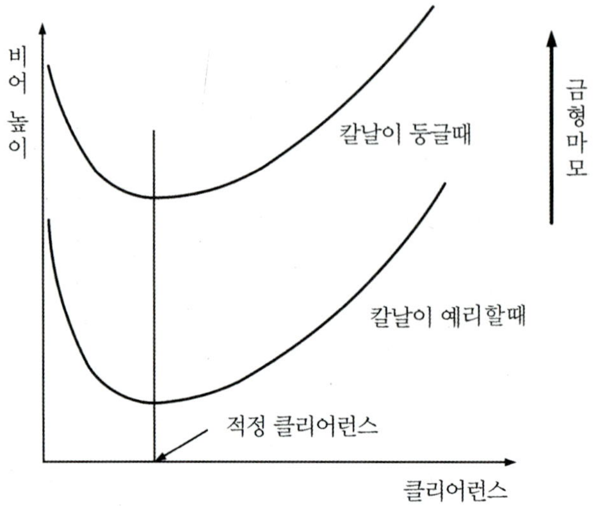


그림 2.33 간극과 버어 높이

판재가 전단된 후의 성형성은 전단면의 상태에 큰 영향을 받으므로 거친 전단면을 다듬어 주는 세이빙(shaving)작업을 통해 거친 부분의 재료를 다듬어 줄 수 있다.(그림 2.34)

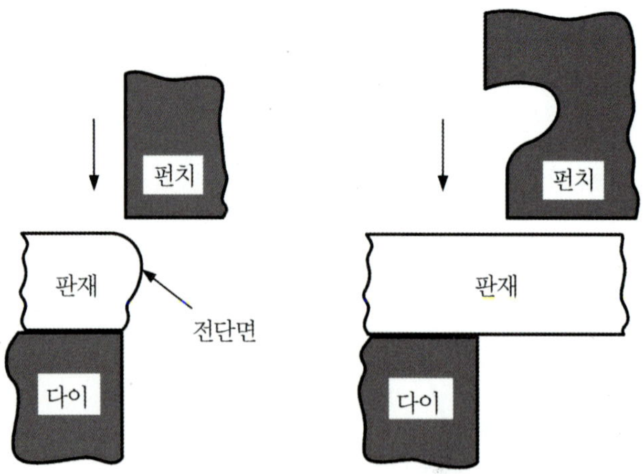


(a) 개략도 (b) 전단과 세이빙의 병행공정

그림 2.34 전단면의 세이빙

## 2.14 기타 금속판재 전단공정

판재는 사용목적에 따라 다양한 형상과 크기로 전단되어 사용된다. 코일상태로 감겨진 판재는 사용단계에서 크로핑(cropping)이나 스리팅(slitting)해서 사용하는 것이 일반적이다(그림 2.35). 크로핑은 이동식 전단기(pair of flying shears)를 이용하여 코일상태에서 풀려나오는 스트립(strip)을 정지시키지 않고 함께 따라가면서 일정치수로 절단해서 연속해서 쌓아주는 것을 말한다. 스리팅(slitting)은 일련의 스리팅 절단기를 이용하여 폭이 좁은 스캘프(skelp)형태로 절단함과 동시에 다시 감아주는 공정을 말한다.

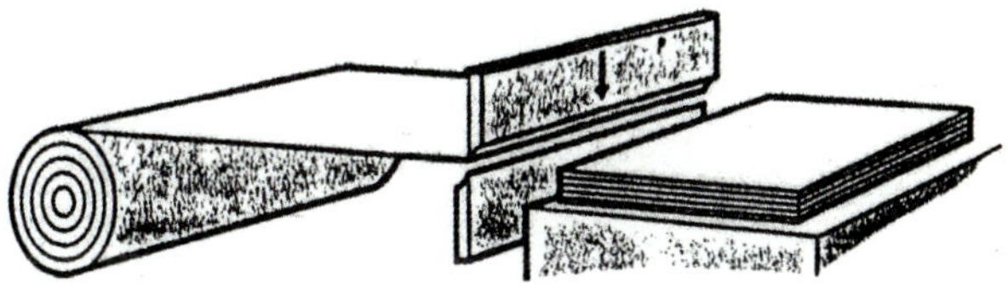

(a) 크로핑

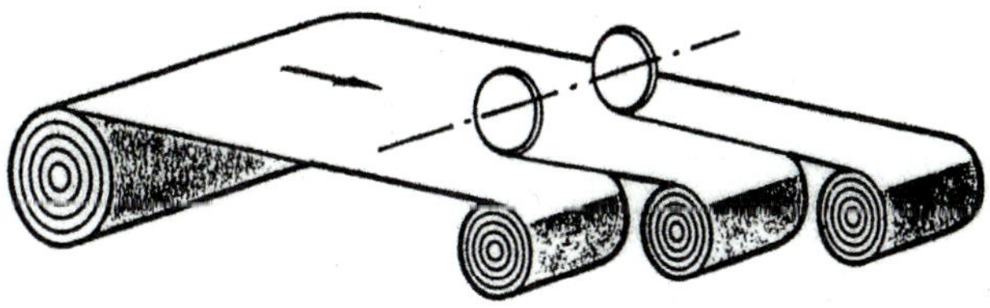

(b) 스리팅

**그림 2.35** 코일의 초기 전단

그 외 박판재를 이용한 여러 가지 금속판재 전단공정을 아래에 소개하였다.

- 컷오프(cutoff): 그림 2.36(a)에 보인 바와 같이 제품의 서로 마주 보는 면을 차례로 절단함으로써 박판 스트립으로부터 블랭크를 얻는 작업이다. 절단이 한번 이루어질 때마다 제품이 만들어진다.

- 파팅(parting): 그림 2.36(b)에 보인 바와 같이 블랭크의 서로 마주 보는 면과 일치되는 두 개의 전단 날을 가진 펀치를 사용하여 박판 스트립을 절단하는 작업이다. 이 작업은 비정형 형상의 외곽선 때문에 블랭크가 완벽하게 분할배치 되지 않는 제품을 만드는데 쓰일 수 있다. 파팅은 재료 일부가 버려진다는 점에서 컷오프보다 덜 효율적이다.

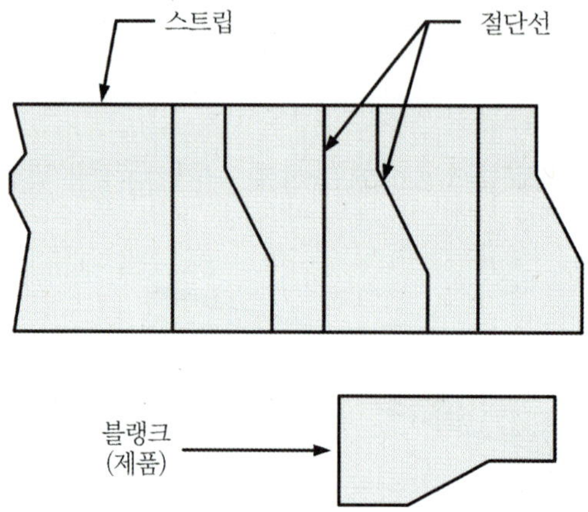


(a) 컷오프

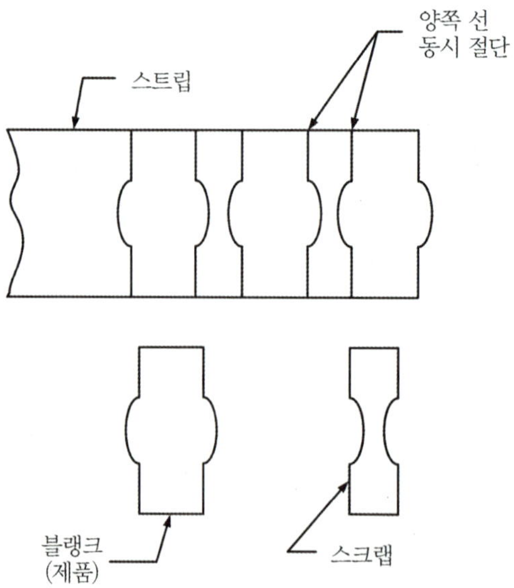


(b) 파팅

그림 2.36

- 슬로팅(slotting): 펀칭작업의 하나로 그림 2.37(a)에 나타낸 것처럼 길게 늘어진 구멍 또는 직사각형 구멍을 잘라내는데 쓰인다.
- 퍼포레이팅(perforating): 그림 2.37(b)에 보인 바와 같이 금속박판에 구멍들의 패턴을 한 번에 펀칭하는 작업이다. 구멍들의 패턴은 보통 장식적 목적이나 빛, 가스 또는 유체의 통로로 사용된다.
- 노칭(notching): 원하는 외곽선을 가진 블랭크를 만들기 위해 박판의 일부분이 노칭 또는 세미노칭으로 제거될 때가 있다. 노칭은 그림 2.37(c)에 보인 바와 같이 박판이나 스트립의 옆면 쪽 일부를 잘라내는 작업이다.

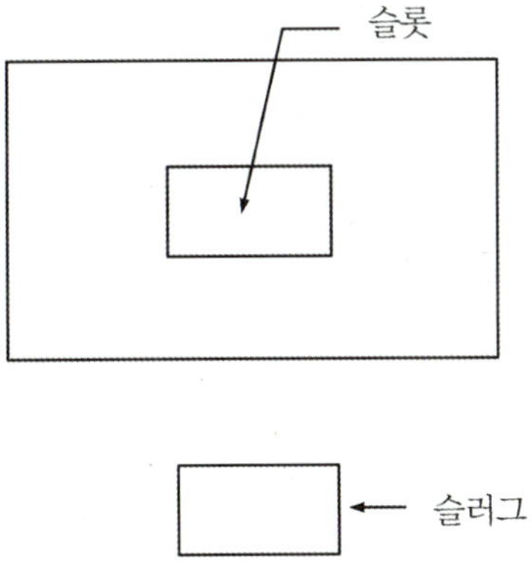


(a) 슬로팅

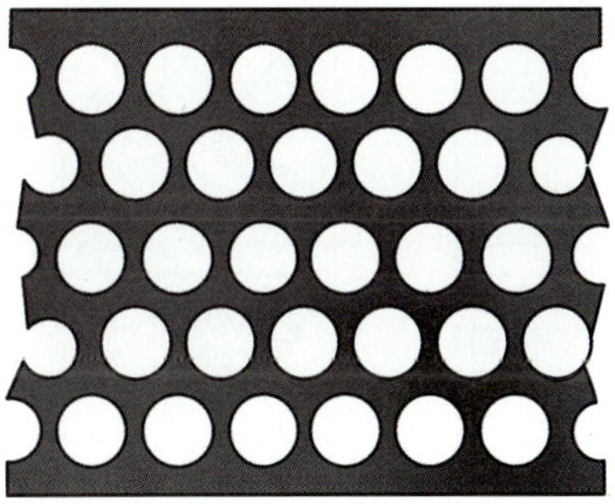

(b) 퍼포레이팅

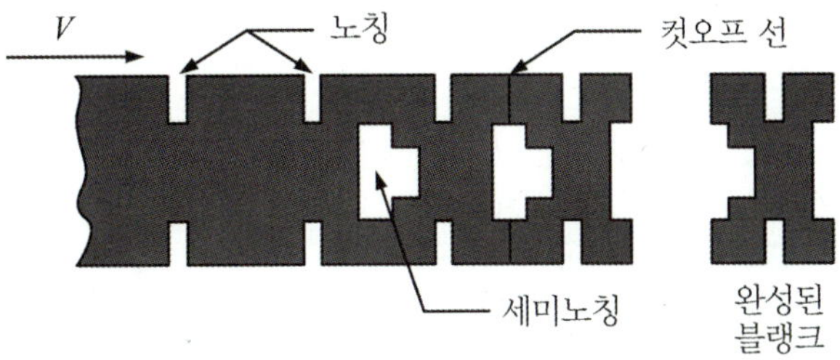


(c) 노칭 및 세미노칭

**그림 2.37**

## 2.15 재료 회수율 관점

스크랩을 최소화하는 것이 재료의 회수율을 올리는 것이므로 그림 2.38과 그림 2.39에 보인 바와 같이 블랭크 레이아웃 시 최대한 이 점을 고려하여야 한다. 그림2.38(a)의 경우 판재의 62.5%만을 사용하고 나머지는 스크랩 처리되는 반면 그림2.38(b)는 76.5%, 그림 2.38(c)는 81.8%의 판재가 사용된다. 그림2.38(d)는 실수율이 가장 높은 레이아웃이기는 하지만 다이설계 및 생산측면에서 난점이 있을 수 있으므로 여러 가지 인자를 동시에 고려해서 최적의 레이아웃을 결정해야 한다.

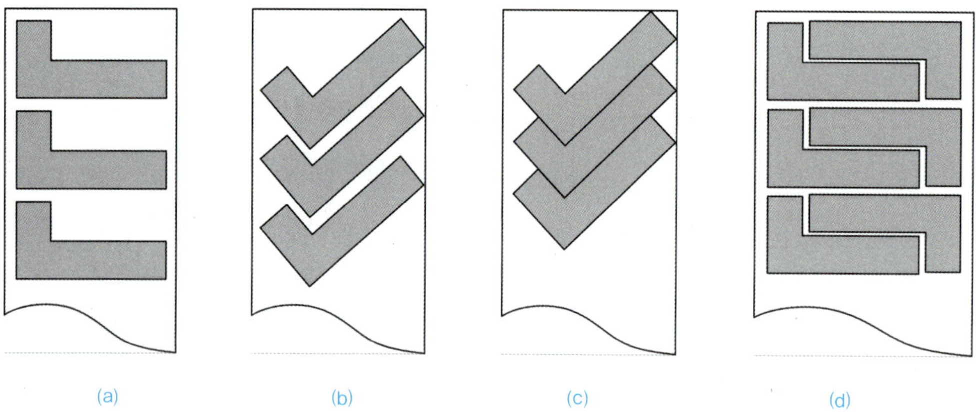


그림 2.38 재료 회수율을 고려한 L-자형 부품의 블랭크 레이아웃

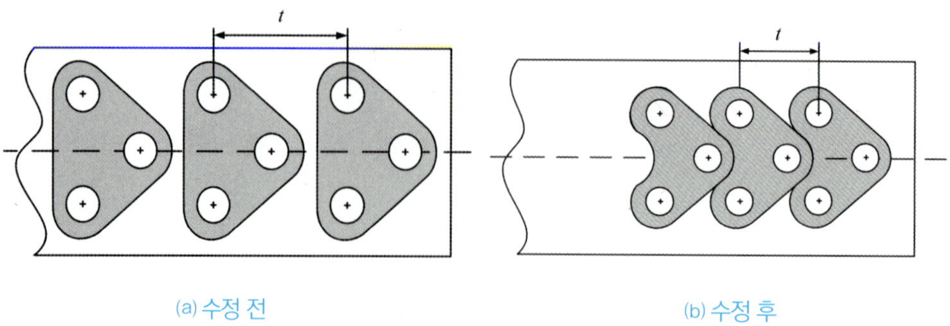


그림 2.39 재료 회수율을 고려한 블랭크 레이아웃의 수정

CHAPTER 3

# 굽힘 가공

## 3.1 굽힘 가공에 작용하는 힘

굽힘 가공(bending)은 외관상으로는 편평한 박강판을 기계로 가공하여 입체 형상으로 변화시키는 것이다. 이것을 공학적으로 표현하면 펀치 · 다이 한 쌍의 금형 사이에 피가공재를 넣고 가공력을 가하여 피가공재에 소성변형을 일으켜서 소정의 각도로 굽혀 제품을 만드는 것으로 정의할 수 있다. 굽힘 가공의 형식 중에서 대표적인 V 굽힘 가공이라고 불리는 가공법을 예로 하여 굽힘 가공에는 어떠한 힘이 작용하고 있는 가를 기술하였다.

금형 · 프레스기계에서 굽힘 가공을 하는 공구는 펀치와 다이이며 실제 가공 중에 피가공재의 변화는 그림 3.1과 같다.

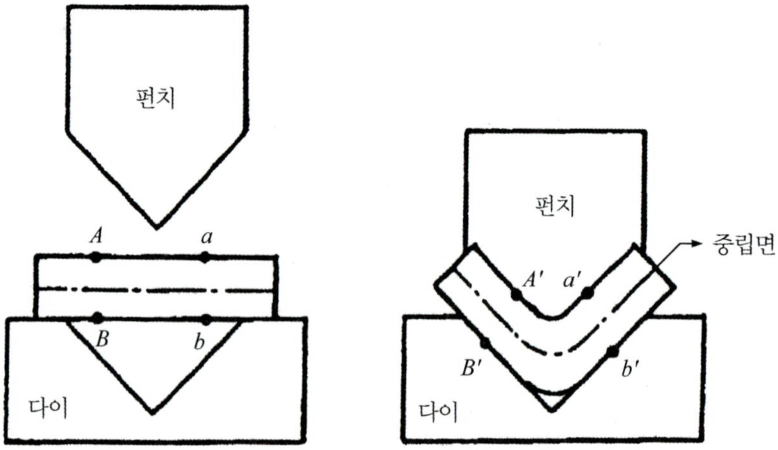


(a) 가공 전 (b) 가공 후

그림 3.1 굽힘 가공

다이 위에 피가공재를 올려놓고 펀치로 누르는 경우에 피가공재 전 · 후면의 가공전후에 있어서의 변화를 비교해 보면,

① A-a가 가공 후에 A′-a′로 짧게 된다. ⇒ 판 내측은 압축상태가 된다.

② B-b가 가공 후에 B′-b′로 길게 된다. ⇒ 판 외측은 인장상태가 된다.

즉, 판의 두께 방향으로 압축과 인장이 각각 존재하는 것을 알 수 있다. 그리고 단면(A-B)의 중심 부근에 압축과 인장상태가 없는 영역이 존재할 필요가 있다. 이곳을 피가공재의 중립면(neutral plane)이라고 한다.

굽힘 가공에 소요되는 힘을 구하기 위하여 굽힘 가공을 좀 더 간단한 모델로 생각하면 다이의 폭을 지점으로 보고 그 폭의 중간점에 굽힘 하중이 걸리는 상태를 가정할 수 있다. 즉, 2점 지지의 집중 하중이 걸리는 다리와 같이 된다. 이 경우 모멘트를 구하는 방법을 이용하여 굽힘 가공에 필요한 힘을 구할 수가 있다(3.5절 참조).

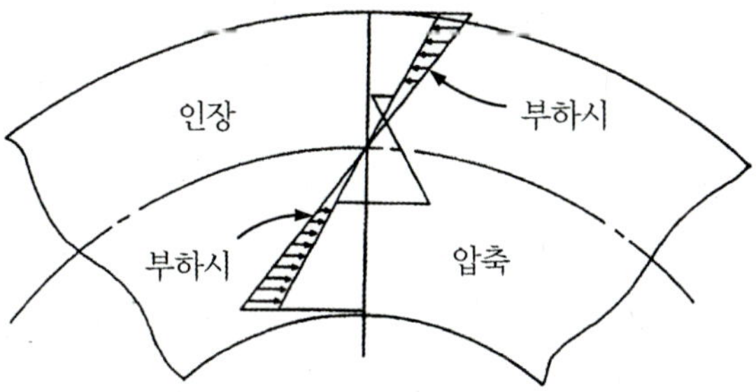


그림 3.2 굽힘 가공에서 작용하는 힘

## 3.2 V 굽힘 가공공정

프레스 가공 시 V 굽힘 가공은 간단한 공정으며 가공과정도 비교적 단순하다고 생각하는 경향이 있다. 그러나 그 변형과정을 상세히 살펴보면 복잡한 과정을 거치게 되는데 실제 가공순서에 입각해서 V 굽힘변형 과정을 펀치 스트로크와 하중의 관계로 살펴본다(그림 3.3).

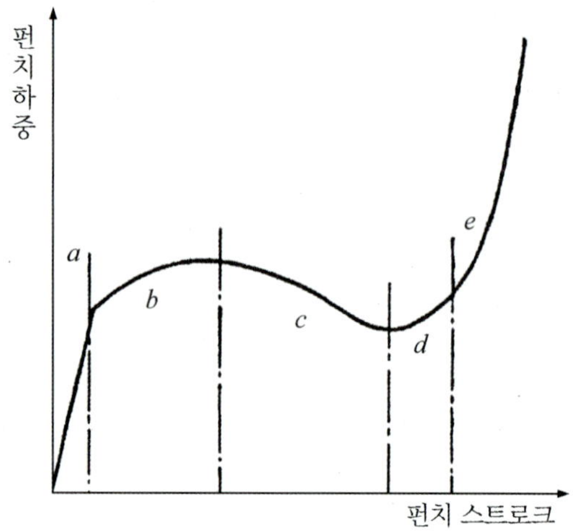


그림 3.3 펀치 스트로크와 하중

굽힘 가공 공정이 시작되면, 다이(V홈이 가공되어 있다) 위에 놓인 피가공재에 펀치(V홈과 같은 형상)가 하강해서 피가공재에 접촉한다.

굽힘공정 초기에 피가공재는 그림 3.4에 보인 바와 같이 탄성 굽힘 (a) → 소성 굽힘 (b) → 판의 유입 (c) 과정을 거치게 된다.

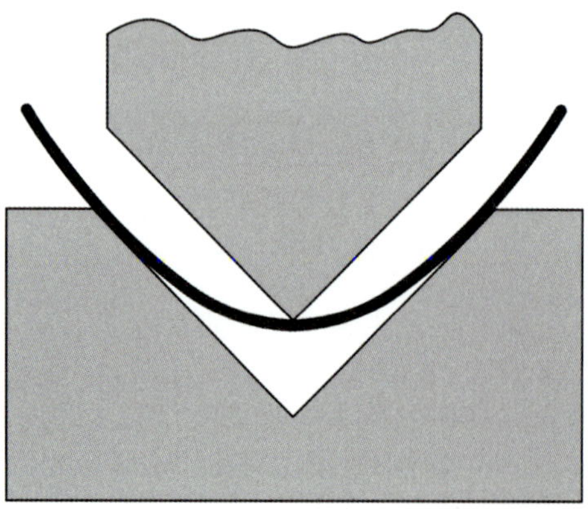

그림 3.4 펀치 선단과 다이 어깨 또는 다이 사면의 3점지지 굽힘 도식도

탄성 굽힘 단계에서는 펀치가 조금씩 하강하고 피가공재는 탄성변형을 한다. 다이어깨 곡률부와 펀치 선단에서 집중 하중을 받는 상태가 되며, 이 때 피가공재에는 굽힘 모멘트가 작용하게 된다. 펀치 접촉점에서는 최대 굽힘 모멘트가 작용하고 다이 곡률부는 모멘트가 거의 0(zero)이다. 그리고 펀치스트로크(하강 거리)와 그 때의 하중은 비례관계가 된다. 탄성변형의 영역을 넘으면 소성 굽힘으로 가공과정이 진행된다. 이 때 굽힘 가공 전체가 한 번에 소성변형 하는 것은 아니고 소성변형의 범위가 서서히 증가하기 때문에 펀치스트로크와 굽힘 하중의 관계는 완만한 증가를 보인다.

소성 굽힘된 피가공재는 다이 곡률부에서는 구속되어 있지 않기 때문에 피가공재 전체가 다이 내에 유입되므로 펀치스트로크의 진행에 대하여 굽힘 하중이 감소한다. 그 감소경향은 다이어깨에 곡률이 주어졌을 때에는 작아진다.

굽힘 공정 초기과정을 거치면서 판이 유입이 되면서 다이 곡률부에 있던 지점이 다이 중간(사면)에 위치하는 단계로 진입한다. 이에 따라 다이 사면에 위치한 지점의 외측 피가공재는 펀치 사면에 닿게 된다. 결국 피가공재 전체에서 보면 펀치 선단의 각도보다도 굽혀진 피가공재의 각도 쪽이 작게 된다. 이것이 진행하면 펀치 사면에 닿은 부분은 되돌아와 다이에 다시 닿게 되는 그림 3.5에 보인 굽힘의 역전이 일어난다(d).

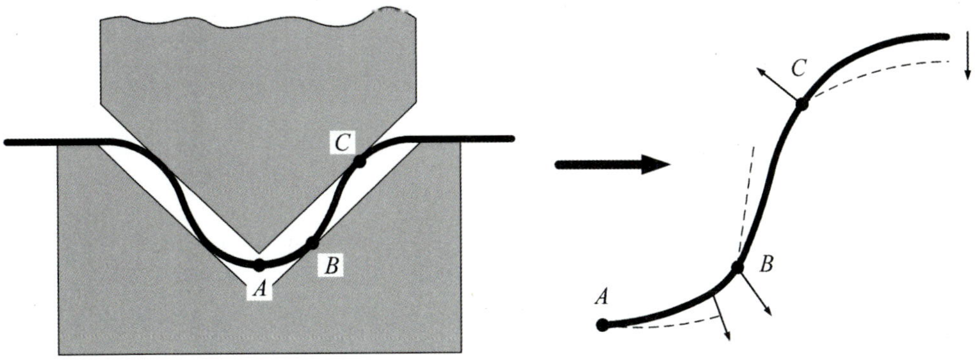


**그림 3.5** 펀치사면과 다이사면에서 피가공재가 평탄화되는 도식도

펀치 스트로크가 계속 진행되면 그림 3.6에 보인 가압단계가 된다(e). 피가공재는 펀치와 다이 사이의 틈에 끼여 틈새 없이 꽉 눌려진 상태에서 평탄하게 펴지게 된다. 이 과정은 압착된 피가공재 전체에 굽힘 하중이 걸려 압축된 상태가 되기 때문에 굽힘 하중은 급격하게 증가하게 된다.

**그림 3.6** 굽힘공정 최종 가압과정 도식도

이상과 같은 굽힘과정에서 a→c 를 제1단계 굽힘, d를 제2단계 굽힘, e를 제3단계 굽힘이라고 부른다. 굽힘 가공의 과정을 살펴보면 펀치 선단과 다이 어깨부에서의 굽힘 모멘트에 따른 영향이 크다. 결국 다이 어깨부의 폭이 중요하게 된다. 그리고 펀치 선단의 형상에 의해 피가공재와의 접촉 면적이 변화하기 때문에 굽힘 모멘트도 변화한다. 따라서 펀치 선단의 형상도 중요하다.

## 3.3 V 굽힘 가공의 3가지 종류

굽힘 가공에서 정확한 굽힘 각도를 내고 싶다면 스프링 백, 프레스기계의 정밀도, 금형의 형상, 마모 등이 고려되어야 한다. 그리고 굽힘의 종류를 선정하여야 하는데 이에는 가압력이 작용하는 정도에 의해 피가공재가 각각 특징 있는 3개의 굽힘 현상을 거치게 된다. 90° V 굽힘 가공공정에서 각 단계에서의 가공을 중단하고 굽힘된 제품을 꺼내어서 그때의 굽힘 각도와 꺼낸 시점의 굽힘 하중을 그래프에 표시하면 굽힘 가공에서의 굽힘 각도 변화를 알 수 있다(그림 3.7).

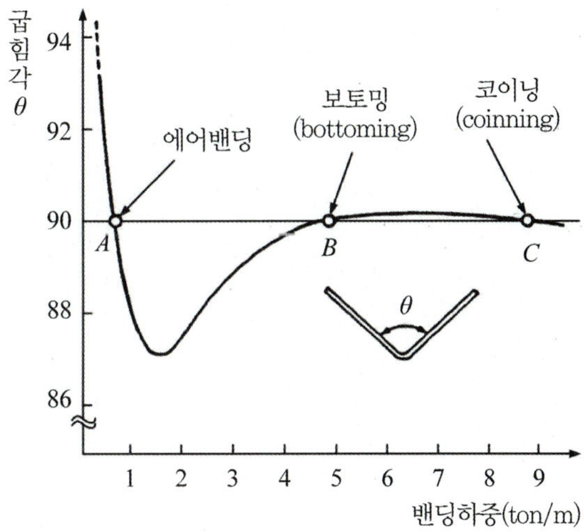


그림 3.7 굽힘 가공과 굽힘 각도

이 그래프에서 주목해야 할 점은 굽힘 각도가 90°로 되어 있는 공정이 A, B, C의 3점이 있다는 것이다.

- A점까지 : 평판에서(각도180°) 하중이 증가해서 90°가 된다.
- A점에서 B점 : 각도가 90° 이하로 감소하였다가 다시 90°까지 상승한다.
- B점에서 C점 : 겨우 90°를 넘었다가 다시 90°가 된다.
- C점 : 거의 90°이다
- 이들의 3점이 90° 굽힘을 행하는 3가지의 굽힘 가공 조건이 된다(그림 3.7).

### (1) 자유 굽힘

A점에서 행한 굽힘은 3점 지지상태의 자유 굽힘, 에어 굽힘(air bending) 또는 부분 굽힘(partial bending)이라고도 부른다. 이는 그림 3.8에 보인 바와 같이 피가공재와 다이 홈 사이에 공기가 존재하여 굽힘 가공이 행하여지는 것처럼 되기 때문이다.

그림 3.8 A점 자유 굽힘 도식도

이 가공은 피가공재를 펀치 선단과 다이 곡률 반경부로 지지하여 구부리는 방법이다. 이 굽힘 가공의 장점은 굽힘 가공력이 작게 끝나기 때문에 후판의 굽힘에 많이 이용된다. 1쌍의 펀치와 다이로 여러 가지 각도의 굽힘 가공이 가능하다. 반대로 단점은 그래프에서 A점 부근의 기울기가 급하다. 따라서 약간 가압력이 변동되어도 굽힘 각도가 크게 변화하는 것을 알 수 있다. 따라서 같은 조건 하에서 가공을 해도 판 두께가 바뀌는 경우 피가공재에 걸리는 하중이 변화하기 때문에 굽힘 각도가 달라질 수 있다는 것을 나타내므로 정도가 좋은 굽힘 가공은 어렵다. 이 방법에서 V홈 다이 어깨폭은 피가공재 두께의 12-15배가 좋다.

### (2) 보토밍 굽힘

보토밍(Bottoming) 굽힘 가공은 자유 굽힘과는 달리 소재하면이 다이 사면과 밑 부분에 접촉하는 굽힘 가공이다. 그림 3.7의 선도에서 B점에 해당하는 굽힘으로 프레스 브레이크에서 박판 굽힘에 이용되는 조건으로 굽힘 과정에서 일어난 플랜지의 변형(굽힘 역전 현상)이 제하 후에 스프링 백으로 나타나지 않는 굽힘 가공이다. 그래프에서 B점 통과 기울기가 완만하기 때문에 다소 가압력이 변동하여도 굽힘 각도의 변화가 적다. 이 가공에 적정한 V 굽힘에서의 V홈 다이 어깨폭은 피가공재 두께의 6-12배가 좋다.

### (3) 코이닝 굽힘

C점까지 진행된 굽힘이다. 그림 3.9에 보인 바와 같이 펀치와 다이 사이에 피가공재를 강하게 압축해서 굽힘부의 변화량의 분포를 되도록 균일하게 하여 스프링 백을 방지하는 방법으로 이 가공은 큰 가압력이 필요하다.

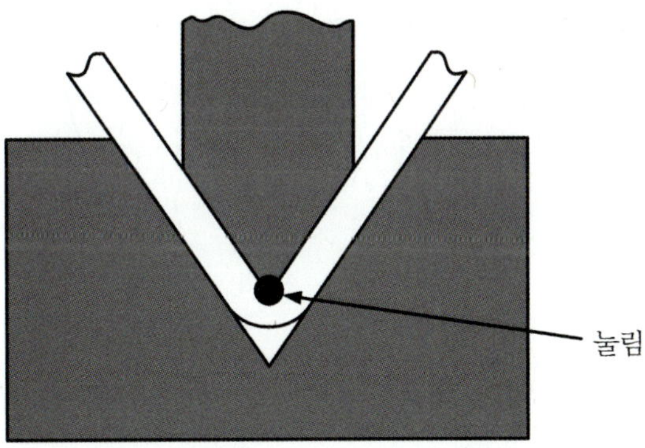


**그림 3.9** C점 코이닝 굽힘 도식도

가압력의 크기는 자유 굽힘에 필요한 값의 5~10배의 정도가 필요하다. 그래프에서도 명확한 것처럼 C점에서의 기울기는 거의 없으므로 다소 가압력이 변화하여도 안정된 굽힘 정밀도를 확보할 수 있어 정밀 굽힘이 가능하다. 프레스 기계의 강성이 높아야 하며, 코이닝(coinning) 굽힘에 적정한 V 홈 다이 어깨폭은 피가공재 두께의 5~6배가 좋다고 되어 있다.

## 3.4 U 굽힘의 프로세스

굽힘 가공에서 V 굽힘과 같이 많이 사용되는 굽힘 가공이 U 굽힘 가공이다. V 굽힘 가공은 프레스 브레이크로 대표되는 판금 가공에 이용되는 것이 많지만 U 굽힘 가공은 프레스 가공에 이용되는 경우가 많다. 굽힘 하중과 펀치스트로크의 관계와 각 변형시점의 상태도를 그림 3.10에 나타내었다.

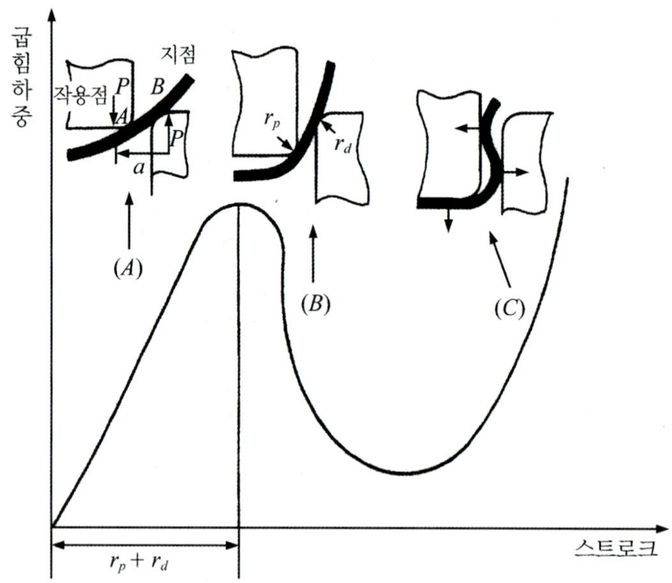


그림 3.10 굽힘 하중과 펀치 스트로크

펀치는 처음에 피가공재에 접촉하면 피가공재는 펀치의 곡률반경의 $A$ 점과 다이어깨 곡률부의 $B$점에서 지탱되는 것처럼 된다. 결국 $B$점이 지점이고 $A$ 점이 작용점의 상태가 된다. 굽힘 하중은 계속 증가하고 따라서 $A$ 점 부분에는 피가공재가 펀치의 반경을 따라 변형하게 된다. 이 때 펀치 밑부위와 피가공재의 사이에는 공간이 형성되어 있다($A$).

펀치의 스트로크가 (펀치 곡률반경 + 다이 어깨부 곡률반경)의 값 정도가 되면 변형도 많이 진전되고 피가공재는 다이 어깨부를 미끄러져 들어가게 되어 굽힘 하중은 이 부분에서 급격히 감소하게 된다. 이것이 진정되면 거의 일정한 하중으로 피가공재가 다이 내부로 끌려 들어간다. 이 상태에서도 펀치 밑부분의 피가공재와 펀치와의 공간은 펀치의 곡률반경에 붙어 있는 소재부분이 있기 때문에 변화하지 않는다(*B*).

펀치 스트로크가 더욱 진행하면 펀치 밑에 만들어진 피가공재가 불룩해진 부분을 눌러 붙이는 공정으로 들어간다. 이 때 굽힘 하중은 다시 급격히 증가한다. 이것은 굽힘 가공에 있어서 최종단계와 같은 것이다. 결국 눌러 붙여진다는 것은 팽창되어 있는 피가공재가 평평해진다는 것이다. 이 현상은 스프링 백(Spring back)과 스프링 고(spring go)와 밀접한 관계가 있다. 눌러 붙여지기 전에 펀치 곡률반경에 접촉되어 있는 부분 *A*가 펀치 밑이 평평하게 됨에 따라 형상 그대로 펀치와 다이의 수지벽 틈 사이로 밀려 나온다. 이로 인해 양측 플랜지는 내측으로 닫히게 되는 힘이 작용하지만 실제는 펀치와 다이에 끼어 있기 때문에 °90의 플랜지로 된다(*C*).

V와 U 굽힘에 있어서 스프링 백과 스프링 고는 각 부분에 작용하고 있는 힘의 평형에 의해 결정된다. U 굽힘에서의 각 부분에 작용하는 힘은:

- 펀치의 밑 부분 영역
- 펀치 곡률반경에 밀착되었다가 밀려 나온 부분, 펀치와 다이 사이에 팽창해 있는 영역
- 밀려 나온 부분에 의해 플랜지단에서 펀치 측면을 미는 것 같은 영역

이 3가지 부분으로 분류할 수 있다(그림 3.11).

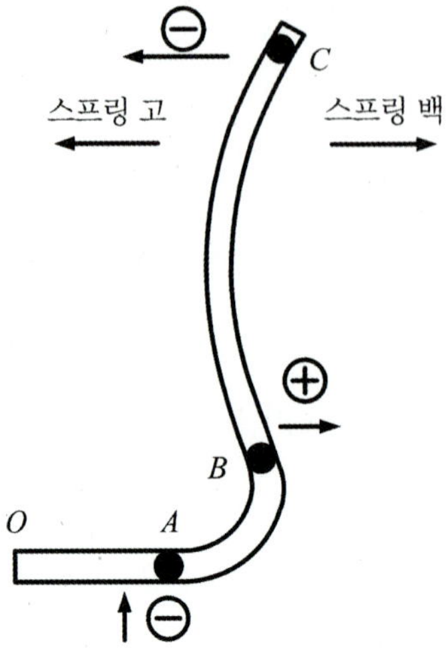


그림 3.11 U 굽힘 최종단계에서 각 부분에 작용하는 힘

- $OA$, $BC$부 : 플랜지를 닫는 방향으로 작용 (+)
- $AB$부 : 플랜지를 여는 방향으로 작용 (-)

이런 3가지 부분의 힘의 균형으로 결정된다. 예를 들면,

- $OA+AB+BC>0$이라면 플랜지는 내측으로 닫고(스프링 백)
- $OA+AB+BC<0$이라면 플랜지를 외측으로 연다(스프링 고).

이상과 같이 원리를 이해하는 것이 중요하다. 그렇게 하면 예를 들어 굽힘 하중을 낮추고 싶다는 것에 대한 해답을 얻을 수 있다. $A$점과 $B$점의 관계를 생각해보면, 지점과 작용점의 관계부터 그 거리를 길게 할 수 있으면 작용점에 필요한 힘이 감소한다. 다이어깨 곡률부의 반경을 크게 하는 것으로 거리를 길게 하여서 목적을 달성할 수 있다.

## 3.5 굽힘 가공력을 구하는 방법

굽힘 가공을 행할 때 어느 정도의 굽힘 하중이 필요한 지는 프레스기계와 금형의 선택에서 중요하다. 그러나 단순히 굽힘 하중의 계산뿐이라면 핸드북을 참고하는 것으로 할 수 있으며 계산식의 의미를 이해하는 것이 효과적이다. 우선 양단지지 조건에서 중앙에 집중하중이 작용하는 빔(beam)을 고려하면(그림 3.12)

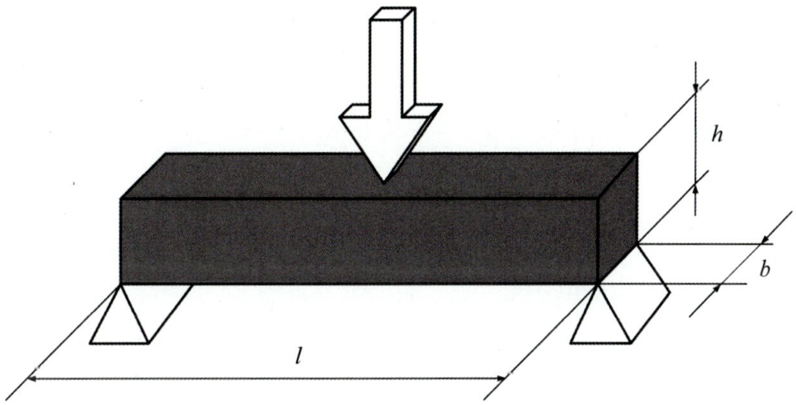


그림 3.12 굽힘 가공력을 구하는 기본

최대의 굽힘 모멘트 $M_{max}$는 다음과 같다.

$$M_{max} = Wl/4 \tag{3.1}$$

여기서 $W$는 집중 하중, $l$은 지점 간 거리

피가공재를 빔으로 생각하여 단면계수를 $Z$로 하면

$$Z = bh^2/6 \tag{3.2}$$

여기서 $b$는 빔의 폭, $h$는 빔의 높이

따라서 최대 굽힘응력 $\sigma_{max}$는 다음과 같다.

$$\sigma_{max} = M_{max}/Z = 3Wl/(2bh^2) \tag{3.3}$$

따라서 집중 하중 $W$는 다음과 같이 구해진다.

$$W = 2bh^2\sigma_{max}/(3l) = kbh^2\sigma_{max}/l \tag{3.4}$$

이런 것을 굽힘 가공에 맞추어 대입시켜 보면 다음과 같다.

- $W \cdots P$ : 굽힘 하중(kgf)
- $b \cdots B$ : 굽힘선 길이(mm)
- $h \cdots t$ : 판 두께(mm)
- $\sigma_{max} \cdots \sigma_B$ : 재료의 인장강도(kgf/mm$^2$)
- $k \cdots C$ : 보정계수(자유 굽힘 : 1.2-1.5, 코이닝 : 9-11)

이 식은 $C$의 계수를 변하게 하는 것으로 자유 굽힘, 코이닝 굽힘에 이용할 수 있다. 또, 이 식에서 여러 가지 내용을 이해할 수 있다.

① 굽힘 하중($P$)과 굽힘선 길이($B$)는 비례관계이기 때문에 굴곡선이 증가하면 굴곡하중이 따라서 증가한다.

② 굽힘 하중($P$)과 판 두께($t$)는 2승의 비례관계에 있다. 즉 판 두께가 2배가 되면 굽힘 하중은 4배가 된다.

③ 굽힘 하중과 피가공재의 인장강도와는 비례관계이다.

이런 것들은 식에서 직감적으로 이해할 수 있다. 보정계수 $C$에 대해서 보토밍(bottoming) 굽힘과 자유 굽힘이 틀린 것은 하중의 걸리는 쪽에서 명확하다. 그리고 다이 어깨폭에 의해서 굽힘 하중이 달라지는 것은 펀치 선단을 작용점으로 다이 어깨부를 지점으로 하는 보를 생각하면 된다.

여러 굽힘공정의 굽힘 하중은 다음과 같은 식을 이용하여 구할 수 있다.

### 3.5.1 V 자유 굽힘 가공에서 가공력

그림 3.13에 보인 V 자유 굽힘 가공 시 굽힘 하중, $P_1$(kgf)를 구하는 식은 다음과 같다.

$$P_1 = C_1 \times \frac{B\,t^2 \sigma_t}{L} \tag{3.5}$$

여기서 $C_1$ =보정계수, $B$=굽힘선 길이(mm), $t$=두께(mm), $\sigma_t$ =인장강도(kgf/mm$^2$)

표 3.1 V 자유 굽힘 가공 시 보정계수 $C_1$

| $L$ | $5t$ | $8t$ | $10t$ | $12t$ | $16t$ |
|---|---|---|---|---|---|
| $C_1$ | 1.45 | 1.33 | 1.28 | 1.24 | 1.20 |

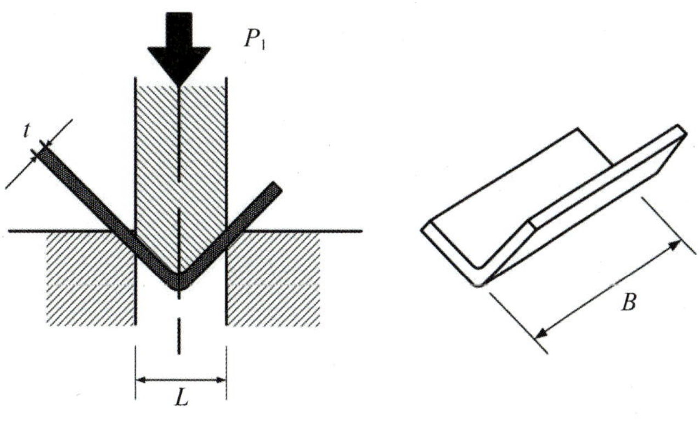


그림 3.13 V 자유 굽힘 가공에서 가공력 산출식

### 예제 3.1

인장강도 $\sigma_t = 20(\text{kgf/mm}^2)$을 갖는 알루미늄 5051-O판재를 V 자유 굽힘 가공 시 필요한 굽힘 하중을 구하라. 그림 3.13에 나타낸 치수값은 다음과 같다. ($B = 40\text{mm}$, $t = 3\text{mm}$, $L = 16\text{mm}$)

**풀이**

식 (3.5)를 이용하여 굽힘 하중을 계산하기 위해서는 보정계수 $C_1$을 구해야 한다. 표 3.1에서 $L(=16) \approx 5t(=15)$ 이므로 $C_1 = 1.45$이다. 따라서

$$P_1 = C_1 \times \frac{B\,t^2 \sigma_t}{L} = 1.45 \times \frac{40 \times 3^2 \times 20}{16} = 652.5\,\text{kgf}$$

## 3.5.2 V 밑붙이 굽힘 가공에서 가공력

그림 3.14에 보인 V 밑붙이 굽힘 가공 시 굽힘 하중, $P_2(\text{kgf})$를 구하는 식은 다음과 같다.

$$P_2 = C_2 \times \frac{B\,t^2 \sigma_t}{L} \tag{3.6}$$

여기서 $C_1$ =보정계수, $B$=굽힘선 길이(mm), $t$=두께(mm), $\sigma_t$ =인장강도$(\text{kgf/mm}^2)$

표 3.2 V 자유 굽힘 가공 시 보정계수 $C_2$

| | $L$ | $6t$ | $8t$ | $10t$ |
|---|---|---|---|---|
| $\sigma_t(\text{kgf/mm}^2)$ | $R_P$ | $1t$ | $1.4t$ | $1.6t$ |
| 35-42 | | 11.25 | 11.0 | 9.4 |
| 30-34 | | 9.1 | 8.7 | 7.5 |

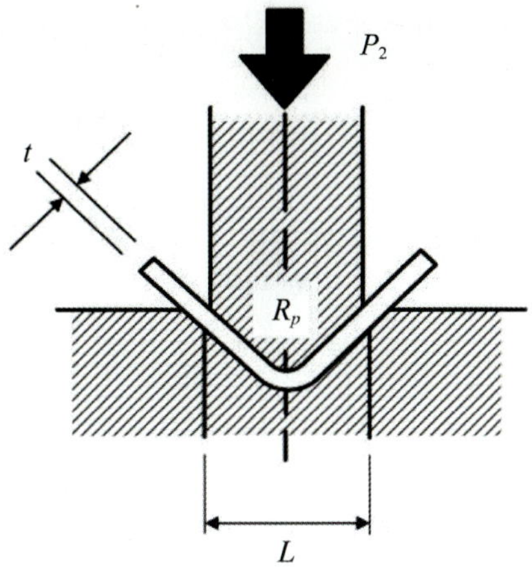


그림 3.14 V 밑붙이 굽힘 가공에서 가공력 산출식

### 예제 3.2

인장강도 $\sigma_t$ =32(kgf/mm²)을 갖는 황동을 V 밑붙이 굽힘 가공 시 필요한 굽힘 하중을 구하라. 그림 3.14에 나타낸 치수값은 다음과 같다. ($B$=40mm, $t$=3mm, $L$=20mm, $R_P$=3mm)

풀이

식 (3.6)을 이용하여 굽힘 하중을 계산하기 위해서는 보정계수 $C_2$를 구해야 한다. 표 3.2에서 $L(=20) \approx 6t(=18)$ 이므로 $C_2 = 9.1$로 근사한다. 따라서

$$P_2 = C_2 \times \frac{B\,t^2 \sigma_t}{L} = 9.1 \times \frac{40 \times 3^2 \times 32}{20} = 5241.6\,\text{kgf}$$

## 3.5.3 U 자유 굽힘 가공에서 가공력

그림 3.15에 보인 U 자유 굽힘 가공 시 굽힘 하중, $P_3$(kgf)를 구하는 식은 다음과 같다.

$$P_3 = \frac{C_3}{3} \times B \times t \times \sigma_t \qquad (3.7)$$

여기서 $C_3$ =보정계수(1~2), $B$=굽힘선 길이(mm), $t$ =두께(mm),

$\sigma_t$ == 인장강도(kgf/mm$^2$)

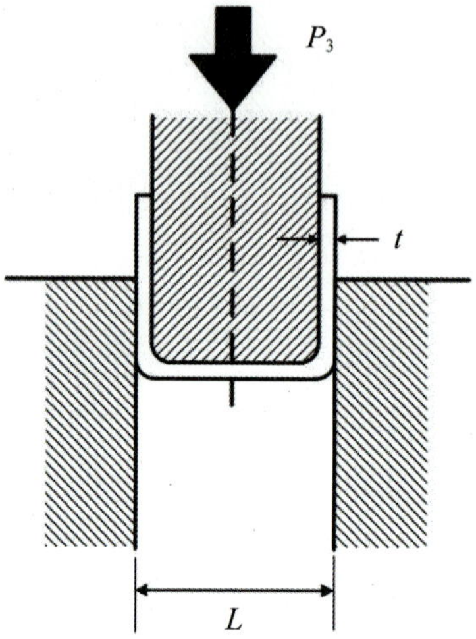


그림 3.15 U 자유 굽힘 가공에서 가공력 산출식

### 예제 3.3

인장강도 $\sigma_t$ =20(kgf/mm$^2$)을 갖는 알루미늄 5051-O 판재를 U 자유 굽힘 가공 시 필요한 굽힘 하중을 구하라. 그림 3.15에 나타낸 치수값은 다음과 같다. ($B$=40mm, $t$=3mm, $L$=16mm)

풀이

식 (3.7)을 이용하여 굽힘 하중을 계산하기 위해서는 본 예제에서는 보정계수 $C_3$을 1.5로 가정한다. 따라서

$$P_3 = \frac{C_3}{3} \times B \times t \times \sigma_t = \frac{1.5}{3} \times 40 \times 3 \times 20 = 1200\text{kgf}$$

## 3.5.4 U 밑붙이 굽힘 가공에서 가공력

그림 3.16에 보인 U 밑붙이 굽힘 가공 시 굽힘 하중, $P_4$(kgf)를 구하는 식은 다음과 같다.

$$P_4 = \frac{C_3}{3} \times \frac{B \times t^2 \times \sigma_t}{L} \tag{3.8}$$

여기서 $C_3$ =보정계수(1~2), $B$=굽힘선 길이(mm), $t$ =두께(mm),

$\sigma_t$ =인장강도(kgf/mm$^2$)

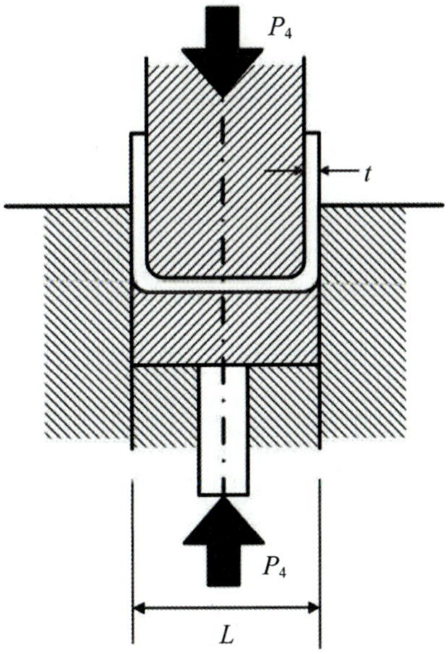


그림 3.16 U 밑붙이 굽힘 가공에서 가공력 산출식

### 예제 3.4

인장강도 $\sigma_t = 32(\text{kgf/mm}^2)$을 갖는 황동을 U 밑붙이 굽힘 가공 시 필요한 굽힘 하중을 구하라. 그림 3.16에 나타낸 치수값은 다음과 같다. ($B = 40\text{mm},\ t = 3\text{mm},\ L = 20\text{mm},\ R_P = 3\text{mm}$)

풀이

식 (3.8)을 이용하여 굽힘 하중을 계산하기 위해서는 본 예제에서는 보정계수 $C_3$을 1.5로 가정한다. 따라서

$$P_4 = \frac{C_3}{3} \times \frac{B \times t^2 \times \sigma_t}{L} = \frac{1.5}{3} \times \frac{40 \times 3^2 \times 32}{20} = 288\text{kgf}$$

## 3.6 굽힘 가공에서의 전개 길이

굽힘 가공에서의 전개 원리를 이해하면 소재의 크기에 대한 문제가 발생할 때 그 원인을 찾는 것에 유용하게 활용할 수 있다. 전개의 기본은 피가공재 내 · 외측 면에서의 압축(굽힘 내측)과 인장(굽힘 외측)의 경계(중립면)의 길이는 변화하지 않는다는 것이다. 즉 가공 전 굽힘부에서의 2점 사이의 거리는 다음과 같다.

이러한 기본에서 생각하면 쉽게 전개 길이를 구할 수 있다. 구체적인 V 굽힘 가공을 예로 해서 생각하면 중립면에서의 '전개에 필요한 길이= 직선부 + 굽힘부 + 직선부' 로 구할 수 있다.

굽힘반경이 재료의 두께에 비해 상대적으로 작으면 굽힘 동안 스트레칭(stretching)이 일어날 수 있다. 따라서 최종 제품 길이를 특정값으로 맞추기 위해서는 굽힘부에서의 스트레칭량을 계산하여야 한다. 문제는 최종 굽힘 단면의 스트레칭량과 직접적으로 관계되는 굽힘 전 중립축 길이를 결정하는 것이다. 이 길이를 굽힘 여유(bend allowance)라 한다.

피가공재의 내측과 외측의 관계는 '내측 길이<굽힘부의 길이<외측 길이'이다. 실제 전개에서 굽힘선의 위치가 중요하기 때문에 플랜지 끝에서의 길이는 '굽힘선 위치 = 직선부 + 0.5 × 굽힘부'로 구할 수 있다.

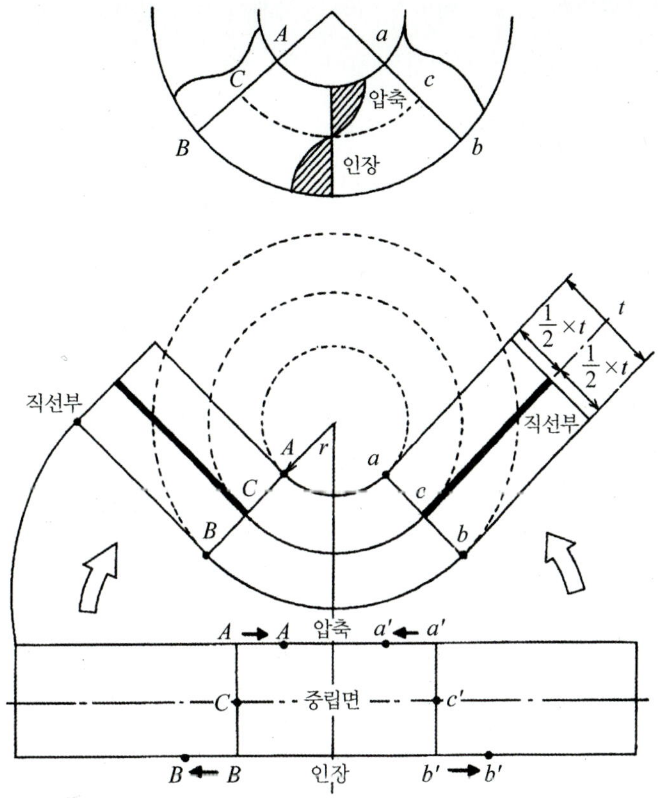


(a) 중립면 이동 없는 굽힘의 전개 길이

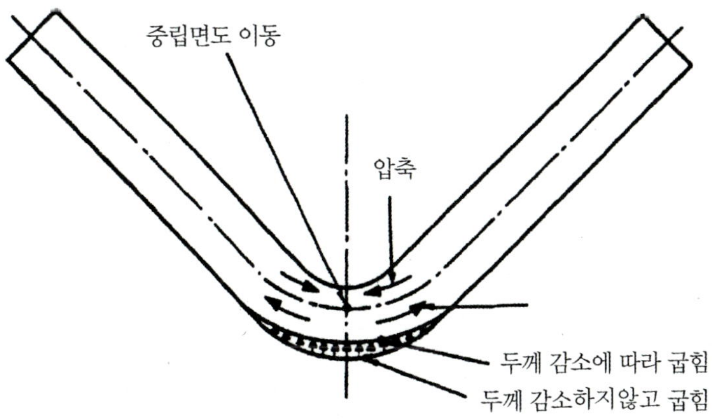


(b) 중립면 이동 있는 굽힘 가공

**그림 3.17**

이제까지는 중립면이 소재 두께의 반이라 생각해서 전개 길이를 구하였다(그림 3.17(a)). 그러나 굽힘 가공에 작용하는 힘에서 예상이 되는 것처럼 중립면이 영구히 판 두께의 중간에 위치한다고 생각하기는 어렵다. 판재 내 · 외면에서의 압축과 인장에 따라(굽힘반경의 영향을 받음) 굽힘부의 판 두께가 얇아진다. 이 때 당연하게 중립면이 이동하는 것이 생각된다(그림 3.17(b)).

이러한 것을 실제의 계산식에 적용시켜 그림 3.18에 보인 90° 굽힘을 가정하면,

$$\text{전체 전개 길이} = \text{직선부} + \text{곡률부} = l_1 + l_2 + 2 \times l_r = l_1 + l_2 + (r + kt)\frac{\pi}{2}$$

여기서 중립면 이동계수($k$)는 표 3.3에 나타내었다. 그러나 실제의 굽힘 가공은 처음에 기술한 것처럼 많은 요인이 개재되기 때문에 이 $k$값을 실제 작업에서 수집하면 실 작업 조건에 맞는 정확한 굽힘 가공의 데이터를 작성하는 것이 가능하다. 즉, 실제 굽힘에서 얻어진 측정값을 이용하여 위 관계식을 역산하여 구할 수 있다.

**표 3.3** 중립면 이동계수($k$)

| $r/t$ | 0.5 이하 | 0.5–1.5 | 1.5–5.0 | 5.0 이상 |
|---|---|---|---|---|
| $k$ | 0.25–0.3 | 0.33 | 0.4 | 0.5 |

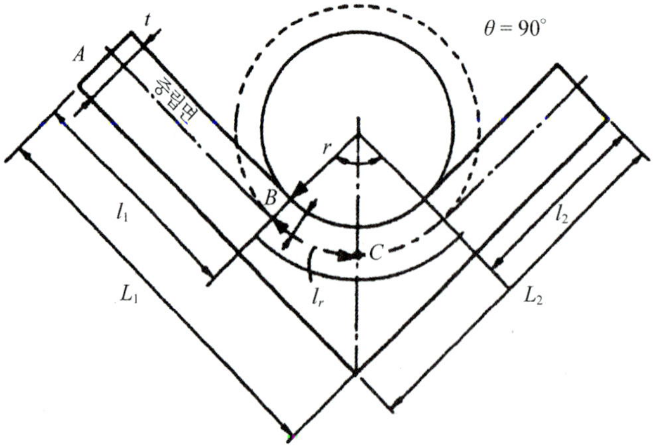


**그림 3.18** 중립면 이동한 굽힘의 전개 길이

표 3.4에 여러 가지 굽힘 가공에서 전개 길이를 구하는 계산식을 나타내었다.

표 3.4 굽힘 가공 시 전개 길이 계산식 예

| 굽힘의 종류 | 굽힘 형상 | 전개 길이(mm) |
|---|---|---|
| V 굽힘 | 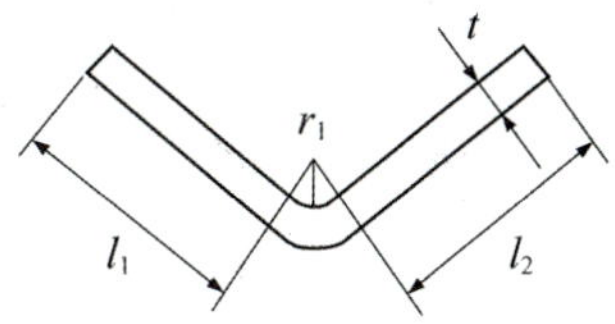  | $L = l_1 + l_2 + \frac{\pi}{2}(r_1 + kt)$ |
| U 굽힘 | 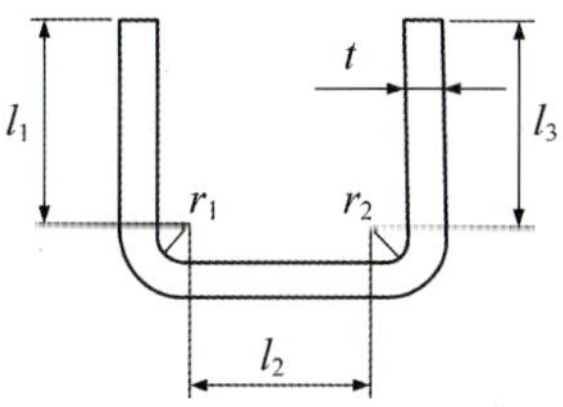  | $L = l_1 + l_2 + l_3 + \frac{\pi}{2}(r_1 + r_2 + k_1 t + k_2 t)$ |
| 멀티 굽힘 | 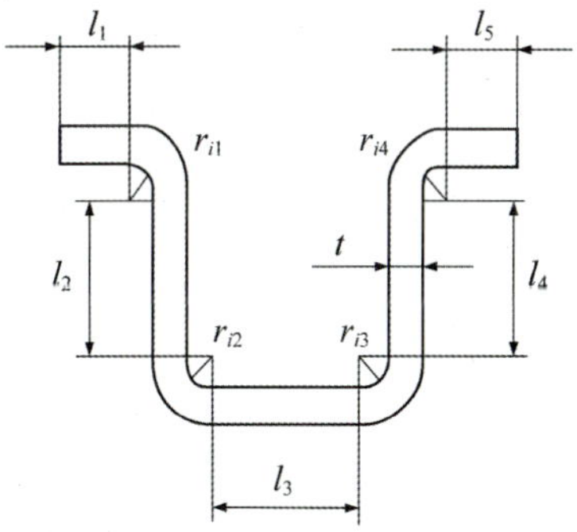  | $L = l_1 + l_2 + l_3 + l_4 + l_5 + \frac{\pi}{2}(r_{i1} + r_{i2} + r_{i3} + r_{i4}) + \frac{\pi}{2}(k_1 t + k_2 t + k_3 t + k_4 t)$ |
| 반원 U 굽힘 | 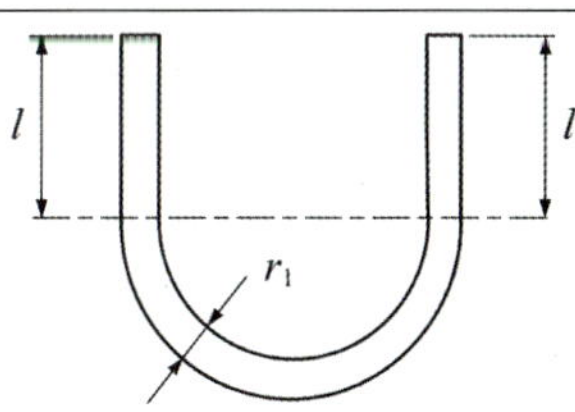  | $L = 2l + \pi(r_1 + kt)$ |
| 컬 굽힘 | 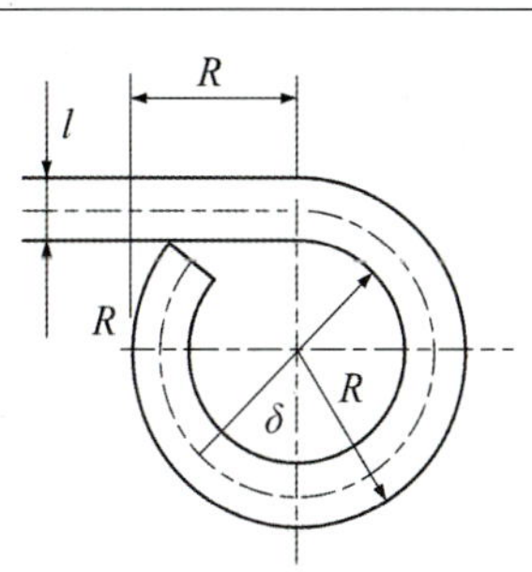  | $L = 1.5\pi\delta + 2R - t$<br>$\delta = R - k_o t$ |

### 예제 3.5

금속박판 블랭크가 아래 그림과 같이 굽혀진다. 초기 블랭크 크기를 결정하라.

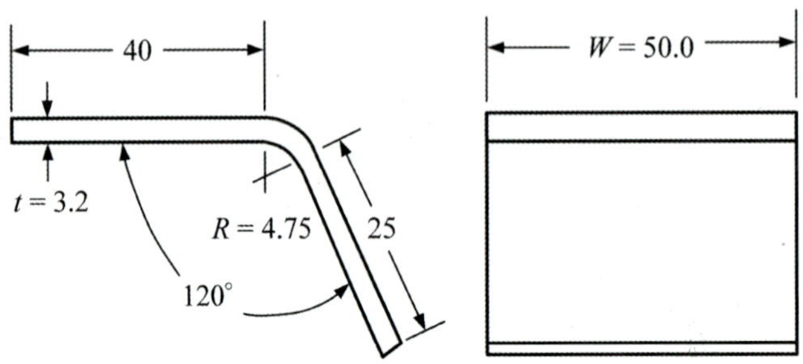


(측면) (정면)

풀이

초기 블랭크 폭 = 50.0mm, 길이 = 40 + 굽힘 여유($BA$) + 25mm이다. 내각 $A'$= 120°이므로 굽힘 각 $A$= 60°이다. $R/t$ = 4.75/3.2 = 1.48이므로 표 3.1로부터 $k$ = 0.3이다.

굽힘 여유($BA$)는 다음과 같이 계산한다.

$$BA = 2\pi(A/360)(r + kt) = 2\pi(60/360)(4.75 + 0.3 \times 3.2) = 6\text{mm}$$

따라서 불랭크 길이는 40+6+25 = 71mm 이다.

### 예제 3.6

3mm 두께의 판재가 아래와 같이 굽힘성형 되기 위한 스트립의 길이를 다음의 2가지 방법으로 계산하라. (a) 중립점 이동 고려 (b) 중립점 이동을 고려하지 않고 중립점이 판 두께의 중심에 있다고 가정

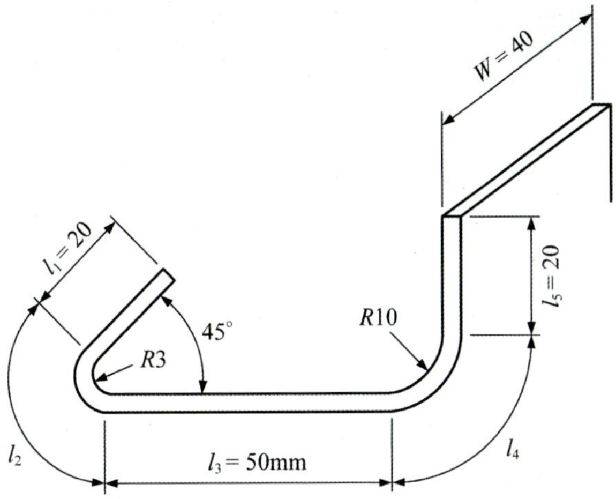


풀이

(a) 중립점 이동 고려 : 곡률반경 $R10$으로 굽힐 경우 $R10/t = 10/3 = 3.3$이므로 중립면이 $0.4t$ 위치에 있다(표3.3). 굽힘 각도가 90°이므로,

$$l_4 = 2\pi(R10 + 0.4t)\frac{90}{360} = 2\pi(10 + 0.4 \times 3)/4 = 17.59\text{mm}$$

굽힘 시 곡률반경 $R3$일 경우 $R3/t = 3/3 = 1.0$이므로 중립면이 $0.33t$ 위치에 있다(표 3.3). 굽힘 각도가 $180 - 45 = 135°$이므로,

$$l_2 = 2\pi(R3 + 0.33t)\frac{135}{360} = 2\pi(3 + 0.33 \times 3)\frac{135}{360} = 9.40\text{mm}$$

따라서 스트립의 길이는

$$l = l_1 + l_2 + l_3 + l_4 + l_5 = 20 + 9.4 + 50 + 17.59 + 20 = 116.99\text{mm}$$

(b) 중립점 이동을 미고려 : 곡률반경 $R10$으로 굽힐 경우 굽힘 각도가 90°이므로,

$$l_4 = 2\pi(R10 + 0.5t)\frac{90}{360} = 2\pi(10 + 0.5 \times 3)/4 = 18.06\text{mm}$$

곡률반경 $R3$일 경우 굽힘 각도가 $180 - 45 = 135°$ 이므로,

$$l_2 = 2\pi(R3 + 0.5t)\frac{135}{360} = 2\pi(3 + 0.5 \times 3)\frac{135}{360} = 10.60\text{mm}$$

따라서 스트립의 길이는

$$l = l_1 + l_2 + l_3 + l_4 + l_5 = 20 + 10.60 + 50 + 18.06 + 20 = 118.66\text{mm}$$

## 3.7 굽힘 가공에서의 최소 굽힘반경

판금, 프레스 제품의 설계에 있어서 $R$부를 결정하는 것은 제품상호 간 간섭 등의 문제를 시작해서 가공정도에서도 중요한 요인이다. 이러한 $R$부의 성형한계인 최소 굽힘반경은 굽힘 가공에서 피가공재를 굽힐 때 외측의 표면에 균열이 발생하기 직전의 최소 내측 곡률부의 반경을 가지고 정의한다(그림 3.19).

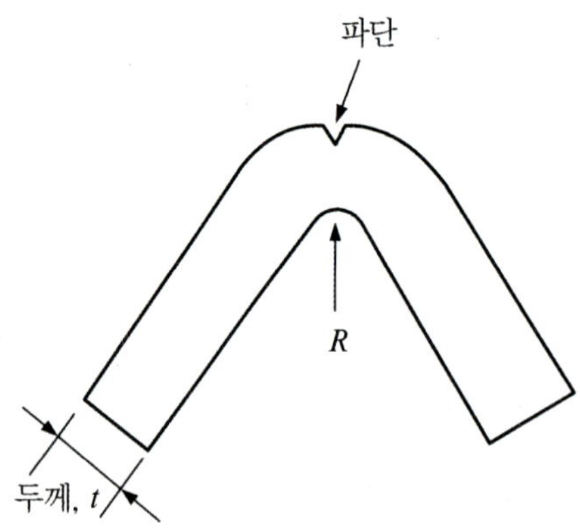


그림 3.19 최소 굽힘반경

그러나 일반적으로 가공의 한계를 표현하는 범용성 있는 비교법으로 '최소 굽힘반경 = 한계(파단직전)반경/판 두께'라고 정의되고 있다.

표 3.5에 대표적 금속재료의 최소 굽힘반경을 나타내었다.

표 3.5 최소 굽힘반경($R_b = R_{min}/t$)

| 재료 | 상태 | $R_b$ | 재료 | 상태 | $R_b$ |
|---|---|---|---|---|---|
| 극연강 | 압연 | 0.5 이하 | Mg 합금 | 풀림 | 4–5 |
| 반경강 | 압연 | 1.0–1.5 | Mg 합금 | 경질 | 6–9 |
| 스테인리스강 | 연질 | 0.5 | Mg 합금 | 경질 | 6–7 |
| 스테인리스강 | 1/4 경질 | 0.5–1.5 | Al 합금 | 연질 | 1이하 |
| 동 | | 1.0–2.0 | Al 합금 | 경질 | 2–3 |
| 황동 | 연질 | 0.5이하 | 두랄루민 | 연질 | 1이하 |
| 베릴륨 청동 | 연질 | 0.5이하 | 두랄루민 | 경질 | 3–4 |
| 베릴륨 청동 | 경질 | 2.0–5.0 | 인코넬 | | 0 |

굽힘 가공부의 외측표면에는 인장변형이 내측에는 압축변형이 작용하고 중간 부근에는 압축변형도 인장변형도 받지 않는 중립면이 존재한다. 이 상태를 그림 3.20에서 보면 굽힘 변형률은 다음과 같이 표현할 수 있다.

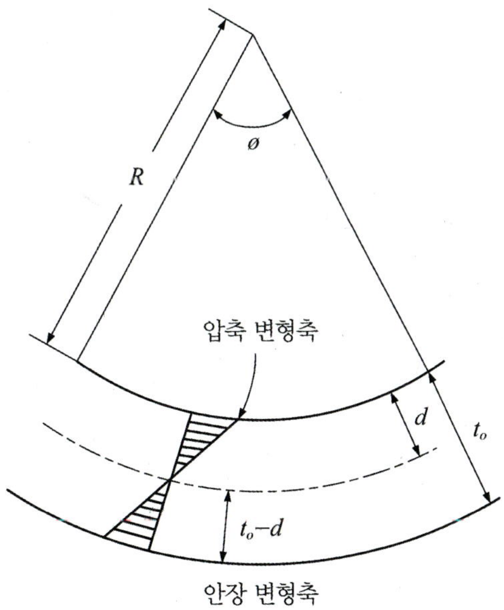


그림 3.20 굽힘반경과 변형률

$$e_{\max} = \frac{L_{of} - L_o}{L_o} = \frac{\Phi(R+t_0) - \Phi(R+d)}{\Phi(R+d)} = \frac{t_o - d}{R+d} \tag{3.9}$$

여기서 $L_o$: 중립면에서 $\Phi$가 이루는 원호, $L_{of}$: 외면에서 $\Phi$가 이루는 원호,

$t_o$: 판 두께, $R$: 굽힘반경, $\Phi$: 굽힘 각도, $d$: 내측에서 중립면까지의 거리

외면과 내면이 받는 변형률의 크기가 서로 같고 중립면이 판의 중심두께에 있다면 굽힘 반지름이 $R$이라면 변형률은 다음 식으로 나타낼 수 있다.

$$e_{\max} = \frac{L_{of} - L_o}{L_o} = \frac{\Phi(R+t_0) - \Phi(R+t_o/2)}{\Phi(R+d)} = \frac{t_o}{2R+t_o} \tag{3.10}$$

일반적으로 변형은 중립면에서의 거리$(t_o - d)$에 비례하고 또한 중립면의 곡률반경 $(R-d)$에 반비례한다. 굽힘 가공에 있어서 변형은 작은 곡률반경에서 크게 된다. 이러한 사항을 근거로 해서 최소 굽힘반경에 영향을 미치는 인자들에 대해 살펴보자.

### 예제 3.7

굽힘용 소재로 황동(brass)과 알루미늄 5051-H34합금 중에서 선택하여 [예제 3.2]의 굽힘작업을 하려고 한다. 어느 소재가 적절한지 평가하라(각각의 소재의 물성은 아래 표와 같다고 가정).

| 재료 | 황동 | 알루미늄 5051-H34 |
|---|---|---|
| 항복강도, MPa | 100 | 215 |
| 인장강도, MPa | 310 | 260 |
| 균일연신율($e_u$), % | 52 | 6.9 |
| 총연신율($e_t$), % | 65 | 10 |

**풀이**

먼저 [예제3.2]의 굽힘형상에서 가장 큰 변형이 일어나는 곡률반경 $R3$ 부위는 $R3/t=3/3=1.0$이므로, 이 굽힘변형을 만족시키는지 여부가 중요하다.
굽힘 시 곡률반경 $R3$일 경우 $R3/t=3/3=1.0$이므로 중립면이 $0.33t$ 위치에 있다(표3.3).
따라서 식 (3.9)를 이용하여 최대 굽힘변형률을 계산해 보면

$$e_{\max}=\frac{t_o-d}{R+d}=\frac{t_o-0.33t_o}{R+0.33t_o}=\frac{1-0.33}{1+0.33}=0.503$$

따라서 균일연신율이 52%로 최대 굽힘변형률 50.3%를 초과하는 황동이 성형가능하며, 알루미늄 5051-H34는 낮은 연신율로 인해 목표형상으로의 굽힘이 불가능하다.

## 3.7.1 최소 굽힘반경 영향 인자

최소 굽힘반경에 영향을 미칠 수 있는 영향 인자들에 대해 설명한다.

### (1) 판 두께

최소 굽힘반경의 정의에서 생각하면 판 두께와의 비 때문에 일반적으로는 판 두께가 증가하여도 이 비는 변화하지 않는다. 그러나 일부의 피가공재에는 판 두께의 증가와 함께 최소 굽힘반경이 크게 되는 것(알루미늄합금)이 있다.

### (2) 재질

이것은 표 3.2에서도 명확한 것처럼 재질에 따라서 다르다. 특히 피가공재의 연성(길이)의 부족에 의해서 파단이 발생하기 때문에 연성에 주목할 필요가 있다

### (3) 판의 폭

피가공재의 겉과 속에 작용하는 힘이 판의 폭에 따라서 다소 다르다(그림 3.21). 즉, 굽힘 길이가 길면(폭이 넓어지면) 외면에서의 응력이 단축응력이 아닌 이축응력상태로 바뀌게 된다. 그 이유는 외면의 스트레칭으로 인해 굽힘 길이 L이 짧아지려고 하지만 굽힘이 일어나는 주위의 재료에 의해 구속되기 때문이다. 따라서 굽힘 길이 $L$이 길수록 최소 굽힘반경도 증가한다. 그러나 길이가 대략 $10t$ 이상이 되면 최소 굽힘반경은 더 이상 증가하지 않고 평면변형상태에 이르게 된다. $R/t$ 비율이 낮은 경우 폭이 좁은(굽힘 길이가 짧은) 판재에서는 측면에서 균열이 발생하고 폭이 넓어서 이축응력상태에 충분히 도달된 판재는 중앙에서 균열이 일어난다. 이것은 원주방향의 인장과 판의 폭방향의 압축과의 조화에 의해서 주위의 힘이 구속되어 분산될 수 없기 때문에 우선적으로 파단을 일으키게 된다. 상대적으로 판 끝(측면)은 힘이 분산할 수 있기 때문에 판단되기 어렵다.

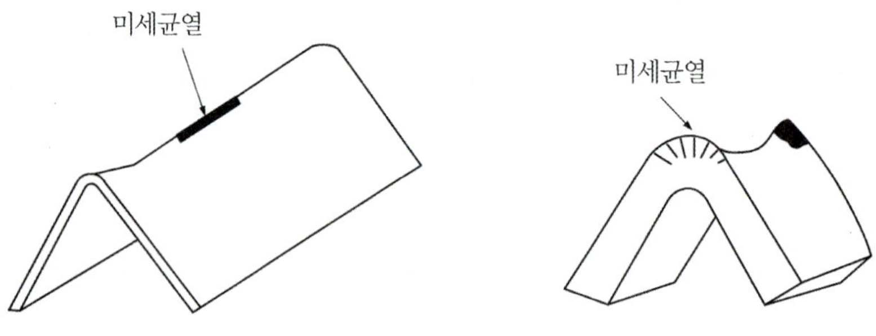


(a) 판 폭이 넓은 경우 (b) 판 폭이 좁은 경우

**그림 3.21** 굽힘에 미치는 판 폭의 영향

### (4) 굽힘 각도

굽힘 각도가 작을 때에는 판 표면 인장변형이 작기 때문에 최소 굽힘반경을 더욱 작게 할 수 있다.

### (5) 굽힘선방향

판재는 압연 방향에 따라서 성질이 달라질 수 있는데 가능한 한 굽힘 가공에 있어서도 압연방향과 수직으로 굽힘선을 택하는 것이 좋다. 압연판재에서는 불순물, 개재물, 공극 등이 압연방향으로 연신되어 배열되어 이방성을 보인다. 따라서 그림 3.22에 보인 바와 같이 압연방향에 평행하게 굽히게 되면 균열발생 가능성이 높아짐을 보여주고 있다.

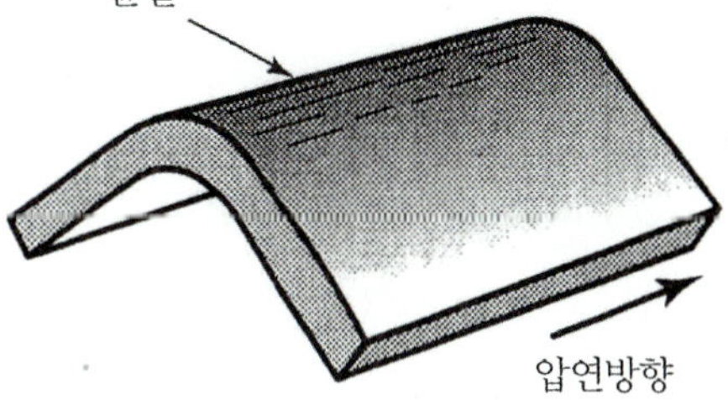


(a) 압연방향과 평행하게 굽힘

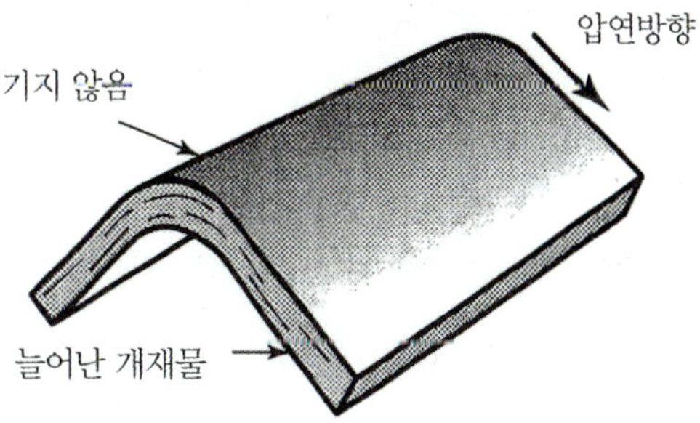


(b) 압연방향과 수직으로 굽힘

**그림 3.22** 굽힘에 미치는 압연방향의 영향

### (6) 전단과의 관계

판재 전단면의 눌림 측과 버어(burr) 측 중에서 눌림 측을 굽힘의 외측으로 하는 것이 파단발생을 막을 수 있다. 버어쪽은 판 끝면에 작은 균열이 많이 존재하기 때문이다(그림 3.23).

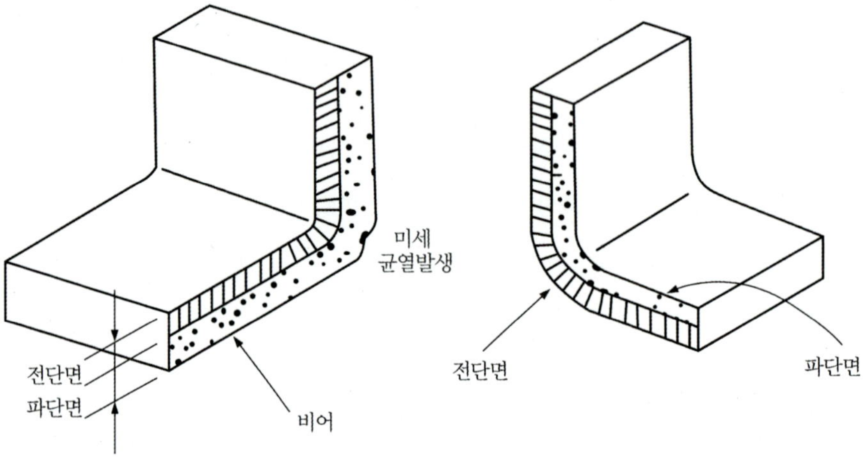


그림 3.23 굽힘방향과 전단면

## (7) 굽힘 시 휨

판 두께는 원주방향의 인장방향과 압축변형에 의해 중립면보다 외면은 얇아지고 내면은 두꺼워진다. 따라서 전체적으로 보면 외면은 원주방향으로 인장응력이 나누어지고 내면은 원주방향 압축응력의 분력에 의해 판 두께 방향으로 압축되어 재료는 초기의 판 두께보다도 얇아지면서 중립면은 안쪽으로 이동한다. 그렇기 때문에 원주방향의 길이는 변형 전에 비해 많이 길어진다. 폭방향은 판 두께방향과 같은 형태로 외면에서 원주방향의 인장변형에 의해 폭방향으로 줄어들고 내면에는 반대로 원주방향의 압축변형에 의해 폭방향으로 넓

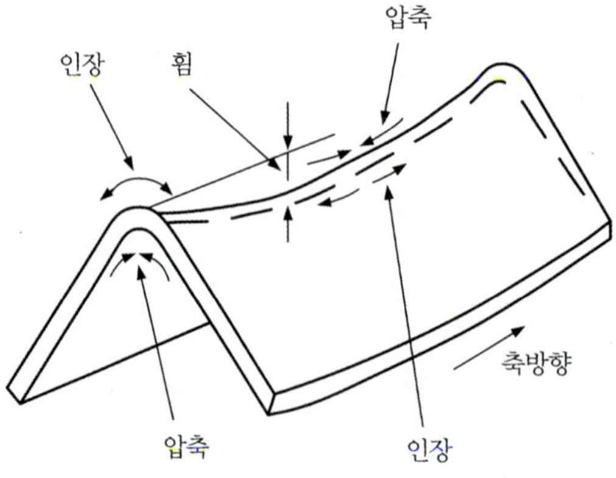


그림 3.24 굽힘 가공에 의해 나타나는 휨

어진다. 따라서 굽힘 시 휨(camber)이 생긴다. 이것은 재료가 폭방향으로 움직이기 쉬운 영향이며 비교적 판 폭이 넓은 경우에 중앙 부근의 변형이 구속되게 된다(그림 3.24).

### 3.7.2 단면 수축률을 이용한 최소 굽힘반경 추정

다음과 같은 가정 하에 인장 시 단면 수축률로 최소 굽힘반경을 추정할 수 있다.

- 굽힘에서 바깥 면에 균열이 생길 때의 진변형률은 동일한 재료를 단순 인장 시험 할 때의 파단 시 진변형률과 같다.
- 재료는 균질하고 등방성이다.
- 판재는 평면응력상태에서 굽혀진다.

인장 시험에서 파단 시 단면 수축률을 $AR(\%)$이라 할 때 파단 시의 진변형률은

$$\varepsilon_f = \ln(A_o/A_f) = \ln(100/(100 - AR)$$

이므로 외면에서 파단이 일어날 때는

$$\varepsilon_f = \ln(1 + e_o) = \ln\{1 + 1/[2(R/t_o) + 1]\}$$

따라서

$$(R/t_o)_{\min} = 50/AR - 1$$

그림 3.25의 실험결과에 따르면 실험값에 가장 잘 맞는 식은 다음과 같다.

$$(R/t_o)_{\min} = 60/AR - 1$$

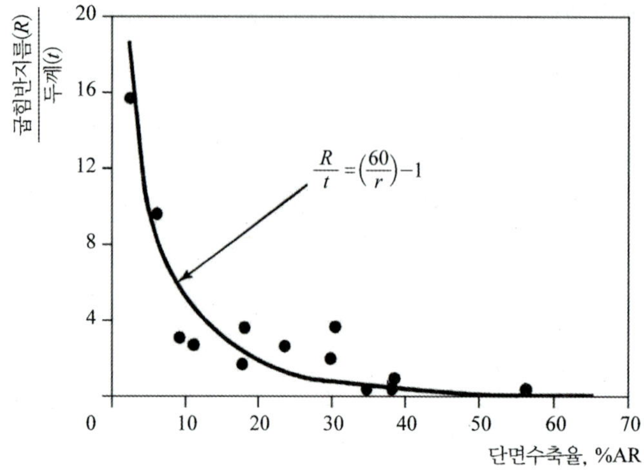


그림 3.25 굽힘 반지름비와 단면 수축률의 상관성

인장으로 인한 단면 수축률이 50%가 되면 $R/t_o$ 비율이 0에 가까워지게 된다. 즉 완전 굽힘으로 재료가 그대로 접히게 된다. 재료를 가열하거나 정수압력을 가하여 인장단면 수축률을 증가시키면 재료의 굽힘성이 향상된다. 굽힘작업 중에 압축이 일어나도록 유도하는 기법이 사용되기도 하는데, 예를 들어 외면에서의 인장응력을 최소화하기 위해 압축력을 가하는 것을 들 수 있다.

## 3.8 스프링 백

굽힘 가공에 있어서 규정의 굽힘 각도로 굽힘 가공을 행하는 것임에도 불구하고 아주 정확한 굽힘 각도로 되지 않는다. 이러한 요인 중에서 스프링 백(spring back)이라고 하는 현상이 가공 종료 후에 일어나게 되는데, 판재 굽힘에서 아주 중요하게 고려되는 인자이다. 굽힘 가공의 프로세스에서 보면 금형(펀치, 다이)에 피가공재를 끼워서 V 굽힘을 실시한 후에 펀치를 제거할 때 피가공재는 약간 원상태(평판)로 되돌아온다. 즉, 굽힘 각도가 약간 작게 된다. 이러한 탄성회복 현상을 스프링 백이라고 한다(그림 3.26).

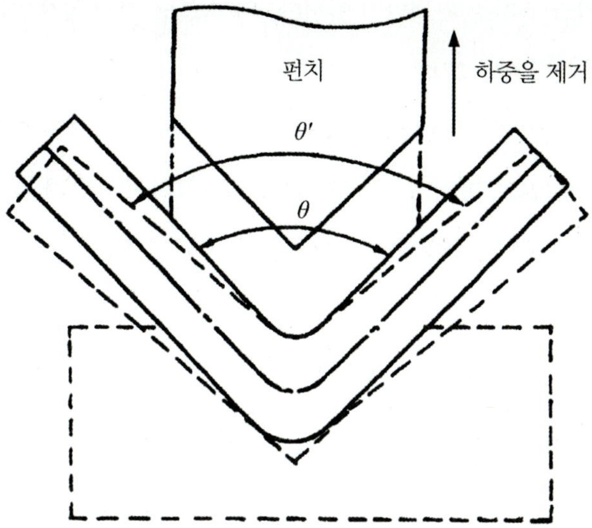


그림 3.26 스프링 백

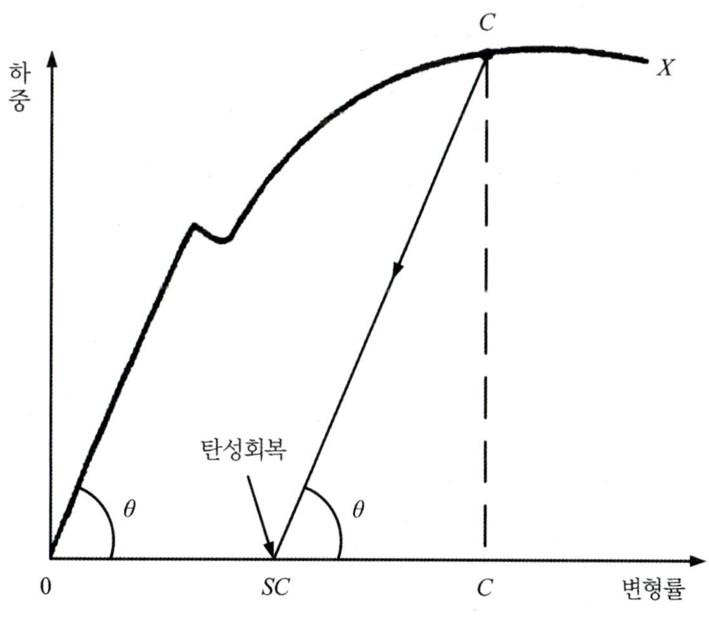


그림 3.27 스프링 백의 발생요소

이 현상은 굽힘 가공에 한정한 것만이 아니다. 왜 스프링 백이 발생되는지 하중-변형선도에서 생각할 수 있다(그림 3.27).

피가공재는 굽힘 가공이 행하여진 0에서 탄성변형을 지나서 소성변형을 한 *C*점에서 하중을 멈추고 제거하여 0으로 하면, *SC*점까지는 탄성변형의 비례관계와 같은 기울기로 하중 0의 상태까지 되돌아온다. 다시 말하면 하중을 제거 하는 것으로 *C*점에서 *SC*점까지의 변형이 경감되는 것이다. 이 변화가 스프링 백의 주된 원인이다. 스프링 백의 크기는 일반적으로 각도로 표현되며 이는 피가공재의 재질, 판 두께, 굽힘반경, 가공력(가압력) 등의 조건에 따라 변화한다.

이들의 요인에 대해서 다음에 검토하였다.

- 피가공재의 재질
  - 항복점이 높아질 때 스프링 백이 커진다(그림 3.28(a)).
  - 탄성계수가 작으면 스프링 백이 커진다(그림 3.28(b)).
- 피가공재의 판 두께

  동일 재질에서 같은 굽힘반경이라면 판 두께가 얇아짐에 따라 스프링 백이 크다.
- 굽힘반경

  동일 재질에서 같은 판 두께라면 굽힘반경이 커짐에 따라서 스프링 백이 크다.
- 굽힘 각도

  동일 재질에서 판 두께 굽힘반경이라면 굽힘 각도가 작아짐에 따라서 스프링 백은 크게 된다.

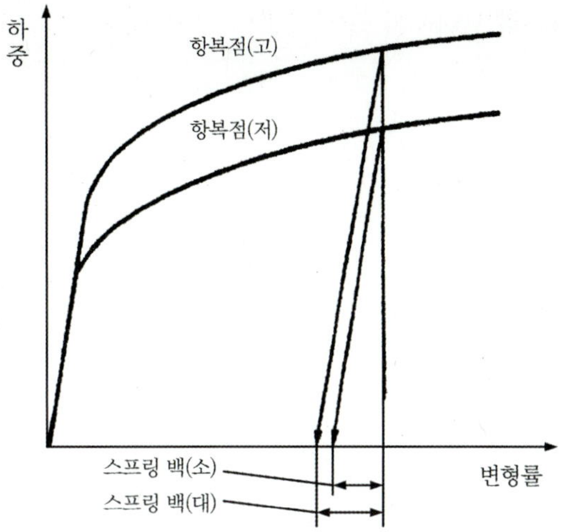


(a) 항복점과 스프링 백의 관계

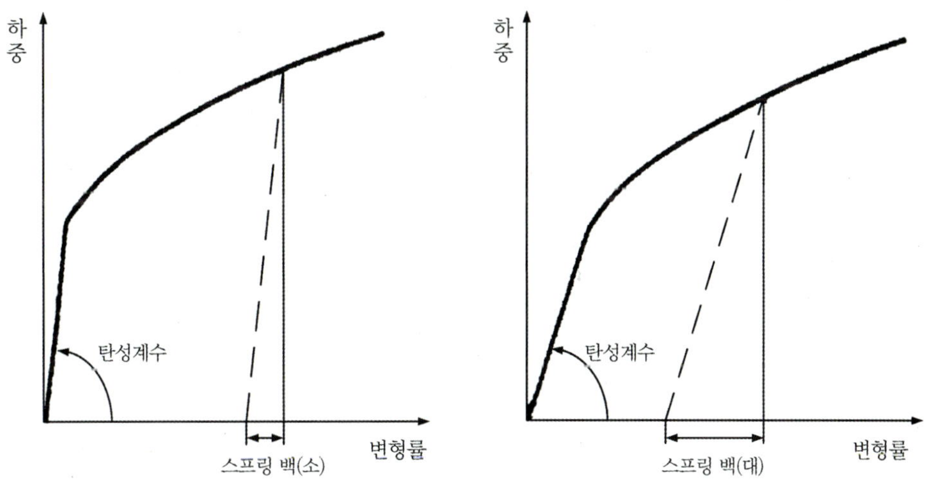


(b) 탄성계수(영률)과 스프링 백의 관계

**그림 3.28**

스프링 백은 스프링 백 인자(springback factor), $K_s$ 로 그 양을 나타내며 다음과 같이 구한다. 그림 3.30(a)에 보인 굽힘 여유가 굽힘 전후에 동일하다면 순수 굽힘의 경우

$BA = \left(R_i + \frac{t}{2}\right)\alpha_i = \left(R_f + \frac{t}{2}\right)\alpha_f$ 이므로

스프링 백 인자는 다음과 같다.

$$K_s = \frac{\alpha_f}{\alpha_i} = \frac{(2R_i/t)+1}{(2R_f/t)+1} \tag{3.11}$$

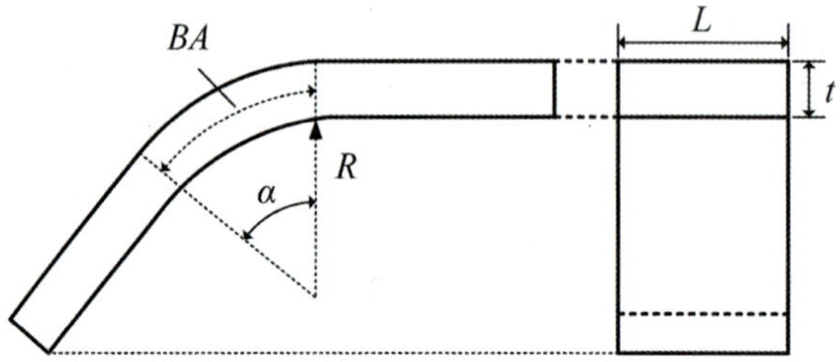


(a) 굽힘용어

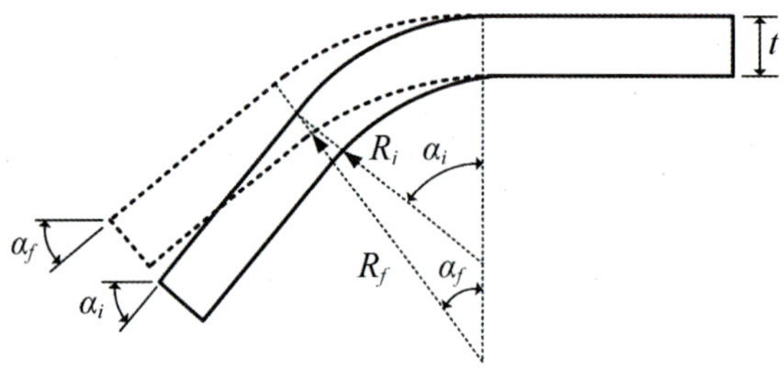


(b) 스프링 백에 의한 굽힘 각도와 반지름의 변화

**그림 3.29** 굽힘공정

위에서 $R_i$와 $R_f$는 각각 스프링 백 전후의 굽힘 반지름을 나타낸다. 그림 3.30(b)에 보인 바와 같이, 스프링 백 인자가 $K_s = 1$ 이면 스프링 백이 일어나지 않는 경우이고, $K_s = 0$ 이면 완전한 탄성복원이 일어남을 의미한다. 탄성복원양은 가해지는 응력수준과 재료의 탄성계수(e)에 따라 결정된다. 이러한 사실을 근거로 Y를 0.2% 항복응력이라할 때 스프링 백은 다음의 근사식을 이용하여 예측가능하다.

$$\frac{R_i}{R_f} = 4\left(\frac{R_i Y}{Et}\right)^3 - 3\left(\frac{R_i Y}{Et}\right) + 1 \tag{3.12}$$

## 예제 3.8

굽힘용 소재로 황동(brass)과 알루미늄 6061-T4합금을 이용하여 [예제 3.2]의 굽힘작업을 하려고 한다. R10 부위를 90° 굽힘 시 스프링 백을 계산하라(각각의 소재의 물성은 아래 표와 같다고 가정).

| 재료 | 황동 | 알루미늄 6061-T4 |
|---|---|---|
| 탄성계수, GPa | 140 | 70 |
| 항복강도, MPa | 100 | 145 |
| 인장강도, MPa | 310 | 240 |
| 균일연신율($e_u$), % | 52 | 16 |
| 총연신율($e_t$), % | 65 | 22 |

풀이

식 (3.12)를 이용하여 스프링 백 전후의 굽힘 반지름 비율인 $R_i/R_f$을 계산

황동의 경우,

$$\frac{R_i}{R_f}=4\left(\frac{R_i Y}{Et}\right)^3-3\left(\frac{R_i Y}{Et}\right)+1$$
$$=4\left(\frac{10\times 100}{140\times 1000\times 3}\right)^3-3\left(\frac{10\times 100}{140\times 1000\times 3}\right)+1=0.993$$

따라서 스프링 백 인자는

$$K_s=\frac{\alpha_f}{\alpha_i}=\frac{(2R_i/t)+1}{(2R_f/t)+1}=\frac{(2\times 10/3)+1}{[2\times(10/0.993)/3]+1}=0.9939$$

알루미늄 6061-T4 합금의 경우,

$$\frac{R_i}{R_f}=4\left(\frac{R_i Y}{Et}\right)^3-3\left(\frac{R_i Y}{Et}\right)+1$$
$$=4\left(\frac{10\times 145}{70\times 1000\times 3}\right)^3-3\left(\frac{10\times 145}{70\times 1000\times 3}\right)+1=0.979$$

따라서 스프링 백 인자는

$$K_s=\frac{\alpha_f}{\alpha_i}=\frac{(2R_i/t)+1}{(2R_f/t)+1}=\frac{(2\times 10/3)+1}{[2\times(10/0.979)/3]+1}=0.9817$$

$K_s = 1$ 이면 스프링 백이 일어나지 않는 경우이고, $K_s$ 가 줄어들수록 스프링 백이 늘어남을 의미하므로 황동은 스프링 백이 미미한 수준이며 알루미늄 6061-T4는 스프링 백이 상대적으로 크게 일어남을 알 수 있다.

### 예제 3.9

두께 0.0359in, 탄성계수 $29 \times 10^6$psi인 강판을 반지름 0.5in로 굽힌다고 하자. 항복응력을 40,000psi로 가정하고 굽힘작업 후의 반지름을 계산하여라.

**풀이**

$R_i = 0.5\text{in}$, $Y = 40{,}000\text{psi}$, $E = 29 \times 10^6\text{si}$, $t = 0.0359\text{in}$ 를 식 (3.12)에 대입하여 구한다.

$$\frac{R_i\,Y}{E\,T} = \frac{0.5\,(40{,}000)}{29 \times 10^6\,(0.359)} = 0.0192$$

이므로

$$\frac{R_i}{R_f} = 4\left(\frac{R_i\,Y}{E\,T}\right)^3 - 3\left(\frac{R_i\,Y}{E\,T}\right) + 1 = 4(0.0192)^3 - 3(0.0192) + 1 = 0.942$$

가 되어 최종 반지름은 다음과 같다.

$$R_f = \frac{0.5}{0.942} = 0.531\,\text{inch}$$

이러한 스프링 백에 대처하는 실용적인 방법은 그림 3.30에 보인 바와 같이 금형형상을 변경하는 것이다. 통상 V 굽힘 가공에서의 펀치 다이의 형상은 90°이다. 그러나 스프링 백을 생각하면 예상된 스프링 백 거리만큼 여분으로 구부림으로써 피가공재를 다이에서 떼어낼 때 제품 각도가 90°로 된다(그림 3.30(a)). 즉, 굽힘 가공을 초과 굽힘(overbending)하는 방법인데 비교적 많이 사용되고 있는 각도가 88°이다. 이 방법은 특히 스테인리스 강판의 굽힘 가공에 많이 이용된다. 굽힘 시 스프링 백은 판 두께방향의 변형의 분포가 같지 않기 때문에 발생되므로 변형분포를 균일하게 하는 것이 스프링 백의 저감에 유리하다. V 형 굽힘의 스프링 백의 양을 감소시키는 다른 방법으로는 그림 3.30(b), (c)와 같이 펀치의 끝단을 가늘게 하여 높은 압축응력이 걸리도록 굽힘 부위에 압력을 집중시키는 코이닝 방법도 있다. 그림 3.30(d)에 나타낸 회전 굽힘(rotary bending)기술도 사용할 수 있는데 초과 굽힘과 유사한 원리를 이용한다. 상형 다이는 원추형 로커(각도가 90°이내)이며 자유 회전하도록 되어 있어서 상형 다이가 밑으로 내려오면서 판재를 구속하여 하형 다이 주위로 판재를 굽힌다. 이때 하형 다이의 여유각만큼 판재가 과도 굽힘되므로 스프링 백을 보정해 주는 효과를 보인다.

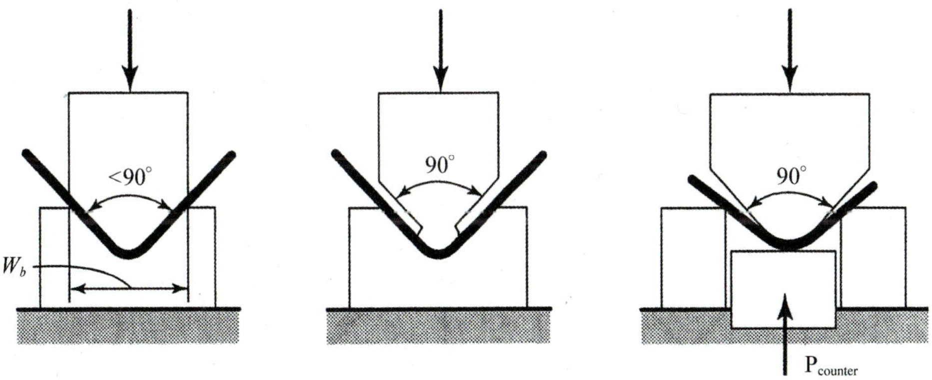

(a) 초과 굽힘 (b) 코이닝 (c) 코이닝+배압

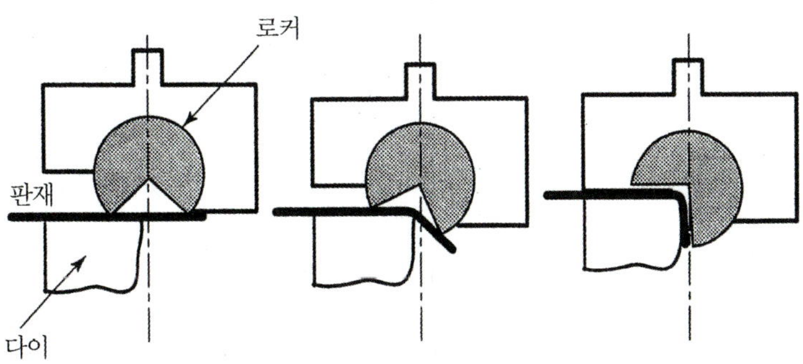

(d) 회전 굽힘

**그림 3.30** V 형 굽힘 시 스프링 백 억제 방법

U형 굽힘의 경우도 일반적으로 V형 굽힘의 방지방법과 동일한 원리가 적용되며 다음 그림 3.31과 같은 방법이 주로 이용된다. 그림 3.32(a)는 펀치 측면에 경사진 틈새를 부여해 줌으로써, 그림 3.32(b)는 펀치의 밑면에 홈을 넣어줌으로써, 그림 3.32(c)는 펀치의 밑면형태를 원호로 해줌으로써, 그림 3.32(d)는 다이 측면에 경사진 틈새를 부여해 줌으로써 초과 굽힘을 유도하여 스프링 백을 보정해 준다.

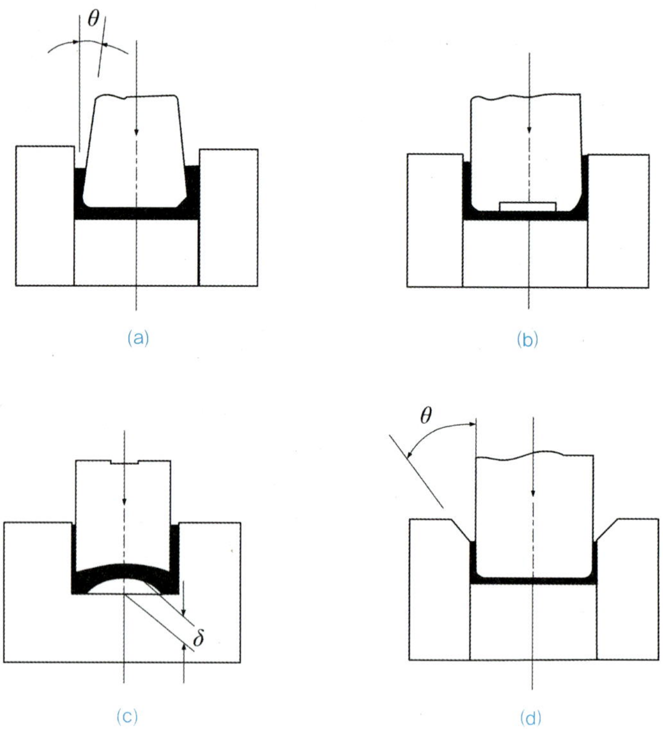

그림 3.31 U형 굽힘 시의 스프링 백 억제 방법

그 외에도 그림 3.32와 같이 펀치 아래 면에서 판 누르개를 받쳐서 스프링 백을 감소시키는 방법도 있다. 그림 3.33의 신장 성형법과 같이 인장을 가한 상태에서 굽힘 변형시키면 판 단면 내의 응력이 균일하게 작용되어 스프링 백이 감소된다. 또한 그림 3.34에 보인 바와 같이 강화 홈(stiffening groove)을 부여하면 스프링 백의 저감과 함께 부품의 강성을 크게 증가시킬 수 있다.

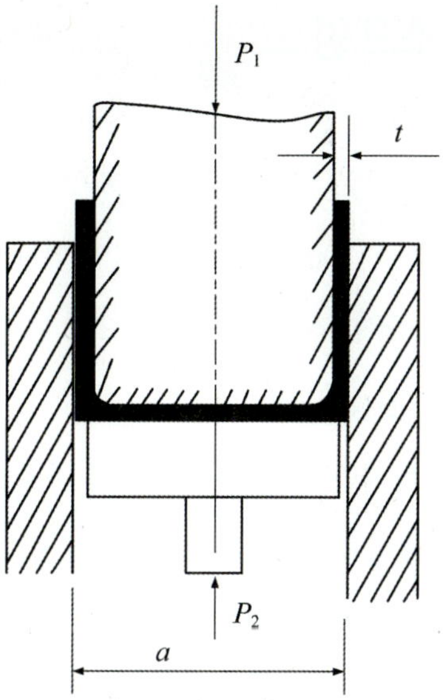


그림 3.32 판 누르게 사용법

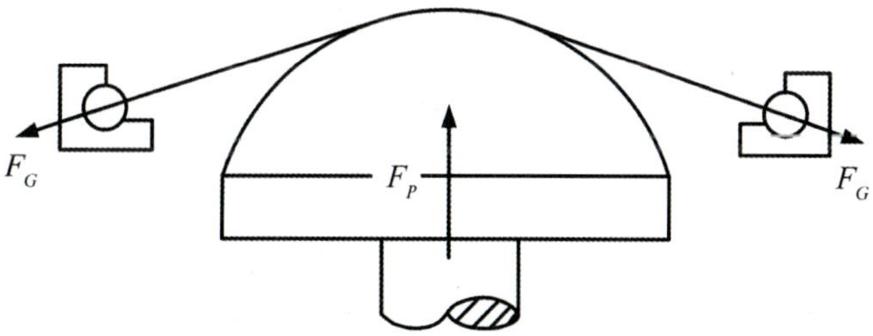


그림 3.33 신장 성형법

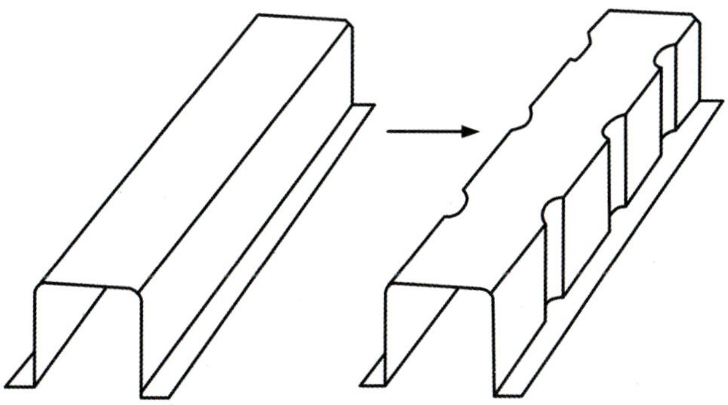

그림 3.34 강화 홈을 이용한 스프링 백 저감

## 3.9 굽힘 가공에서의 스프링 고

규정의 굽힘 각도까지 굽힘 가공을 실행했다가 완성한 제품의 각도가 다소 벌어져 버린다고 하는 스프링 백은 자주 볼 수 있는 현상이다. 이에 반해서 굽힘 가공을 행할 때에 가공 후에 열리는 것은 없고 다소 굽힘 각도보다 큰 각도로 된 마이너스의 스프링 백이 생긴 스프링 고(spring go)라고 하는 현상이 있다.

스프링 백과 고는 상반된 것이지만 이들은 같은 굽힘 가공의 프로세스 중에서 일어나기 때문에 굽힘 가공의 프로세스에서 생각해 보면 이해할 수 있다. 굽힘 가공은 3.2절에서 전술한 바와 같이 1) 제1단계: 탄성 굽힘, 소성 굽힘, 판의 유입 2) 제2단계: 굽힘의 역전 3) 제3단계: 압축과정을 거치게 된다. 이 변형 중에서 제2단계의 굽힘의 역전과정을 좀 더 상세하게 살펴보자. 이 부분에서는 일단 내측으로 향하여 변형한 플랜지부가 굽힘의 진행과 함께 펀치 · 다이에 끼인 상태에서 외측으로 향해 변형한다. 즉 펀치 선단, 다이 사면, 펀치 측면의 세 부분으로 나누어서 생각해 보자(그림 3.35).

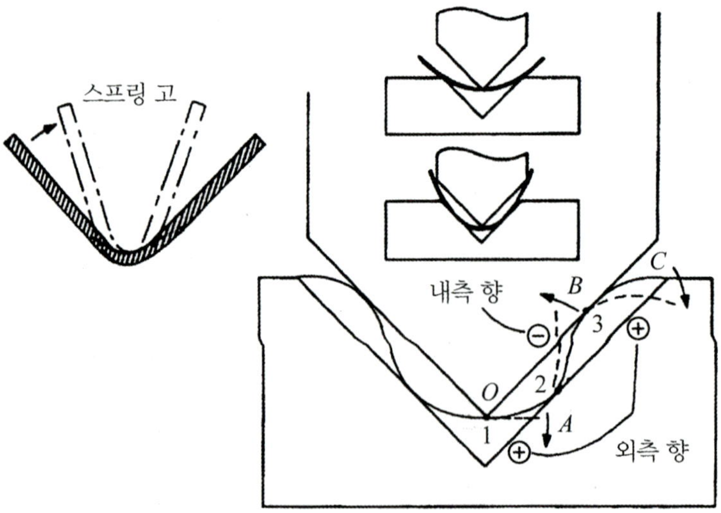


그림 3.35 굽힘 각의 스프링 백, 고의 크기

- $OA$부 : 펀치 선단 $O$를 지점으로 하여 점②에서 굽힘 하중이 작용한다. 즉 굽힘 모멘트가 내측으로 향하여 작용한다.
- $AB$부 : 점②를 지점으로 하여 점③에 굽힘 하중이 작용한다. 즉 굽힘 모멘트는 외측으로 향하여 작용한다.
- $BC$부 : 점③을 지점으로 하여 점④에 굽힘 하중이 작용한다. 즉 굽힘 모멘트는 내측으로 향하여 작용한다.

이상의 3개 부분에서 각각의 굽힘 가공이 행하여지므로 당연히 각각의 부분에서 스프링 백이 발생하게 된다. 이 때 각부의 스프링 백과 각부의 굽힘 모멘트는 서로 반대로 향하게 된다. 구체적으로는 $OA$부와 $BC$부는 외측으로 향하는 스프링 백이 프레스로 작용한다. AB부는 내측으로 향해서 스프링 백이 마이너스로 작용한다. 이상과 같은 상태가 일어나고 있는 각부의 동작을 굽힘 가공 전제에 대하여 생각해 보면 3부분의 스프링 백의 합으로 굽힘 가공 후의 각도 거동이 변화하게 된다.

OA부의 스프링 백
AB부의 스프링 백
+) BC부의 스프링 백
―――――――――――
전체의 스프링 백

(a) 전체 스프링 백 > 0 : 전체로써 외측으로 스프링 백이 있는 일반적인 현상이다.

(b) 전체 스프링 백 < 0 : 전체로써 내측으로 스프링 백이 있고 마이너스의 스프링 백으로 스프링 고라고 불린다.

이 같은 현상은 $R/t$(굽힘반경/피가공재의 판 두께)의 값에 따라서 영향을 받는다. $R/t$가 클 때는 양의 스프링 백이 생기고, $R/t$가 적을 때는 음의 스프링 백(스프링 고)이 생기는 경향이 있다. 이것들은 스프링 백, 스프링 고를 각기 다른 현상으로서는 아니고 굽힘 가공의 변형과정 중에서 이해하는 것이 중요한 것이다(그림 3.36).

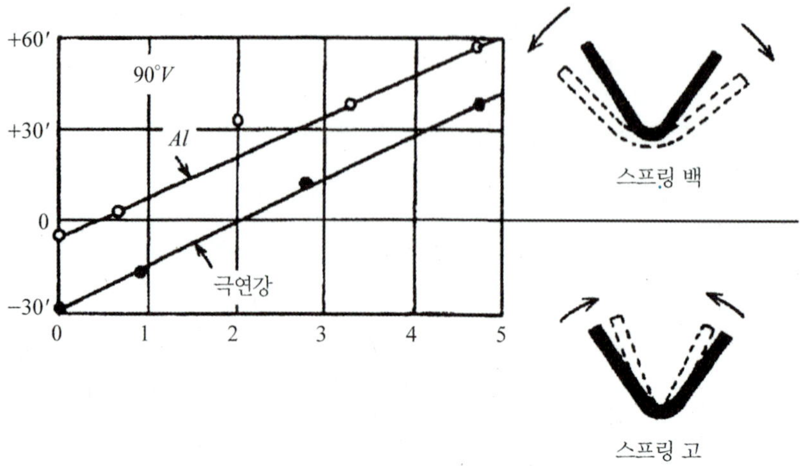


그림 3.36 굽힘 조건, 재료에 따른 스프링 백의 량

## 3.10 굽힘 관련 성형공정

### 3.10.1 플랜징

그림 3.37(a)의 평판 플랜징(flanging)은 판재의 모서리를 굽히는 가공법이다. 수축 플랜징(shrink flanging)에서는 플랜지가 원주방향으로 압축응력을 받으며 너무 과도하게 되면 플랜지부에 주름이 잡힐 수도 있는데, 플랜지의 곡률 반지름이 작을수록 주름이 잡힐 가능성이 높다. 신장 플랜징(stretch flanging) 작업에서는 플랜지부에 인장응력이 걸리고 과도하면 플랜지부가 찢어진다.

그림 3.37(b)의 딤플링(dimpling) 작업에서는 판재에 우선 구멍을 낸 후, 단이 진펀치로 판재를 관통하여 플랜지부를 만들며 구멍을 확장하는 공정이다. 끝이 뾰쪽한 펀치로 그림 3.37(c)와 같이 천공하는 경우에도 플랜지부가 생기며 비슷한 공정으로 관재의 끝부분에 플랜지를 만들 수도 있다(그림 3.37(d)). 원추형의 접속부를 갖기 위해 굽힘부가 90°보다 작도록 가공하는 공정은 플레어링(flaring)이라 한다.

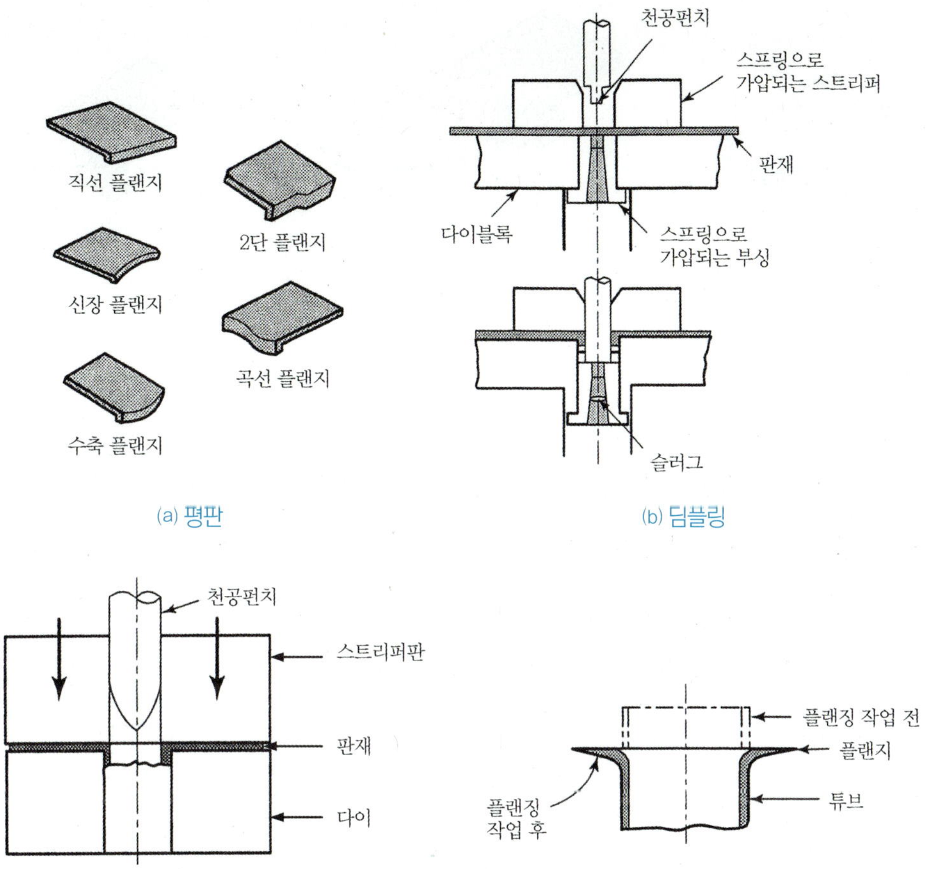


(a) 평판 (b) 딤플링

(c) 천공 (d) 튜브 플랜징

**그림 3.37** 플랜징 작업

## 3.10.2 헤밍, 시밍, 컬링

헤밍(hemming)은 박판의 모서리를 한번 이상 굽혀서 접어 포개는 작업이다(그림 3.38(a)). 이것은 제품의 날카로운 모서리를 없애고 강성을 증가시키고 외관을 미려하게 하기 위해 수행된다. 시밍(seaming)은 이와 관련 있는 작업으로써 두 개의 박판이 시밍을 통해 서로 결합된다(그림 3.38(b)). 컬링(curling)은 판, 원통 또는 원통용기의 끝부분에 둥근형 단면의 테두리를 만드는 것으로, 제품의 날카로운 모서리를 없애고 강성을 증가시키고 외관을 미려하게 하기 위해 수행된다(그림 3.38(c)).

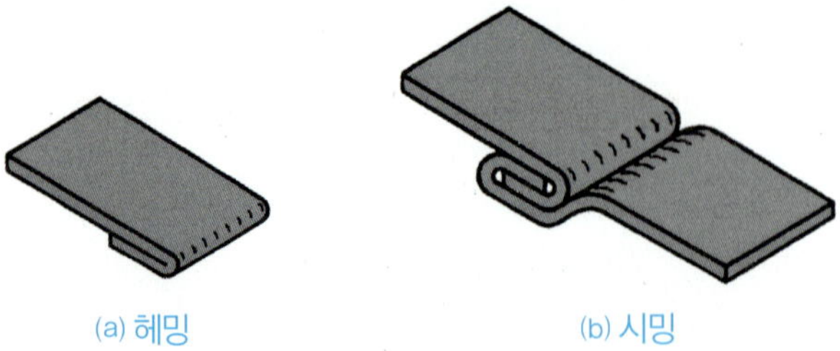


그림 3.38

### 3.10.3 기타 굽힘작업

여러 가지 굽힘공정들이 그림 3.39에 묘사되어 있다. 이런 작업을 통해 다양한 형상의 굽힘 제품이 만들어진다. 대부분의 작업은 V-다이나 이와 유사한 단순 형상의 다이로 수행된다.

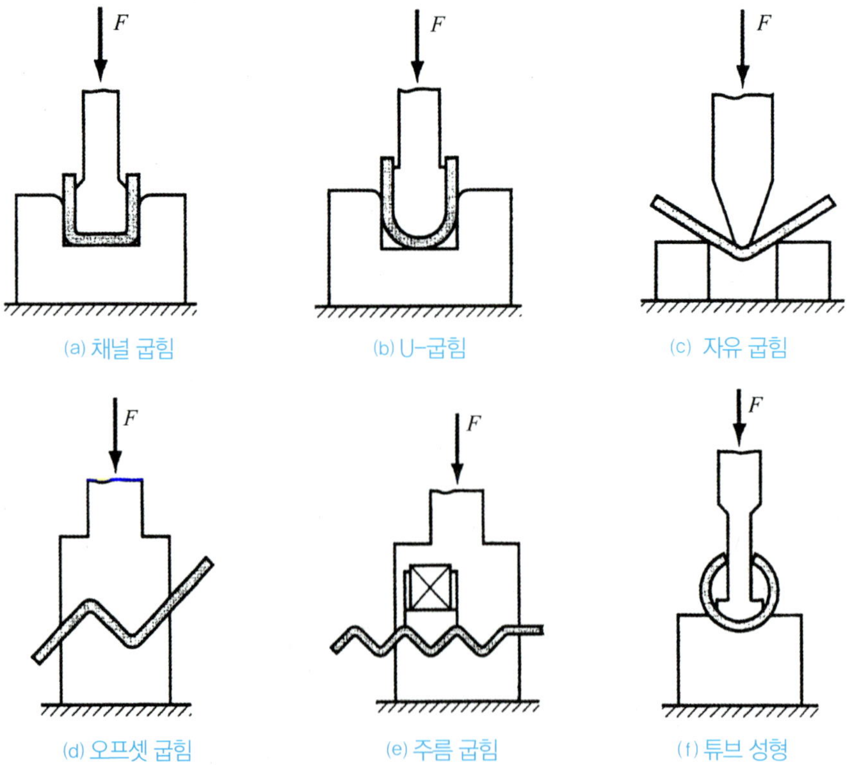


그림 3.39 기타 굽힘공정, $F=$ 굽힘력

## 3.11 굽힘 가공의 공구

굽힘 가공의 공구는 굽힘 가공의 목적에 따라 다양하게 사용한다. 그림 3.40(a)는 자유 굽힘 시 공구의 배치도를 나타내고 있으며, 그림 3.40(b)는 신속한 공구교체가 가능한 회전형 굽힘 다이의 예를 보여주고 있다. 굽힘 시 판재의 스프링 백을 보상하기 위해 약 80도 이상의 다양한 각도를 보이고 있음을 알 수 있다. 여러 연속적인 굽힘작업이 이루어질 때 효율적인 작업이 가능하도록 일련의 공구를 배치하여 작업하는 경우가 보통이다(그림 3.41).

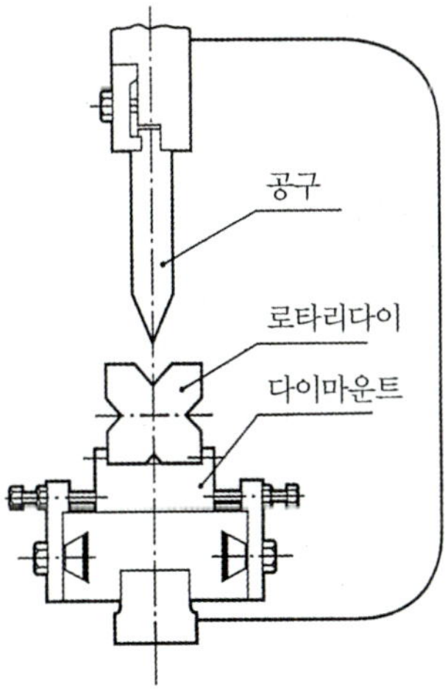


(a) 공구

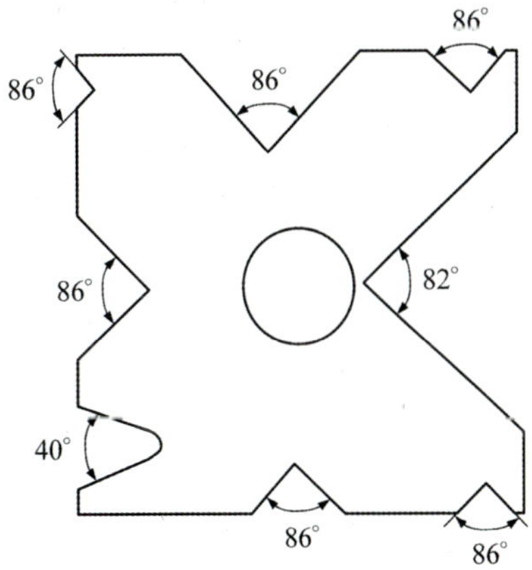


(b) 회전형 다이

그림 3.40 굽힘 공구

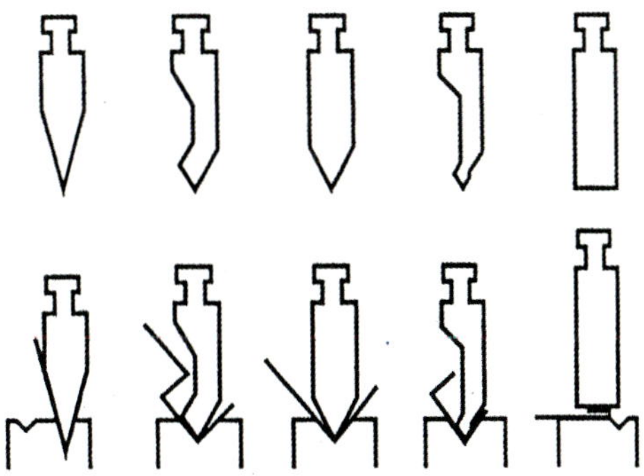

그림 3.41 접음(folding)에 사용되는 일련의 굽힘 공구

# 3.12 구멍부의 굽힘작업

만약 굽힘부 주위에 구멍(hole)이 존재할 경우 굽힘 후 홀의 치수가 변할 수 있으므로 이에 대한 주의가 필요하다. 그림 3.42에 보인 바와 같이 직경 d를 갖는 구멍이 굽힘에 의해 영향을 받지 않는 최소 거리는 굽힘반경 $R_i$를 가정할 때 다음과 같다.

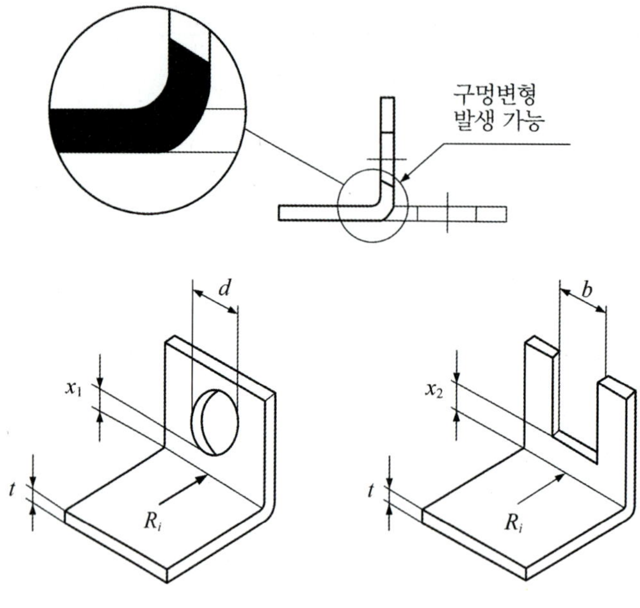


그림 3.42 구멍부위로부터 최소 거리 정의

### (1) 둥근 구멍의 경우

$$x_1 = (dt)^{1/2} + 0.8\,R_i(1/d)^{1/2} \tag{3.13}$$

### (2) 사각 구멍 또는 유사 형태의 경우

$$x_2 = 1.1\,(bt)^{1/2} + 0.8\,R_i(1/b)^{1/2} \tag{3.14}$$

상기 식은 판재 두께 0.4~2.5mm, 구멍 직경 또는 간격 1.5~7.0mm에서 적용 가능하다.

## 3.13 굽힘 가공의 결함의 원인과 대책

V 굽힘 가공과 U 굽힘 가공을 행한 가장자리에 굽힘 가공선에 평행하게 선 모양으로 반짝반짝 빛나는(다이 어깨부에 부딪친 것 같은) 표면결함이 현저하게 나타나서 불량을 일으킬 수 있다. 이것은 피가공재의 다이 측에 닿는 것에서 발생한다고 생각되지만 그 원인에는 다이 어깨 곡률부의 형상, 클리어런스의 크기, 윤활상태, 가공속도, 금형의 문제, 사용상태 등이 있을 수 있다. 이에 대해서 구체적으로 검토해 보자(그림 3.43).

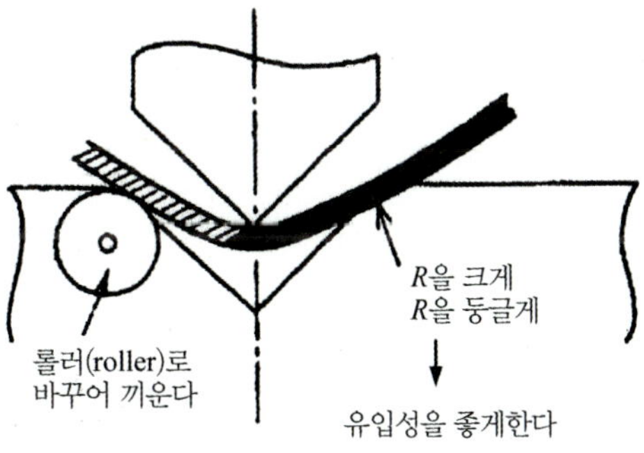


(a) 다이곡률 완화

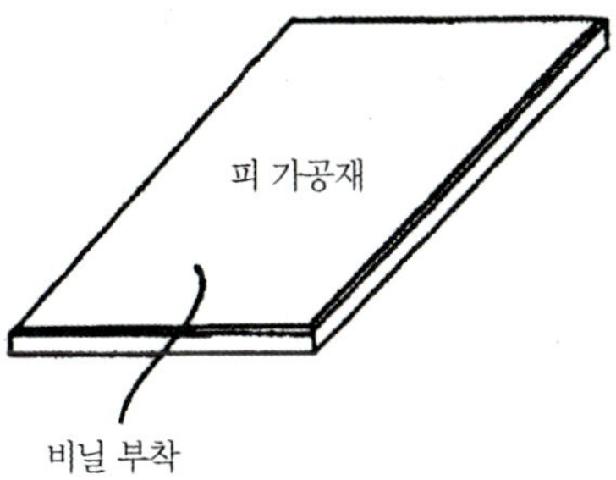


(b) 비닐 부착

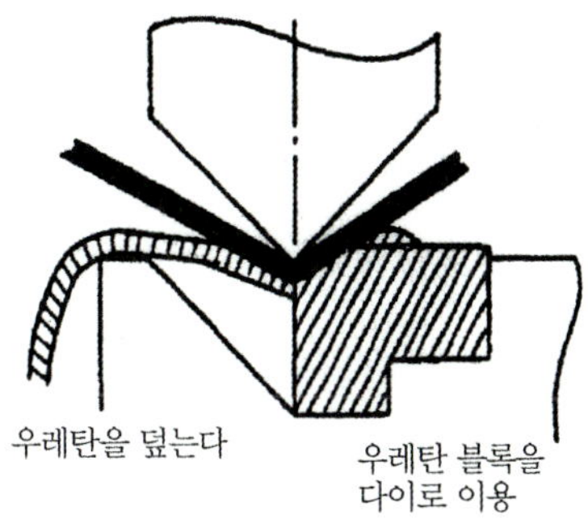


(c) 우레탄 블록 사용

**그림 3.43** 굽힘 가공의 결함방지 대책

① 굽힘공정에서 알 수 있듯이 피가공재는 다이 어깨 곡률부에 비벼지면서 펀치를 따라서 다이로 끌려 들어간다. 되도록 국부적인 접촉이 생기지 않도록 다음을 생각할 수 있다.

- 다이 어깨 곡률부를 크게 한다.
- 다이 어깨 곡률부를 닦아서 먼지, 이물질 등을 제거한다.
- U 굽힘 가공에서는 다이 어깨 곡률부를 타원이나 포물선 모양으로 한다(그림 3.43(a)).
- 다이 어깨 곡률부를 롤러(roller)에 바꿔놓아 피가공재가 밀려들어오면 동시에 곡률부가 움직이므로 결함을 방지하게 한다.
- 피가공재에 비닐 등을 붙여서 굽힘 가공을 한다(그림 3.43(b)).
- 다이 어깨부에서 경한 금속에 접촉되지 않도록 우레탄을 다이에 감아서 이용한다. 또 적당한 용기에 우레탄 블록을 넣어 다이로 이용한다. 이 방법은 인쇄판재나 도장판재를 가공하는 경우에 적용하고 있다(그림 3.43(c)).

② U 굽힘 가공에서 측벽의 클리어런스가 작으면 금형에 끼여서 버니쉬(burnish)결함이 발생한다. 특히 전단 가공의 버어나 쇳조각 등으로 금형에 상처가 생겨 면이 거칠어지기 때문에 금형관리를 확실히 하는 것이 필요하다.

③ 윤활유에 대해서는 (1)항 중의 한 가지 해결책으로 생각할 수 있다. 유막이 얇기 때문에 끊어져 버려서 금속끼리 접촉해 결함이 된다. 유막이 강한 윤활유를 이용하는 것으로 마치 비닐을 덮은 것과 같은 효과가 얻어지는 것이 있다.

④ 펀치는 어떤 가공속도에서 피가공재에 접촉하고 또한 피가공재는 다이 어깨부에 어떤 속도로 충돌하고 있는 것이 된다. 즉 속도가 빠르면 충격이 강하게 된다. 이 충돌 단계의 속도를 제어할 수 있다면 다이 어깨 곡률부와의 사이에 생긴 표면결함을 다소 막을 수 있다.

⑤ 금형재질은 당연히 경화될 필요가 있다. 또한 조금이라도 결함이 생기기 어렵게 표면처리를 해두는 것이 효과적이며, 표면처리의 종류로는 SKD에 TD 처리나 TiC 처리가 좋다. 또 초경합금을 형재료로 이용하는 방법도 있다.

⑥ 금형표면에 요철이 생기면 이들이 굽힘 가공된 제품에 전사되기 때문에 불량이 발생한다. 또 프레스 가공의 현장은 공기 중의 먼지, 전단 가공에서 생긴 버어(burr)의 일부, 스케일 등이 가공 중에 섞이는 것을 생각할 수 있다. 굽힘 가공을 행하는 작업자는 금형 청소를 하고 피가공재를 검사하는 등에 주의하여야 하며 또 정기적인 금형 점검이나 연마도 중요하다.

## 3.14 샌드위치 강판의 굽힘

샌드위치 강판은 2장의 강판 사이에 특수한 수지를 끼워 넣어 샌드위치 구조로 된 것이다. 대표적인 것으로는 강판에 주어진 진동 에너지를 수지의 변형 에너지와 열에너지로 바꾸어 진동을 감쇄시키는 제진 강판과 경량 라미네이트 강판이 있다. 경량 라미네이트 강판은 철과 수지의 비중차를 이용하여 동일 두께의 일반적인 강판과 유사한 강성을 가지면서 중량이 40~60%나 가벼운 강판이다. 이 강판의 목적은 부품의 대폭적인 경량화를 꾀한 것이다.

이러한 샌드위치 강판의 굽힘 가공 시 주의점은 다음과 같다. 제진 강판은 당연히 통상 강판과는 다른 거동을 나타낸다. 샌드위치 강판에 굽힘 모멘트를 주면 수지를 끼고 있는 표피 강판에 비하여 끼워진 수지의 변형저항이 작기 때문에 양자(강판) 사이에 큰 변형저항의 차가 생긴다. 이 때 수지에 전단변형이 생겨서 상 · 하 피복 강판이 어긋나게 된다(그림 3.43). 이 어긋난 량은 표피 강판이 두꺼울수록 또 수지의 변형저항이 낮을수록 크게 된다.

이러한 샌드위치 강판의 굽힘 가공에서 볼 수 있는 성형불량의 원인과 대책에 대하여 기술한다.

- 굽힘 시 플랜지가 휘는 현상

  이 현상은 통상 갈매기 모양으로 굽는 현상으로 V 굽힘 가공을 할 때 상 · 하의 표피 강판은 굽힘부분에서 어긋남이 발생한다(그림 3.45). 이 때 샌드위치 강판에는 이 어긋남을 해소하려고 하는 작용이 일어나며 이 작용 방향이 굽힘방향과는 반대의 구속되지 않은 방향으로 작용하기 때문에 생긴다. 이와 같은 휨을 감소시키는 방법으로 적극적으로 어긋남을 억제하는 몇 가지 방법이 제안되고 있다(그림 3.46).

- 헤밍(hemming) 굽힘, 짧은 플랜지 굽힘에 있어서 단부 표피 강판의 어긋남 현상.
  이 현상은 표피 강판의 어긋남이 소재 단부까지 영향이 미치기 때문에 생기는 불량이다. 대책으로는 짧은 플랜지를 설정할 때 길이에 주의 할 필요가 있다.
- 굽힘 가공에 있어서 정도에 큰 영향을 주는 것이 탄성회복이다. 샌드위치 강판은 일반적으로 스프링 고의 경향을 나타낸다. 또 굽힘반경이 크게 되면 스프링 백으로 변화하는 경향을 나타낸다.
- 일반적으로 가공속도를 빠르게 하면 플랜지의 꺾임 등의 불량이 적어진다. 이것은 가공속도에 의해 접착강도가 상승하는 효과로 아려져 있다.

이상과 같은 샌드위치 강판의 성질을 고려하면 여러 번의 굽힘을 가하는 가공에서는 중앙부를 먼저 가공하고 뒤에 판의 끝부분을 가공하는 것이 유리하다(그림 3.47).

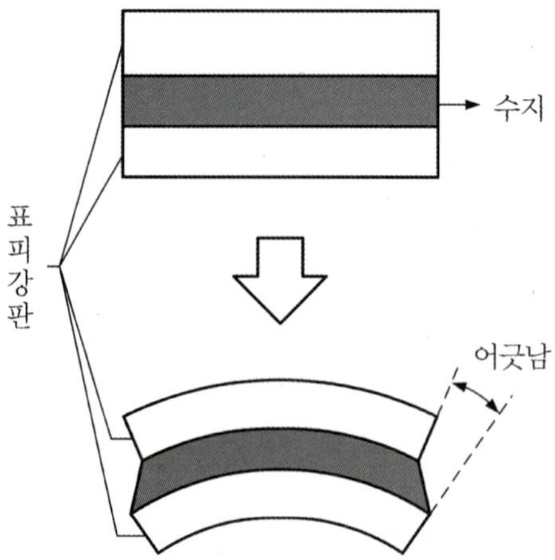


**그림 3.44** 샌드위치 강판의 구조

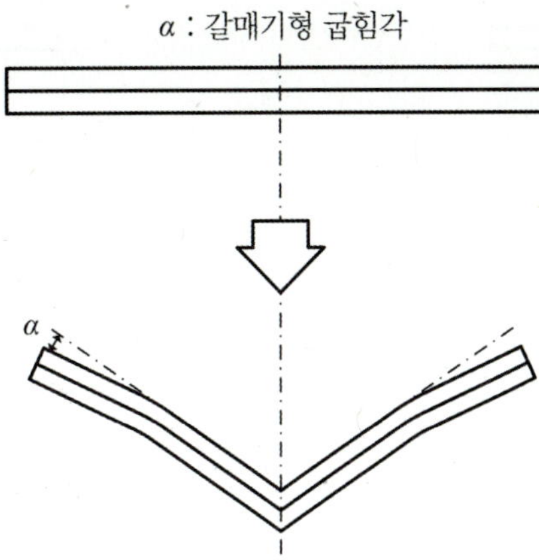


그림 3.45 갈매기형 굽힘 불량

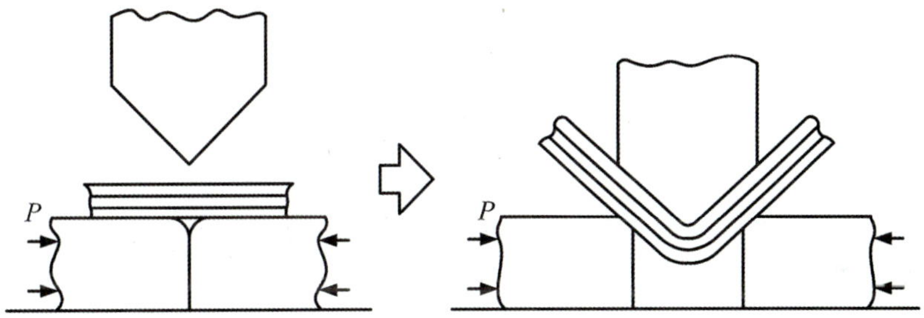


(a) 아이어닝 굽힘

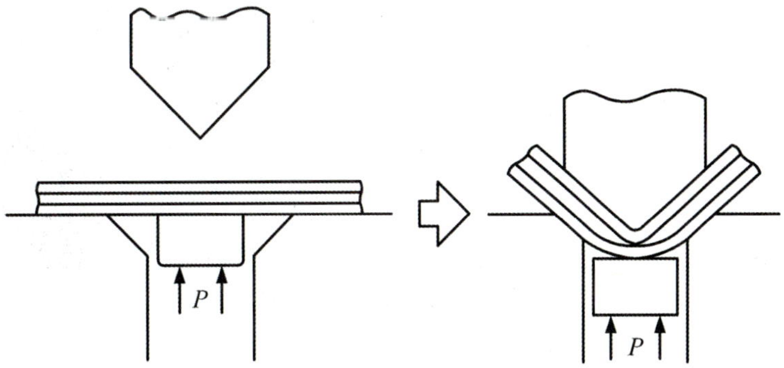


(b) 배압 굽힘

그림 3.46 굽힘 방법

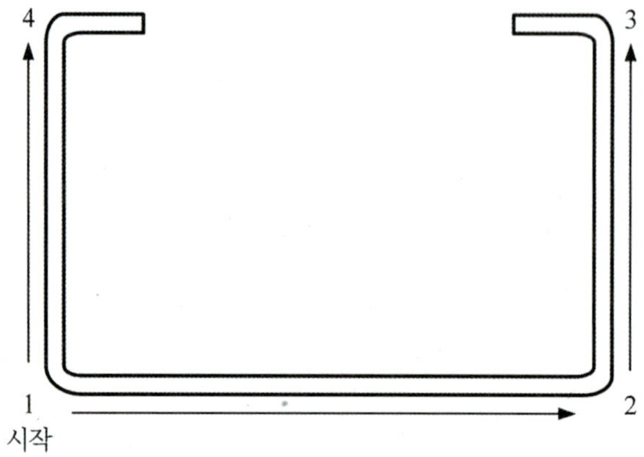


그림 3.47 굽힘 순서

## 3.15 롤 굽힘

판재를 3개 또는 4개의 롤을 이용하여 굽히는 공정으로 롤러의 크기는 판재의 최소 굽힘 반경을 고려한다. 그림 3.48에 I-빔 단면을 롤 굽힘(roll bending)하는 공정을 나타내었다.

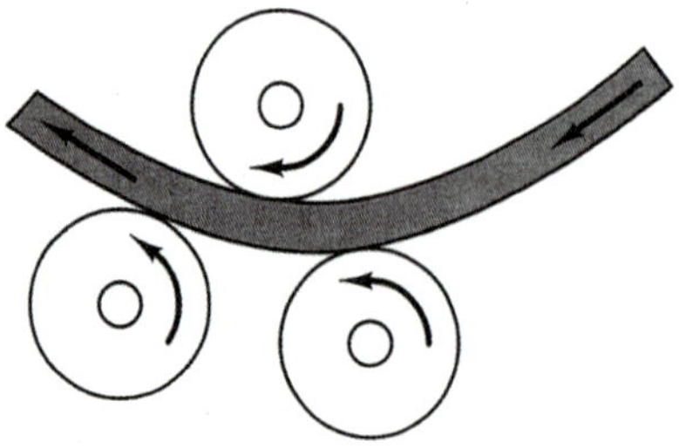

그림 3.48 I-빔 단면의 롤 굽힘 공정

그림 3.49에 대표적 롤 굽힘(roll bending) 공정을 나타내었다.

그림 3.49(a)는 가장 기본적인 형태의 롤 굽힘이다. 판은 수직방향으로 조정 가능한 상부

롤러와 2개의 고정 하부 롤러에 의해 굽힘 변형된다. 원하는 굽힘반경은 상부롤러의 조정을 통해 얻는다. 그림 3.49(b), 3.49(c)에서는 하부 롤러가 조정 가능한 형태이다. 그림 3.49(d)는 비대칭형으로 상부 롤러에 대해 하부 롤러가 힘을 가한 상태에서 측면 롤러가 판을 굽혀준다. 그림 3.49(e)는 얇은 판의 굽힘공정시 롤러 사이에서 미끄러짐을 방지하기 위해 조정 가능한 3개의 하부 롤러로 구성된 형태이다. 중간의 하부 롤러는 주로 미끄러짐을 방지하는 역할을 하며 측면의 2개 롤러가 굽힘작용을 맡는다. 그림 3.49(a)의 경우 대칭적인 하부 롤러 A와 B의 위치 때문에 굽힘 판의 선단부와 끝단부는 굽힘이 되지 않는다. 그림 3.49(d)의 경우 한쪽 끝단부는 굽힘이 일어나지만 다른 끝단부는 굽힘이 원치 않는 경우에 적합하다. 그림 3.50에 보인 바와 같이 선단부는 굽힘이 되지 않는 구간이 있음을 보여주고 있다. 그림 3.49(e)와 같은 형태에서는 양 끝단이 모두 굽힘이 된다.

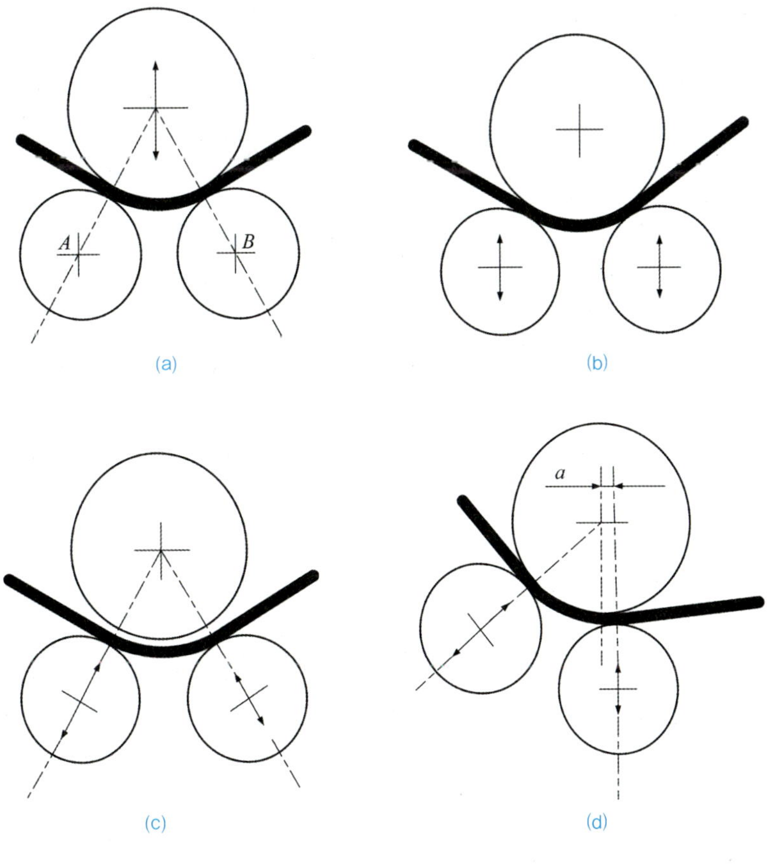


(a) (b)

(c) (d)

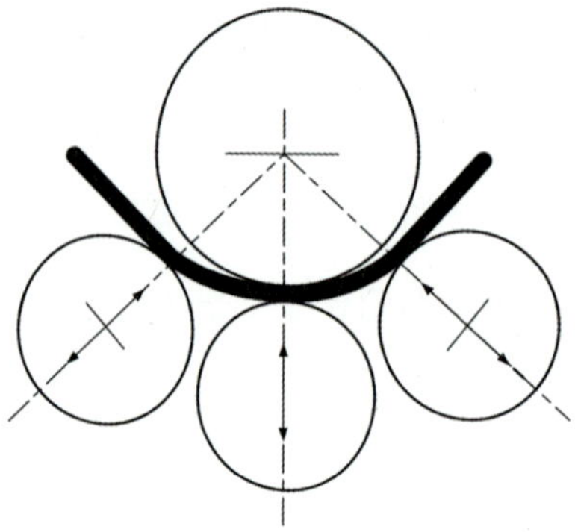

(e)

**그림 3.49** 롤 굽힘공정에서 롤러의 위치와 역할

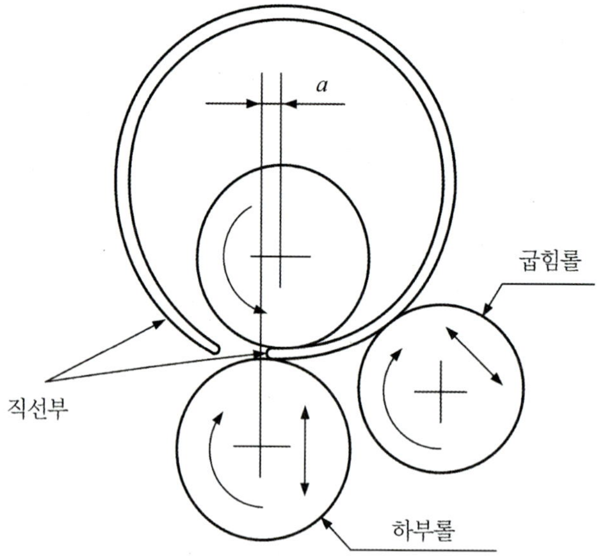


**그림 3.50** 타입 (d)롤 굽힘공정 시 끝단부와 달리 판 선단부에 직선부가 크게 형성

그림 3.51은 콘(cone)형 성형을 위한 롤 굽힘 시스템을 나타내고 있다. 콘형 성형 시 장측과 단측 끝단이 동시에 롤러에 물려 들어가게 하는 것이 중요하다.

롤러로 굽힘작업이 주의해야 할 점은 다음과 같다.

① 롤러 작업하기 전에 판재의 양끝을 조금 구부린다.

② 단번에 급하게 굽히면 판의 저항이 커져 균일하게 굽힐 수 없으므로 1회마다 롤러의 간격을 조정하면서 반복 작업으로 굽힘반경을 만든다.

③ 판재는 변형이 없는 것을 사용하며 판 두께에 비해 지름이 클 때에 변형이 국부적으로 남을 수 있다.

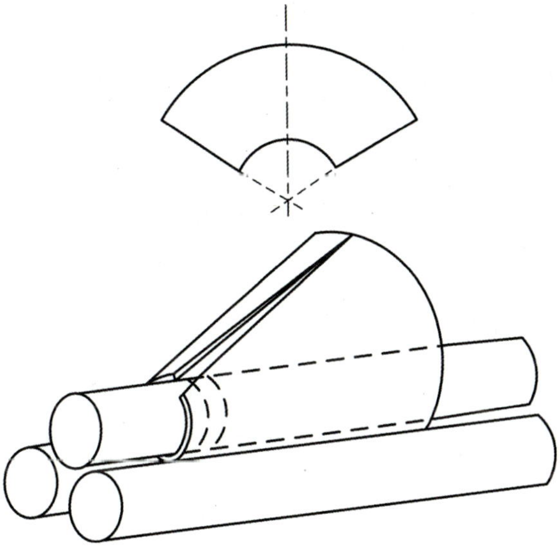

그림 3.51 콘(cone) 성형 롤 굽힘

## 3.16 롤 포밍

롤 포밍(roll forming)은 연속적인 다단의 롤을 이용하여 판재를 원하는 단면형상으로 굽힘 성형하는 공정이다. 롤 포밍에 필요한 연속 롤러의 수는 판재의 강도와 두께, 최종 목표 단면, 공차, 생산수량, 기계용량 등을 고려하여 정한다.

그림 3.52에 롤 포밍의 공정 예를 보이고 있다.

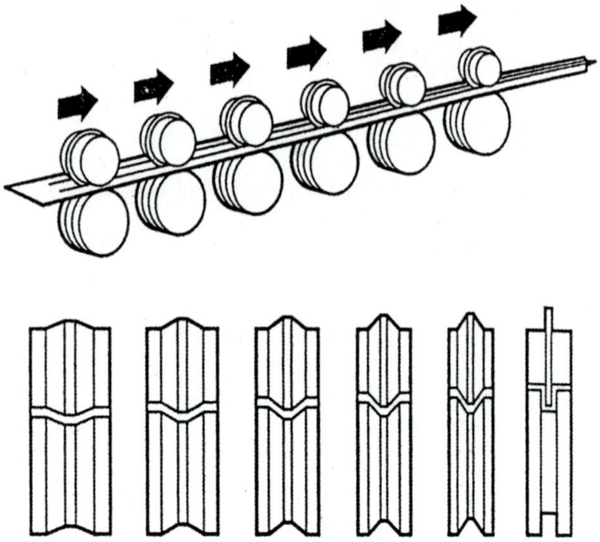

(a) 점진적 연속 롤 포밍 공정 예

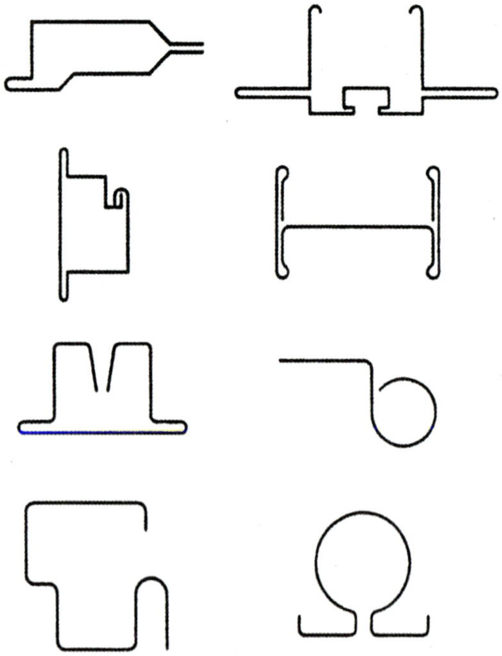

(b) 롤 포밍된 제품의 단면 프로파일 예

그림 3.52

CHAPTER 4

# 디프 드로잉 가공

디프 드로잉(deep drawing)이란 그림 4.1에 보인 바와 같이 판재로부터 컵, 캔, 욕조, 주방용구, 파넬(panel) 등의 제품을 생산하는 공정으로, 다이(die cavity) 위에 블랭크를 올려놓고 펀치를 내림으로써 성형하는 공정이다.

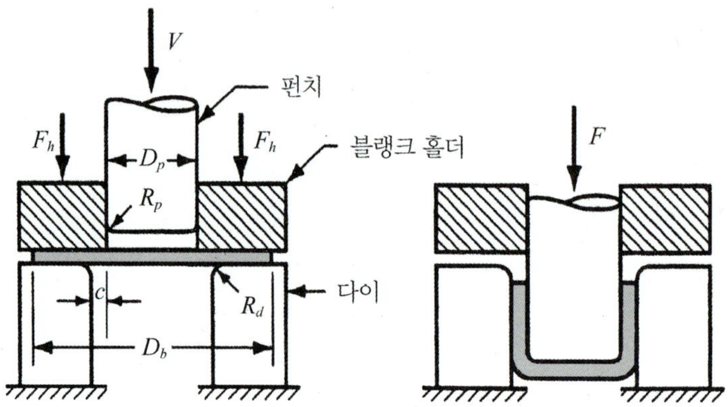


(a) 컵형 제품의 드로잉 (1) 펀치가 공작물에 닿기 전 (2) 펀치 행정 완료

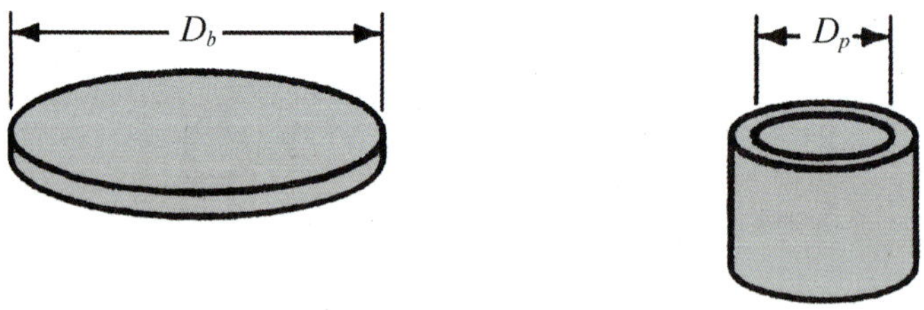


(b) 공작물 (1) 초기 블랭크 (2) 드로잉된 제품

$c$= 간극, $D_b$ = 블랭크 직경, $D_p$ = 펀치 직경, $R_d$ = 다이 코너반경,
$R_p$ = 펀치 코너반경, $F$= 드로잉 성형력 $F_h$ = 고정력

**그림 4.1**

디프 드로잉 시 그림 4.2에 보인 바와 같이 플랜지에서 발생하는 주름(wrinkling)을 방지하기 위해 블랭크 홀더(blank holder)를 사용하며 펀치의 이동과 함께 컵모양의 성형이 이루어진다. 디프 드로잉 제품은 그 형상에 따라 축 대칭형 컵, 사각통, 비축 대칭품으로 나누어지며 대개 순차적인 이송을 통해 여러 중간단계의 공정들을 거쳐 완성품을 만들게 된다.

이러한 디프 드로잉 공정은 그림 4.3에 보인 여러 인자들이 영향을 미치게 되므로 이에 대한 엄밀한 공정해석이 선행되어야 원하는 제품을 얻을 수 있게 된다.

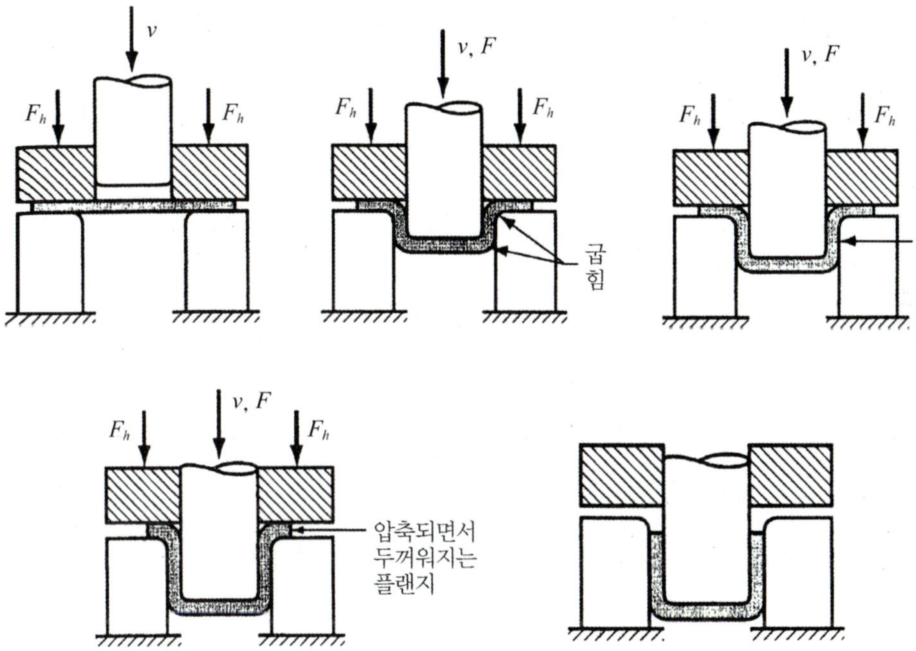


**그림 4.2** 디프 드로잉에서 변형의 단계: $v$ =펀치속도, $F$=펀치 성형력, $F_h$ = 블랭크 고정력

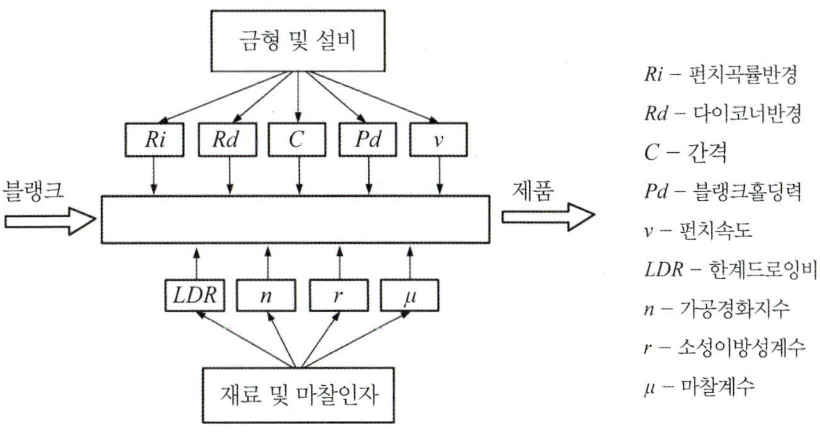


**그림 4.3** 디프 드로잉의 주요 변수

## 4.1 드로잉 능력의 척도

디프 드로잉의 난이도를 측정하는 한 가지 방법은 드로잉 비($m$ : drawing ratio)를 이용하는 것이다. 이것은 원통상의 경우 펀치 직경 $D_p$에 대한 블랭크 직경 $D_b$의 비로 매우 간단히 정의된다. 식으로 표현하면,

$$m = \frac{D_b}{D_p} \tag{4.1}$$

드로잉 비는 주어진 드로잉 작업의 난이도를 가늠해 주며 $m$이 커질수록 깊게 드로잉되며 작업은 더 어려워진다. 근사적으로 드로잉 비의 상한값은 2.0이다. 주어진 작업에 대한 실제 한계값은 펀치 및 다이 코너반경($R_p$와 $R_d$), 마찰 조건, 드로잉 깊이, 금속박판의 특성(예; 연성, 강도 방향성)에 따라 달라진다.

드로잉 작업을 평가하는 다른 방법으로 감소율 $r$이 있다. 감소율을 식으로 표현하면

$$r = \frac{D_b - D_p}{D_b} \tag{4.2}$$

이것은 드로잉 비와 매우 깊은 관계가 있다. m의 한계치($m \leq 2.0$)를 그대로 사용하면 감소율 $r$값은 0.50 이하여야 한다.

디프 드로잉성을 평가하는 세 번째 척도는 직경당 두께 비 $t/D_b$(초기 블랭크 두께 $t$를 블랭크 지름 $D_b$로 나눈 값)이다. 보통 백분율로 표현되는 $t/D_b$ 비는 1% 이상이 바람직한 값이다. $t/D_b$ 비가 감소할수록 주름이 더 많이 발생하는 경향이 있다.

어떤 설계된 제품의 드로잉 비, 감소율, $t/D_b$ 비가 한계를 초과하면 두 번 혹은 그 이상의 단계로 블랭크를 드로잉 해야 한다. 때론 각 단계 사이에 어닐링 열처리가 필요할 수도 있다.

### 예제 4.1

드로잉 작업을 통해 내경 = 78mm의 원통형 컵을 만들고자 한다. 초기 블랭크 크기가 150mm이고 소재두께 = 2.8mm이다. 주어진 데이터로부터 (a) 드로잉 비 (b) 감소율을 계산하라.

**풀이**

(a) 드로잉 비: $m = \dfrac{D_b}{D_p} = \dfrac{150}{78} = 1.92$

(b) 감소율: $r = \dfrac{D_b - D_p}{D_b} = \dfrac{150-78}{150} = 0.48$

### 예제 4.2

드로잉 작업으로 내경 = 75mm, 높이 = 50mm인 원통형 컵을 만든다. 초기 블랭크 크기 = 138mm이고 소재 두께 = 2.4mm이다. 주어진 데이터로 부터 드로잉 작업이 가능한지 평가하라.

**풀이**

드로잉 성형 가능성을 평가하기 위해 드로잉 비, 감소율, 직경당 두께 비를 계산한다.

$m = 138/75 = 1.84$

$r = (138-75)/138 = 0.4565 = 45.65\%$

$t/D_b = 2.4/138 = 0.017 = 1.7\%$

드로잉 비는 2.0보다 작고, 감소율은 50% 보다 작으며, $t/D_b$ 비는 1%보다 크기 때문에 드로잉 작업은 가능하다.

## 4.2 드로잉 가공에서의 최대 드로잉력

드로잉 가공에서 소재선정이나 금형설계 및 프레스 기계 선택의 중요한 사항의 하나로 드로잉 가공력을 들 수 있다. 가공력은 여러 가지 요인에 의해 결정된다. 드로잉 가공에서 대표적인 원형 드로잉의 성형공정에 대하여 가공에 필요한 힘을 다음에 나타내었다.

① 플랜지부를 수축하는데 소요되는 힘

② 펀치 · 다이의 곡률부에서 굽힘과 굽힘풀림(unbending) 변형에 소요되는 힘

③ 블랭크 홀더부 등에서의 마찰력

등이 작용하며 이들 3힘의 합이 이론적으로는 가공력이 된다.

그러나 실 가공에서는 플랜지부의 수축변형에 사용되는 힘이 대부분이므로 드로잉 가공력(P)은 다음과 같이 나타낼 수 있다.

$$P = Y V \tag{4.3}$$

여기서 $Y$ : 플랜지부의 변형저항, $V$ : 플랜지부의 면적

$Y$와 $V$를 펀치스트로크와 하중의 측면에서 보면, $Y$는 가공이 진행함에 따라 가공경화의 영향 등으로 커지는 반면, $V$는 플랜지 변형저항과는 반대로 가공이 진행함에 따라서 감소한다. 이러한 $Y$와 $V$의 관계를 위식에 대입하면 통상적인 드로잉 가공에서의 펀치 스트로크-하중의 선도가 된다(그림 4.4).

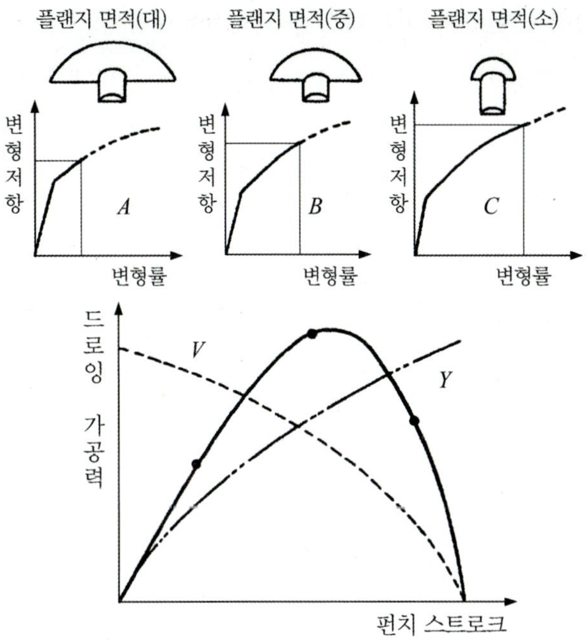


그림 4.4 플랜지 면적과 플랜지부 저항

드로잉 가공의 가공한계는 원형 드로잉인 경우에 플렌지부에서의 변형에 소요되는 인장력이 펀치에 의해 드로잉된 측벽부에 전달된다. 따라서 측벽부가 파단에 깊게 관계하며 측벽부가 전달할 수 있는 힘이 한계 드로잉 하중이 된다. 측벽부에 걸리는 측벽력($P_b$)은 파이프를 인상하고 있는 듯한 상태이기 배문에 나음과 같이 나타낼 수 있다.

$$P_b = \pi(d+t)t\sigma \tag{4.4}$$

여기서 $P_b$ : 측벽력, $d$ : 펀치 직경(mm), $t$ : 판 두께(mm), $\sigma$ : 인장강도(kgf/mm$^2$)

따라서 드로잉 가공에서의 파단은 원형 드로잉에서 알 수 있듯이, 드로잉 가공력이 어느 일정 측벽력(원형단면이 가진 인장강도)에 달했을 때 파단이 생긴다. 이때 판 두께가 가장 얇은 곳에서 파단이 발생하며 일반적으로는 펀치 곡률부 부근이다.

이상과 같이 드로잉 가공은 복잡한 공정을 거쳐서 성형되므로 최대 드로잉 가공력을 이론적으로 구하는 것은 곤란하며 일반적으로는 실험식이 이용되고 있다.

예를 들면 원형 드로잉 가공 시 최대 드로잉 가공력, $P_{max}$의 계산에는 아래의 계산식을 많이 사용한다.

$$P_{max} = 3(\sigma_b + \sigma_r)(D_0 - d_d - r_d)t_1 \quad (4.5)$$

여기서 $\sigma_b$ : 인장강도(kgf/mm$^2$), $\sigma_r$ : 항복강도(kgf/mm$^2$), $D_o$ : 블랭크 직경(mm)

$d_d$ : 다이 내경(mm), $r_d$ : 다이 곡률반경(mm), $t_1$ : 판 두께(mm)

$P_{max}$가 $P_b$보다도 작은 범위에서는 측벽부의 강도에 여유가 있으므로 드로잉 가공을 진행할 수가 있다. 반대로 $P_{max}$가 $P_b$보다도 크게 되면 강도가 부족한 부분에서 파단이 생긴다. 이와 같은 경우는 2단계 이상의 드로잉공정을 이용하여, 각 단계에서의 최대 드로잉 하중을 억제함으로써 성형이 가능하게 된다(그림 4.5).

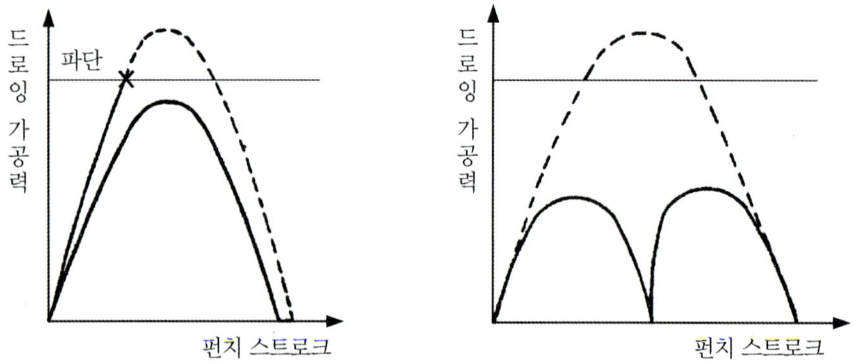


그림 4.5 드로잉 가공에서의 파단과 대책

일반적으로 드로잉 가공력은 펀치의 진행에 따라 변하며 보통 펀치 행정의 약 1/3 위치에서 최댓값에 도달한다. 블랭크 고정력은 드로잉 작업에서 중요한 인자 중 하나이다. 블랭크 고정력은 보통 드로잉력의 약 30~35% 정도이다.

### 예제 4.3

드로잉 작업으로 내경 = 30mm를 갖는 원통형 컵을 만들고자 한다. 270MPa의 인장강도와 160MPa의 항복강도를 갖는 저탄소강 판재를 사용하며 초기 블랭크 크기는 70mm, 소재 두께는 1.8mm이며 다이곡률반경은 4mm이다. 주어진 데이터로 부터 드로잉 가공력을 계산하고 1회의 작업으로 성형가능한지 평가하라.

**풀이**

드로잉을 통해 내경=75mm를 갖는 원통형 컵을 만들기 위한 다이 내경은

$d_d$ =컵의 내경 + 2 × 판 두께 = 30mm + 2 × 1.8mm = 33.6mm

원형 드로잉 가공 시 최대 드로잉 가공력, $P_{\max}$을 아래의 계산식을 이용하여 계산한다.

$$\begin{aligned} P_{\max} &= 3(\sigma_b + \sigma_r)(D_0 - d_d - r_d)t_1 \\ &= 3 \times (270 + 160) \times (70 - 33.6 - 4) \times 1.8 \text{ N} \\ &= 75{,}232 \text{ N} \end{aligned}$$

드로잉 시 컵의 측벽부가 전달할 수 있는 힘이 한계 드로잉 하중이 되므로 측벽부에 걸리는 측벽력($P_b$)을 아래의 계산식을 이용하여 계산한다.

$$\begin{aligned} P_b &= \pi(d+t)t\sigma \\ &= 3.14 \times (30 + 1.8) \times 1.8 \times 270 \text{ N} \\ &= 48{,}528 \text{ N} \end{aligned}$$

$P_{\max}$가 $P_b$보다도 크게 되므로 1회의 작업으로 성형이 불가능하며 2단계 이상의 드로잉공정을 이용하여, 각 단계에서의 최대 드로잉 하중을 측벽력보다 낮추어줌으로써 성형해야 한다.

## 4.3 블랭크 홀더가 없는 드로잉

블랭크 홀더의 주요한 역할 중 하나는 컵이 드로잉되는 동안 플랜지부에 주름이 발생되지 않도록 하는 것이다. 블랭크의 직경당 두께비가 증가하면 주름 발생이 줄어드는 경향이 있다. 만약 $t/D_b$ 비가 충분히 크다면 블랭크 홀더가 없어도 드로잉이 수행될 수 있다. 이것을 그림 4.6에 도식적으로 나타내었다. 블랭크 홀더 없이 드로잉이 가능한 한정 조건은 대개 다음과 같다.

$$D_b - D_p < 5t \tag{4.6}$$

드로잉 다이는 재료가 다이 속으로 적절히 빨려 들어갈 수 있도록 깔때기 또는 원뿔모양이어야 한다. 블랭크 홀더 없이 드로잉이 가능하다면 금형 제작비용을 줄일 수 있을 뿐만 아니라 간단한 프레스로 작업할 수 있다는 이점이 생긴다. 이는 블랭크 홀더와 펀치의 운동을 따로 조절해야 할 필요가 없어지기 때문이다.

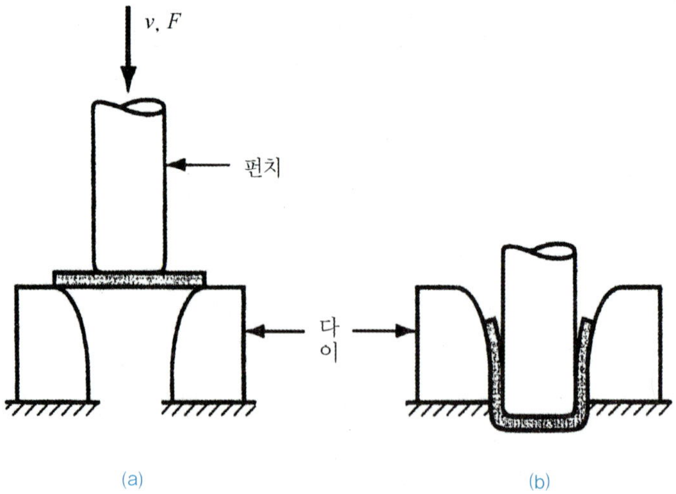


**그림 4.6** 블랭크 홀더 없는 드로잉 (a) 공정 시작 (b) 펀치 행정 완료

$v$와 $F$는 각각 운동속도와 드로잉력을 의미한다.

## 4.4 드로잉 가공에서의 한계 드로잉 비

드로잉 가공에서 1회에 성형 가능한 드로잉 가공한계에 대하여 이해를 하는 것이 중요하다. 실제 생산현장에서는 복잡한 형상의 제품이 주류이기 때문에 모든 형상의 드로잉 가공에 대하여 성형횟수를 정확하게 결정하는 것은 대단히 어렵다.

예를 들면, 가공 전의 블랭크(소재) 치수를 $D$로 하고, 이 소재를 $d$ 직경의 펀치로 드로잉 가공을 하여 가공 도중에 파단(성형품에 균열)이나 주름이 발생하지 않고 가공된다고 하면, 이때의 블랭크 직경과 펀치 직경을 이용하여 드로잉 비($m$)로 가공정도를 평가할 수 있다. 드로잉 비가 큰 수치일수록 제품 직경에 비하여 깊게 드로잉 되기 때문이다.

또, 드로잉 비의 역수인 드로잉률($z$)로 평가할 수 있다. 이 수치는 1보다 작은 수치로, 그 값이 작을수록 제품 직경에 비하여 깊은 제품이 드로잉 된다.

$$z = \frac{1}{m} = \frac{d}{D} \tag{4.7}$$

이와 같은 평가 중에서 임의의 펀치 직경에 대하여 드로잉이 가능한 최대 블랭크 직경을 구한다면 소재의 최대 드로잉 비인 한계 드로잉 비(Limit Drawing Ratio)는 다음과 같다.

$$LDR = \frac{D_{max}}{d} \tag{4.8}$$

여기서 $D_{max}$ : 최대 블랭크 직경, $d$ : 펀치 직경(또는 성형품 내경)

$LDR$ 값은 디프 드로잉 시험 시 블랭크 직경을 작은 사이즈에서 큰 사이즈로 변화시켜 각각 성형실험을 행하여, 성형가능 영역과 불가능(파단) 영역에서 각 블랭크의 성형 하중(또는 파단 하중)을 표시하여 선으로 연결한다(그림 4.7). 이때, 성형가능 영역과 파단 영역의 선분의 교점에서의 블랭크 직경을 최대 블랭크 직경으로 한계 드로잉 비를 구할 수가 있다. 당연히, 시험을 하는 블랭크 크기의 간격이 좁은 쪽이 정확한 값이 기대된다. 단, 이

들 값은 성형 조건이 최적인 상태에서 시험하여 구하여야 한다. 따라서 실제 문제에 이용하기 위해서는 각각의 제품형상이나 드로잉 높이 등의 관계를, 원형 드로잉에서의 LDR과 같은 기본적인 데이터와의 관계와 비교, 정리하여 두는 것이 중요하다.

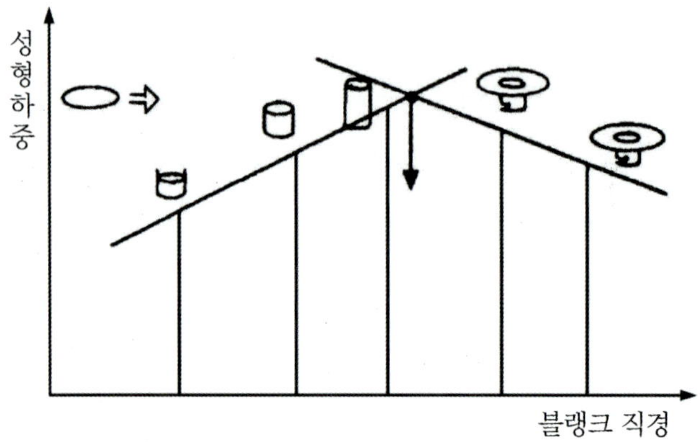


그림 4.7 디프 드로잉 시험의 개요

실제 가공현장에서는 프레스 기계의 상태 · 윤활유의 상태 · 작업자의 문제 · 피가공재의 문제 등 여러 가지 요인들이 항상 개입하고 있으므로, 좋은 성형 조건 하에서 얻어진 한계 드로잉 비를 그대로 이용하는 것은 생산효율의 저하나 불량품을 만드는 등의 문제를 일으키는 수가 있다. 따라서 실험에 의해 구해진 *LDR*의 80%정도를 설계단계에서 한계로 생각하여 이용하는 것이 일반적이다. 그리고 *LDR* 값과 그 성형 조건(실험 조건)은 항상 함께 고려되어야 한다.

표 4.1 에 각종 재료의 LDR을 나타내었다.

표 4.1 각종 재료의 LDR

| 재료 | | *LDR* | 재료 | | *LDR* |
|---|---|---|---|---|---|
| 연강판 | SPC-C | 2.18 | 냉연강판 | As-rolled | 1.88-2.04 |
| | SPC-E | 2.21 | | Annealed(250℃, 1h) | 2.00-2.06 |
| 스테인리스강 | SUS304 | 2.33 | 티타늄 | O 재 | 2.45 |
| | SUS430 | 2.10 | | H 재 | 1.91 |
| 알루미늄 | Al1100-O | 2.10 | 아연 | 냉연 →Annealed (100℃, 1h) | 1.43-1.82 |
| | Al1100-1/2H | 2.03 | | | |

## 4.5 드로잉 가공에서의 재드로잉

원형 드로잉(컵 드로잉)등에서, 직경이 작고 성형 깊이가 깊은 원형용기를 성형하는 경우 큰 소재판에서 1회의 가공으로 드로잉 가공을 하려고 하면 파단이 발생한다. 이러한 경우 1회로 가공하는데 필요한 가공 에너지가 성형한계를 넘는 경우도 가공을 2회로 분할하는 경우 각각의 가공공정에서 소재 가공한계 내에서 가공이 가능하게 되는 수가 있다. 이렇게 함으로써 드로잉 가공을 여러 공정으로 나누어 목적하는 형상의 제품을 만들 수가 있다. 이와 같이 한 번 성형한 가공품을 다시 드로잉 가공을 하는 것을 재드로잉(redrawing)이라고 한다.

재드로잉 방법에는 직접 재드로잉과 역 재드로잉의 2가지 방법이 있다. 재드로잉에 의해 성형이 가능한 이유는 그림 4.8에서 보면 알 수 있듯이 일반 가공에서는 블랭크 홀더에 의해 가압되어 있는 플랜지부 전체가 변형하는데 대하여 재드로잉 가공에서는 변형이 약간의 영역 즉, 재드로잉 다이 등의 부분에 한정되어 있기 때문이다. 다음에 두 가지 재드로잉법의 특징을 살펴본다.

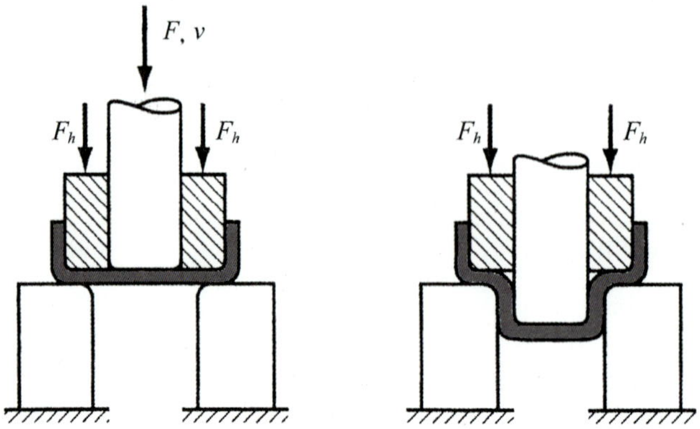


(a) 직접 재드로잉

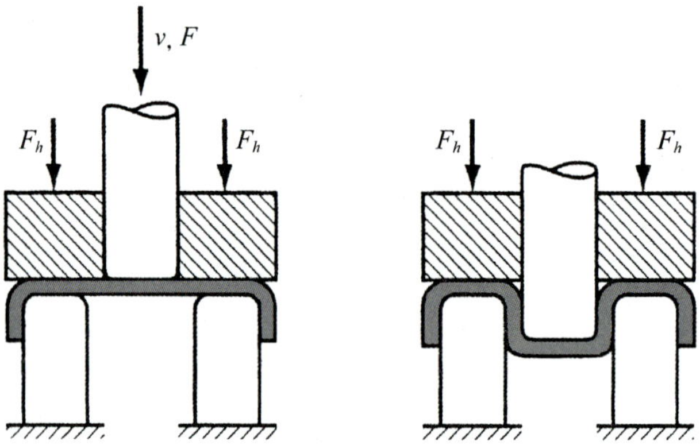


(b) 역 재드로잉

**그림 4.8** 재드로잉법의 2가지 방식

## (1) 직접 재드로잉

드로잉된 성형품의 직경을 작게 하기 위하여 같은 방향으로 재드로잉을 하는 방법이다. 직접 재드로잉(direct redrawing)에는 블랭크 홀더를 필요로 하는 타입과 필요로 하지 않는 타입이 있으며, 블랭크 홀더를 사용하지 않는 방법은 마찰저항이 작으므로 드로잉의 향상이 기대된다. 직접 재드로잉 가공에서는 성형품의 측벽부가 굽힘과 굽힘풀림 변형을 2회씩 받는다.

### (2) 역 재드로잉법

미리 드로잉 가공된 성형품의 바닥에서 보면, 반대 측에서 펀치를 압입하여 성형품의 내측면과 외측면이 반대로 되게 하는 방법이 역 재드로잉법(reverse redrawing)이다. 언뜻 보기에 역 재드로잉이 재드로잉보다 소재 금속에 더 심한 변형을 유발할 것으로 보이지만 실제로는 더 쉽게 수행된다. 그 이유는 역드로잉에서는 금속판이 다이의 안쪽 및 바깥쪽 코너에서 같은 방향으로 굽혀지지만 재드로잉에서는 서로 반대 방향으로 굽혀지기 때문이다. 즉, 역 재드로잉에서는 굽힘과 굽힘 풀림이 1회만으로 가공 가능하게 된다. 이런 차이로 인해 역드로잉에서 금속의 변형경화가 덜 일어나고 드로잉력도 낮아진다.

재드로잉 가공에 있어서 펀치 하중은 재드로잉이 수행되는 부분으로 한정되므로 드로잉 공정이 진행하여도 성형 초기만 펀치 하중이 증가하고 그 후는 그다지 변화하지 않는다. 그러나 드로잉 가공품을 그대로 재드로잉을 하는 경우는 성형품 개구부의 판 두께가 두껍게 되며 가공경화 등에 의해 드로잉공정이 진행되면서 펀치 하중이 약간 증가하는 수가 있나. 이 경우는 소둔을 하고 나서 재드로잉 하면 가공경화의 영향이 없어지므로 펀치 하중이 공정 후기에 증가하지 않게 된다(그림 4.9).

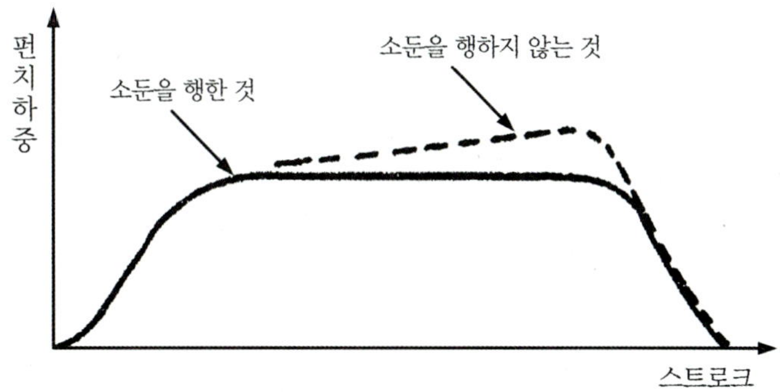


그림 4.9 재드로잉과 소둔

## 4.6 드로잉 가공의 공정설계

드로잉 가공을 수행하여 제품을 성형할 경우, 주어진 블랭크로 1회에 성형이 가능한가를 검토하여 그 가공단계를 결정하는 것을 드로잉 가공의 공정설계라고 한다. 이것은 제품 형상 등을 고려하면서 공정마다의 성형량을 결정하여 금형설계에 이용한다. 일반적으로 드로잉 가공제품의 형상은 다양하므로, 단위공정의 성형량을 정해주는 것이 쉬운 것은 아니다. 공정설계 작업에서 성형한계의 목표로 드로잉 비가 주로 이용되고 있다.

각종재료의 드로잉 가공성을 나타내는 수치는 $LDR$로 데이타베이스화 되어 있다. 다단 드로잉 가공 시 목표 드로잉 비의 기준으로 $m_1, m_2 \cdots$ 의 재드로잉률이라고 하는 데이터를 이용하여 공정설계를 한다.

**표 4.2** $t/D$를 고려한 드로잉률 결정

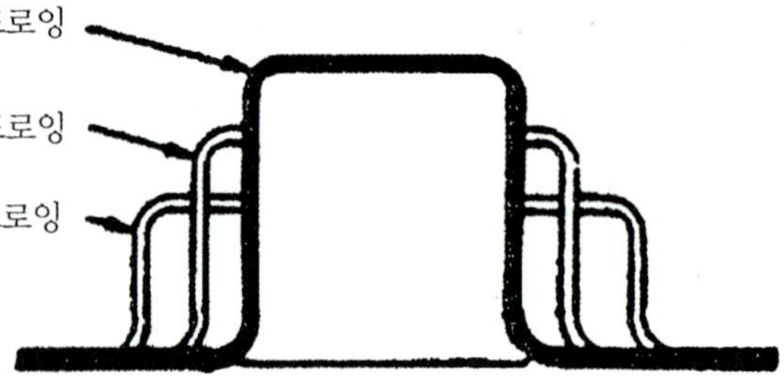


| 드로잉률 | 제품의 상대두께, t/D×100 | | | | | |
|---|---|---|---|---|---|---|
| | 2.0~1.5 | 1.5~1.0 | 1.0~0.6 | 0.6~0.3 | 0.3~0.15 | 0.15~0.08 |
| m1 | 0.48-0.50 | 0.50-0.53 | 0.53-0.55 | 0.55-0.58 | 0.58-0.60 | 0.60-0.63 |
| m2 | 0.73-0.75 | 0.75-0.76 | 0.76-0.78 | 0.78-0.79 | 0.79-0.80 | 0.80-0.82 |
| m3 | 0.76-0.78 | 0.78-0.79 | 0.79-0.80 | 0.80-0.81 | 0.81-0.82 | 0.82-0.84 |
| m4 | 0.78-0.80 | 0.80-0.81 | 0.81-0.82 | 0.82-0.83 | 0.83-0.85 | 0.85-0.86 |
| m5 | 0.80-0.82 | 0.82-0.84 | 0.84-0.85 | 0.85-0.86 | 0.86-0.87 | 0.87-0.88 |

① 각 항에서 작은 값은 제1드로잉에서 $R_d/t$ (또는 $R_p/t$)= 8－15인 경우, 큰 값은 제1드로잉에서 $R_d/t$ (또는 $R_p/t$)= 4－8인 경우에 적용한다.

② 재드로잉 공정에서 소둔을 하는 경우는 드로잉률 최소치를 적용한다.

다음에 예제를 들어 공정을 설계하는 과정을 보였다.

## 예제 4.4

판 두께 1mm 강판으로 이레에 니디낸 제품을 만들 수 있는 공정을 설계하라.

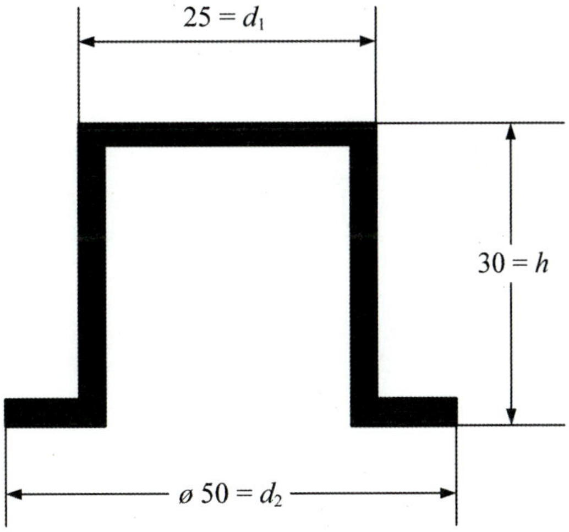


풀이

① 블랭크 직경의 계산 : $D=\sqrt{d_2^2+4d_1h} = \sqrt{50^2+4\times25\times30}=74\text{mm}$

② 드로잉 비의 계산 : $m=\dfrac{74}{25-2}=3.21$

드로잉 비 3.21은 강판의 $LDR$을 크게 초과하므로 1회의 공정으로 성형이 불가하며 다단으로 공정을 설계해야 한다.

③ 블랭크 치수 $D$에 대한 판 두께 t가 작을수록 드로잉이 어렵게 되므로, $t/D$를 고려한다.
주어진 조건에서 $t/D$를 구하면

$$\frac{t}{D} = \frac{1}{74} \times 100 = 1.4$$

표 4.2에 주어진 해당 재드로잉률을 이용하면,

제1공정은 계수 $m_1$을 이용하여 $d_1 = D \times m_1 = 74 \times 0.5 = 37mm$까지 드로잉 가능
제2공정은 계수 $m_2$를 이용하여 $d_2 = d_1 \times m_2 = 37 \times 0.75 = 27.75mm$까지 드로잉 가능
제3공정은 계수 $m_3$를 이용하여 $d_3 = d_2 \times m_3 = 27.75 \times 0.78 = 21.645mm$까지 드로잉 가능

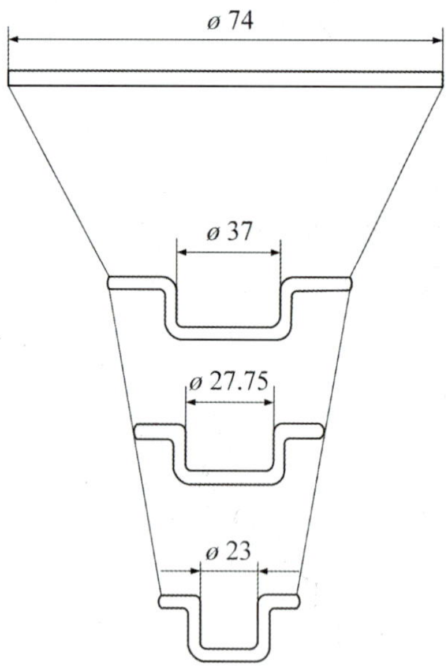


여기까지 가공을 진행하면, 소기의 제품치수 직경 25mm 크기를 포함하므로 3공정으로 드로잉 가공이 가능한 것을 알 수 있다. 즉 펀치 직경을 74mm(초기 블랭크) → 37mm → 27.75mm → 23mm 로 3단 드로잉 하면 목표형상의 성형이 가능하다. 계산에서 재드로잉률($m_1$, $m_2$)을 허용값의 최대를 이용하여 공정배분을 하였으므로 최종단계($m_3$)에서 생긴 여유를 전체의 공정에 적절하게 재분배 해주면 부하배분 측면에서 보다 합리적인 공정설계가 가능하다.

## 4.7 각형 디프 드로잉

각진 용기의 디프 드로잉 가공에서의 변형은 기본적으로 곡변부(모서리부)와 직변부(꺾이는 부분)로 나누어 생각할 수 있다. 즉, 곡변부는 1/4원이기 때문에 원통 드로잉과 같은 형태의 변형이 생긴다. 한편, 꺾이는 부분에서는 다이층부 및 펀치층부에서의 단순한 굽힘 변형이 있다. 실제 각형 용기의 드로잉작업에서는 곡변부와 직변부의 경계부분에서 복잡한 변형이 일어나게 된다. 그림 4.10에 나타난 모서리 곡변부의 재료는 주방향으로 수축변형을 받는다. 그에 대해 직변부의 재료는 대략 평행이동에 의해 측벽부를 형성하기 때문에 직변부 재료의 끝이 곡변부의 재료에 비하여 빠르게 다이구멍으로 유입되어 밀려들어간다. 그렇기 때문에 플랜지부에서의 곡변부와 직변부의 경계부분에서 직변부의 재료가 곡변부측의 재료를 다이구멍 방향으로 끌어당겨 들어가는 형태가 되고, 이에 저항하는 힘으로 인해 그 부분에 전단응력이 발생한다.

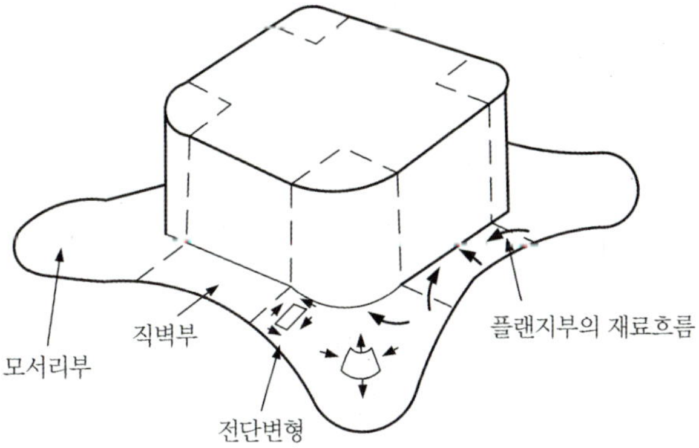


그림 4.10 각형 용기의 드로잉에 대한 플랜지부의 변형

일반적으로 플랜지부의 재료가 많으면 변형저항이 증가하기 때문에 파단되기 쉽다. 그러나 4각통의 디프 드로잉 가공에서는 그림 4.11에 나타낸 바와 같이 재료의 모서리부를 잘라내면 플랜지부의 재료가 작게 되어 용기 모서리 측벽부에 벽손상(wall breakage)이 발생할 수 있다. 이것은 그림 4.12에서와 같이 모서리부의 재료를 잘라내면 곡변부의 재료가 줄어들지

않고 곡변부와 직변부의 경계부근에 생기는 전단응력에 의해 발생하는 굽힘 모멘트에 대한 굽힙 강성이 작아지기 때문이다. 그러므로 곡변부가 드로잉방향과 역방향으로 구부러지게 하는 원인이 된다. 이와 같이 서로 다른 형상의 디프 드로잉 가공에서는 재료의 형상에 따라서 디프 드로잉 한계가 영향을 받기 때문에 재료형상의 결정에 충분한 주의가 필요하다.

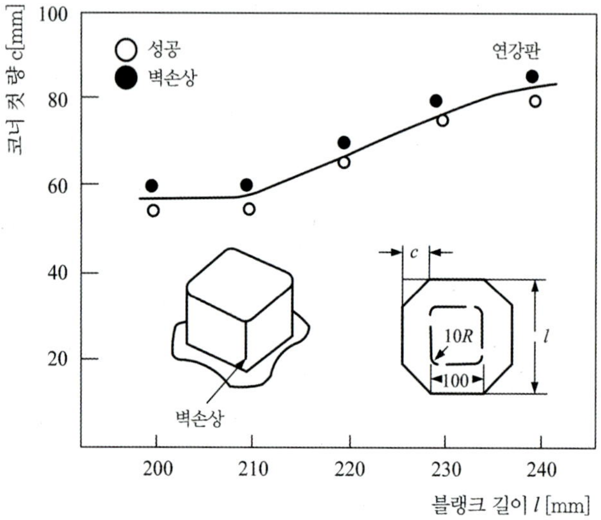


**그림 4.11** 4각통 드로잉에 대한 판의 형상의 영향

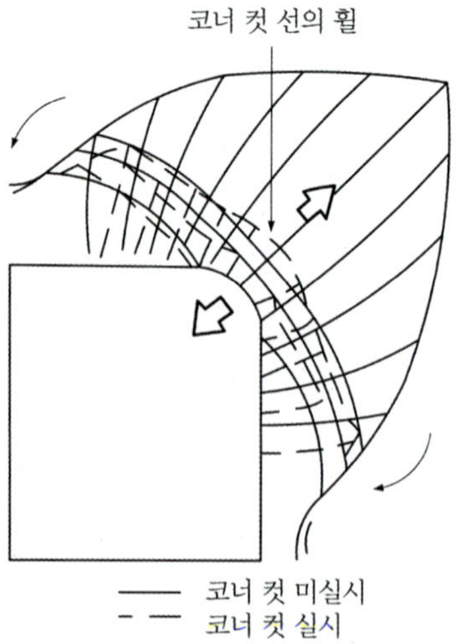


**그림 4.12** 모서리 커트 유무에 따른 재료 흐름의 차이

## 4.8 공구치수

드로잉 가공에서는 피가공재의 특성도 중요하나 실제 가공을 하는 금형도 중요한 역할을 하고 있다. 특히 드로잉 가공을 처음으로 하는 성형가공에 있어서는 금형곡률부의 형상(펀치/다이 곡률부의 형상)이 성형에서 차지하는 역할은 크다. 곡률을 조정함으로써 블랭크 홀더력으로 가압되어 있는 플랜지부의 유입량을 어느 정도 제어할 수 있다(그림 4.13).

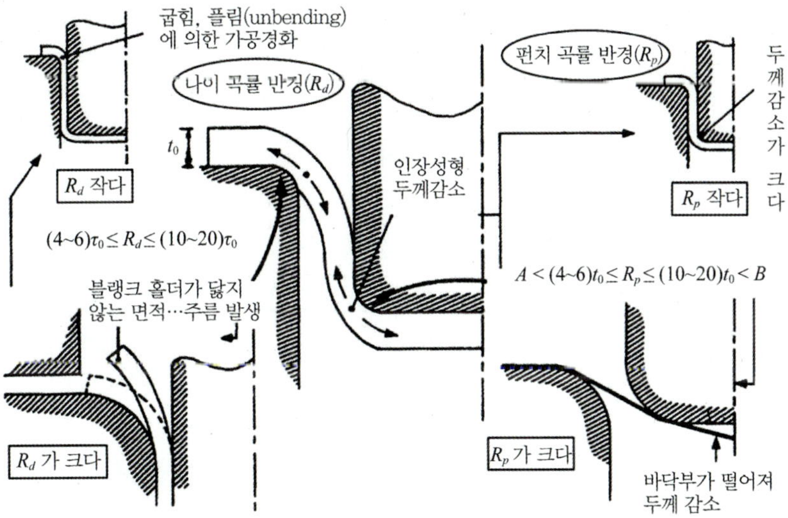


그림 4.13 펀치 곡률반경($R_p$), 다이 곡률반경($R_d$)의 최적 조건

### (1) 펀치의 곡률 반지름

펀치 바닥부에서는 피가공재가 고정된 상태로 인장력이 작용하고 있으므로 재료가 얇게 되어 파단하기 쉽게 된다. 이것은 펀치 곡률반경(punch shoulder radius; $R_p$)부분에서 드로잉 하중의 대부분을 지지하고 있기 때문이다. 실제 생산현장에서 이용되고 있는 펀치 곡률반경 $R_p$는 다음과 같다.

$$(4\text{-}6)\ t_o \leqq R_p \leqq (10 \sim 20)\ t_o \tag{4.9}$$

예를 들면 판 두께($t_o$) 1mm에서는, 최저 4mm에서 6mm정도로, 최고 10mm에서 20mm까지이다. 이 값은 재료가 경질일수록 큰 값을, 연질일수록 작은 값을 택하는 것이 바람직하다.

또, 실제 성형품에서 펀치 곡률부의 소재두께는 원래의 판 두께보다 얇게 되어 있다. 제품형상에 따라서는 다단 공정을 필요로 하는 드로잉 가공을 하는 경우 펀치곡률반경 부분에서 판 두께 감소가 심하게 된다. 그 때문에 펀치 곡률반경에 해당하는 부분이 공정 간에 있어서 겹치지 않도록 공정을 설계하는 것이 필요하다. 각형드로잉 가공에 있어 $R_p$는 펀치 곡률부 전체 외주에 걸쳐 같은 크기로 설계된다.(그림 4.14)

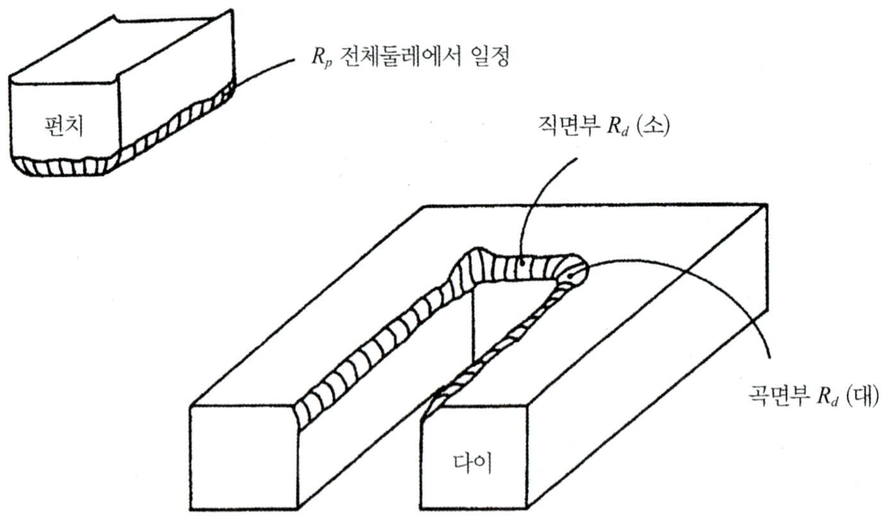


그림 4.14 사각 펀치다이의 곡률 반경

펀치 선단에 접촉되는 블랭크 부분은 가공 초기에 변형이 끝나므로 펀치의 곡률 반지름($r_p$)의 크기는 최대 드로잉력과 블랭크 홀더 압력의 크기에는 영향을 받지 않는다. 그러나 펀치의 곡률 반지름의 크기 $r_p$가 작으면 극단적인 굽힘이 되어 용기 모서리 부분의 인장 변형이 커지고, 또한 블랭크의 두께가 감소되어 파단되기 쉽다. 반대로 $r_p$가 크면 주름이 발생하여 변형 중 블랭크의 원주 지름이 펀치 지름보다 작아지므로 블랭크가 파단되기 쉽다.

### (2) 다이의 곡률 반지름

펀치곡률부와 마찬가지로 다이 곡률부(die radius ; $R_d$)도 성형에 큰 영향을 미친다.

$R_d$가 작으면 플랜지부 재료의 다이공동 유입이 억제되어 굽힘, 굽힘풀림 등에 의한 가공경화가 일어나는 반면, $R_d$ 가 크면 블랭크 홀더와의 관계에서 블랭크 홀더력이 작용하지 않는 영역이 크게 되어 주름이 발생한다.

실제 생산현장에서 이용되고 있는 펀치 곡률반경 $R_d$는 다음과 같다.

$$(4\text{-}6)\ t_o \leqq R_d \leqq (10 \sim 20)\ t_o \tag{4.10}$$

$R_d$의 범위가 넓으므로 표 4.3에 보인 바와 같은 $t/D_o$비를 고려한 값을 이용하는 것이 바람직하다.

**표 4.3** $t/D_o$ 비에 따른 초기 다이곡률 반지름

| $t/D_0$ | 2.0~1.5 | 1.5~1.0 | 1.0~0.6 | 0.6~0.3 | 0.3~0.1 |
|---|---|---|---|---|---|
| 플랜지 없는 드로잉 | (4–7) $t$ | (5–8) $t$ | (6–9) $t$ | (7–10) $t$ | (8–13) $t$ |
| 플랜지 있는 드로잉 | (6–10) $t$ | (8–13) $t$ | (10–16) $t$ | (12–18) $t$ | (15–22) $t$ |

다단공정을 필요로 하는 드로잉 가공에 있어서는 다이 곡률반경을 공정진행에 따라 비례적으로 줄여가는 것이 일반적이다. 그 기준이 되는 계산식은 다음과 같다.

$$R_{d,n} = (0.6 \sim 0.8) \times R_{d,n-1} \tag{4.11}$$

여기서, $R_{d,n}$: 현공정 다이곡률반경, $R_{d,n-1}$: 전공정 다이 곡률반경

각형 드로잉에서 다이 곡률반경 $R_d$는 기본적으로는 원형과 같으나 재료의 흐름을 전체 외주에 걸쳐 균일하게 하기 위하여 직선 부근에서는 곡선 부근보다도 $R_d$를 작게 함으로써

곡선 부근에서의 재료 흐름이 원활하도록 설정한다(그림 4.15). 각형 드로잉에서 직변부는 굽힘 변형부분으로, 곡변부는 원형 드로잉의 1/4로 생각할 수 있다.

또, 원형 드로잉 가공으로 한정하면 다이 곡률반경은 다음의 카즈마렉(Kaczmarek)의 실험식으로 구할 수 있다. 이 식은 $(D_d - d_d)$가 30 이하인 경우에 정확도가 높은 것으로 알려져 있다.

$$R_d = 0.8 \times \sqrt{(D_d - d_d) \times t} \tag{4.12}$$

여기서 $R_d$ : 다이 곡률반경, $D_d$ : 블랭크 직경, $d_d$ : 펀치의 직경, $t$ : 판 두께

블랭크를 임의의 드로잉률에서 가공할 경우 최대 드로잉력과 블랭크 홀더력의 크기는 $R_d$가 커짐에 따라 작아진다. 다이의 곡률 반지름 $R_d$가 클수록 드로잉은 용이하나 블랭크 홀더의 압력이 크게 작용하지 못하므로 주름이 발생할 경우가 있다. 반대로 $R_d$가 너무 작으면 블랭크는 급격한 굽힘과 수축을 동시에 받게 되어 드로잉 하중이 상당히 커진다.

### (3) 펀치와 다이의 간격(clearance ; $C_p$)

펀치와 다이 사이의 간격(clearance ; $C_p$)은 소재의 두께와 다이나 펀치의 벽과 마찰을 줄이기 위해 부여하는 여유이며 소재의 강도나 가공 정밀도에 따라 달라진다. 제품의 치수 확보가 요구된다면 이 간격은 가능한 한 소재의 두께와 근접하게 설정한다.

표 4.4 연강재료의 두께별 적정 간격($C_p$)

| 판 두께(mm) | 드로잉 가공 | 재드로잉 가공 | 다듬질 드로잉 가공 |
|---|---|---|---|
| 0.4 이하 | (1.07~1.09) $t$ | (1.08~1.10) $t$ | (1.04~1.05) $t$ |
| 0.4~1.3 | (1.08~1.10) $t$ | (1.10~1.12) $t$ | (1.05~1.07) $t$ |
| 1.3~3.2 | (1.10~1.12) $t$ | (1.12~1.14) $t$ | (1.07~1.08) $t$ |
| 3.2 이상 | (1.12~1.14) $t$ | (1.15~1.20) $t$ | (1.08~1.10) $t$ |

## 4.9 드로잉 가공에서의 귀발생

드로잉 가공 후에 제품 가장자리에 귀(earing)가 발생해서 재료의 낭비가 심하게 되는 문제와 판 두께가 부분적으로 달라지는 문제가 드로잉 가공에서는 항상 발생한다. 드로잉 된 컵의 벽 끝에 파도 모양으로 귀가 생기는 것은 평면 이방성 $\Delta r$에 기인한다(그림 4.15). $\Delta r$이 크면 귀의 높이도 커지며 $\Delta r = 0$이면 귀가 생기지 않는다. 귀가 생기면 가공 후에 잘라버려야 하므로 재료의 손실을 가져오게 되어 바람직하지 않다. 보통 알루미늄 캔에서의 귀발생량은 캔 높이의 2% 정도이다. 이러한 귀의 주요 발생 원인으로 재료의 이방성을 들 수 있다. 이것은 재료의 방향(종 · 횡 · 판 두께방향)에 따라 재료가 다르게 거동하는 현상이며 이방성을 정량적으로 나타내는 방법으로 소성변형 비, $r$값(Lankford 값)이 이용된다(1.4절 참조).

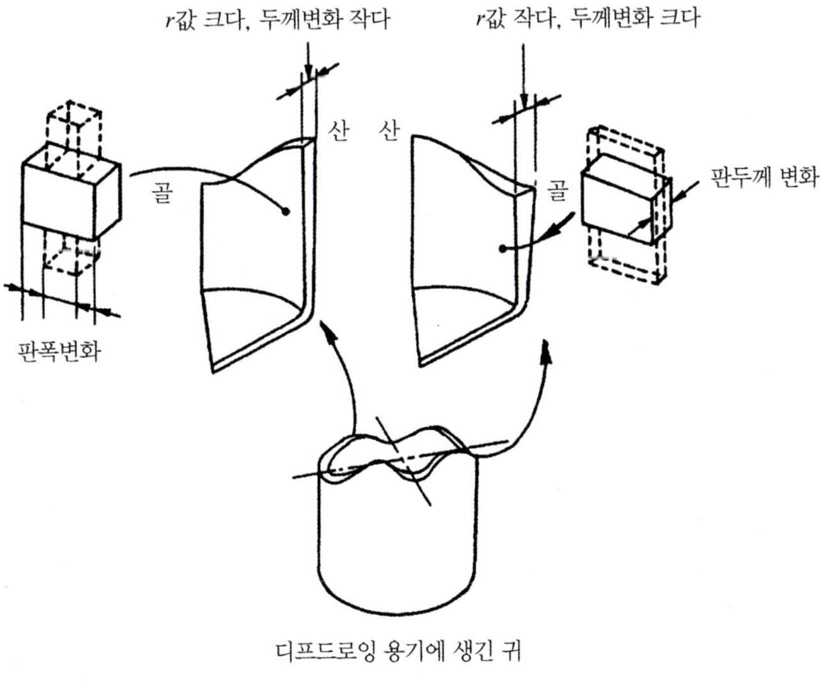


**그림 4.15** 드로잉 성형에서의 귀발생

제철소에서 생산되는 냉간압연강판의 경우 귀발생은 일반적으로 압연방향과 그 직각방향에는 산(볼록형)이 발생하고 압연방향에 대하여 45°방향에서 골(오목형)이 발생한다.

- 볼록형 귀발생

성형에 따른 판의 폭방향 수축 시 $r$값이 큰 부분에서는 높이방향(벽방향)으로 재료가 많이 늘어나 성형품에 산이 나타나게 된다. 즉, $r$값이 크면 '판 폭 증가>판 두께 증가'

- 오목형 귀발생

성형에 따른 판의 폭방향 수축 시 $r$값이 작은 경우 산이 발생하는 부분에 비하여 성형품의 높이방향의 변형량이 작기 때문에 골이 형성된다. 즉, $r$값이 작으면 '판 폭 증가<판 두께 증가'

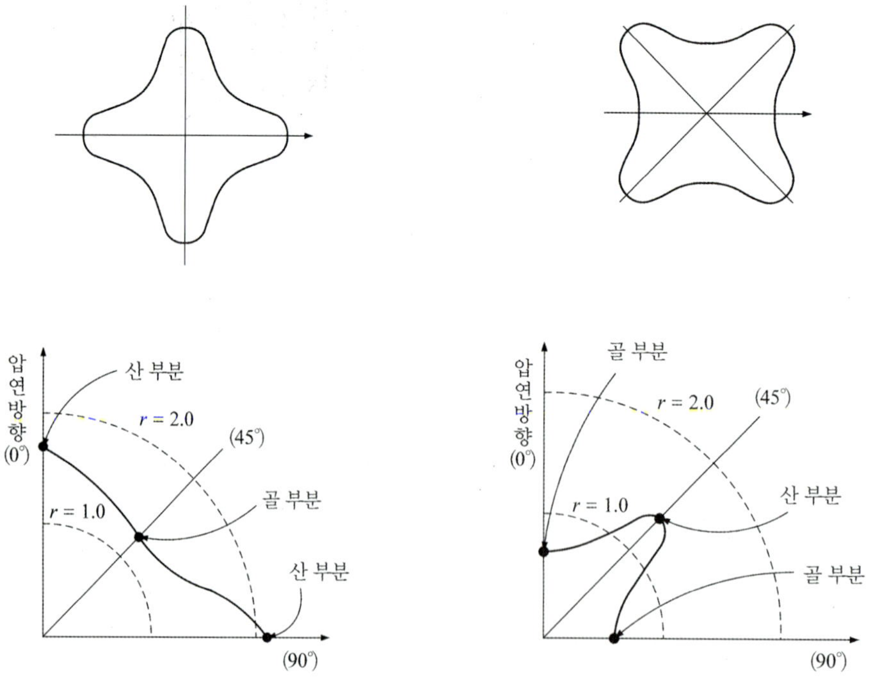


(a) 냉간압연 강판과 430 스테인리스강 (b) 알루미늄과 304 스테인리스강

**그림 4.16** 대표적 재료의 $r$값 분포

이와 같은 현상은 재료별로 차이를 보이게 되는데. 예를 들면 압연방향에 대하여 냉간압연 강판과 430 스테인리스강은 0, 90°에서 산이 발생하지만, 알루미늄과 304 스테인리스강은 압연방향에 대하여 45°방향에서 산이 발생하는 경우가 일반적이다.(그림 4.16).

같은 재료에서 방향에 따라 $r$값이 다르므로, 이것을 판 전체(각 방향)의 $r$값의 경향에 대한 평가방법으로 평면 이방성($\Delta r$: planar anisotropy)을 이용한다.

$$\Delta r = \frac{r_0 - 2r_{45} + r_{90}}{2} \tag{4.13}$$

$\Delta r > 0$ : 0과 90도에 귀가 발생한다. 또, 설낫값이 크다면 귀 높이는 높다.

$\Delta r < 0$ : 45도 방향으로 귀가 발생한다.

$\Delta r = 0$ : 귀의 발생이 없다.

$r$값의 판 내 평균치를 나타내는 평균 이방성계수($\bar{r}$ : normal anisotropy)는 다음 식을 통해 구할 수 있으며, 이 값이 높을수록 그림 4.17에 보인 바와 같이 디프 드로잉 능력이 좋고 한계드로잉 비(LDR)도 증가한다.

$$\bar{r} = \frac{r_0 + 2r_{45} + r_{90}}{4} \tag{4.14}$$

일반적으로 $\Delta r$과 $\bar{r}$값은 서로 비례관계에 있으므로 $\Delta r$을 작게 하여 귀발생을 줄이려고 하는 경우, 디프 드로잉성을 좋게 하는 $\bar{r}$값이 작아져 디프 드로잉 성형성이 저하된다. 다시 말하면 디프 드로잉성은 $\bar{r}$값이 크고 $\Delta r$이 작을수록 향상되지만, $\bar{r}$값이 큰 금속판재는 $\Delta r$도 큰 것이 일반적이다.

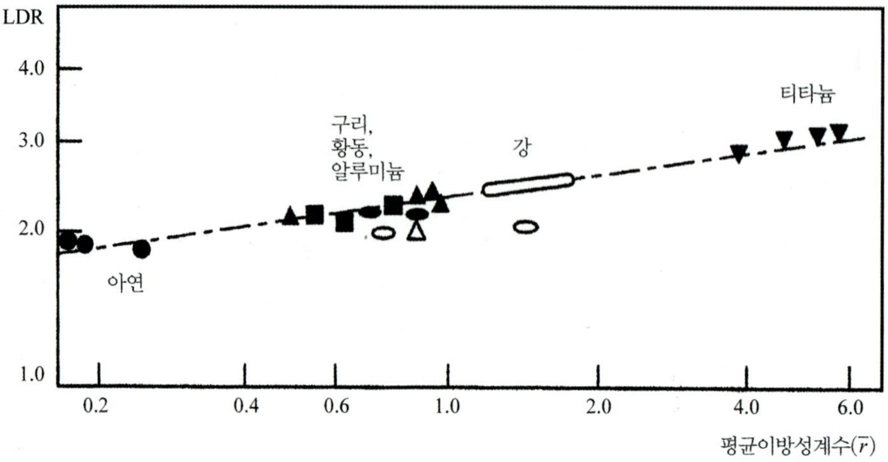


그림 4.17 평균 이방성계수와 한계 드로잉 비의 상관관계

이러한 귀발생은 각형의 디프 드로잉 시에도 관찰되며 그림 4.18에 도식적으로 나타내었다. 실제 가공현장에서는 재료의 이방성 요인이 아닌 다른 원인에 의해서 드로잉 제품의 귀가 불균일하게 발생하는 경우가 있다. 이것은 블랭크 홀더의 배치와 정밀도, 쿠션핀의 정밀도 등 부적절한 금형구조에 기인하는 경우가 많다.

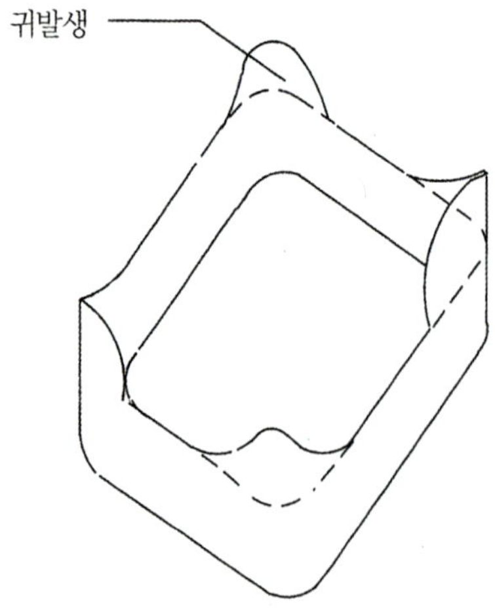


그림 4.18 각형 디프 드로잉 시 귀발생

## 예제 4.5

어떤 금속판재를 인장시험 하여 길이방향으로 23% 늘렸을 때, 두께가 10% 감소하였다고 한다. 이 금속판재의 한계드로잉 비를 예측하여라.

풀이

시편의 체적불변성으로부터

$$w_o t_o l_o = w_f t_f l_f$$

문제의 주어진 조건에서

$$\frac{l_f - l_o}{l_o} = 0.23\text{, 즉 } \frac{l_f}{l_o} = 1.23$$

$$\frac{t_f - t_o}{t_o} = -0.10\text{, 즉 } \frac{t_f}{t_o} = 0.90$$

$$\frac{w_f}{w_o} = 0.903$$

정의에 의하여

$$R = \frac{\varepsilon_w}{\varepsilon_t} = \frac{\ln\left(\dfrac{w_o}{w_f}\right)}{\ln\left(\dfrac{t_o}{t_f}\right)} = \frac{\ln(1.107)}{\ln(1.111)} = 0.965$$

판재가 수직이방성을 가지면 $R = \overline{R}$이 되고, 그림 4.18에서

$$LDR = 2.4$$

라고 예측할 수 있다.

### 예제 4.6

압연방향의 0°, 45°, 90°에 대한 $r$값이 각각 0.9, 1.3, 1.9인 철강판재가 있다. 지름이 100mm인 원형 블랭크를 디프 드로잉하여 가공할 수 있는 컵의 최소지름은 얼마인가? 이 경우에 귀가 생기는가?

**풀이**

주어진 값들로부터 $\bar{r}$를 구하면,

$$\bar{r} = [0.9 + 2(1.3) + 1.9]/4 = 1.35$$

한계 드로잉 비(LDR)는 파단 없이 성형할 수 있는 펀치지름에 대한 블랭크지름의 비, 즉 $D_o/D_p$로 정의된다. 그림 4.18 로부터 이 철강판재의 LDR은 대략 2.5라고 볼 수 있다. 따라서 성형 가능한 컵의 최소지름은 $100/2.5 = 40mm$가 된다.
귀생김의 여부를 결정하려면 $\Delta r$을 계산하여야 한다.

$$\Delta r = [0.9 - 2(1.3) + 1.9]/2 = 0.1$$

$\Delta r = 0$인 경우에만 귀가 생기지 않으므로 디프 드로잉 제품에 귀가 생긴다고 볼 수 있다.

## 4.10 드로잉 가공에서의 주름발생과 블랭크 홀더력

프레스 가공 중에서도 특히 드로잉 가공 시에는 주름발생을 방지하기 위하여 블랭크 홀더력의 활용이 중요하다. 그림 4.19에 도식적으로 나타낸 바와 같이 블랭크 홀더력이 작은 경우 플랜지부에 주름이 발생하게 된다.

가해지는 블랭크 홀더력이 과대하면, 다이로 들어오는 재료를 플랜지부에서 강하게 누르므로 마찰력이 크게 되고, 따라서 펀치 곡률부 부근에서 파단이 쉽게 발생한다. 반면에, 블랭크 홀더력이 과소하면 블랭크 홀더력이 플랜지부의 재료유입에 따른 압축변형을 이기지 못하여 주름이 발생하게 된다. 실제 가공에서는 상한 블랭크 홀더력과 하한 블랭크 홀더력의 범위에서 가공이 가능하며 성형 조건이 가혹해질수록 이 범위는 좁아진다.

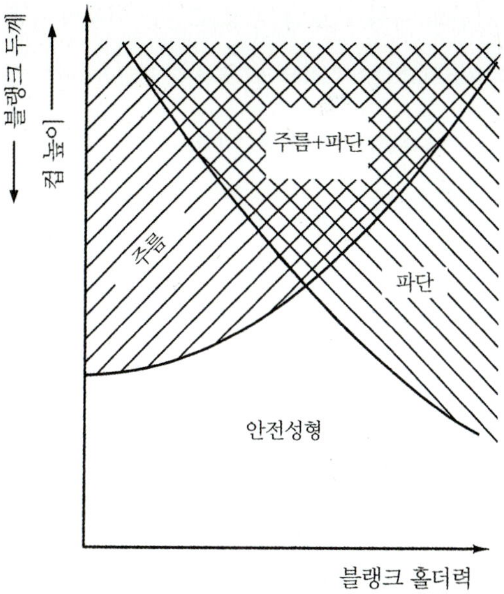


그림 4.19 디프 드로잉 결함발생 요인도

금형설계에 있어서의 최적 블랭크 홀더력은 주름이 발생하지 않고 성형 가능한 하한 블랭크 홀더력으로 정의한다. 이 값을 이론적으로 정확히 구하는 것은 어려우므로 현재에도 많은 실험식이 이용되고 있다.

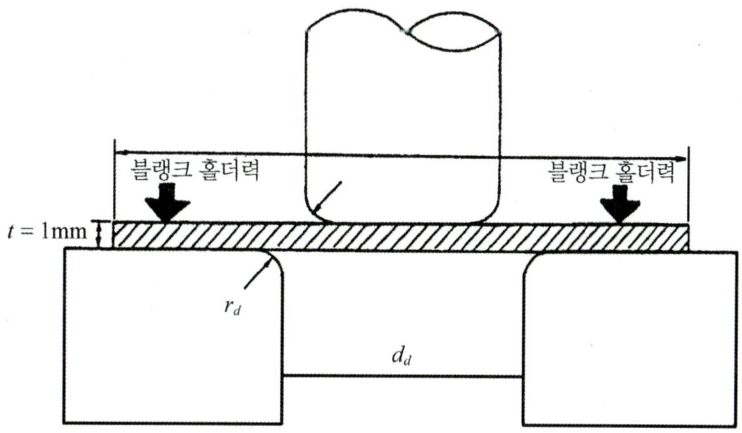


그림 4.20 블랭크 홀더력의 계산

그림 4.20에 나타낸 강판의 원형 드로잉 공정 조건을 이용하여 블랭크 홀더력을 계산하는 예를 다음에 나타내었다. 주어진 조건은 인장강도 32kgf/mm$^2$, 항복강도 20kgf/mm$^2$, 직경 100mm, 두께 1mm의 블랭크를 다이 내경 50mm, 다이 곡률반경 5mm를 갖는 금형으로 디프 드로잉 하는 경우를 가정한다.

### (1) 인장물성을 이용한 경험식으로 최적 블랭크 홀더력(BHF)의 계산

$$BHF = \frac{(\sigma_T + \sigma_Y)}{180} \times D \times \left( \frac{D - d_d - 2r_d}{t} - 8 \right) \tag{4.15}$$

여기서 $\sigma_T$ : 인장강도(kgf/mm$^2$), $\sigma_Y$ : 항복강도(kgf/mm$^2$), $D$ : 블랭크 직경(mm),

$d_d$ : 다이 내경(mm), $r_d$ : 다이곡률반경(mm), $t$ : 블랭크 두께(mm)

그림 4.20에 주어진 조건을 대입하면

$$BHF = \frac{(32 + 20)}{180} \times 100 \times \left( \frac{100 - 50 - 2 \times 5}{1} - 8 \right) = 924\,kg$$

### (2) 시벨(Siebel)의 식을 이용한 최적 블랭크 홀더력의 계산

$$BHF = S \times q \tag{4.16}$$

여기서, $S$ : 블랭크 홀더가 잡고 있는 면적(cm$^2$)

$q$ : Siebel 파라메타(표 4.5를 이용하여 계산)

그림 4.20에 주어진 조건을 대입하면

원형 블랭크의 경우, $S = \frac{\pi}{4} \times [D^2 - (d + 2r_d)^2]$ 이므로

$$S = \frac{\pi}{4} \times [10^2 - (5 + 2 \times 0.5)^2] = 50.26\,cm^2$$

표 4.5로부터 q = 16∼18 (kgf/cm$^2$)

$$BHF = S \times q = 50.26 \times (16 \sim 18) = 804 \sim 904\,kg$$

**표 4.5** Siebel 파라미터(q)

| 재료 | 디프 드로잉강 | 연강 | 연질 알루미늄 | 동 | 황동 | 스테인리스강 |
|---|---|---|---|---|---|---|
| q(kgf/cm$^2$) | 20-25 | 16-18 | 3-7 | 8-14 | 11-16 | 20-30 |

## 4.11 아이어닝

드로잉 가공에서 성형한 제품을 잘 관찰해 보면 제품 개구부의 가장자리 판 두께가 성형 전의 소재 판 두께에 비하여 두꺼운 것을 알 수 있다. 이와 같이 드로잉 가공은 플랜지부, 펀치 곡률부, 성형품의 벽부 등에서 여러 가지 응력상태가 발생하고 있기 때문에 판 두께의 변화가 심하게 일어나고 있다. 이들은 피가공재의 재료 특성에도 영향을 받는다. 정확한 정도나 형상을 필요로 하는 제품에 있어서는 성형품의 가장자리나 벽부의 판 두께가 균일해야 하는 경우가 있다. 이러한 경우 그 조절방법으로 아이어닝(ironing)이라고 하는 성

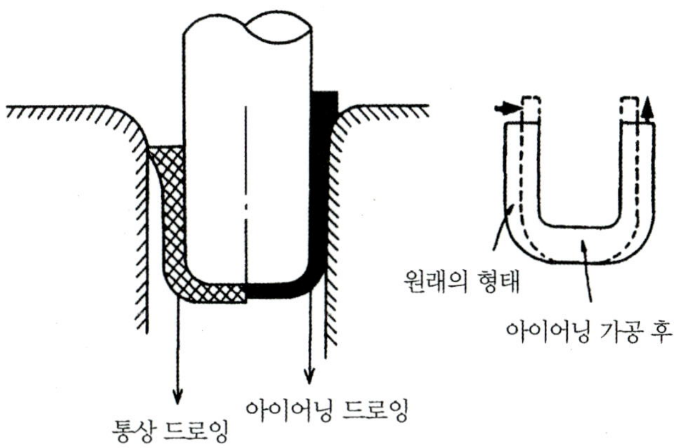


**그림 4.21** 아이어닝 공정 도식도

형법을 적용한다(그림 4.21).

일반 드로잉 가공에서는 펀치와 다이에 간격(clearance)을 설정하여 가공이 수행된다. 이 클리어런스를 판 두께 이하로 설정하면, 피가공재가 그 좁은 간격을 통과하는 것으로 균일한 벽두께를 얻을 수가 있다. 알루미늄재에서는 클리어런스를 판 두께의 90%로 설정하여 적당한 아이어닝 가공을 주는 것으로, 아이어닝이 되지 않는 통상의 드로잉(클리어런스는 개구부의 판 두께 증가를 고려하여 일반적으로 판 두께의 130% 정도의 클리어런스가 설정되어 있다.)보다도 한계 드로잉 비(LDR)를 좋게 할 수 있다고 한다. 이와 같은 현상은 그림 4.22를 통해 이해가 가능하다.

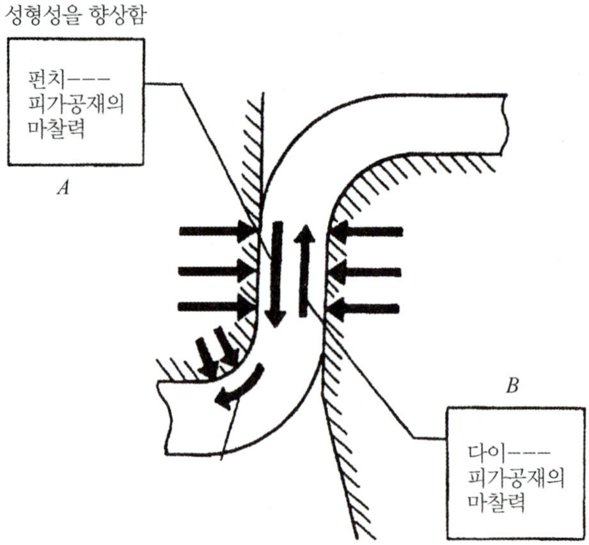


그림 4.22 아이어닝을 통한 한계 드로잉성 개선원리 도식도

파단 위험장소인 펀치 반경부에서 좁은 클리어런스를 통과하면 피가공재가 펀치어깨에 밀착되어 마찰에 의한 구속력이 증가한다. 또한, 펀치 · 다이에서 피가공재로 향한 압축력이 작용하며 이에 따라 마찰력이 작용한다. 펀치 측에는 압축력이 성형제품의 밑면으로 향해 작용하므로, 이것은 피가공재의 빨림(재료의 유입)에 유리한 방향으로 작용한다. 반면, 다이 측은 드로잉 되면 반대방향으로 작용하므로, 이것은 드로잉과 반대방향으로 작용한

다. 따라서 펀치와 피가공재 간의 마찰력과 다이와 피가공재 간의 마찰력 차가 드로잉 하중인 플랜지부의 변형에 일부 이용된다. 즉,

'A - B > 0'일 때 그 차이가 플랜지 드로잉 저항의 일부를 부담하여서 파단 위험부인 펀치 반경부에서의 변형을 다소라도 완화시킬 수 있다. 그 결과 파단은 벽부위에서 일어나기 쉽게 된다. 이와 같은 상황을 적극적으로 활용하는 방법으로는 다이와 피가공재 사이의 마찰력을 감소시키기 위하여 윤활을 좋게 하고 상대적으로 펀치와 피가공재 간의 마찰력을 높이는 것을 생각해 볼 수 있다. 그러나 아이어닝을 이용한 드로잉도 아이어닝률을 증가한 성형에서는 한계 드로잉 비가 오히려 저하된다. 아이어닝 가공을 부가하지 않는 상태의 드로잉 가공에서는 성형품에 어떠한 판 두께의 변화가 일어나는지를 대표적인 원형 드로잉의 벽부 두께에 대하여 구체적으로 살펴보면, 펀치 곡률부가 제일 얇게 되고 벽부에서는 거의 원래의 판 두께이며 개구부에서는 원래 판 두께에 비하여 두껍게 된다. 이것은 다음의 식으로 구하여 진다(그림 4.23).

$$t_{max} = t_o \sqrt{D/d} \quad (4.17)$$

여기서 $t_{max}$ : 개구부의 가장자리 판 두께(mm), $t_o$ : 원판 두께(mm)

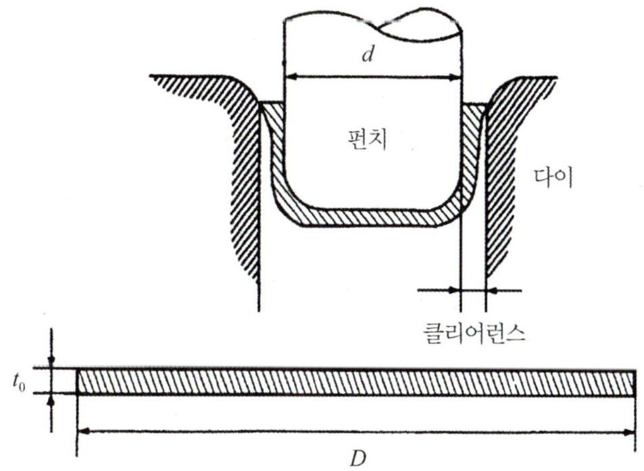


그림 4.23 개구부에서는 두꺼운 판 두께 도식도

표 4.6에 드로잉 가공 시 일반적인 클리어런스 범위를 나타내었다.

표 4.6 일반적인 클리어런스 범위

| 목표 측벽형상 | 아이어닝 방지 | 가벼운 아이어닝<br>가벼운 주름제거 | 균일한 측벽 |
|---|---|---|---|
| 클리어런스 범위 | (1.4~2.0 ) $t_o$ | (1.1~1.3 ) $t_o$ | (0.9~1.0 ) $t_o$ |

## 4.12 축대칭 블랭크 치수의 결정방법

드로잉 성형을 위한 초기 블랭크의 형상을 최대한 정확하게 구하는 것이 매우 중요하다. 일반적으로 드로잉 성형 중 일어나는 소재의 두께변화를 무시하고 표면적이 일정하다고 가정 하에서 초기 블랭크를 설계한다. 성형품이 축대칭이라면 블랭크 치수를 비교적 간단히 구할 수 있다. 그러나 기본적인 원칙을 확실하게 이해하여 두면 다른 형상에 대해서도 큰 어려움 없이 구할 수가 있다. 먼저 기본원칙은 다음과 같다.

- 성형품의 표면적과 블랭크의 면적은 거의 같다.
- 원호부는 원형 드로잉의 방식으로, 직선부는 굽힘의 방식으로 계산한다.
- 블랭크 홀더 부분으로 필요한 면적을 부가한다.
- 외형형상은 매끈하게 연결한다.

### 4.12.1 곡변부 곡률을 고려하지 않은 축대칭 블랭크 치수의 결정방법

원통형상의 드로잉 시 드로잉 곡변부(펀치 코너반경)의 곡률반경이 작을 경우, 곡률부분을 고려하지 않고($r \approx 0$) 바닥과 원통 기둥부의 단면적만 고려하여 블랭크 치수를 구하는 방법이다. 그림 4.24에 보인 원통형 컵의 경우를 예로 들어 설명한다.

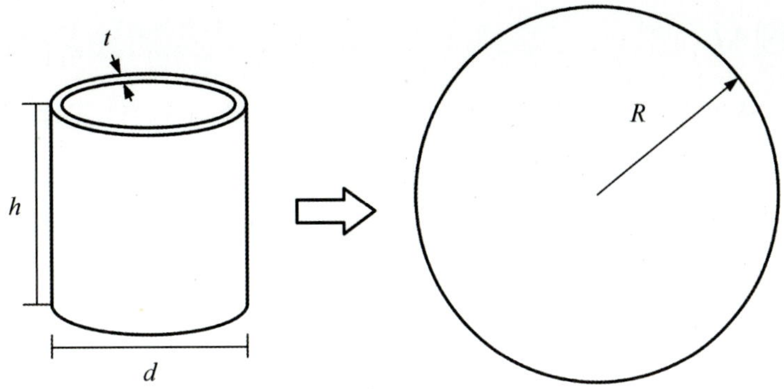


그림 4.24 표면적을 이용한 블랭크 결정

제품의 표면적과 블랭크의 표면적이 동일하다는 원칙을 이용하기 위해 제품의 표면적을 먼저 계산한다. 그림 4.24에서 원기둥의 면적을 A라고 하고, 바닥의 원부분을 $B$라고 하면,

$A = \pi \times$ 직경 $\times$ 높이 $=$ 원주 $\times$ 높이 $=$ 원형의 면적 $= \pi dh$

$B = \pi (d/2)^2$

따라서 제품의 표면적을 A와 B의 합으로 구하면 다음과 같다.

제품의 표면적 $= A + B = \pi (d/2)^2 + \pi dh$

블랭크의 표면적이 제품의 표면적과 동일하다는 원칙에서 블랭크의 반경 $D$를 구한다.

$$\pi (D_b/2)^2 = \pi (d/2)^2 + \pi dh$$

따라서

$$D_b = \sqrt{d^2 + 4dh} \quad (4.18)$$

## 예제 4.7

두께 3mm의 소재로 드로잉 작업을 수행하여 제품의 높이 = 50mm, 내경 = 70mm인 원통형 컵을 만들고자 한다. 펀치의 곡률반경은 0이라 가정한다.

(a) 초기 블랭크 크기 $D_b$는 얼마여야 하는가? (b) 이 작업이 수행 가능한지 평가하라.

**풀이**

(a) 제품의 표면적과 블랭크의 표면적이 동일하다는 원칙으로부터

$$\pi(D/2)^2 = \pi(d/2)^2 + \pi dh$$

따라서 초기 블랭크 크기 $D_b$는

$$D_b = \sqrt{d^2 + 4dh} = \sqrt{70^2 + 4 \times 70 \times 50} = 138\text{mm}$$

(b) 드로잉 성형 가능성을 평가하기 위해 드로잉 비, 감소율, 직경당 두께 비를 계산

$m = 138/70 = 1.97$

$r = (138 - 70)/138 = 0.492 = 49.2\%$

$t/D_b = 3/138 = 0.0217 = 2.17\%$

드로잉 비는 2.0보다 작고, 감소율은 50%보다 작으며, $t/D_b$ 비는 1%보다 크기 때문에 드로잉 작업이 가능하다.

회전체인 축대칭 제품의 소재판은 원형이며, 제품의 단면에 따른 원형 소재판의 지름을 표 4.7에 요약하여 나타내었다.

표 4.7 제품의 단면에 따른 원형 소재판의 지름

| 제품의 모양 | 소재판의 지름 | 제품의 모양 | 소재판의 지름 |
|---|---|---|---|
| 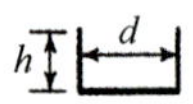 | $\sqrt{d^2 + 4dh}$ | 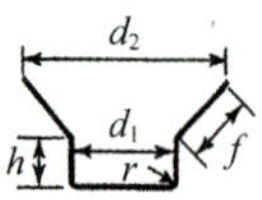 | $\sqrt{d_1^2 + 4d_1h - 1.72d_1r - 0.56r^2 + 2f(d_1 + d_2)}$ |
| 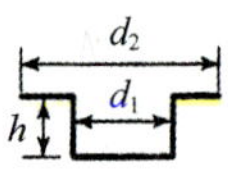 | $\sqrt{d_2^2 + 4d_1h}$ | 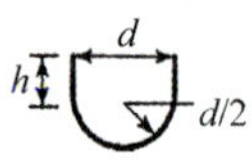 | $1.41\sqrt{d^2 + 2dh}$ |

| 제품의 모양 | 소재판의 지름 | 제품의 모양 | 소재판의 지름 |
|---|---|---|---|
| 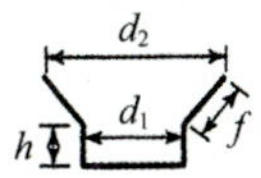 | $\sqrt{d_1^2+4d_1h+2f(d_1+d_2)}$ | 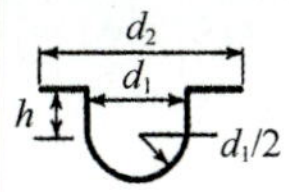 | $\sqrt{d_1^2+d_2^2+4d_1h}$ |
| 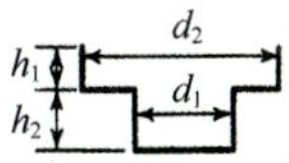 | $\sqrt{d_2^2+4(d_1h_1+d_2h_2)}$ | 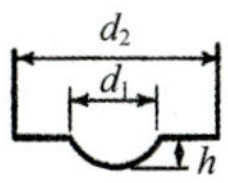 | $\sqrt{d_2^2+4h^2}$ |
| 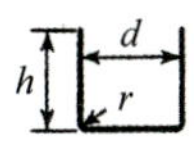 | $\sqrt{d^2+sd(h-0.43r)}$ | 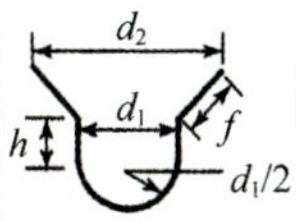 | $1.41\sqrt{d_1^2+2d_1h+f(d_1+d_2)}$ |
| 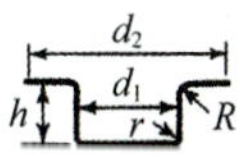 | $\sqrt{d_2^2+4d_1[h-0.43(R+r)]}$ | 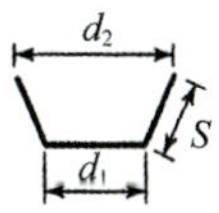 | $\sqrt{d_1^2+2S(d_1+d_2)}$ |

## 4.12.2 곡변부 곡률을 고려한 축대칭 블랭크 치수의 결정방법

축대칭 형상의 드로잉 시 드로잉 곡변부의 곡률반경을 고려하여 블랭크 치수를 구하는 방법으로 다음의 이론에 근거한다. 즉, 임의의 곡선을 축대칭 회전 시 생기는 회전체의 표면적은 곡선의 길이에 회전축으로부터 $r_c$ 거리에 있는 기하학적 중심점에서의 원주를 곱한 것과 같다. 이러한 내용을 그림 4.25를 예로 들어 설명한다.

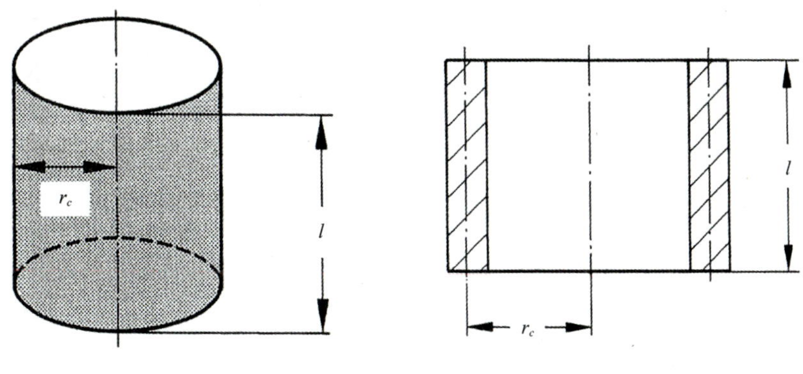


(a) 회전체 표면 (b) 회전체의 중심점 반경($r_c$)

그림 4.25

그림 4.25에서 회전체의 표면적(S)은 $S = 2\pi r_c l$이 되고, 블랭크의 단면적과 회전체의 표면적이 동일해야 하므로 $S = 2\pi r_c l = \pi D_b^2 / 4$ 이 성립한다. 따라서

$$D_b = \sqrt{8\, r_c\, l} \tag{4.19}$$

여러 형상이 복합적으로 포함된 축대칭 드로잉 시에도 식 (4.19)의 형태가 성립하므로 보다 일반적으로 식 (4.20)으로 나타낸다.

$$D_b = \sqrt{8 \sum (r_c\, l)} \tag{4.20}$$

그림 4.26에 보인 형상에 대해 곡변부 곡률을 고려한 블랭크 치수를 구해보자.

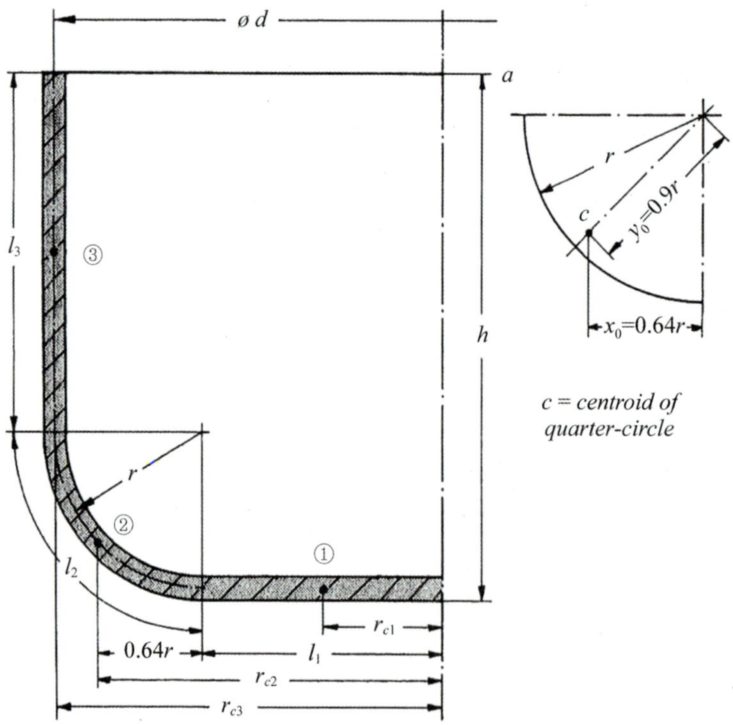


그림 4.26 곡변부 곡률을 고려한 블랭크 치수결정 예

그림 4.26에서

① $l_1 = \dfrac{d-2r}{2}$, $r_{c1} = \dfrac{d-2r}{4}$

② $l_2 = \dfrac{2\pi r}{4} = \dfrac{\pi r}{2}$, $r_{c2} = 0.64r + \dfrac{d-2r}{2}$

③ $l_3 = h-r$, $r_{c3} = \dfrac{d}{2}$

따라서 블랭크 치수는 다음과 같이 구할 수 있다.

$$D_b = \sqrt{8\sum(r_c\, l)} = \sqrt{8\,(r_{c1}\, l_1 + r_{c2}\, l_2 + r_{c3}\, l_3)}$$
$$= \sqrt{8\left[\left(\frac{d-2r}{2}\right)\left(\frac{d-2r}{4}\right) + \frac{\pi r}{2}\left(0.64r + \frac{d-2r}{2}\right) + (h-r)\frac{d}{2}\right]}$$
$$= \sqrt{(d-2r)^2 + 4\left[1.57r\,(d-2r) + 2r^2 + d(h-r)\right]}$$

## 예제 4.8

그림과 같은 축대칭형 형상을 디프 드로잉 가공할 수 있는 원형 블랭크 직경을 계산하여라.

(a) 곡변부 곡률을 고려 (b) 곡변부 곡률을 R=0로 간주

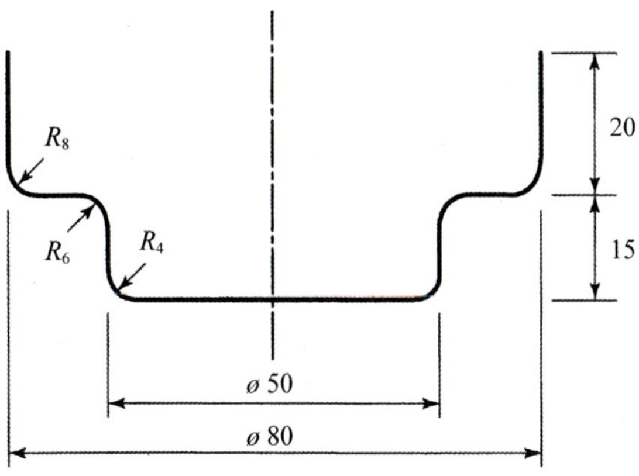

풀이

(a) 곡변부 곡률을 고려하여 주어진 드로잉 형상에 따라 7구간으로 나누어 계산;

① 부분 : $l_1 = 21$, $r_{c1} = 21/2 = 10.50$

② R4 부분 : $l_2 = \frac{4\pi}{2}$, $r_{c2} = 0.64 \times 4 + 21 = 23.56$

③ 부분 : $l_3 = 5$, $r_{c3} = 25.00$

④ R6 부분 : $l_4 = \frac{6\pi}{2}$, $r_{c4} = (1 - 0.64) \times 4 + 25 = 27.16$

⑤ 부분 : $l_5 = 1$, $r_{c5} = (31 + 32)/2 = 31.5$

⑥ R8 부분 : $l_6 = \frac{8\pi}{2}$, $r_{c6} = 0.64 \times 8 + 42 = 47.12$

⑦ 부분 : $l_7 = 12$, $r_{c7} = 40.00$

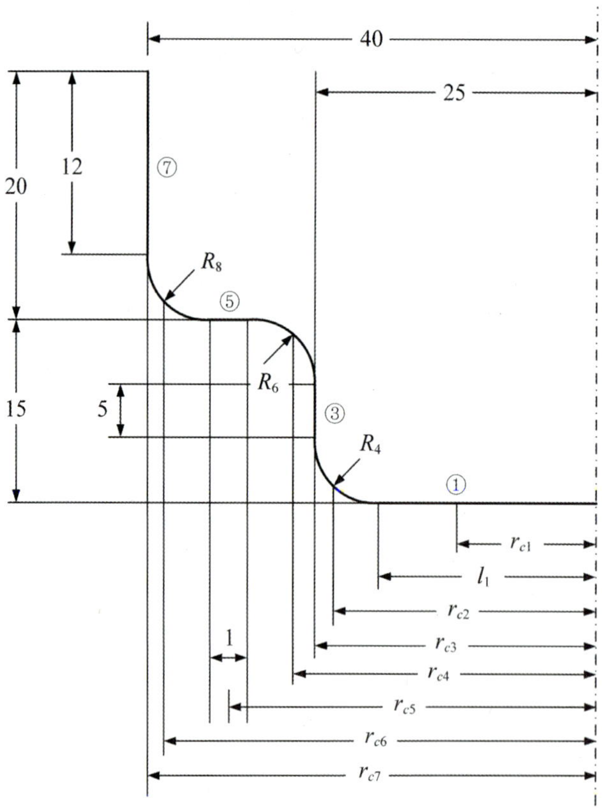

따라서 블랭크 치수는 다음과 같이 구할 수 있다.

$$D_b = \sqrt{8\sum^{7}(r_c l)}$$
$$= \sqrt{8(r_{c1}l_1 + r_{c2}l_2 + r_{c3}l_3 + r_{c4}l_4 + r_{c5}l_5 + r_{c6}l_6 + r_{c7}l_7)}$$
$$= \sqrt{14825.12} = 121.76\text{mm}$$

(b) 곡변부 곡률을 $R=0$로 간주하고 표 4.7에 나타낸 계산식을 사용하여 계산

$$D_b = \sqrt{d_2^2 + 4(d_1h_1 + d_2h_2)}$$
$$= \sqrt{80^2 + 4(50\times15 + 80\times20)} = \sqrt{15800} = 125.70\text{mm}$$

곡변부 곡률을 고려한 경우에 비해 드로잉 표면적이 크므로 블랭크 치수가 크게 계산됨.

## 4.13 사각형상 블랭크 치수의 결정방법

원통형 이외의 컵을 성형할 때는 소재판의 크기와 함께 형상도 결정하여야 한다.

사각형상 드로잉에 대해 소재판을 설계하는 2가지 방법에 대해 설명한다. 이러한 방법들은 기본지침이므로 사용하는 소재 조건 및 가공 조건에 따라 적절한 수정보완을 통해 개선시킬 수 있다.

### 4.13.1 사각형상 드로잉 블랭크 치수 결정방법(I)

- 사각형상 드로잉의 목표 치수대로 전개도를 그린다(그림 4.27). 이때 $AB(=CD)$ 및 $AC(=BD)$의 직선부분은 단순한 굽힘만을 받는다고 가정하고, 네 모서리의 원기둥 부분의 표면적과 같은 4분원을 그린다.
- 그림 4.27(a)을 참조하여 4분원의 반지름은 경험적으로 다음과 같이 결정된다. 단 그림에 나타낸 것처럼 $R$은 사각통 모서리부의 곡률 반지름, $h$는 컵의 높이, $r_p$는 사각통

밑면 코너부의 곡률 반지름이다.

$$R_c = \sqrt{2Rh + R^2 - (4-\pi)Rr_p - (\pi-3)r_p^2} \tag{4.21}$$

- 디프 드로잉 중에 모서리부의 소재는 양측으로 퍼져나가므로 그림 4.27(b)에서 그린 전개도의 윤곽이 급격하게 변하지 않도록 수정한다. 수정 시 기준이 되는 기준 반지름 $R_{c0}$는 다음과 같다.

$$R_{c0} = 0.54\ \{h + (\pi/2 - 1)r_p\} \tag{4.22}$$

- $R_c$가 $R_{c0}$와 동일한 경우에는 그림 4.27(c)에 나타낸 것처럼 4분원에 접선을 긋고, 직선부와 만나는 곳을 다시 $R_c$로 라운딩 한다. $R_{c0}$는 그림의 $e$, $f$점이 각각 $ab$, $cd$를 이등분한 점을 연결한 직선에 $R_c$의 4분원이 접하도록 결정된 것이다.
- $R_c \neq R_{c0}$인 경우에는 $ab$, $cd$를 이등분한 점인 $e$, $f$를 지나면서 $R_c$의 4분원이 접하는 직선을 그린다. 직선부와 만나는 곳은 역시 $R_c$로 라운딩 한다(그림 4.27(d), (e)).

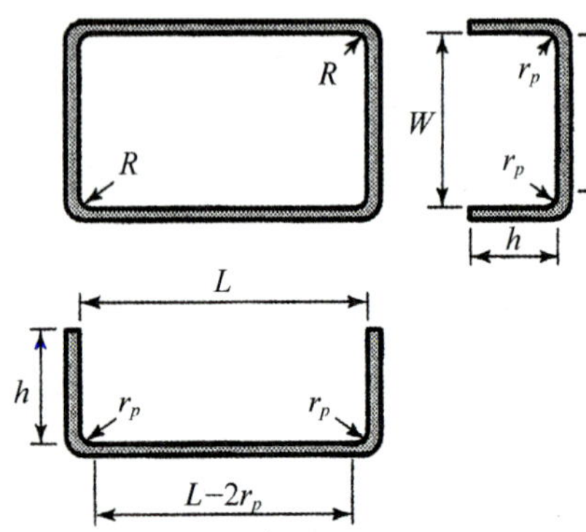


(a) 사각형상 드로잉의 치수

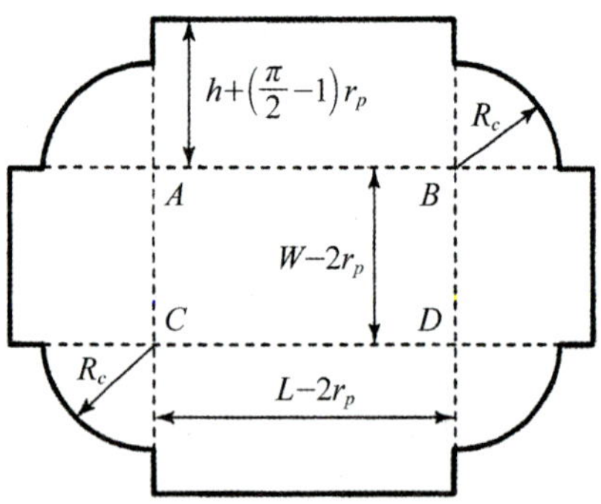


(b) 전개도

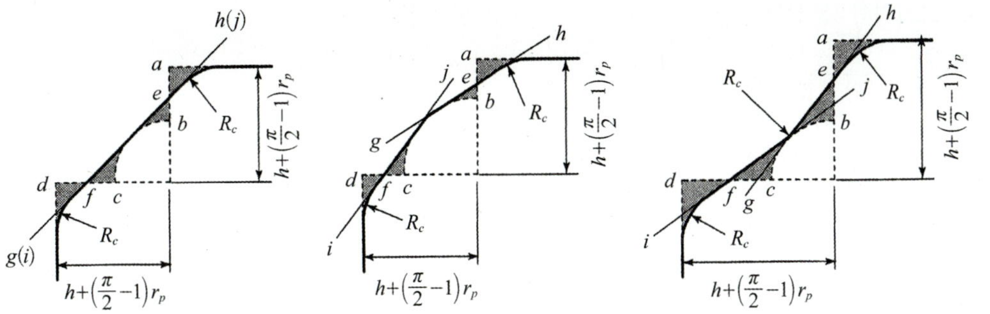


전개도 윤곽수정: (c) $R_c = R_{c0}$ (d) $R_c > R_{c0}$ (e) $R_c < R_{c0}$

그림 4.27

## 예제 4.9

그림과 같은 사각통을 디프 드로잉으로 성형하기 위한 소재판의 형상과 치수를 설계하여 도면으로 나타내어라.

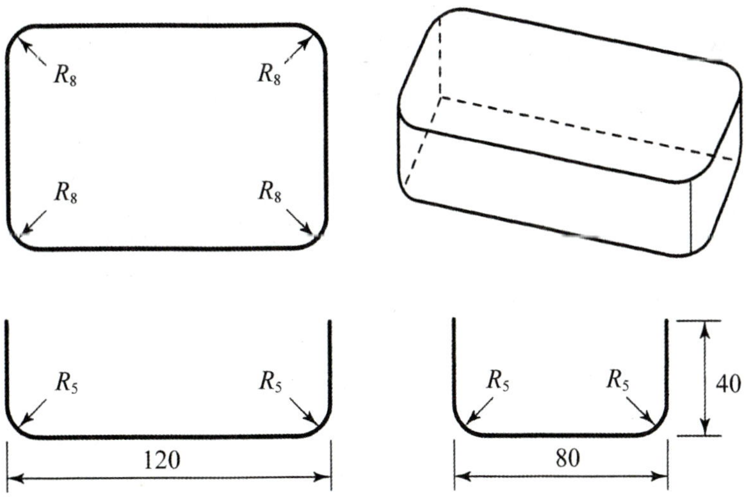


풀이

- 주어진 사각형상 드로잉의 치수로 부터 전개도를 그린다.

$R=8$, $r_p=5$, $h=40$을 이용하여 전개도상의 치수를 계산한다.

• 4 모서리의 4분원의 반지름을 식 (4.19)를 이용하여 계산한다.

$$R_c = \sqrt{2Rh + R^2 - (4-\pi)Rr_p - (\pi-3)r_p^2}$$
$$= \sqrt{2\times 8\times 40 + 8^2 - (4-\pi)\times 8\times 5 - (\pi-3)\times 5^2}$$
$$= 25.8$$

• 기준 반지름 $R_{c0}$는 식 (4.20)을 이용하여 계산한다.

$$R_{c0} = 0.54\ \{h + (\pi/2-1)\,r_p\}$$
$$= 0.54\times\{40 + (\pi/2-1)\times 5\}$$
$$= 23.14$$

• $R_c > R_{c0}$이므로 전개도의 윤곽수정은 다음과 같이 한다.

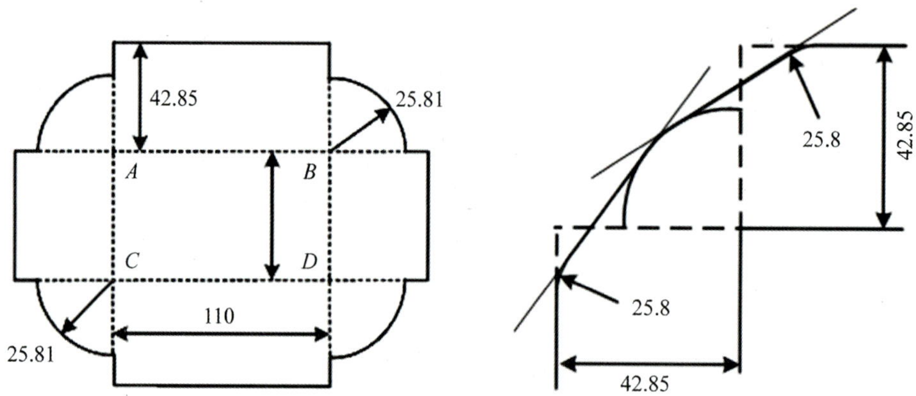


## 4.13.2 사각형상 드로잉 블랭크 치수 결정방법(II)

사각형상 드로잉에 대해 소재판을 설계하는 또 다른 방법도 그림 4.28에 보인 바와 같이 사각형상의 드로잉 표면적에 근거하여 블랭크 표면적을 결정한다.

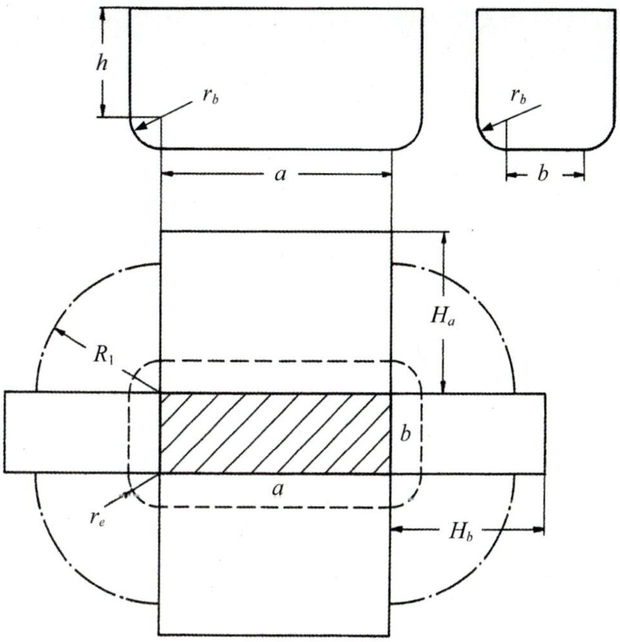


그림 4.28 사각형상 드로잉의 치수

사각형상 드로잉의 전개도를 근거로 4 모서리에 4분원의 반지름을 그린다. 그림에 나타낸 치수항목에 대한 계산식은 아래와 같다(그림 4.29).

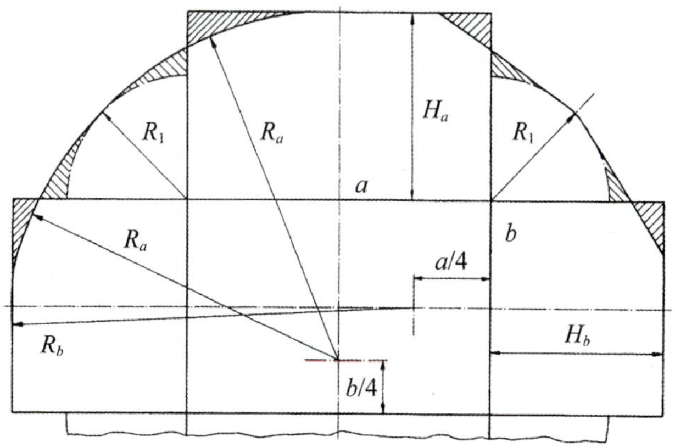


그림 4.29 사각형상 전개도 윤곽수정

① 사각통 모서리부의 곡률 반지름($r_e$)이 밑면 코너부의 곡률 반지름($r_b$)과 동일한 경우 ($r_e = r_b = r$)

- 설계반경 $R$ : $R = 1.42\sqrt{rh + r^2}$
- 수정값 $x$ : $x = 0.074\left(\frac{R}{2r}\right)^2 + 0.982$
- 수정된 설계반경 $R_1$ : $R_1 = xR$
- $H_a$ 길이 : $H_a = 1.57r + h - 0.785(x^2 - 1)\frac{R^2}{a}$
- $H_b$ 길이 : $H_b = 1.57r + h - 0.785(x^2 - 1)\frac{R^2}{b}$
- $a = L - 2r_e$
- $b = B - 2r_e$
- $h = H - 2r_b$
- $r_e = r_b$

② 사각통 모서리부의 곡률 반지름($r_e$)이 밑면 코너부의 곡률 반지름($r_b$)과 다른 경우 ($r_e \neq r_b$)

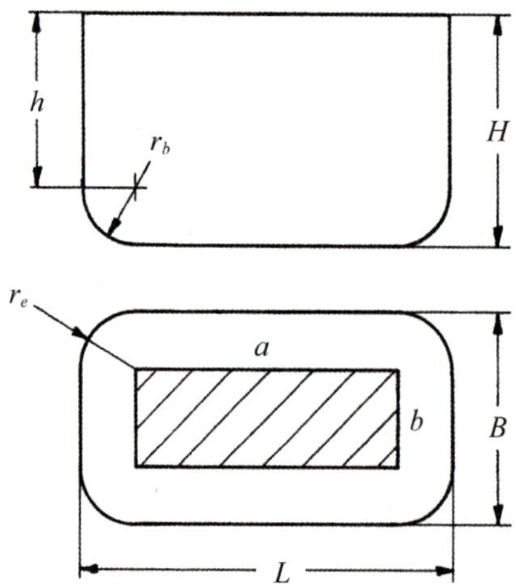


그림 4.30 $r_e \neq r_b$인 사각 드로잉 형상

- 설계반경 $R$ : $R = \sqrt{1.012r_e^2 + 2r_e(h + -0.506r_b)}$
- 수정값 $x$: $x = 0.074\left(\frac{R}{2r}\right)^2 + 0.982$
- 수정된 설계반경 $R_1$ : $R_1 = xR$
- $H_a$ 길이: $H_a = 0.57r_b + h + r_e - 0.785(x^2 - 1)\frac{R^2}{a}$
- $H_b$ 길이: $H_b = 0.57r_b + h + r_e - 0.785(x^2 - 1)\frac{R^2}{b}$
- $a = L - 2r_e$
- $b = B - 2r_e$
- $h = H - 2r_b$
- $r_e = r_b$

## 4.14 디프 드로잉 성형에서의 결함

디프 드로잉 성형에 영향을 미치는 인자로는 제품 형상, 금형상태, 프레스 가공 조건, 프레스 기계, 피가공재의 특성 등을 들 수 있다. 이러한 영향인자들이 부적절한 상황에 놓이게 되면 성형 결함을 일으킬 수 있다. 디프 드로잉 성형한계의 종류를 아래에 나타내었다.

- 성형하는 힘이나 치수의 한계 : 주로 프레스 기계의 능력이나 금형 등의 한계
- 파단이 발생하는 한계: 피가공재에 국부적인 과다 변형이 가해져 파단되는 한계
- 주름발생의 한계 : 주름이 성형 종료 후까지 존재하는 한계
- 성형동결의 한계 : 스프링백에 의해 금형형상에 일치하지 않는 형상 치수 불량
- 표면상태의 한계 : 프레스 가공 시 공구와의 접촉에 의한 표면결함

그림 4.31은 부적절한 다이와 펀치반경에 기인한 균열발생을 도식적으로 나타낸 것이다. 디프 드로잉 성형 시 적절한 공정 조건을 설정하여야만 결함이 없는 우수한 제품을 얻을 수 있으므로 본 장에서는 성형결함에 대해 자세하게 다루고자 한다.

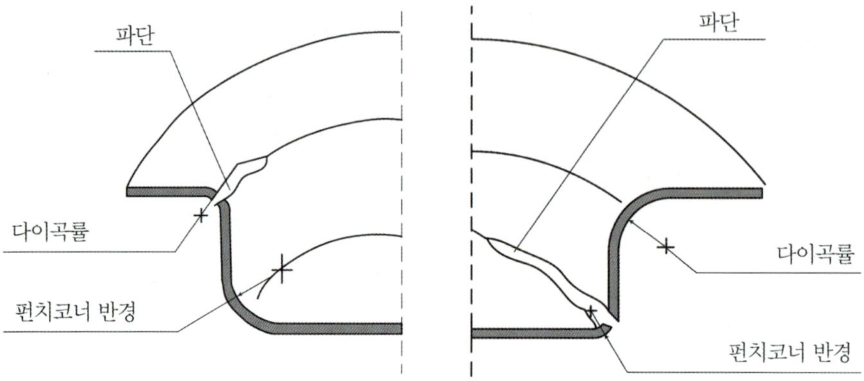


(a) 다이 곡률부 파단 (b) 펀치 곡률부 파단

**그림 4.31** 디프 드로잉 시 컵에 발생되는 파단

## 4.14.1 다이 곡률부의 파단(그림 4.32)

### (1) 원인

- 다이 곡률($R_d$)이 너무 작다.
- 블랭크 홀더력이 너무 작으면 플랜지 부분에 주름이 발생하게 되고 이 주름이 다이 곡률부에서 제거되지 않으면 다이 곡률부나 펀치 곡률부에서 파단이 발생한다. 특히 다이 곡률이 너무 작으면 낮은 블랭크 홀더력 하에서 다이 곡률부에서 파단이 주로 발생.
- 재료의 가공 경화로 인하여 파단이 발생한다.
- 특정 장소에서 파단이 계속 일어나는 경우.
  - 블랭크의 형상이 적당하지 않거나 놓은 위치가 부적당하다.
  - 쿠션핀의 위치나 길이가 부적당하다.

- 가공 윤활유가 부적당하다.
- 금형면의 표면 거칠기가 너무 거칠다.
- 펀치의 수직도가 불량.

### (2) 대책

- 다이 곡률을 적정값까지 증가시킨다. 변경이 불가능한 경우 공정을 추가한다.
- 블랭크 홀더력을 증가시켜 주름발생을 방지하고 다이 곡률부의 거칠기를 개선한다. 그래도 파단이 발생하면 다이 곡률을 증가시킨다.
- 스테인리스강과 같이 가공경화가 심한 재료를 이용하여 매우 심한 디프 드로잉 성형을 하게 되면 가공 경화가 매우 심하게 되어 성형성이 극단적으로 저하된다. 이 때 다이 곡률부에서 매우 심한 굽힘 변형을 받게 되면 파단이 일어난다.
- 특정한 장소에서만 파단이 일어나는 것은 그 부분만이 조건이 다르기 때문이다. 그러므로 이 부분의 조건들에 대해서 고려하여야 한다.

(a) 원형 드로잉

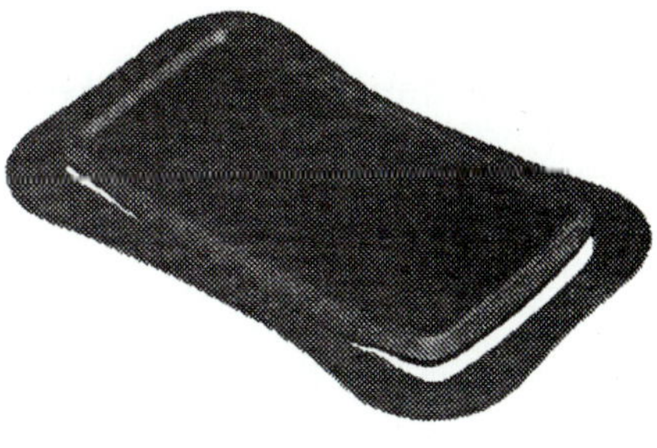

(b) 각형 드로잉

그림 4.32 다이 곡률부의 파단 예

## 4.14.2 펀치 곡률부의 파단(그림 4.33)

### (1) 원인

- 디프 드로잉 깊이와 디프 드로잉 비가 너무 크거나 장출 비가 너무 크다.
- 펀치 곡률($R_p$), 다이 곡률($R_d$), 각형의 코너 곡률($R_c$)이 너무 작다.
- 블랭크 홀더력이 너무 크다.
- 윤활불량 또는 윤활유 선택이 부적당하다.
- 블랭크형상이 부적당하거나 블랭크를 놓는 위치가 잘못되었다.
- 쿠션핀의 위치가 잘못되었거나 길이가 적당하지 않다.
- 프레스 기계의 정밀도가 불량하다.
- 다이 표면의 거칠기가 너무 거칠다.
- 클리어런스가 너무 작다.
- 재료의 디프 드로잉성이 부족하거나 판이 너무 얇다.

### (2) 대책

- 드로잉 비가 너무 크면 공정을 추가한다.
- $R_p$, $R_d$, $R_c$를 적당하게 수정한다. 변경이 불가능하면 공정을 추가한다.
- 블랭크 홀더 압력을 조절한다.
- 윤활유의 종류, 도유장소, 도유량을 검토한다.
- 블랭크형상과 놓은 위치를 변경한다.
- 금형의 정도와 쿠션핀의 정도를 보정한다.
- 디프 드로잉이 심한 경우 프레스 기계의 정도를 보정할 필요가 있다.
- 다이면의 거칠기를 개선한다.
- 클리어런스를 적정한 값으로 조정한다.
- 재료의 적정성을 재검토한다.

(a) 원형 드로잉

(b) 각형 드로잉

**그림 4.33** 펀치 곡률부의 파단예

## 4.14.3 성형 후 수직방향으로의 균열발생

스테인리스 강판을 한계 드로잉까지 디프 드로잉을 하면 성형 직후 순간적으로 드로잉 방향의 균열이 발생하는 경우가 있다(그림 4.34). 극단의 경우 바나나껍질을 벗겨 놓은 것과 같은 형태로 된다. 바닥이 깊은 용기를 디프 드로잉할 때 원주방향으로 강한 압축력이 작용하게 되는데 압축력에 반발하는 잔류응력이 남아 있다가 용기가 다이에서 추출될 때 그 반력이 급격하게 작용하여 용기 입구 주변의 버어(Burr) 등을 기점으로 균열이 발생하게 된다. 용기의 디프 드로잉을 너무 심하게 하면 이전 공정에서 가공 경화가 심하게 일어난 부분에서도 수직방향의 균열이 발생할 수 있다. 이러한 균열을 방지하기 위한 대책으로는 재질을 변화시키거나 판 두께를 0.1mm~0.2mm 두껍게 한다. 또한 설계검토를 통해 디프 드로잉 성형 깊이를 줄이는 것도 직접적인 방지방안이 된다.

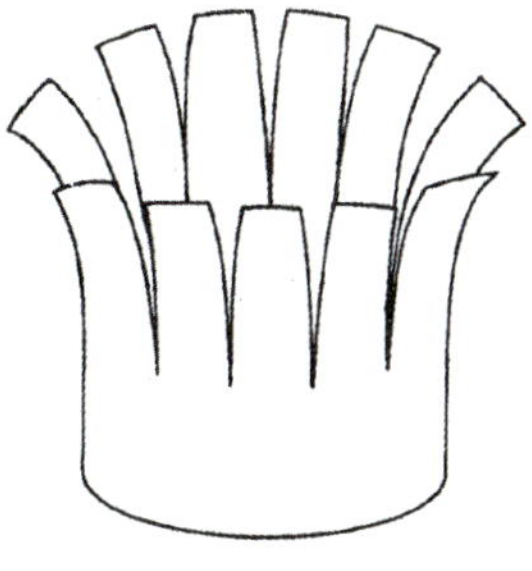

**그림 4.34** 성형 후 수직방향으로의 균열발생

## 4.14.4 월 브레이크

각형 용기의 코너 하부에 역 W자 형상의 균열이 발생하는 경우가 있는데 이를 벽 파단(wall break)라 한다(그림 4.35). 균열부위 상부에 망사형상의 무늬가 나타나며 코너 컷(corner cut)을 하였을 때만 발생. 블래크의 코너 컷을 너무 많이 한 경우에 발생하므로 블랭크의 코너 컷 양을 줄이면 파단이 발생하지 않는다.

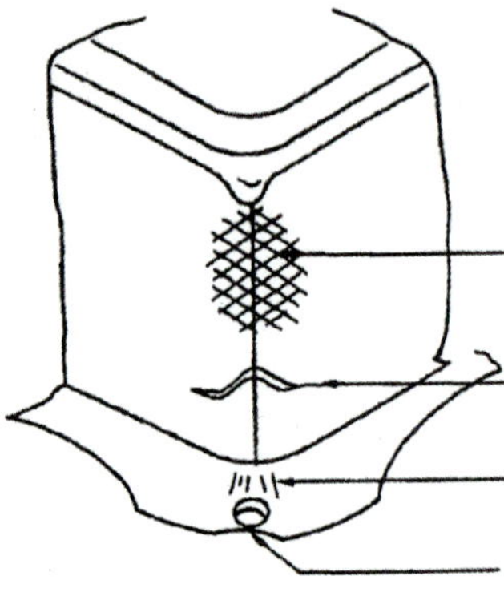

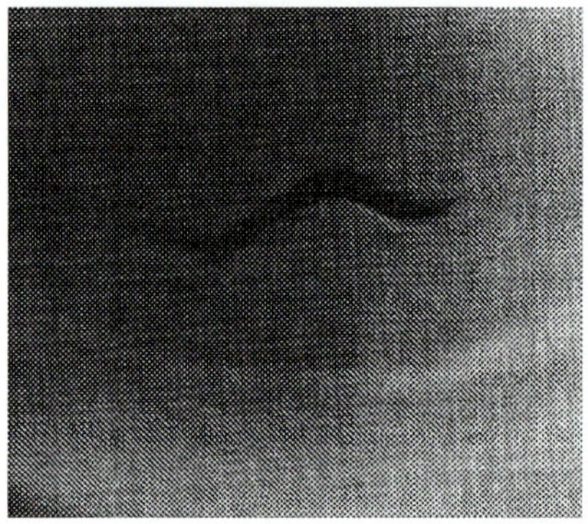

그림 4.35 Wall Break

## 4.14.5 퍼커링

측벽이 경사지거나 비축대칭 곡면을 갖는 펀치로 디프 드로잉 성형을 할 경우, 재료에 미구속 부분이 부분적으로 존재하여 원주방향의 압축력이 가해지면 이 부분에 좌굴이 발생한다. 이렇게 제품 몸체에 주름이 발생하는 현상을 퍼커링(puckering)이라 한다(그림 4.36).

### (1) 원인

- 제품형상이 인장성형하기 어려운 경우
- 인장변형의 부족
- 재료의 연신율 부족

### (2) 대책

- 주름의 발생을 방지하려면 여분의 재료 유입을 방지하여야 한다.
- 형상을 변경한다.
  - 제품 깊이를 얕게 한다.
  - 측벽의 테이퍼를 작게 한다.
  - 코너 곡률($Rc$)을 크게 한다.
- 플랜지 가공 조건을 변경한다.
  - 블랭크 홀더력을 증가시킨다.
  - 윤활유의 종류와 도유량을 조정한다.
  - 블랭크형상을 변경한다.
  - 비드의 형상과 위치를 조절한다.
  - 다단 디프 드로잉을 검토한다.
  - 블랭크 홀더면에 역 테이퍼를 준다.
  - 블랭크 홀더의 강성을 증가시킨다.
- 연신율이 좋은 재료로 변경한다.

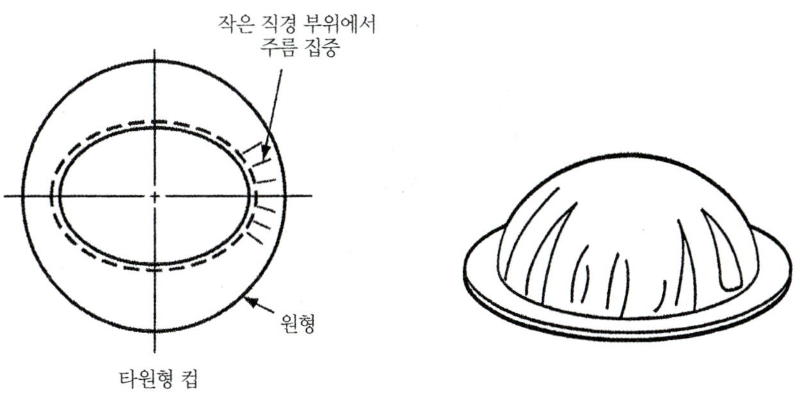


그림 4.36 퍼커링

## 4.14.6 벽부 주름

다이 곡률이 부적절할 경우 제품의 벽부분에 주름이 발생하는 경우가 있다.(그림 4.37)

### (1) 원인

- 다이 곡률($R_d$)이 적당하지 않거나 클리어런스가 너무 커서 플랜지에 발생한 주름이 금형 내부로 유입되는 경우 발생한다.
- 대량 생산에 의해 다이 곡률부가 파형으로 마모 되었을 때 플랜지면 또는 $R_d$에 발생한 주름이 금형 내부로 유입되는 경우 발생한다.
- 다이 곡률($R_d$)이 과대한 경우 $R_d$부분에 발생한 주름이 폭이 좁아지면서 수직으로 이행하여 벽을 만드는 경우 발생한다.

### (2) 대책

- 블랭크 홀더력을 증가하여 주름을 방지하고 블랭크 홀더면을 연마하여 마찰 특성 향상.
- 다이면, 다이 곡률($R_d$), 클리어런스가 마모되어 있을 경우 이를 수정.
- 다이 곡률($R_d$)을 적정치까지 감소.

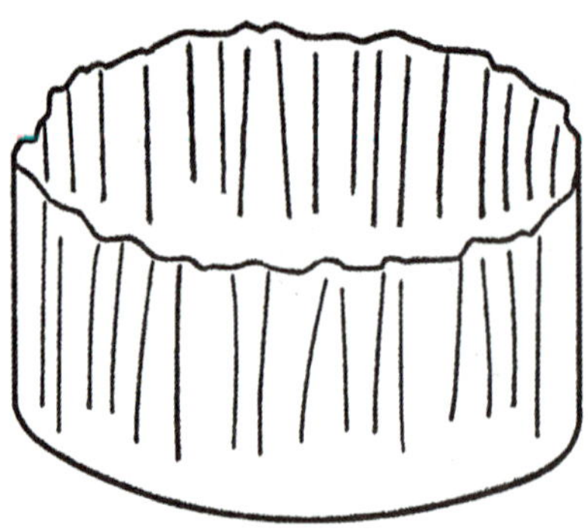

그림 4.37 제품 벽부분 주름

### 4.14.7 골링

금형과 재료의 마찰에 의해서 표면에 박리가 일어나는 골링(galling)현상이 있다(그림 4.38).

#### (1) 원인

금형과 재료의 마찰에 의해서 발생하는 결함으로 재료의 일부가 마찰에 의해 박리되어 금형에 부착되어 다시 재료의 표면을 손상시킨다.

#### (2) 대책

- 금형재료를 바꾼다.
- 금형의 표면처리법을 바꾼다.
- 클리어런스를 적정치로 바꾼다.
- 금형의 표면 거칠기를 개선한다.
- 윤활유의 종류, 도유량, 도유법 등을 재검토한다.
- 마찰면에 이물질의 유입을 방지한다.

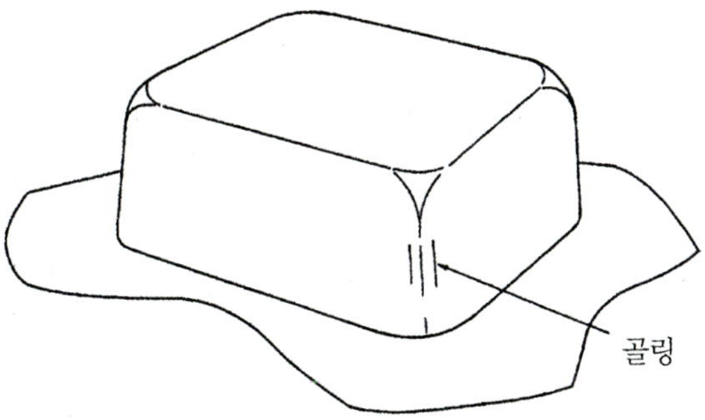


그림 4.38 골링

## 4.14.8 보관 중 수직 균열발생

가공경화가 강한 301 스테인리스강 또는 황동 등을 심하게 디프 드로잉 가공을 한 후 방치해 두면 수직방향으로 균열이 발생하는 경우가 있다(그림 4.39).

### (1) 원인

- 잔류응력과 분위기가 관계한다고 알려져 있다.

### (2) 대책

- 가능한 한 잔류응력을 작게 하는 가공방법을 사용한다.
- 다이 곡률을 가능한 한 작게 한다.
- 재드로잉을 할 경우 플랜지가 남도록 한다.
- 작업 직후 풀림처리를 한다.
- 디프 드로잉 성형할 때 20~25%정도 아이어닝 성형이 되도록 한다.

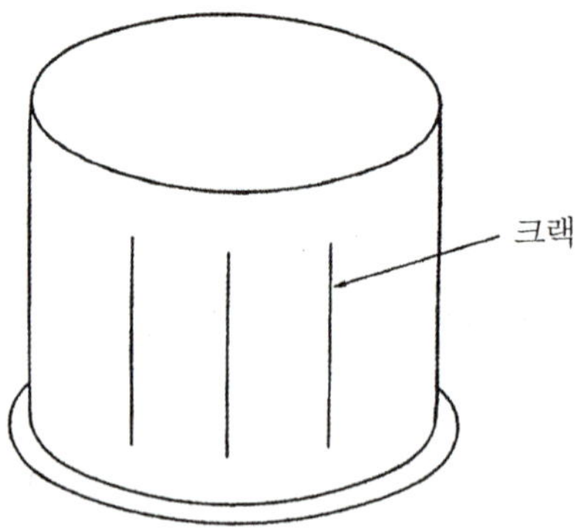


그림 4.39 수직방향 균열

## 4.14.9 스트레쳐 스트레인

### (1) 원인

스트레쳐 스트레인(stretcher strain)은 재료의 항복점 연신현상에 의해서 발생하므로 변형량이 큰 가공을 할 경우 발생되었던 스트레쳐 스트레인이 감소하지만 비교적 얇은 드로잉 성형의 경우 표면에 골모양의 결함이 발생한다. 스트레쳐 스트레인은 비교적 얇은 드로잉 가공을 빠른 성형속도로 진행하는 경우에 발생하기 쉽다(그림 4.40).

### (2) 대책

- 스킨패스(skin pass) 압연 이후 경과시간을 관리하여 장시간 경과하지 않도록 한다.
- 성형 직전에 롤러 레벨러(roller leveller)를 통과시킨다.
- 재료는 가능한 한 저온의 장소에 보관하며 선입선출 원칙을 준수한다.

**그림 4.40** 스트레쳐 스트레인

## 4.14.10 플랜지 주름

### (1) 원인

- 블랭크 홀더력이 너무 작을 경우 플랜지 주변 부위에 주름이 생긴다(그림 4.41).
- 디스턴스 피스(distance piece) 또는 조정 볼트의 간극이 너무 크다.
- 플랜지의 주름이 국부적으로 집중될 경우 또는 주름과 파단이 동시에 일어날 경우
  - 쿠션핀의 부적절
  - 블랭크 홀더면의 거칠기 불량
  - 프레스 기계의 정밀도 불량
  - 상부금형과 하형의 평행도 불량
  - 가공유의 선택과 사용법의 부적절
  - 블랭크 홀더의 강성 부족
  - 블랭크형상의 부적당

### (2) 대책

- 블랭크 홀더력을 적정치로 조정
- 디스턴스 피스 또는 조정 볼트의 간극을 조절한다.
- 플랜지의 주름이 국부적으로 발생할 경우
  - 쿠션핀의 길이 위치를 재검토한다.
  - 블랭크 홀더면의 거칠기를 개선한다.
  - 디프 드로잉 성형에서는 프레스 기계의 정밀도가 매우 중요하다.
  - 상부금형과 하부금형의 평행도를 조정한다.
  - 가공유의 선택과 도유 장소, 양 등을 재검토한다.

- 블랭크 홀더의 강성이 부족하면 주름과 파단이 동시에 일어나게 되므로 강성이 향상된다.
- 블랭크형상은 주름과 파단에 밀접한 관계가 있다.

(a) 원형드로잉

(b) 각형드로잉

그림 4.41 플랜지 주름

## 4.15 스테인리스 강판의 드로잉 가공이 어려운 이유

스테인리스 강판은 인장강도가 강하고 수직균열을 일이나기 쉬워 드로잉 성형 가공이 상대적으로 어렵다. 스테인리스 강판의 특성과 가공 시 주의 사항에 대해 아래에 서술하였다.

■ 인장강도가 강하다.

스테인리스는 연강판에 비해 2배 이상의 인장강도를 가지고 있으므로 금형의 강성에 대해서 충분한 검토가 필요하다. 또 블랭크 홀더의 강성에 대해서도 주의할 필요가 있다. 브랭크 홀더의 강성이 부족하면, 금형 본체나 블랭크 홀더가 변형되어 주름 발생이 생기며 파단이 일어나는 수가 있다.

### ■ 가공속도에 영향을 받는다.

오스테나이트계 스테인리스(STS301, 304)는 펀치 등을 냉각하지 않고 빠른 속도에서 가공을 하면 파단하는 경향이 있다. 유압 프레스의 이용이나 적극적인 냉각이 필요하다.

### ■ 성형 후의 표면상태

스테인리스 강판은 외장부품이 많기 때문에 미려한 표면이 중요하다. 페라이트계 스테인리스강 판(STS430)은 연강판에 보이는 스트레쳐 스트레인의 그물망 모양이 나타나기 쉬우며 오스테나이트계 스테인리스는 가공 후 오렌지 필(orange peel)이 나타나기 쉽다.

### ■ 자성

스테인리스 강판 중에서 페라이트계(STS430)와 마르텐사이트계(STS401)는 자성을 가지나 오스테나이스계(STS304)는 자성을 갖지 않는다. 그러나 오스테나이트계에 대해서도 국부적으로 상당한 가공이 행해지면 가공유기 변태가 일어나 자성을 갖게 된다.

### ■ 열전도

스테인리스 강판의 열전도는 연강판에 비하여 나쁘다. 특히 오스테나이트계는 연강판의 1/3정도이다. 스테인리스 강판은 프레스 가공력, 블랭크 홀더력이 크므로 열이 많이 발생할 수 있다. 이때 발생한 열의 방출확산이 불량하면 열의 집중이 일어나 윤활유 등의 유막이 끊어지게 되어 드로잉 손상이 일어나기 쉽다.

### ■ 수직균열

오스테나이트계 스테인리스(STS301, 304) 강의 디프 드로잉 가공 시 발생되는 현상이다. 수직균열을 방지하기 위해서는 잔류응력을 제거하는 것이 중요하며 리스트라이크(restrike) 공정이나 중간 소둔 공정 등을 통하여 가공변형을 낮추어주면 수직균열이 방지된다.

CHAPTER 5

# 판재 성형공정

판재금속을 성형하는 방법에는 전술한 전단, 굽힘, 디프 드로잉 공정들 외에 가공의 목적에 따라서 다양한 성형방법들이 있다. 신장성형(stretching), 아이어닝(ironing), 스피닝(spinning), 러버-패드성형(rubber-pad forming), 전자기성형(electromagnetic forming) 등을 예로 들 수 있다. 이러한 공법들 중에는 일반 스탬핑 프레스를 사용하지 않고 공정을 수행하는 경우도 많이 있다. 또한 근래에는 연비 저하 및 경량화를 목적으로 고강도 일체형 성형을 추구하는 테일러드 블랭킹(tailored blanking), 핫 스탬핑(hot stamping), 하이드로포밍(hydroforming), 가변 롤포밍(flexible roll forming)과 같은 새로운 기술들이 상용 라인에 성공적으로 적용되고 있다. 본 장에서는 이러한 다양한 판재 성형공정들을 다루고자 한다.

## 5.1 신장성형

큰 곡률반경을 가진 곡면을 성형하는데 있어서 굽힘작업만으로는 판재가 받는 변형상태가 탄성영역 내에 있게 되므로 하중을 제거하게 되면 원상으로 복귀하게 된다. 이것을 방지하기 위해 판재가 받는 변형상태를 소성영역까지 연장할 필요가 있고, 이를 위하여 신장성형(stretch forming 또는 stretching)을 하게 된다. 이러한 신장성형은 판재뿐만 아니라 압출된 봉 또는 튜브의 교정 시에도 널리 이용되고 있다.

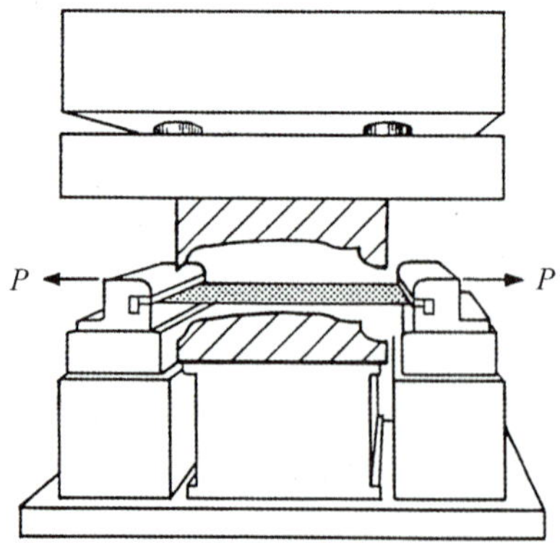


그림 5.1 신장성형공정 도식도

신장성형공정에 대한 개략도를 그림 5.1에 나타내었고 신장성형 시 가해지는 힘을 그림 5.2에 나타내었다. 신장성형은 박판금속을 공구(form block 혹은 punch) 위에 놓고 양끝을 잡아당기면서 펀치를 밀어올림으로 성형하는 작업을 말한다. 이때 판재가 받는 응력은 판재의 양단에서 가해지는 인장력과 공구의 형상 위에서 성형될 때 일어나는 응력으로 통상 이축 인장응력이다. 이러한 신장성형 작업은 항공기 기체부품의 가공에 널리 이용되고 있다.

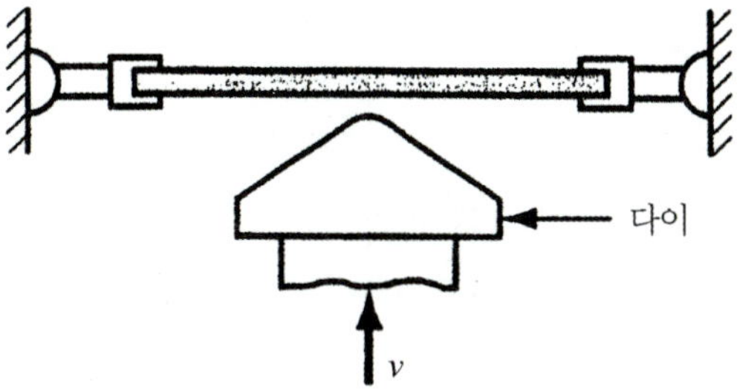


(a) 공정시작

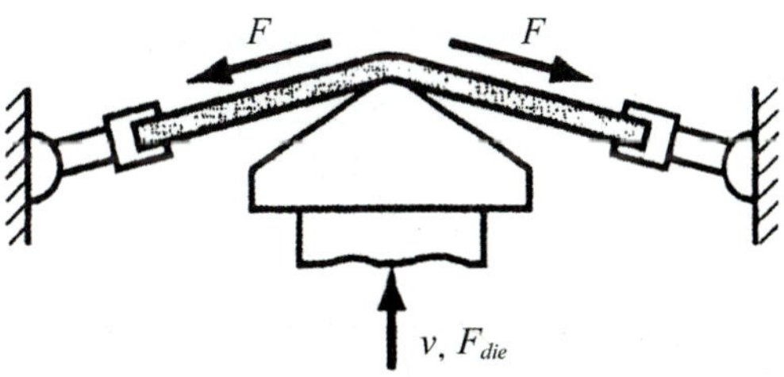


(b) 신장성형

**그림 5.2** 신장성형 작업 시 가해지는 힘

신장성형에서는 판상에 존재하는 두 방향의 주응력이 서로 인장으로 작용하므로 공정이 진행되는 동안 두께 감소를 수반하며, 스트레치 굽힘(stretch bending), 벌징(bulging), 펀치 스트레치 시험(punch stretch test), 확공 시험(hole expansion test), 하이드로 포밍(hydroforming) 등이 이 공정에 속한다고 볼 수 있다. 스트레치 굽힘은 스트레치 포밍이라고도 부르며 굽힘작업에서 발생하는 탄성 복원문제를 해결하기 위해 판재를 잡아당기면서 굽히는 작업을 말한다. 스트레치 굽힘에서의 스프링 백 감소원리를 그림 5.3에 나타내었다. 판재를 굽히면 그림 5.3(a)과 유사한 응력분포가 얻어진다. 이때의 굽힘 모멘트로 인해 스프링 백이 생기게 되는데 스트레치 굽힘과 같이 굽힘 시 인장성분이 함께 가해지면 그림 5.3(b)에서와 같이 응력분포가 인장소성력으로 대폭 이동하게 되므로 인장 하중 제거 시 그림 5.3(c)와 같은 응력분포를 얻게 되어 그림 5.3(a)에 비해 훨씬 작은 스프링 백을 일으키게 된다.

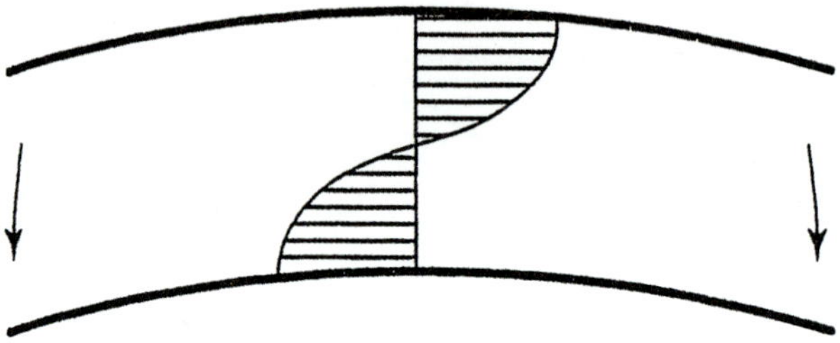

(a) 굽힘 모멘트로 인한 응력분포

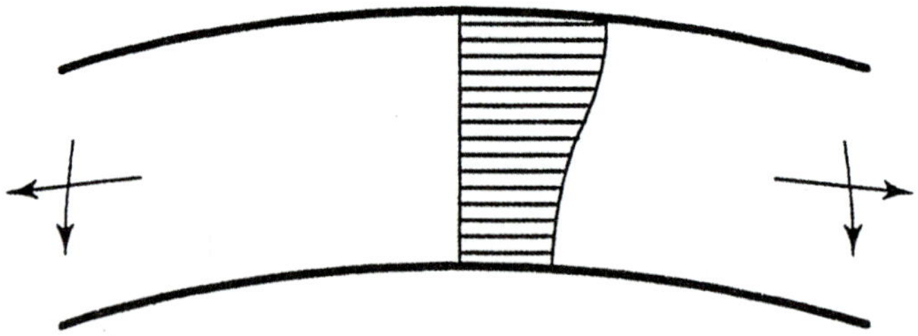

(b) 인장력 부여를 통한 소성변형으로 응력분포의 인장소성력 이동

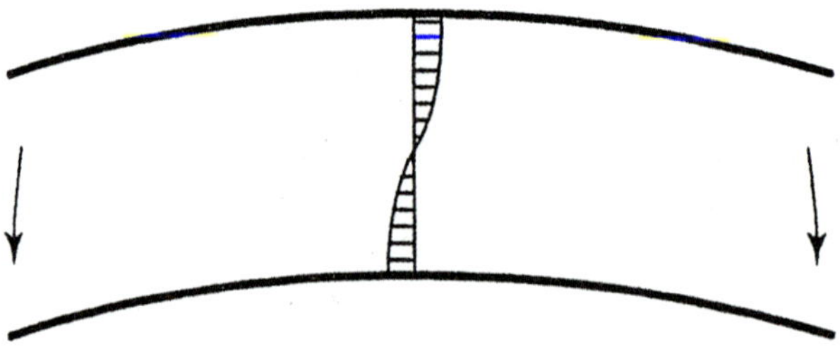

(c)인장응력 제거 시 스프링 백이 감소되는 응력분포

**그림 5.3** 신장성형에서 스프링 백 감소의 설명도

## 예제 5.1

길이가 20in.인 소재를 아래 그림과 같은 펀치형상으로 하중을 가해서 신장성형을 시킨다고 가정하자. 소재의 유동응력 곡선이 $\sigma = 98,000\,\epsilon^{0.34}$ psi을 따른다면, 마찰, 끝단효과를 무시하고 네킹 없이 성형 가능한 최대 신장 시 성형형상과 치수를 구하여라.

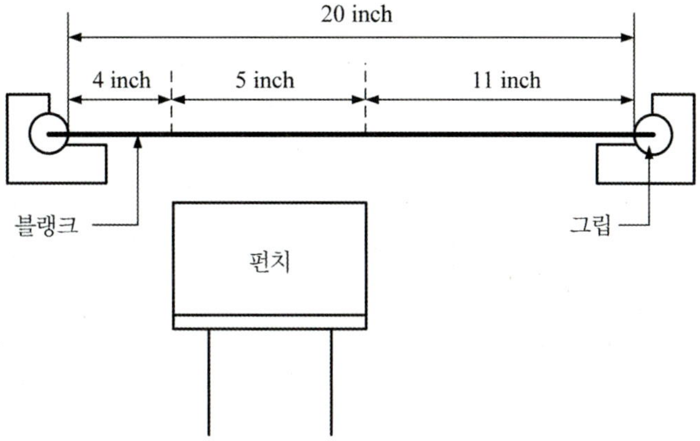


풀이

신장성형 시 성형형상과 치수는 아래와 같다. 네킹 없이 성형 가능한 최대 신장 시의 치수는 다음과 같이 구한다.

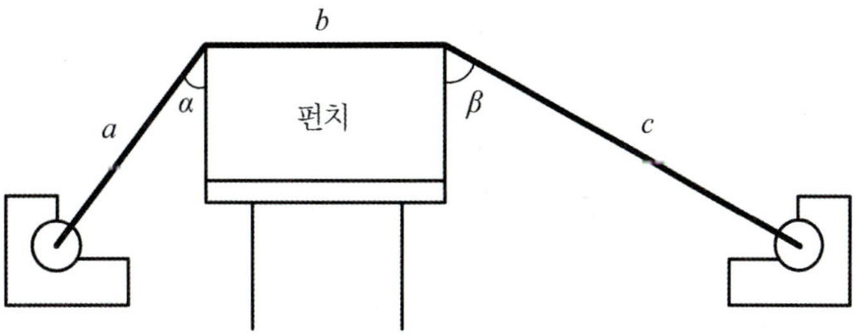


단축인장 시 소성 불안정을 나타내는 네킹점에서는 다음의 관계가 성립한다.

$d\sigma/d\epsilon = \sigma$

소재의 유동응력 곡선, $\sigma = 98,000\,\epsilon^{0.34}$psi이 $\sigma = K\epsilon^n$ 형태이므로

$d\sigma/d\epsilon = nK\epsilon^{n-1}$

이 된다. 따라서 네킹점에서는 $\epsilon = n$ 이 성립한다.

$$\epsilon = \ln\left(\frac{l_f}{l_o}\right) = n \text{에서 } l_f = l_o \exp(n) = 20\exp(0.34) = 28.1 \text{ (inch)}$$

그림에 나타낸 신장성형 후 형상으로부터

$$a + b + c = 28.1$$

$$b = 5 \text{이므로 } a + c = 23.1 \qquad ①$$

직각 삼각형에서 기하학적으로

$$a^2 - 4^2 = c^2 - 11^2 \qquad ②$$

①, ②식으로부터

$$a = 9.32, \ b = 5.00, \ c = 13.78$$

삼각함수의 정의로부터

$$\sin\alpha = 4/\alpha = 4/9.32 \quad \rightarrow \quad \alpha = 25.42°$$

$$\sin\beta = 11/c = 11/13.78 \quad \rightarrow \quad \beta = 52.96°$$

### 5.1.1 신장 가공과 드로잉 가공의 차이

금속평판에서 3차원의 입체형상으로 가공하는 방법은 대단히 폭넓은 범위에 걸쳐 이용되고 있다. 이러한 가공은 스피닝 가공이나 수 가공 등에 의한 성형도 있으나 일반적으로는 드로잉(디프 드로잉)이라는 가공법이 많이 이용된다.

드로잉 가공은 통상적으로 드로잉(drawing) 가공과 신장(stretching) 가공의 두 가지를 포함하고 있다. 두 가공방법은 제품의 외관에서는 판단하기 어렵고 성형의 원리를 이해함으로써 명확하게 구별된다(그림 5.4).

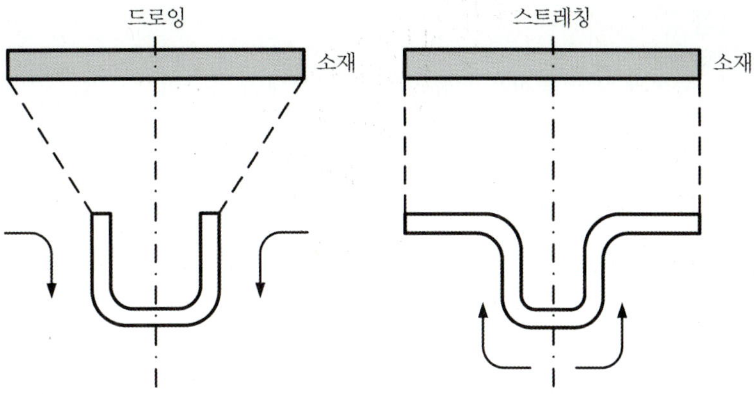


(a) 드로잉 (b) 신장성형

**그림 5.4** 드로잉과 신장성형 차이

### (1) 드로잉 가공

다이 위에 판재를 놓고 원통상의 펀치를 다이 공동(die cavity) 안으로 밀어 넣어 성형하는 방법이다. 가공 전후의 피가공재 상태를 생각해 보면 상면에서 본 투영면적이 감소하고 있는 것을 알 수 있다. 이것은 통상 플랜지부가 블랭크 홀더력에 의해 가압 되어 있는 상태에서 펀치가 상승하면 블랭크 홀더력에 의한 마찰력 때문에 반경방향으로 인장력이 작용하여 플랜지가 얇아지나, 원주방향으로는 압축력이 작용하여 외측 플랜지부는 두꺼워진다. 이와 같이 변형에 의해 소재의 외형은 변화하지 않고 소재의 외경이 줄어든다(그림 5.5).

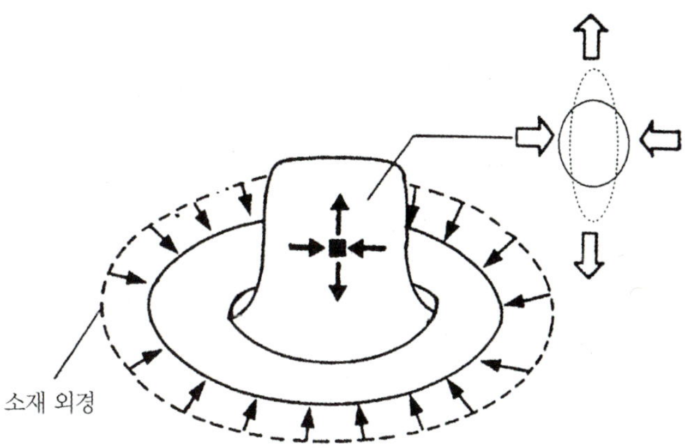


**그림 5.5** 드로잉 가공의 변형도

### (2) 신장 가공

신장 가공은 풍선과 같이 물건을 부풀리는 듯한 상태의 가공이라고 볼 수 있다. 이 가공법은 드로잉 가공과 함께 두께가 1mm 전후인 박판(냉간압연 강판)의 가공에 있어 매우 중요한 가공법의 하나이다. 다이에 올려진 피가공재에 펀치를 압입하는 공정은 드로잉 가공과 동일하나, 플랜지 부분을 강제적으로 블랭크 홀더력이나 금형구조에 의해서 움직이지 않게 한다. 그림 5.6에 보인 드로잉 비드(drawing bead)는 신장성형용 금형설계 시 매우 중요하며, 신장 가공 시 재료의 흐름과 최종 성형품의 품질에 큰 영향을 미친다.

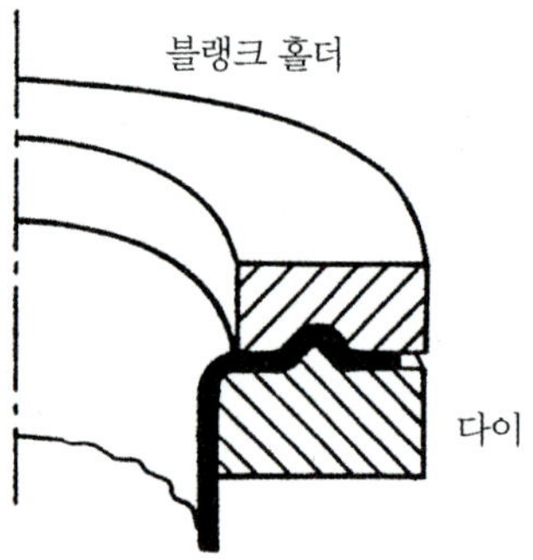


(a) 블랭크를 고정시키는 드로우 비드 도식도

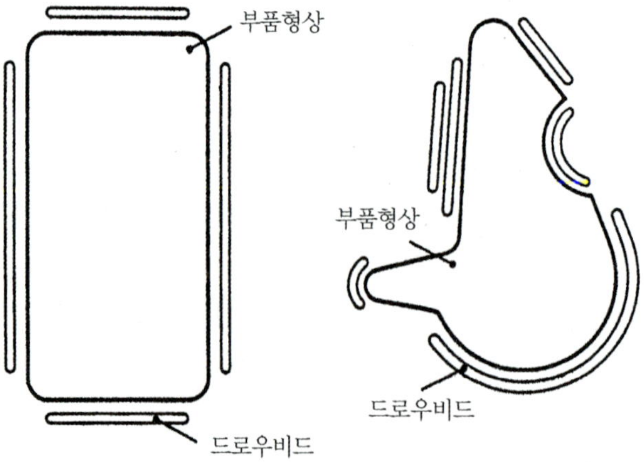


(b) 드로우 비드 설치위치 예시

그림 5.6

펀치의 이동에 의한 플랜지부 재료의 유입이 없는 상태에서 신장 가공이 진행되므로, 변형이 가능한 영역은 펀치에 닿은 일부이다. 따라서 신장 가공 전후의 상면에서 본 투영면적이 변화하지 않는다. 이 가공에서 피가공재에 걸리는 힘은 풍선의 경우와 같이 2축방향으로 신장하고 있기 때문에 인장력이 작용하게 된다. 따라서 성형되는 영역의 피가공재는 가공 전후에 면적이 증가하며 판 두께는 감소한다. 그리고 성형되는 정점 부근에서는 변형이 2축으로 같은 크기가 일어나는 등2축 인장응력(equi-biaxial tensile stress) 상태가 된다(그림 5.7).

이 양식의 특징을 이용한 가공법으로서는 펀치 대신에 액압을 이용하는 액압벌지성형이나, 폭발에 의한 충격파를 이용하는 폭발성형법 등이 있다.

드로잉과 신장 가공은 일반적으로 복잡한 형상의 성형품을 가공하는 경우 각각 두 가지 모드의 변형이 복잡하게 서로 섞여 성형이 이루어지는 수가 많다. 따라서 가공의 난이도를 조사할 때에는 6.1절에 기술한 원형 그리드 해석(circle grid analysis)을 이용하는 것이 바람직하다. 이 시험법은 소재표면에 등간격의 눈금이나 원형 그리드를 새겨 넣어 프레스성형한 후, 각각의 그리드 형상이 어떻게 변화하였는가(예를 들면 1축방향은 늘어나고, 다른 1축방향은 줄어든다. 즉 인장, 압축력이 작용한다)를 조사하고 그 변형의 여유를 성형 한계도와 비교하여 가공의 안전여부를 정량적으로 확인할 수 있다. 이 방법을 새로 개발된

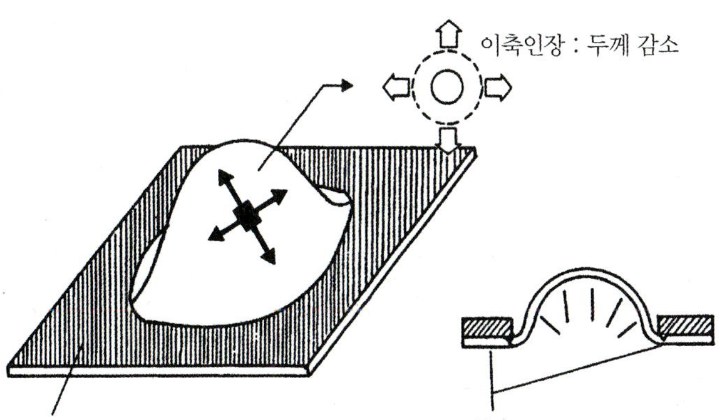


**그림 5.7** 신장 가공의 변형도

금형의 트라이 아웃(try-out)단계나 대량 생산중의 성형 트러블 감소를 위한 하나의 방법으로 적용할 수 있다.

### 5.1.2 신장 플랜지 · 수축 플랜지 가공

프레스성형에 있어서 일부분에 굽힘 가공과 유사한 가공상태를 보이는 부분이 있다. 용기나 관모양 제품의 개구부에 금형을 이용하여 가장자리를 붙인 것 같은 모양이다. 이들을 총칭하여 플랜지(flange) 성형이라고 부른다.

플랜지의 종류는 다음과 같다(그림 5.8).

- 직선 플랜지: 이것은 일반적인 프레스 브레이크를 이용한 굽힘 가공이다.
- 수축 플랜지: 판 가장자리나 플랜지에 볼록(convex)형상의 가장자리를 붙이는 경우의 변형이다. 피가공재는 좌우에서 수축되면서 굽힘이 진행된다. 즉, 플랜지부의 판 두께가 두껍게 되므로, 주름발생이 쉽다. 그리고 성형 중에는 피가공재의 강도부족에 의해 파단이 발생할 수 있다. 이와 같은 성형에는 용기 개구부의 끝부분을 내측으로 굽혀 성형하는 경우와 용기 가장자리의 플랜지부에 가장자리를 붙이는 방법 등이 있다.
- 신장 플랜지: 판재의 가장자리나 플랜지에 오목(concave)형상의 가장자리를 붙이는 경우의 변형이다. 피가공재는 인장되면서 굽힘이 진행되어, 좌우로 늘어나므로 판 두께가 얇아진다. 따라서 성형 시 주름이 발생하지 않으며, 변형 도중 발생되는 파단은 피가공재의 연신이 부족하기 때문에 발생한다. 이와 같은 성형에는 용기 개구부 끝부분을 밖으로 넓혀서 가장자리를 성형하는 것이나, 구멍을 넓혀서 가장자리를 만드는 등의 방법이 있다. 후자는, 일반적으로 버링(burring) 가공이라고 불린다.

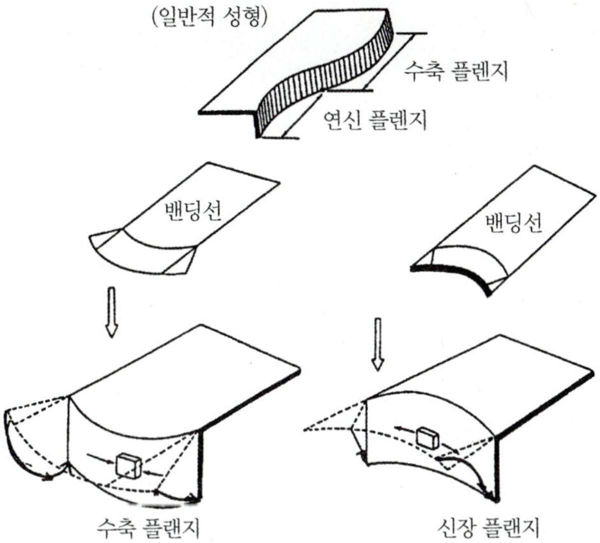


그림 5.8 수축 및 신장 플랜지

- 복합 플랜지(신장+수축 복합): 신장 플랜지 부분과 수축 플랜지 부분이 함께 성형되는 제품이다. 실제적으로 두 변형모드의 플랜지는 서로 근접하여 있거나 두 플랜지 사이에 직선 플랜지가 들어가는 수도 있다(그림 5.9).

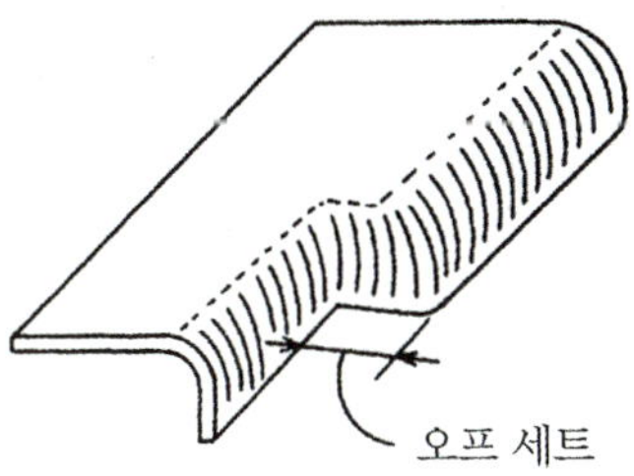


그림 5.9 복합 플랜지

### 5.1.3 홀 플랜징

홀 플랜징(hole flanging)은 미리 가공된 작은 구멍의 가장자리 부분의 재료를 큰 직경을 가진 펀치에 의해서 변형시켜 원통형이나 원뿔형의 플랜지를 형성시키는 성형법이다. 성형 시 커다란 소성변형은 판재의 홀 주위로 제한되며 홀 주변에 대한 강재의 변형은 굽힘과 신장성형의 조합으로 나타나며, 홀은 플랜지를 생성하기 위해 큰 직경을 가진 펀치에 의해서 성형 시 원주방향의 단축 인장응력을 받게 된다. 홀 플랜징성을 개선시키기 위해서는 다음사항을 고려하여야 한다.

- 전단과 플랜징은 서로 반대방향으로 실시하여 버링(burring)부가 플랜지의 안쪽 내면에 위치토록 한다.
- 작은 구멍의 절단면 상태가 중요한데 펀칭보다는 드릴링이나 리밍(reaming)된 표면이 플랜징성 개선측면에서 바람직하다.
- 홀 플랜징 전에 드로잉을 실시하면 플랜지 깊이를 증가시킬 수 있다(그림 5.10).

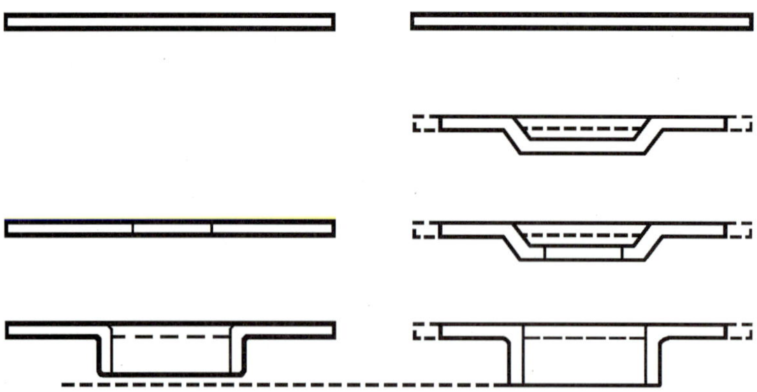

(a) 드로잉 미실시　　(b) 드로잉 실시

그림 5.10 홀 플랜지 깊이

## 5.2 아이어닝 가공

드로잉 가공으로 성형된 제품을 잘 관찰해 보면, 용기의 바닥부로부터 선단부로 갈수록 벽 두께가 두꺼워져 있는 것을 알 수 있다. 드로잉 가공에서는 플랜지부, 펀치 곡률부, 성형품의 벽부에서의 응력상태가 서로 다르기 때문에 최종 성형용기의 벽 두께가 변하게 된다.

정밀도나 형상측면에서 성형품의 일정한 벽 두께가 요구되는 경우에는 이러한 목적을 만족시킬 수 있는 성형법인 아이어닝(ironing) 가공을 한다. 일반 드로잉 가공에서는 펀치와 다이사이의 간격(clearance)을 소재 두께보다 크게 하여 가공이 수행된다. 그러나 그림 5.11에서와 같이 이 간격을 판 두께 이하로 설정해 주면 피가공재가 좁은 틈새를 통과하면서 균일한 판 두께로 성형된다.

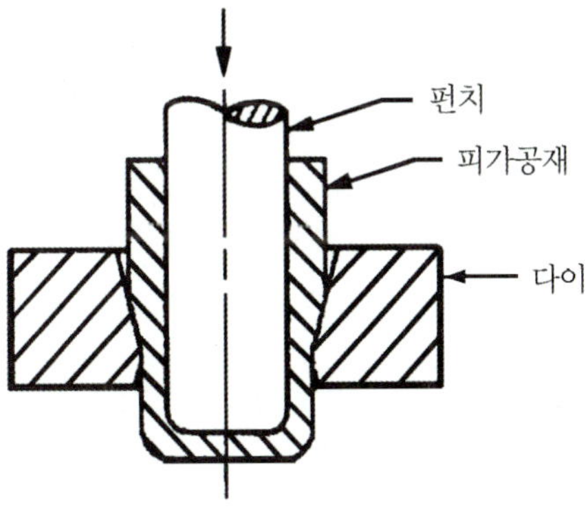


그림 5.11 아이어닝 가공 예

일반적으로 아이어닝 가공 시 소요되는 총에너지의 60% 이상이 소재와 공구 간의 접촉 마찰로 소모된다고 보고되고 있어 가공불량에 의한 실수율 하락 방지뿐 아니라 생산원가 저감의 측면에서도 접촉마찰로 소모되는 에너지를 줄이는 것이 바람직하다. 아이어닝 및 드로잉공정은 가공을 받는 소재가 공구와 직접 접촉하고 있다는 점에서 유사한 마찰특성을 지니고 있으나, 해석적인 관점에서 볼 때 아이어닝 공정은 변형이 정상상태(steady state) 하에서 진행되지만 드로잉공정의 경우는 변형영역이 계속적으로 변하게 된다. 또,

드로잉공정에서는 소재와 공구 간의 접촉압력이 작지만 아이어닝의 경우는 소재의 항복응력 크기의 높은 접촉압력을 받게 된다. 이러한 점에서 아이어닝은 대변형을 받는 압출, 선재인발, 튜브 드로잉공정과 유사하다고 볼 수 있다. 그러나 유동학적인 관점에서 볼 때 드로잉공정은 그 표면의 변화가 거의 일정하지만 아이어닝공정에서는 심한 두께감소가 생기고 그로 인해 계속적으로 새로운 표면이 형성되어 마찰 및 윤활의 문제가 중요하게 된다.

## 5.3 스피닝 가공

스피닝(spinning)은 판재금속이나 주조 혹은 단조에 의하여 만들어진 예비형상으로부터 축대칭형의 제품을 만드는 데 이용되는 공정이다. 그림 5.12에 보인 바와 같이 회전축에 최종 제품의 내부 형상을 가진 맨드렐과 소재를 고정시켜 놓고 회전시키면서 공구로 소재를 맨드렐쪽으로 눌러붙임으로써 점진적으로 성형하는 공정이다. 성형 공구 또는 롤러는 공작물의 축방향 및 반경반향으로 움직이면서 매우 국소적인 압력(거의 점접촉)으로 공작물을 성형한다. 스피닝으로 생산 가능한 기본 형상에는 컵형, 원뿔형, 반구형, 튜브형, 실린더형 등이 있다. 이 공정에서 변형은 국부적으로 일어나므로 성형에 필요한 힘이 크지 않으며 공구도 크지 않아도 되는 장점이 있다. 그러나 대량생산에는 부적합하다. 따라서

**그림 5.12** 스피닝공정을 이용한 금속 반사기 제조공정 예

대형 혹은 소량 다품종의 생산에 주로 이용되고 있다. 스피닝공정에는 일반 스피닝, 전단 스피닝, 튜브 스피닝 등의 3가지 형식이 있다.

## 5.3.1 일반 스피닝

일반 스피닝은 그림 5.13에 보인 것처럼 최종 제품의 내부 형상을 가진 맨드렐의 끝에 금속박판 디스크를 고정하고 이를 회전시키면서 성형 공구 또는 롤러로 금속을 맨드렐 쪽으로 밀어 성형한다. 일반 스피닝은 축대칭 맨드렐 표면을 따라 금속을 굽히는 작업이다. 따라서 금속의 두께는 초기 두께와 비교하여 거의 변하지 않는다. 디스크의 직경은 최종 제품의 직경보다 조금 더 커야 한다. 초기 직경은 스피닝 전후의 부피가 일정하다는 가정에 의해 계산될 수 있다. 일반 스피닝은 원뿔형과 곡선형 제품을 소량 생산하는데 응용된다. 5m 또는 그 이상의 매우 큰 직경을 가진 제품을 스피닝공정으로 만들 수 있다. 이를 다른 금속박판 가공 방법으로 만든다면 금형비용이 지나치게 높을 것이다. 스피닝용 맨드렐은 나무 또는 가공이 쉬운 재료로 만들어진다. 따라서 몇 가지 제품에서 대체 공정으로 쓰일 수 있는 디프 드로잉과 비교할 때 공구 제작비용은 매우 저렴한 편이다.

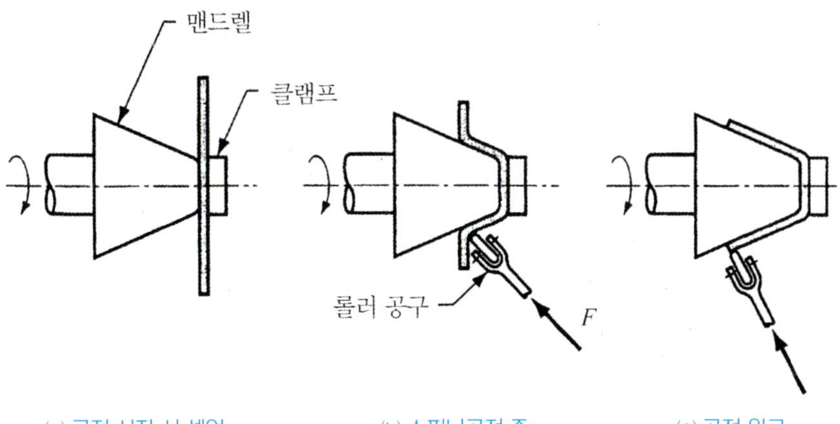


(a) 공정 시작 시 셋업 (b) 스피닝공정 중 (c) 공정 완료

**그림 5.13** 일반 스피닝

## 5.3.2 전단 스피닝

전단 스피닝(shear spinning)에서는 소재의 외경이 유지된 채 벽 두께가 얇아지는 전단 변형공정에 의해 그림 5.14에 보인 것처럼 제품이 성형된다.

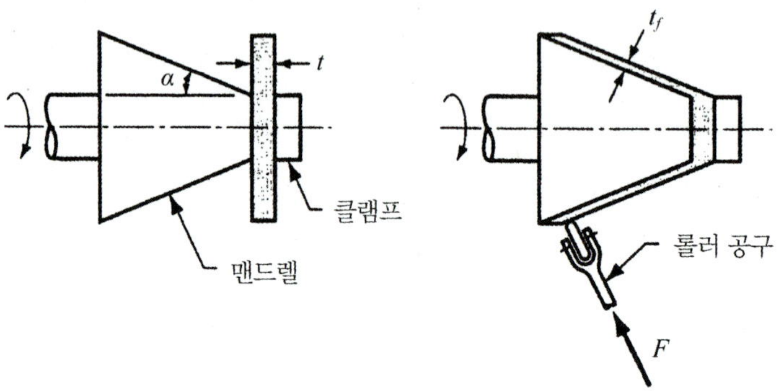


(a) 셋업 (b) 공정 완료

**그림 5.14** 전단 스피닝

일반 스피닝이 굽힘작용으로 성형되는 반면, 전단 스피닝은 전단변형을 통해 금속의 두께를 얇게 하면서 성형한다는 점이 다르다. 전단 스피닝은 여러 가지 다른 이름, 즉 플로우 터닝(flow turning), 전단성형(shear forming), 스핀단조(spin forging)로도 불린다. 이 공정은 항공우주 산업에서 로켓의 선단부 같은 큰 제품을 만드는데 적용된다.

그림에서 보인 단순한 원뿔형의 경우 스피닝된 벽 두께를 사인 법칙을 이용하여 쉽게 구할 수 있다.

$$t_f = t \sin\alpha \tag{5.1}$$

여기서 $t_f$ =스피닝 후 최종 벽두께, $t$ = 디스크 초기 두께, $\alpha$ = 맨드렐 각(실제로는 반각)이다. 스피닝 감소율 $r$을 사용하여 벽이 얇아지는 정도를 정량화하기도 한다.

$$r = \frac{t - t_f}{t} \tag{5.2}$$

스피닝 작업에서 금속이 얇아지는 양에는 한계가 있다. 최대 감소율은 인장 시험에서의 단면 감소율과 관계가 깊다.

### 5.3.3 튜브 스피닝

튜브 스피닝(tube spinning)은 그림 5.15에서처럼 원통형 맨드렐에 공작물을 올려놓고 롤러를 사용하여 벽 두께를 줄이고 튜브 길이를 증가시키는 작업이다. 튜브 스피닝은 초기 공작물이 튜브라는 점을 제외하고는 전단 스피닝과 유사하다. 이 작업은 그림 5.15(a)에 보인 바와 같이 공작물 외부에(튜브 안쪽에 원통형 맨드렐 사용) 또는 그림 5.15(b)에 보인 바와 같이 공작물 내부에(튜브를 감싸는 다이 사용) 롤러를 이용함으로써 수행된다. 또한 그림 5.15(c)처럼 롤러가 벽을 따라 움직일 때 그 경로를 조절함으로써 튜브 벽에 형상을 만드는 것도 가능하다. 원통형의 예비 성형품 혹은 용접원통으로부터 한쪽 끝이 막힌 원통이나 병모양의 것을 가공하는 공정을 스핀 클로징(spin closing) 또는 네킹-인(necking-in)이라고 부른다. 튜브 스피닝에서 균일한 벽 두께를 만들 때 스피닝 감소율은 전단 스피닝과 마찬가지로 식 (5.2)를 사용하여 구할 수 있다.

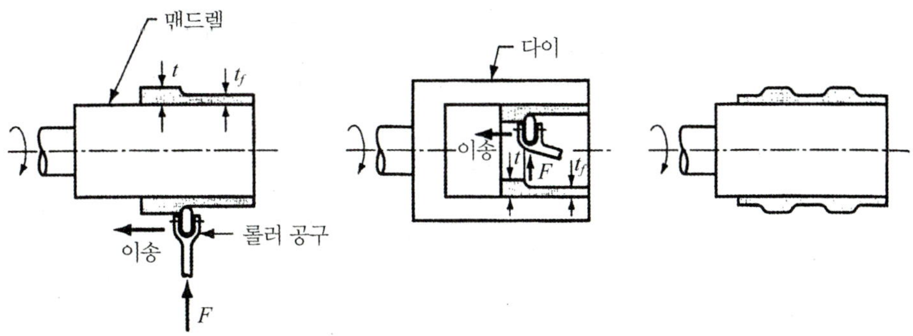


(a) 외부 (b) 내부 (c)윤곽

**그림 5.15** 튜브 스피닝

## 5.4 러버-패드 성형

러버-패드성형(rubber-pad forming)은 성형 블록(form block) 위에 소재를 올려놓고 하강하는 램(ram)에 부착된 고무 패드로 눌러 성형 블록의 외형형상을 따라 성형이 되는 방법으로, 소재의 전체 표면에 거의 일정한 압력이 가해지는 특징을 가진다. 러버-패드성형의 방법 중에서 가장 오래된 것이 그림 5.16의 게린법(Guerin process)으로 장치가 매우 단순하며 소량 생산에 적합하고 금형교체가 쉬운 장점을 가진다. 현재 쓰이고 있는 거의 모든 유압 프레스로 게린법을 적용할 수 있다.

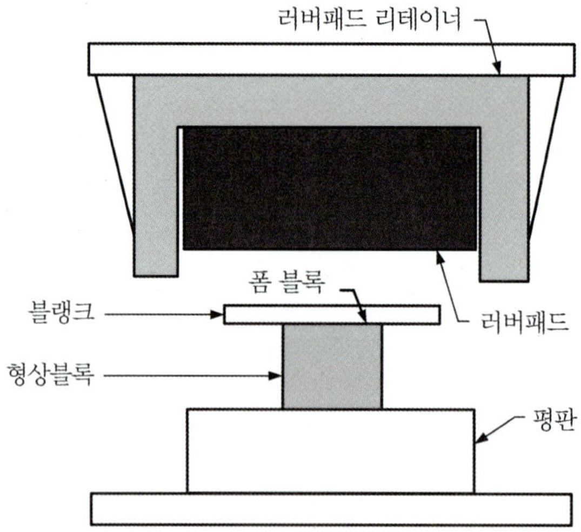


그림 5.16 게린 법에 의한 러버-패드성형 도식도

러버-패드 성형에서는 일반적으로 고무나 폴리우레탄 판으로 다이를 대체하여 사용한다. 폴리우레탄 판은 마모저항 높고, 판재의 버나 예리한 모서리에 잘 찢어지지 않으며, 피로수명이 길어서 많이 사용된다. 성형 도중에 판재의 바깥 면은 경질의 금속면과 접촉하지 않으므로 손상이나 흠으로부터 보호된다. 가공압력은 보통 10MPa 정도이다. 그림 5.17에 러버-패드를 이용한 판재의 굽힘 및 엠보싱 작업 예를 나타내었다.

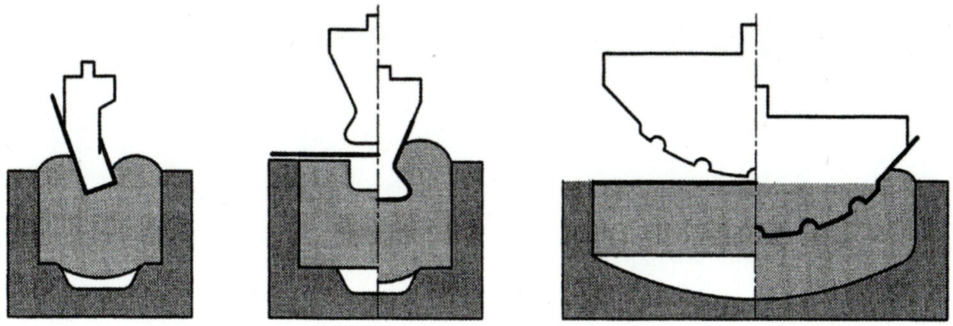

그림 5.17 러버-패드를 다이로 사용하는 판재의 굽힘 및 엠보싱 작업

다른 판재성형 가공법과 마찬가지로 고무성형 작업에서도 마찰 조건을 잘 조절하여야 성공적으로 제품을 가공할 수 있으므로, 적절한 윤활제 및 윤활방법을 선택하는 것이 중요하다. 고무성형 가공법은 공구비용이 싸고 작업에 유연성과 간편성이 있으며, 다이 마모가 작고 판재표면에 흠을 내지 않고도 복잡한 형상을 가공할 수 있는 이점이 있다. 또한 여러 겹으로 된 비금속 판재나 코팅된 판재도 성형할 수 있다.

고무성형의 가장 기본이 되는 구성은 러버-패드와 성형 블록으로, 러버-패드는 보통 성형품 깊이의 3배 정도의 두께를 가진다. 성형 블록은 압반(platen) 위에 올려지며 성형 도중에 고무가 압출되어 나오는 것을 방지하기 위하여 패드 리테이너(pad retainer)에 거의 공차 없이 끼이도록 설계한다. 보통 성형 블록에는 위치 핀(locating pin)을 설치하여 소재의 중심을 정확히 설정해 주는 기능을 가지도록 한다.

게린법의 개량공정으로 소재 누름판(blankholder plate)을 이용하여 성형 중에 압력을 조정할 수 있는 마포밍(Marforming)공정도 사용되는데, 그림 5.18에 공정의 개략도를 나타내었다. 리테이너 안에 고무를 층상으로 가득 채우고 필요한 모양의 펀치에 소재판을 올려놓고 압력을 가하면서 리테이너를 아래로 작동시키면서 소재 누름판을 조정하여 작업이 끝날 때까지 그 위치를 유지한다. 그리고 리테이너가 올라가면 고무판은 제품을 밀어내며 다시 본래의 수평으로 되돌아가 작업을 계속한다.

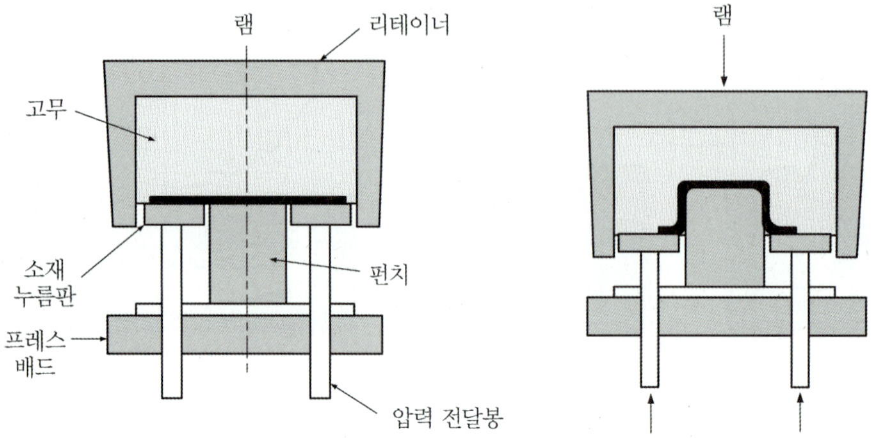


그림 5.18 마포밍공정도

러버패드 성형 시 통용되는 드로잉 깊이, 최소 판 두께 및 플랜지 반지름을 표 5.1에 나타내었다.

표 5.1 고무압력400(kg/cm$^2$)에서의 드로잉 깊이, 최소 판 두께 및 플랜지 반지름

| 재료 | 용기 지름에 대한 깊이(%) | 용기 지름에 대한 최소 판 두께(%) | 최소 플랜지 반지름 ($t$:판 두께) |
|---|---|---|---|
| 연질 알루미늄 | 100<br>50 | 1.0<br>0.5 | (1.5–2.0)$t$ |
| 경질 알루미늄 | 75<br>38 | 1.0<br>0.5 | 3$t$ |
| 디프 드로잉강 | 75<br>80 | 0.5<br>0.25 | 4$t$ |
| 스테인리스강 | 33 | – | 8$t$ |

러버-패드성형과 유사한 성형원리이지만, 러버-패드 대신 다이어프램을 통해 높은 압력을 가해주어 성형을 하는 고압 가변 다이성형법(high pressure flexible-die forming)도 사용된다(그림 5.19).

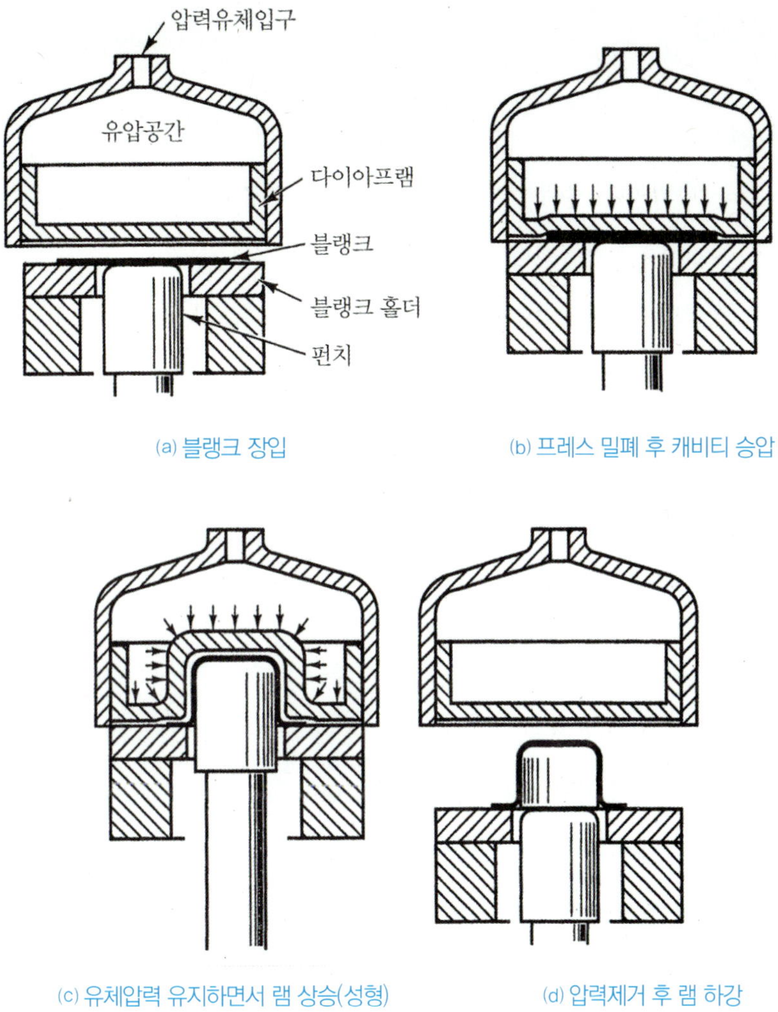


**그림 5.19** 고압 가변 다이성형법

## 5.5 고에너지 속도성형

많은 양의 에너지를 매우 짧은 시간에 사용하여 금속을 성형하는 여러 가지 방법이 개발되어 왔다. 이런 특징을 가진 작업을 고에너지 속도성형(HERF: high energy rate forming)이라고 부른다. 여기에는 폭발성형, 액중방전성형, 전자기성형 등이 있다.

## 5.5.1 폭발성형

폭발성형(explosive forming)은 폭약의 폭발로부터 얻어지는 순간적인 고압을 이용하여 판재를 성형하는 방법이다. 폭발 성형은 일반적으로 구속형(confined system)과 비구속형(unconfined system)으로 분류한다.

구속형 폭발성형법(그림 5.20)은 두 개 또는 그 이상의 파트로 구성된 하나의 다이로 피가공재를 완전히 구속하여 성형하는 방법으로 판재를 정확한 공차 범위 내로 성형할 수 있는 장점을 가지고 있다. 그러나 이 방법은 경제적인 이유로 비교적 소재의 크기가 작은 제품성형에만 국한하여 사용된다. 구속형은 별도의 에너지 전달매체를 사용하지 않는다. 이 방법으로 두께가 얇은 관을 확장하거나 벌징할 수 있으나 금형의 마모 및 파손이 문제가 될 수 있다.

비구속형 폭발성형법(그림 5.21)에서는 폭발로부터 얻은 충격파가 일반 성형에서의 펀치의 역할을 한다. 다이에 소재를 고정시키고 밀봉한 후 아래쪽의 빈 공간을 진공으로 만든다. 폭약은 소재와 일정 거리 위치(이 거리를 standoff distance라고 한다)를 유지하면서 매달려 있는 형태를 취한다.

이와 같이 구성된 전체 시스템을 수조에 침적시키거나 물로 채워진 플라스틱 백(plastic bag)을 피가공재 위에 올려놓고 폭발성형하게 된다. 비구속형은 폭발에 의해 발생되는 에너지의 단지 일부분만이 사용되기 때문에 비효율적인 방법이다. 따라서 폭발력을 전달하는 매개체(그림 5.21의 경우는 '물')가 이 시스템의 효율을 결정하는데 중요한 역할을 하게 된다. 매개체의 밀도가 상승될수록 폭발성형의 효율이 높아지므로 공기보다 밀도가 높은 매개체 하에서 성형이 이루어진다. 보통 상온 폭발성형에서는 물을, 고온성형에서는 용융알루미늄을 매개체로 사용하고 있다.

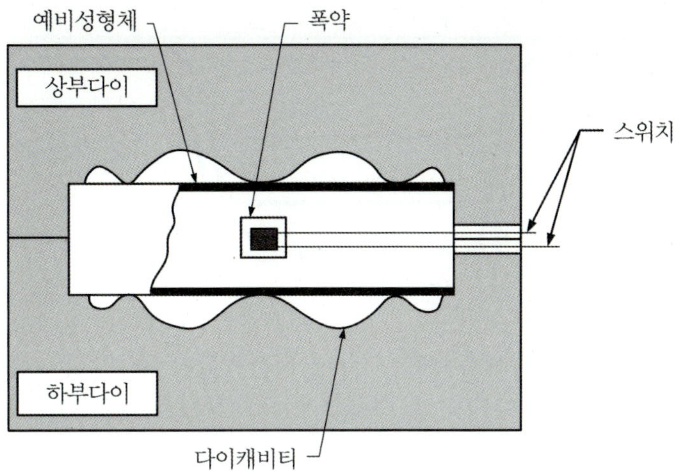


그림 5.20 구속형 폭발성형법 도식도

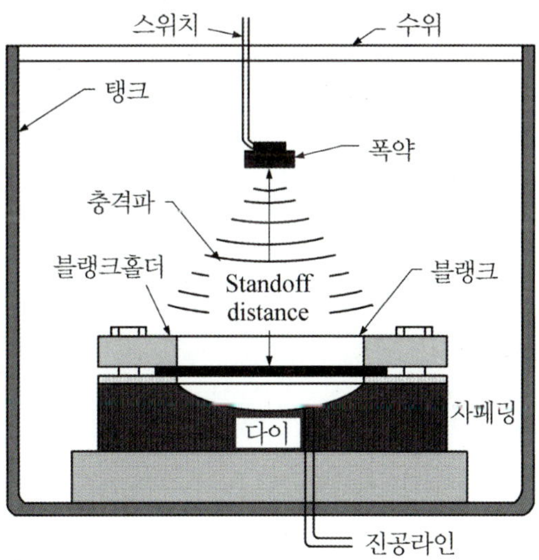


그림 5.21 비구속형 폭발성형법 도식도

이 공정에서 한 가지 유념해주어야 할 사항은 평면 충격파(plane shock wave)가 피가공재에 충격을 전해주므로 그림 5.22에 보인 바와 같이 정수압 공정과 비교 시 성형부의 변형분포가 불균일한 문제점이 있다는 것이다.

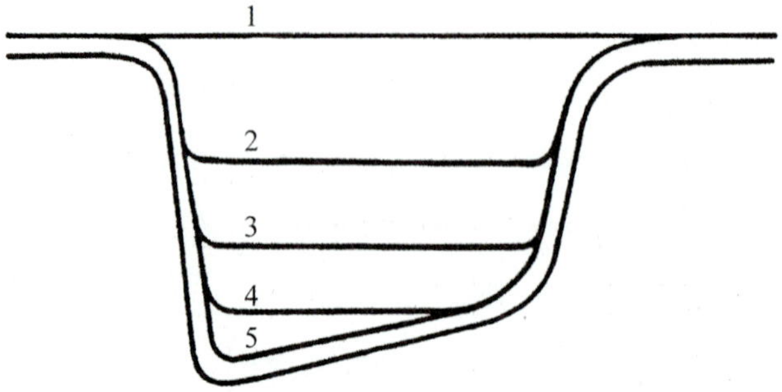


**그림 5.22** 평면 충격파(1→5)에 따른 순차적인 성형 도식도

폭약 폭발로 수중에서 발생하는 최고 압력 $P$는 다음과 같이 표현된다.

$$P = K\left(\frac{\sqrt[3]{W}}{R}\right)^{a} [\text{psi}] \quad (5.3)$$

위 식에서 $K$는 폭약의 종류에 따른 상수(TNT의 경우 21600)이고, W는 폭약의 무게[lb], $R$은 소재와 폭약 간의 거리[ft], $a$는 보통 1.15인 상수이다.

최고 압력을 결정할 때는 에너지 전달매체(예를 들면, 물)의 압축성과 음향 임피던스(acoustic impedance), 즉 매체의 밀도와 음속의 곱이 중요한 인자이다. 매체의 압축성이 낮고 밀도가 높을수록 최고 압력은 높다. 수면과 폭약과의 거리가 너무 짧으면 에너지가 대기로 방출되어 버린다. 폭발속도는 보통 6,700m/s이며, 재료의 성형속도는 30~200m/s 정도가 된다. 높은 변형률속도에서 재료가 충분히 연성을 가진다면 폭발성형으로 매우 다양한 형상을 가공할 수 있으며, 금형은 생산수량에 따라서 알루미늄 합금, 강, 가단주철, 아연합금, 철근 콘크리트, 목재, 플라스틱, 복합재료 등으로 만들 수 있다. 성형제품의 최종 성질은 다른 가공법으로 만든 경우와 근본적으로 차이가 없으나 이 가공법에서는 안전성에 매우 유의하여야 한다.

폭발성형법은 1개의 금형만 사용하고 다양성이 있으며 소재판의 크기에 제한을 받지 않으므로 다른 방법으로는 가공하기 곤란한 대형제품의 소량생산에 적합하며 그림 5.23에 폭발성형법으로 제작한 3m 직경의 대형 원형돔을 나타내었다.

그림 5.23 폭발성형법으로 제작한 원형돔

### 예제 5.2

수중에서 소재판과 1ft 떨어진 거리에서 TNT 0.1lb를 사용하여 폭발성형할 때의 최고 압력을 구하라. 이 압력은 금속판재를 성형시키는 데 충분한가?

**풀이**

식 (5.3)을 사용하면

$$p = 21000\left(\frac{\sqrt[3]{0.1}}{1}\right)^{1.15} \approx 9000\,\text{psi}$$

이 압력은 금속판재를 충분히 성형할 수 있다. 하이드로 포밍에서 판재의 대략적인 성형에 사용하는 최대 압력은 100MPa(15000psi) 정도이고, 일반 고무성형 가공 시에는 1,500~7,500psi 정도의 압력을 사용한다. 따라서 이 문제에서 구한 압력은 대부분의 판재성형 가공에 충분하다.

## 5.5.2 액중방전성형

액중방전성형(electrohydraulic forming)은 전달 유체(물) 속에 설치된 두 개의 전극 사이에서 전기 에너지를 방전시킴으로써 충격파를 만들고, 이를 이용하여 공작물을 성형하는 공정이다. 이러한 동작원리 때문에 전기방전성형(electric discharge forming)이라고도 불린다. 이 공정을 위한 장치를 그림 5.24에 나타내었다. 큰 축전기(capacitor, 콘덴서)에 전기 에너지를 축적한 후 전극 쪽으로 한꺼번에 방출한다. 전극봉을 통하여 에너지가 급격히 방출될 때 발생되는 충격파를 이용하여 판재를 성형할 수 있게 된다. 액중방전성형은 폭발성형과 유사하며 차이점은 에너지를 만드는 방법과 상대적으로 작은 양의 에너지가 방출된다는 점이다. 이 때문에 액중방전성형은 보다 작은 크기의 제품을 만드는데 사용되며 폭발성형법보다 안전한 가공법이기도 하다.

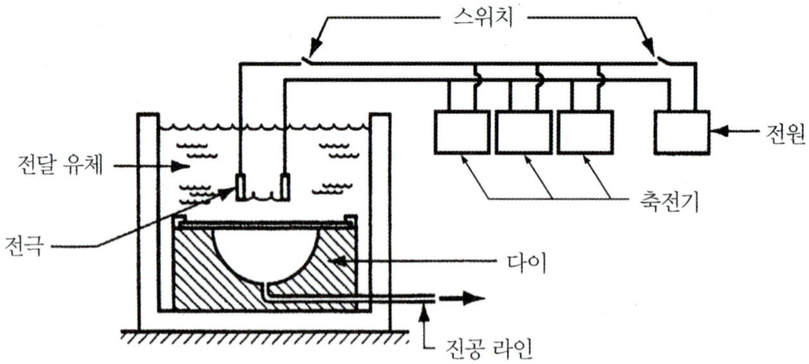


그림 5.24 액중방전성형의 개략도

## 5.5.3 전자기 성형

전자기 성형(electromagnetic forming) 또는 자기펄스 성형(magnetic pulse forming)은 전압이 인가된 코일로 인해 공작물 내에서 유도된 전자기장의 기계적 힘을 이용하여 판재를 성형하는 공정이다. 축전기에 의해 전압이 인가된 코일은 자기장을 만들게 되며, 이 자기장이 공작물 내에 와전류(eddy current)를 만들고, 이것으로부터 자체적인 자기장이 생성된다.

유도된 자기장이 원래의 자기장과 대항하면서 기계적 힘이 만들어진다. 두 자기장에 의해 발생하는 힘은 서로 반대 방향이므로, 코일과 소재 간에는 반발력이 생겨서 관재를 내부 맨드릴에 밀착시키게 되며 이 힘으로 공작물이 성형된다.(그림 5.25)

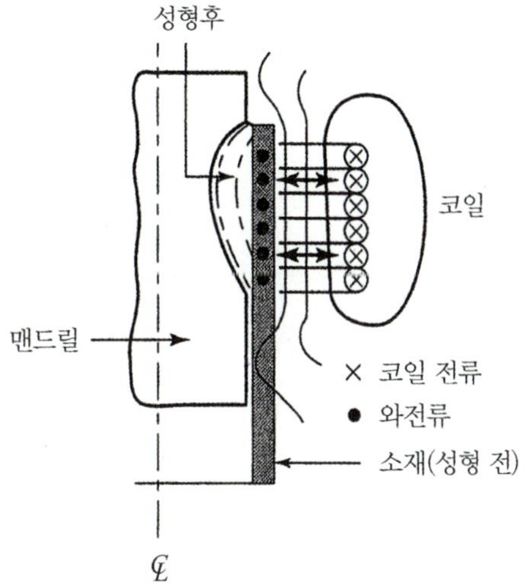


그림 5.25 전자기성형의 개략도

그림 5.26은 전자기 성형공정을 위한 성형시스템의 구성과 실제 성형과정을 나타내었다. 유도된 자기장이 원래의 자기상과 대항하면서 매우 빠른 속도로 전자기 성형이 일어나는 과정을 잘 보여주고 있다.

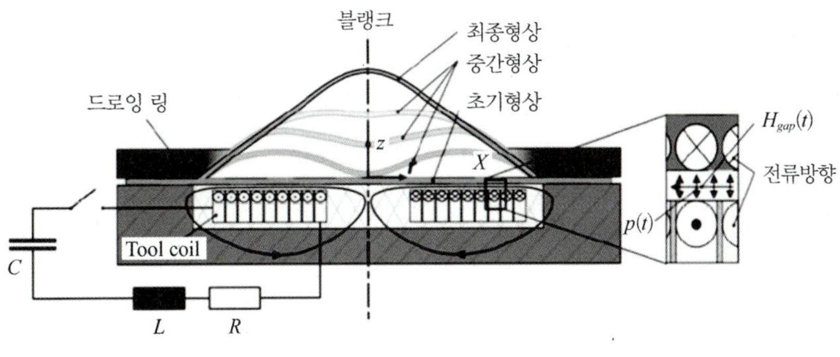


(a) 성형시스템 구성

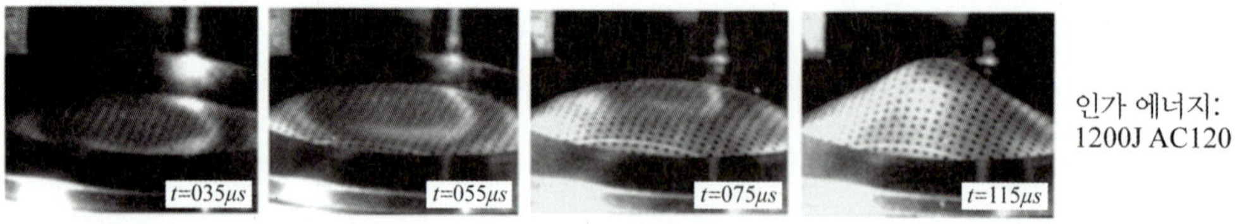


(b)성형과정

그림 5.26 전자기 성형공정

이 공정은 그림 5.27에 나타나 있는 것처럼 전형적으로 관(튜브)형 제품을 성형하는데 쓰인다. 소재의 전기 전도도가 높을수록 자기력이 크며, 재료가 특별한 자기적 성질을 가질 필요는 없다. 전자기성형으로 얇은 관재를 봉, 케이블, 플러그 위에 눌러 붙이거나 벌징이나 플레어링 등 다양한 작업을 할 수 있다. 금속평판을 가공하여 엠보싱이나 깊이가 얕은 드로잉을 할 때는 그림 5.28에 보인 바와 같이 편평한 코일을 사용한다.

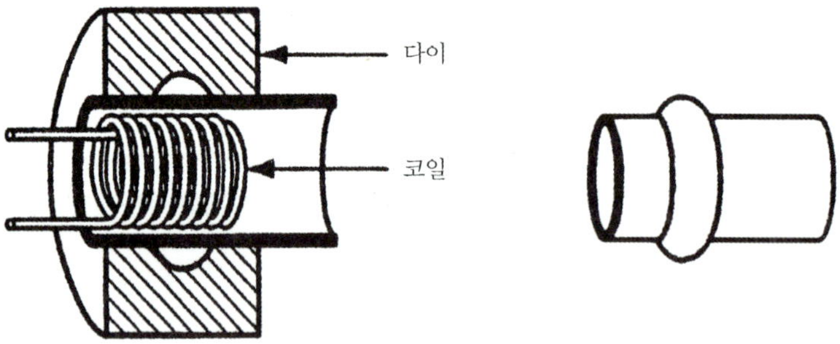


(a) 다이로 둘러싸인 관형 공작물 속에 코일이 들어있는 셋업 (b) 성형된 제품

그림 5.27 튜브재의 전자기성형

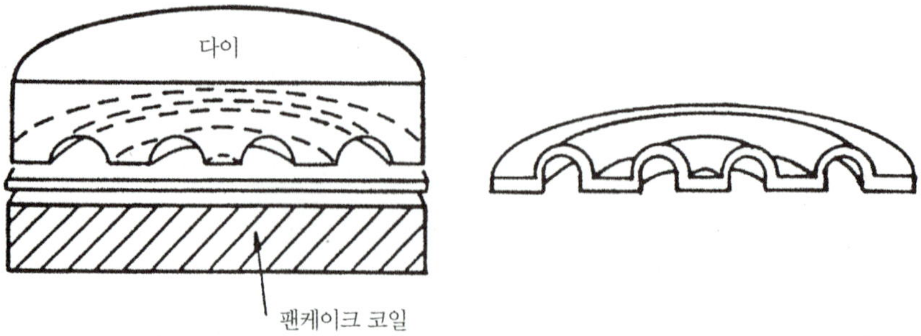


그림 5.28 알루미늄 판재의 전자기성형

## 5.6 초소성 성형

초소성(superplastic)이란 용어는 파단이 되기까지 많은 균일변형을 할 수 있는 재료들의 변형능을 말하고 있다. 이러한 재료들의 연신율은 수백 내지 2,000%정도에 달하고 있다. 극단적인 예로는 고온상태의 유리나 폴리머를 들 수 있다. 결정립이 매우 미세한 Zn-Al이나 티타늄합금(보통 10～15$\mu$m 이하)도 특정온도 및 낮은 변형률속도에서의 초소성 거동으로 매우 큰 연신량을 얻을 수 있으므로 한 번에 복잡한 형상을 가공할 수 있다. 높은 연성과 비교적 낮은 강도를 갖는 초소성 합금은 다음과 같은 가공상의 이점을 준다.

- 가공 온도에서 재료의 강도가 낮아서 저강도의 공구를 사용해도 되므로 공구비용 절감
- 가공 오차가 작고 미세한 부분이 있는 복잡한 형상을 일체로 성형할 수 있으므로 2차 가공의 필요성 배제
- 재료의 성형성이 높으므로 무게를 줄일 수 있고 재료도 절감
- 성형제품에는 잔류 응력이 거의 없음

반면에 초소성 재료는 변형률속도에 매우 민감하므로 충분히 낮은 속도에서 가공하여야 한다(보통 $10^{-4}$～$10^{-2}$/s의 변형률 속도). 가공시간은 수 초에서 수 시간 정도로 가공주기가 일반성형법보다 훨씬 길므로 개별 작업에만 사용된다. 또한 제품의 사용 온도에서는 재료가 초소성을 갖지 않아야 하는 제한점을 가진다. 초소성 재료(특히, Zn-22Al와 Ti-6Al-4V)는 압축성형, 형단조, 코이닝(coining), 허빙(hubbing), 압출과 같은 부피성형 가공으로도 가공되며, 판재 가공 시에는 열성형, 진공성형, 블로우성형 등으로 가공될 수 있다.

초소성 성형과 확산접합을 같이 사용함으로써 금속판재 구조물의 가공에 중요한 발전이 이루어졌는데, 평판을 확산 접합시키면서 가공한 몇 가지 구조물을 그림 5.29에 나타내었다. 판재의 특정부위가 확산 접합되고 접합되지 않은 부분은 공압에 의해 금형 안으로 확장된다. 이렇게 만들어진 구조물은 얇으면서도 비강성이 우수하여 항공우주 산업에서 중요하게 사용된다.

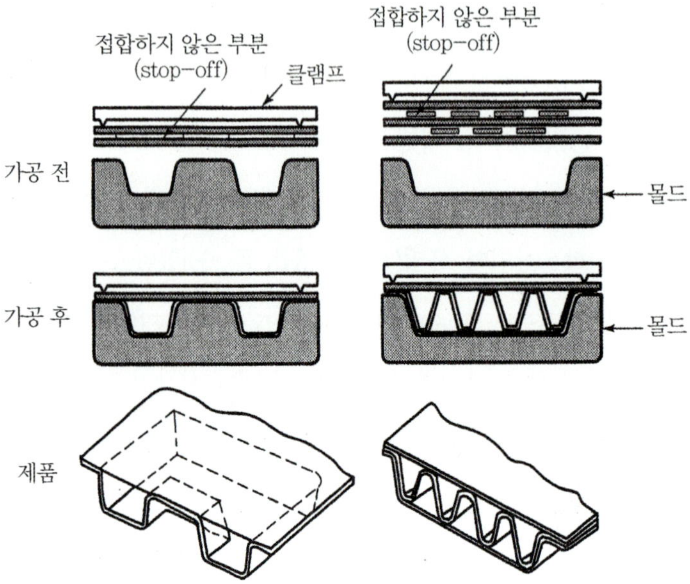


그림 5.29 초소성 성형과 확산접합으로 성형된 구조물의 예

이 방법으로는 기계적 체결부품을 사용하지 않고도 치수 정확도가 높은 제품을 가공하므로 생산성을 높일 수 있고 잔류 응력을 줄일 수 있다. 이 기술은 항공 산업에서 티타늄 구조물(보통 Ti-6Al-4V합금)에 대하여 발달되어 있다. 7475-T6 알루미늄합금 구조물도 이 방법으로 개발 중에 있다. 초소성 성형이 사용되는 다른 금속으로는 Inconel 100, Incoloy 718 니켈합금과 철기의 고탄소강합금 등이다. 초소성 가공에 사용되는 금형재료는 저합금강, 주조 공구강, 세라믹, 흑연, 소석고 등으로 가공 온도와 초소성 합금의 강도를 고려하여 선택한다.

## 5.7 테일러드 블랭킹

기존의 프레스성형 공정에서는 판재를 전단하여 각각 성형한 후 점용접 하여 차체부품을 제작하는 것이 일반적이었으며, 두께 및 강도도 동일한 것이 일반적이었다. 테일러드 용접 블랭킹(TWB: tailor welded blanking)기술이란 두께 또는 강도가 서로 다른 강판을 적절한 크기와 형상으로 절단한 다음, 용접에 의해 접합된 일체화된 강판을 프레스 가공에 의해 원하는 형태의 부품으로 가공하는 기술을 말한다. 치수 정밀도 향상은 물론 충돌 특성이 향상되는데다 경량화가 가능해 일체성형 시 비용절감이 가능하다. 또한 자동차 공정을 단순화할 수 있고, 소재 손실(loss)이 적으며, 부품 부위별 다양한 강도 · 두께를 나타내 자동차 경량화에 기여할 수 있다. 주로 도어 이너 판넬(inner panel), 리어 휠 하우스(rear wheel house), 필라 보강 판넬(pillar reinforce panel) 등을 만들 때 사용된다.

이작업의 예로 그림 5.30에 도시한 자동차 측면 외판의 제조방법을 들 수 있다. 우선 블랭킹으로 5개의 조각을 만드는데, 이중 네 조각은 두께가 1mm, 나머지 조각은 0.8mm이다. 이 조각들을 맞대기 레이저 용접한 후 최종 형상으로 스탬핑 한다. 이렇게 하면 판재의 형상 및 두께 외에도 이종판재 및 코팅판재를 용도에 따라서 재단하여 블랭크를 만들 수 있다.

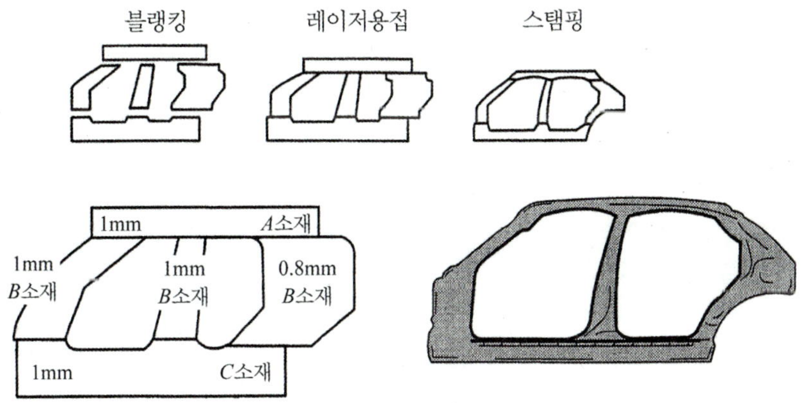


그림 5.30 레이저 용접 및 스탬핑에 의한 자동차 외판의 제조

최근에 비약적으로 발전된 레이저 용접기술로 용접부의 강도는 매우 높다. TWB 용접에 이용되는 에너지원은 레이저빔, 저항열, 메쉬심(mash seam), 고주파 유도, 전자빔 등이 있다. 이 중에서 대표적인 것이 그림 5.31에 보인 레이저와 메쉬심 용접이다.

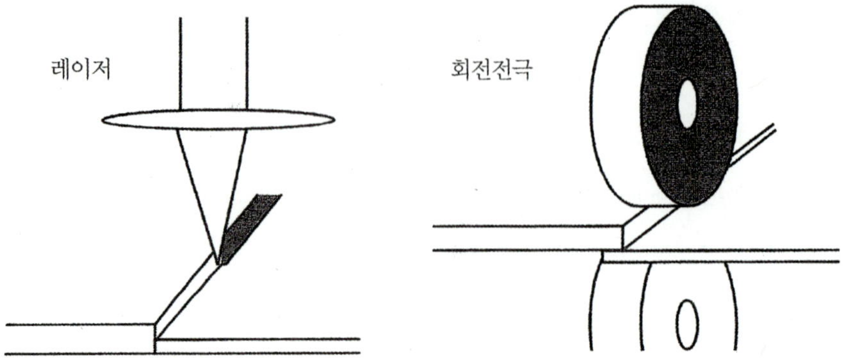


(a) 레이저 (b) 메쉬심

그림 5.31 TWB 용접

메쉬심 용접은 작업성이 편하고 고속 용접이 가능하여 생산성이 높다. 초기의 TWB 장비는 대부분 메쉬심으로 구성되었으나 자동차 차체에 아연도금 강판의 적용이 확대되면서 레이저 용접 방식이 확대되었다. 레이저 용접은 비접촉 가공이어서 열원의 위치 제어가 용이하며 아연도금 강판도 특별한 추가공정 없이 용접이 가능하며 용접 블랭크의 형상에 따라 선형(linear), 다선형(multi-linear), 비선형(non-linear) TWB로 구분한다(그림 5.32).

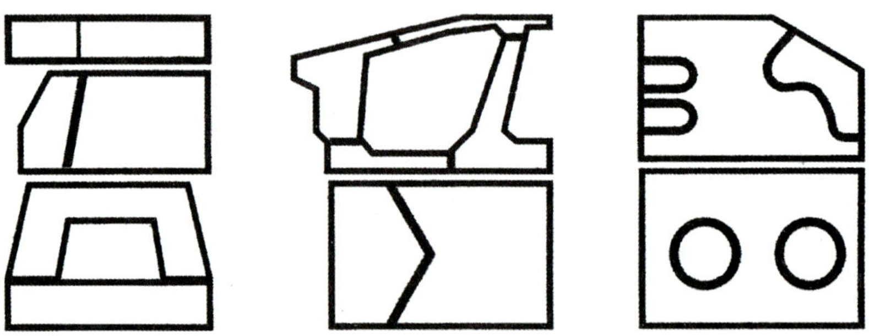

(a) 선형 (b) 다선형 (c) 비선형 용접

그림 5.32 TWB 용접

판재조각을 용접한 후 성형하는 기술이므로 제품설계의 유연성이 크게 높아지고, 구조적 강성과 충돌거동, 성형성 동일부품 내 이종재료의 활용, 중량절감, 재료/스크랩/장비/

조립/인건비의 절감이 가능하다. 그림 5.33에 테일러 용접 블랭크를 이용하여 성형한 자동차 부품의 예를 나타내었다. 이 부품의 두께는 부위에 따라 다르므로 필요한 강성과 강도를 주면서도 중량절감의 효과가 크다.

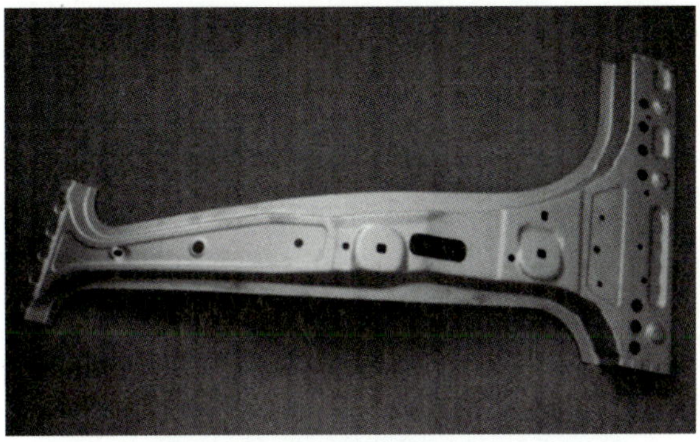

그림 5.33 테일러드 용접 블랭크를 사용한 자동차 부품

TWB와 달리 이종 두께 압연판재(TRB: tailor rolled blanks)기술은 압연 시 상하 롤의 압하율 및 이송속도를 조절하여 이종 두께의 판재를 제조하는 것으로, TWB와 유사하지만 용접공정을 거치지 않고 이종 두께를 제조할 수 있는 일체형 부품 제조공법 중의 하나이다 (그림 5.34).

그림 5.34 TRB 원리

TRB기술은 TWB 판재보다 용접공정이 없어 성형성이 우수하며 최적설계를 통해 TWB와 TRB를 조합하여 일체화 성형하는 것도 가능하다(그림 5.35). 하지만 압연 중에 가변적인 공정 제어를 통해 목표 치수를 갖는 이종 두께의 판재를 얻는 것이 쉬운 것이 아니며, 설비적인 부담 및 제조원가가 상대적으로 높아서 TWB에 비해 적용이 쉽지 않은 기술로 평가된다.

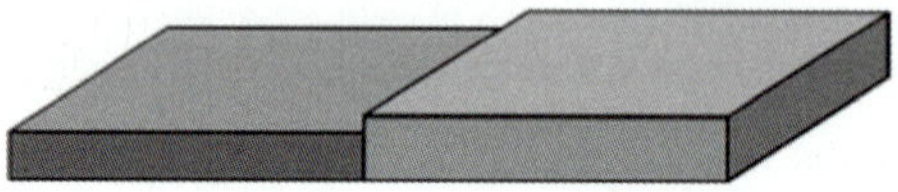

(a) TWB

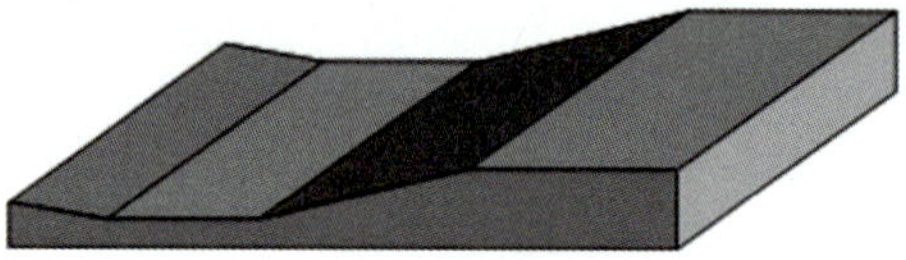

(b) TRB

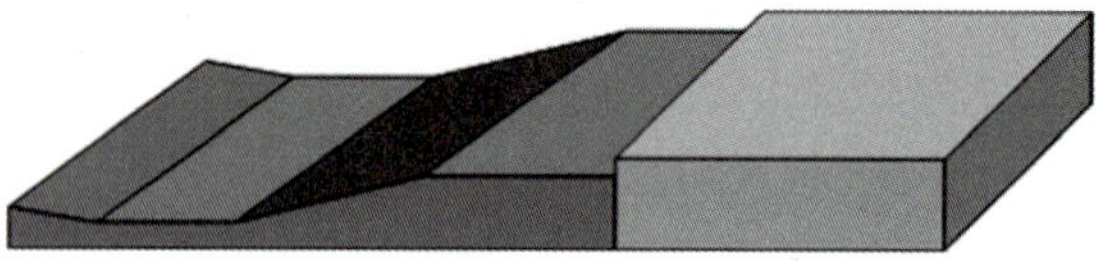

(c) TRB+TWB

그림 5.35 일체화 블랭크

## 5.8 핫 프레스 포밍

핫 프레스 포밍(HPF: hot press forming)공정은 핫 스탬핑(hot stamping), 프레스 경화(press hardening), 다이 퀜칭(die quenching) 등으로 부르기도 한다. 이 공정은 강판을 900~950℃로 고온 가열한 연질상태에서 프레스성형을 한 후 금형 내에서 급속하게 냉각시켜 마르텐사이트 조직을 갖는 고강도 부품을 생산하는 방법으로, 강판을 상온에서 프레스 공법으로 만드는 방법에 비해 월등히 강한 부품을 만들 수 있다(그림 5.36).

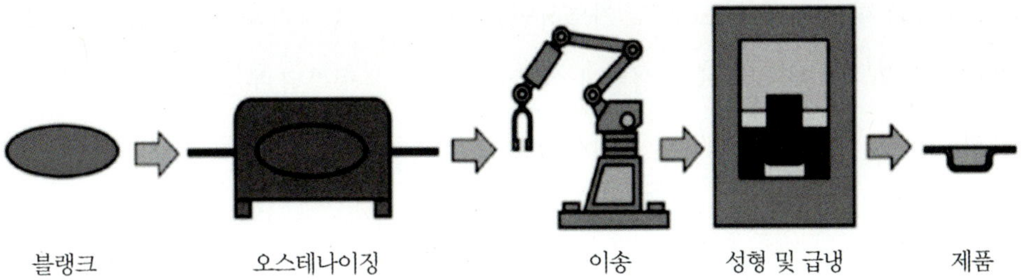


그림 5.36 핫 프레스 포밍 공정도

핫 프레스 포밍(hot press forming)으로도 알려진 열간성형 기술로 표면에서의 고온산화문제를 완화시키기 위해 알루미늄이나 아연으로 코팅된 강판을 900℃ 이상 고온에서 성형한 후 급속 냉각시키게 된다(그림 5.37). 이때 사용되는 강판은 주어진 냉각속도에서 높은 경화능(hardenability)을 얻기 위해 보론(boron)을 함유한 강판을 사용하는 것이 일반적이다.

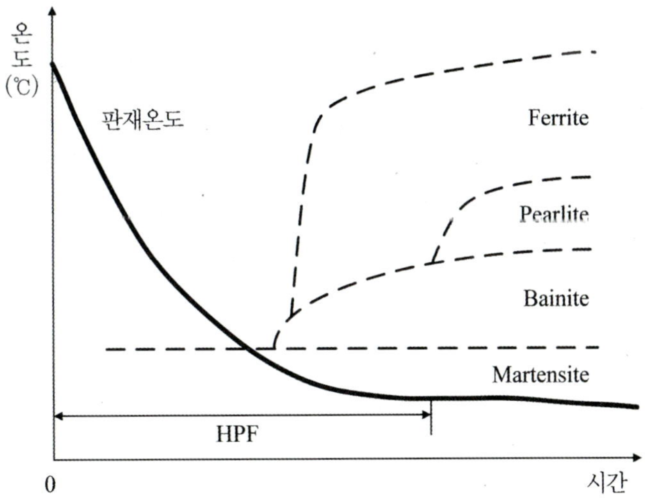


그림 5.37 핫 프레스 포밍 열사이클 도식도

그림 5.38에 도식적으로 나타낸 바와 같이 핫 스탬핑 공법을 통해 부품 강도는 3배에서 5배 이상 향상시킬 수 있으며, 경량화도 이뤄낼 수 있다. 핫 프레스 포밍 전의 소재(①)를

900℃ 이상의 핫 스탬핑 온도(②)로 가열하면 연신율이 크게 증가하고 강도가 낮아지므로 성형성이 매우 우수한 상태에서 성형이 이루어진다. 고온성형된 부품을 급냉과정을 거쳐 경화시키면(③) 1,000MPa 이상의 인장강도를 갖는 소위 기가(giga)급 고강도 부품을 얻게 된다.

경량의 강판으로 높은 강도를 유지할 수 있는 장점으로 인해 근래 자동차 부품을 중심으로 널리 확대 적용되고 있다. 이 공법을 이용하면 고장력 강판 등 고강도 소재의 가공을 보다 쉽게 할 수도 있고, 가공 후 원상태로 돌아가려는 스프링 백 현상을 극복하는 데도 유리하다. 주로 고강성을 요구하는 범퍼 백빔(bumper back beam)이나 필러(pillar) 보강재를 가공하는데 핫 프레스 포밍이 적용된다.

기존 핫 프레스 포밍과 달리, 1차 성형을 한 반제품을 핫 프레스 포밍공정에 적용하는 간접 핫 프레스 포밍(indirect hot press forming) 또는 간접 핫 스탬핑(indirect hot stamping)이 적용되기도 하는데 이러한 공정을 통해 생산성을 크게 향상시킬 수 있다. 또한 TWB공법과 핫 프레스 포밍 공법을 병행한 공정도 개발되어 TWB를 적용한 부품을 이용하여 핫 프레스 포밍을 함으로써 부분적으로 초고강도를 갖는 부품을 제조하며 이를 통해 핫 프레스 포밍 부품에 대한 경량화가 가능해진다.

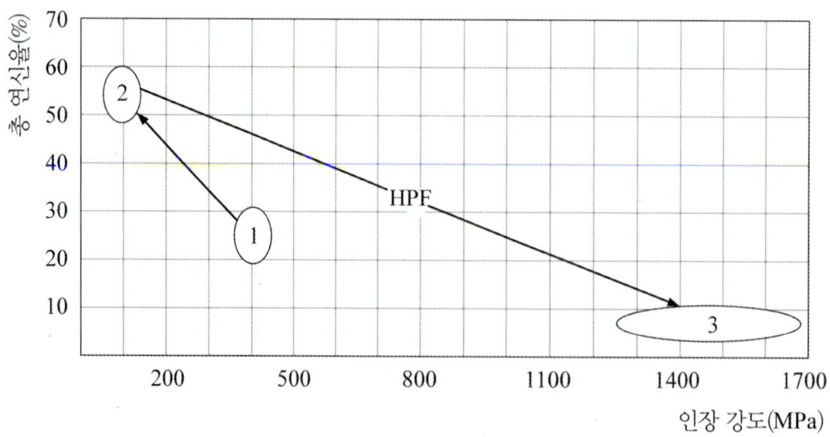


그림 5.38 핫 프레스 포밍을 통한 강도 변화 도식도

## 5.9 액압성형

액압성형(hydroforming)공정은 액체의 압력을 이용하여 성형하는 방법으로 차체 설계 및 생산기술 측면에서 활발히 적용되고 있는 공정기술이다. 일반적으로 하이드로 포밍기술은 성형에 사용되는 소재의 형태에 따라서 그림 5.39(a)에 보인 판재(sheet) 하이드로 포밍과 그림 5.39(b)에 보인 튜브(tube) 하이드로 포밍 기술로 대별된다. 판재 하이드로포밍은 다이와 함께 펀치를 가압용 공구로 같이 사용하므로 유압-기계식(hydro-mechanical) 디프 드로잉이라고도 한다. 판재 하이드로 포밍에서는 액압으로 성형벽면을 가압하므로 소재의 성형성 향상을 기대할 수 있나. 하시만 판새 하이드로 포밍 기술의 경우 튜브 하이드로 포밍기술에 비하여 대용량의 프레스가 요구되는 반면 적용대상 부품은 튜브 하이드로 포밍기술에 비하여 미미하기 때문에 일반적인 하이드로 포밍기술은 튜브 하이드로 포밍기술을 지칭한다.

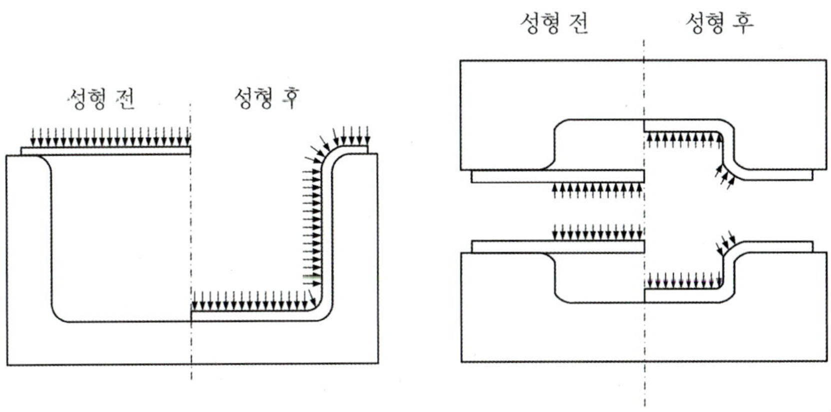


(a) 판재 하이드로 포밍 (b) 튜브 하이드로 포밍

그림 5.39

튜브 하이드로 포밍은 튜브를 소재로 사용하며, 내부에 액체를 이용한 압력을 가함으로써 복잡한 형상을 제조할 수 있다. 그림 5.40에 보인 바와 같이 튜브 하이드로 포밍은 크게 금형을 사용하지 않는 자유 확관(free bulging)방법과 금형을 사용하는 하이드로 포밍으로 구분할 수 있다.

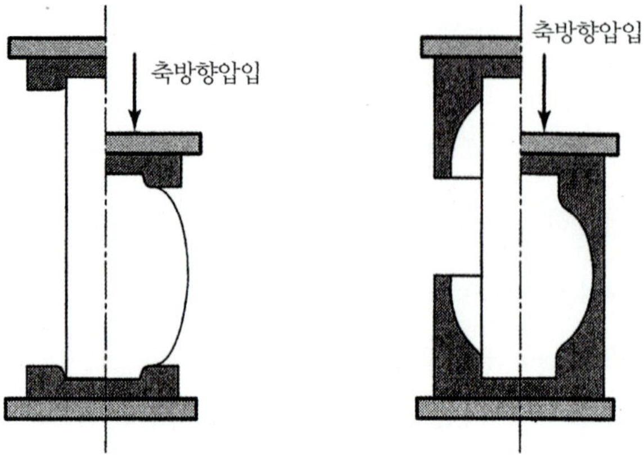


(a) 자유 확관 (b) 금형을 사용하는 하이드로 포밍

**그림 5.40** 튜브 하이드로 포밍의 유형

튜브 하이드로 포밍공정은 내압에 의한 튜브 소재의 팽창(internal pressing), 소재의 팽창으로 인한 튜브 길이 감소효과를 보상해 주는 축방향 가압(axial feeding), 소재를 금형 내면에 밀착시켜서 원하는 형상을 얻는 사이징(sizing) 또는 조정(calibration)의 3단계로 구성된다.

튜브 하이드로 포밍기술은 기존의 스탬핑(stamping) 및 용접(welding)으로 생산하던 부품을 튜브를 소재로 하여 파이프 양단을 밀폐한 상태에서 튜브 내부에 고압의 액압을 가해 원하는 형상으로 성형하는 더욱 간단한 공정기술이다.

하이드로 포밍기술은 종래의 차체를 성형하는 프레스성형 방식과는 완전히 다른 개념으로 원형 튜브의 안쪽에서 압력을 가함으로써 튜브를 팽창성형 하여 원하는 모양의 차체 골격을 제작하는 방식으로 기존의 프레스 제품에서 얻을 수 없었던 차체 강성의 증가, 용접 공정의 감소, 금형의 절감 등의 다양한 이점이 있다. 그림 5.41에 기존의 스탬핑 방식과 하이드로 포밍 방식 간의 공정 차이를 설명하는 개략적인 도식도를 나타내었다. 종래의 방법은 최종 단면을 얻기 위해 트리밍(trimming) 및 점(spot)용접 공정과 같은 최소한 세 가지 공정을 거쳐야 하나 튜브를 이용한 하이드로 포밍 공법을 이용하면 한 공정만으로 제작이 가능함을 알 수 있다.

[튜브 하이드로 포밍은 12장에서 자세하게 다루기로 한다.]

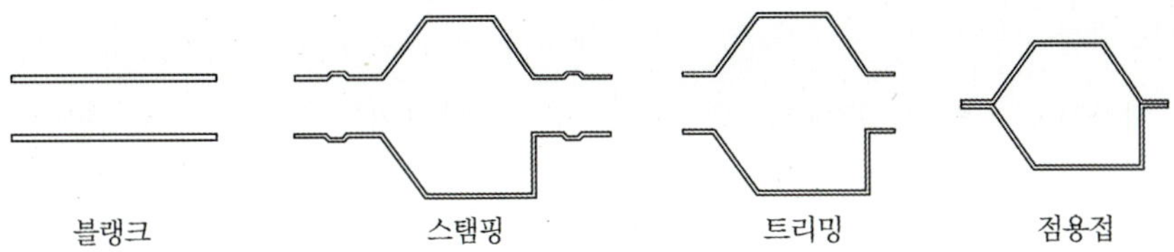


(a)기존의 스탬핑 방식

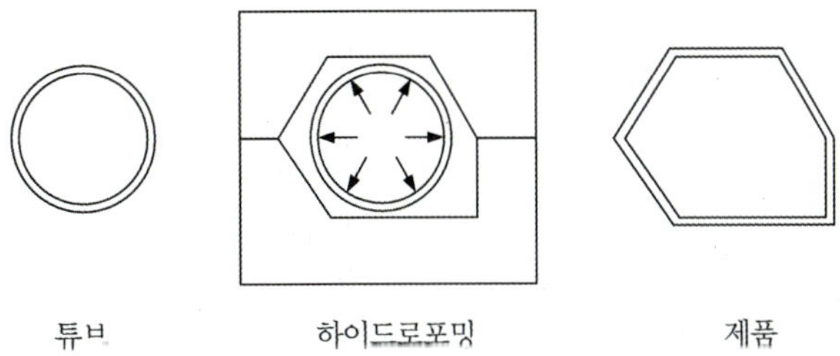


(b)하이드로 포밍

**그림 5.41** 공정 비교

## 5.10 롤성형

롤성형(roll forming)은 그림 5.42에 보인 바와 같이 연속적으로 배열된 롤을 이용하여 연속적인 굽힘공정을 거치게 함으로써 판재를 다양한 단면형상을 갖는 긴 성형품으로 만드는 공정이다.

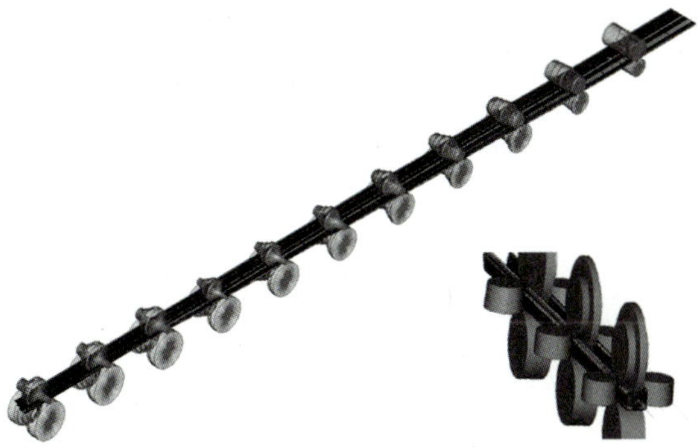

**그림 5.42** 일정 단면 롤성형공정

원하는 형상을 순차적으로 만들어가기 위해서는 여러 쌍의 롤이 필요하다. 그림 5.43에 채널을 제작하기 위해 점진적으로 롤성형 단면을 변화시키는 과정을 나타내었다. 롤성형으로 만들어지는 제품으로는 채널, 파이프, 자동차 범퍼, 문틀, 가전제품 등이 있으며 그림 5.44에 롤성형공정을 통한 채널 제조공정도를 예시하였다. 롤성형이 압연작업과 비슷한 모습을 하고 있지만 근본적인 차이점은 롤성형은 공작물을 압착하는 것이 아니라 굽힌다는 점이다. 그림 5.45에 롤성형공정으로 만든 다양한 단면형상을 나타내었다.

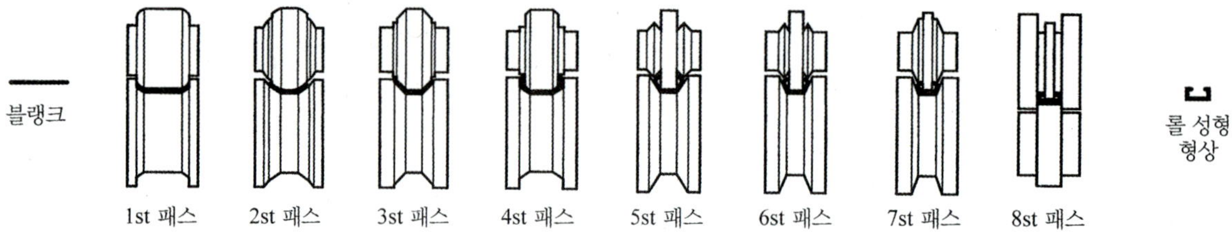


그림 5.43 Box 채널의 롤성형공정 도식도

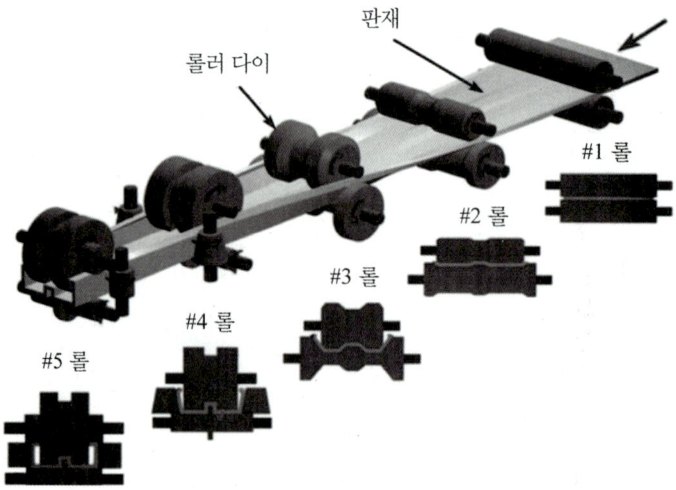


그림 5.44 롤포밍공정을 통한 채널 제조공정도

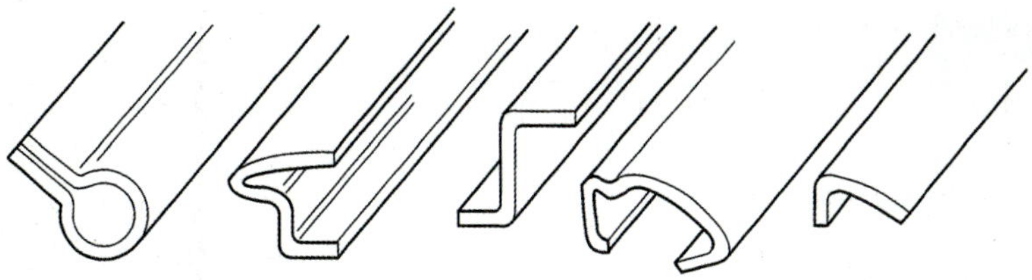

그림 5.45 롤성형공정으로 만든 형상 예

전술한 롤성형공정은 일정한 단면을 가지는 제품만 연속적으로 성형하므로 가변적인 단면형상이 요구되는 용도에는 그 적용이 제한되어 왔다. 따라서 일정 단면이 아닌 가변 단면을 성형할 수 있는 가변 롤성형(flexible roll forming)공정에 대한 연구가 이루어지고 있다. 가변 롤성형은 공정 중에 성형롤을 직선 및 회전이동시킴으로써 폭/깊이 방향으로 단면 변화가 가능한 단면 부품을 제조할 수 있는 실형상 성형기술이다.

그림 5.46에 일정 단면 롤성형(a)과 가변 단면 롤성형(b)공정 설비를 나타내었고, 그림 5.47에 가변 롤 포밍용 롤 스탠드를 도식적으로 나타내었다. 가변 단면 롤성형의 경우 직선운동 및 회전이 가능한 롤 세트를 이용하여 연속적이면서 점진적으로 목표형상으로 롤성형을 하게 된다. 그림 5.48은 강판을 이용하여 높이 방향(z-축)의 이동 없이 평면상에서 롤의 직선운동과 회전운동을 이용하여 성형한 가변 롤 성형형상을 나타내고 있다.

(a) 일정 단면 롤성형 (b) 가변 단면 롤성형

그림 5.46 롤 성형 설비

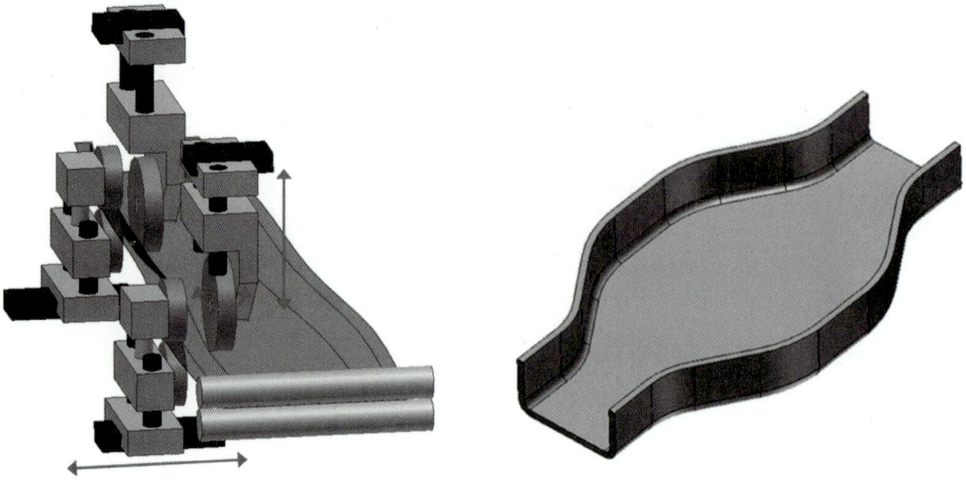

그림 5.47 가변 롤 포밍 도식도

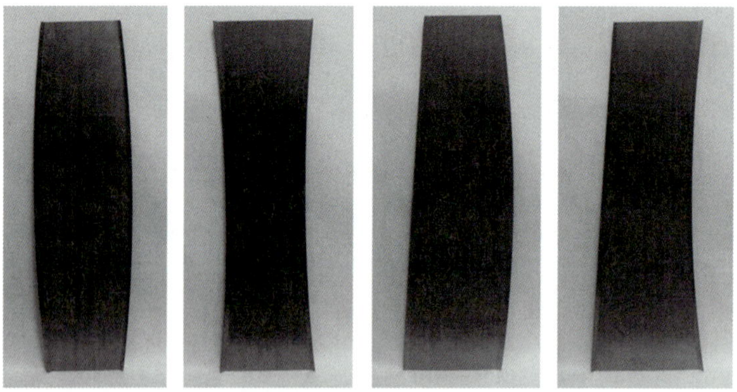

그림 5.48 가변 롤 포밍된 강판 예

## 5.11 튜브 굽힘

튜브를 구부리고 성형하는 튜브 굽힘(tube bending) 방법은 박판 소재의 굽힘성형보다 더 어렵다. 왜냐하면 굽힘이 진행됨에 따라 튜브가 찌그러지고 접힐 수 있기 때문이다. 따라서 특수하게 제작된 유연한 맨드렐을 굽힘 전에 튜브에 삽입하여 굽힘 공정 동안 형상을 유지하도록 하는 것이 일반적이다.

그림 5.49에 튜브 굽힘에 쓰이는 몇 가지 용어가 정의되어 있다. 굽힘반경 $R$은 튜브의 중심선으로부터 정의된다. 튜브를 구부릴 때 굽힘의 안쪽 벽에서는 압축이, 굽힘의 바깥쪽 벽에서는 인장이 발생된다. 이런 응력 조건으로 인해 안쪽 벽은 두꺼워지면서 짧아지고, 바깥쪽 벽은 얇아지면서 길어진다. 이 때문에 안쪽 벽과 바깥쪽 벽이 서로를 향하려는 경향이 생겨 튜브 단면의 모양이 납작해진다. 납작해지려는 경향 때문에 최소 굽힘반경 $R$은 맨드렐을 사용할 경우 직경 $D$의 약 1.5배, 맨드렐을 사용하지 않을 경우 $D$의 3배가 된다.

정확한 값은 벽인자(Wf: wall factor)에 의해 정해지는데, Wf는 직경$D$를 벽두께 $t$로 나눈 값이다. Wf 값이 크면 최소 굽힘반경이 증가한다. 즉 벽이 얇을 때 튜브 굽힘이 더 어렵게 된다. 소재 재료의 연성도 또한 이 공정에서 중요한 요소 중 하나이다.

튜브 혹은 이와 비슷한 단면을 구부리는데 사용되는 여러 방법들을 그림 5.50에 도식적으로 나타내었다. 스트레치 굽힘(stretch bending)은 그림 5.50(a)에서처럼 튜브를 당기면서 형 블록으로 구부리는 작업이다. 드로우 굽힘(draw bending)은 그림 5.50(b)에서처럼 튜브를 형 블록에 고정시키고 블록을 회전시킴으로써 튜브를 구부리는 작업이다. 굽힘 동안 공작물을 지지하기 위해 압력봉(pressure bar)이 사용된다. 5.50(c)에 그 과정을 보인 압축 굽힘(compression bending)에서는 와이퍼 슈(wiper shoe)를 사용하여 고정되어 있는 형 블록의 윤곽을 따라 튜브를 감아 성형한다.

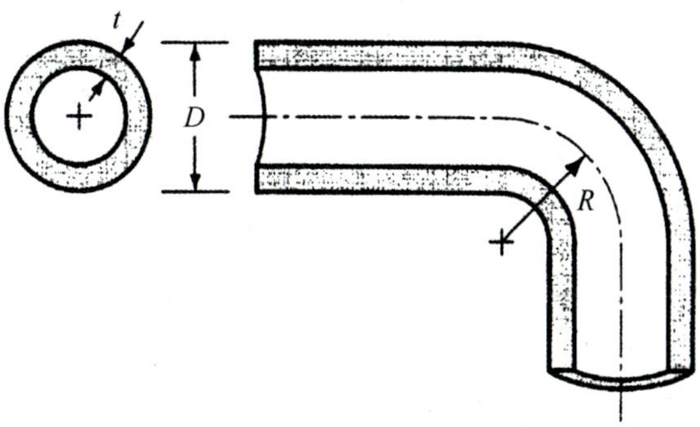


그림 5.49 굽힘성형된 튜브의 치수와 용어 $D$=튜브 외경, $R$=굽힘반경, $t$=벽두께

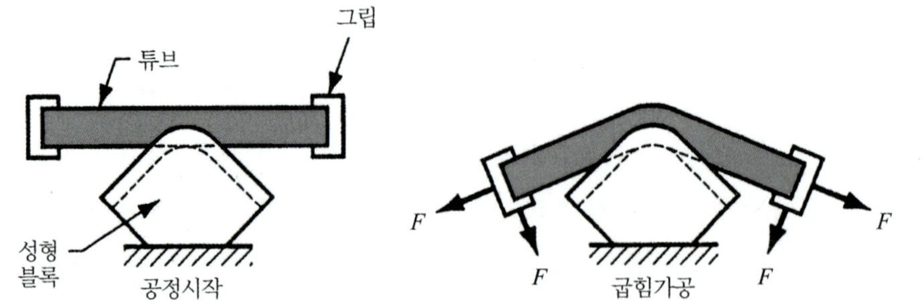


(a) 스트레치 굽힘

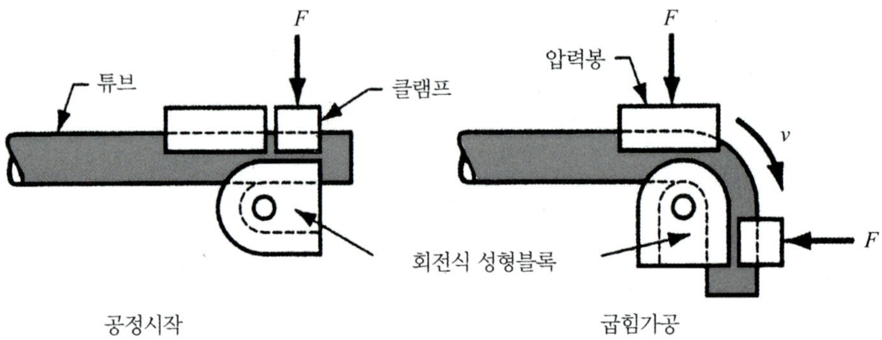


(b) 드로우 굽힘

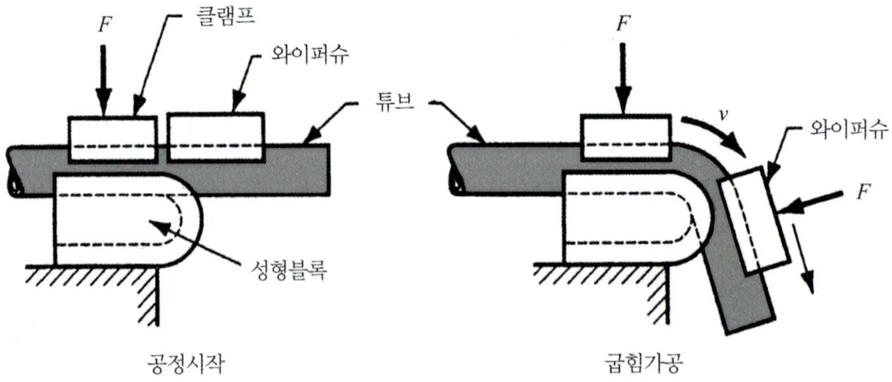


(c) 압축 굽힘

**그림 5.50** 튜브 굽힘

각 방법에 대해 (1) 공정 시작 (2) 굽힘 가공 중 ($v$와 $F$는 각각 운동속도와 작용력을 의미한다.)

CHAPTER 6

# 판재의 성형성 평가

프레스성형은 굽힘성형, 디프 드로잉성형, 신장성형, 신장 플랜지(stretch flange)성형 등의 기본 모드로 분류 가능하며 실제의 복잡한 성형도 이들 4가지 모드의 조합으로서 생각할 수 있다.

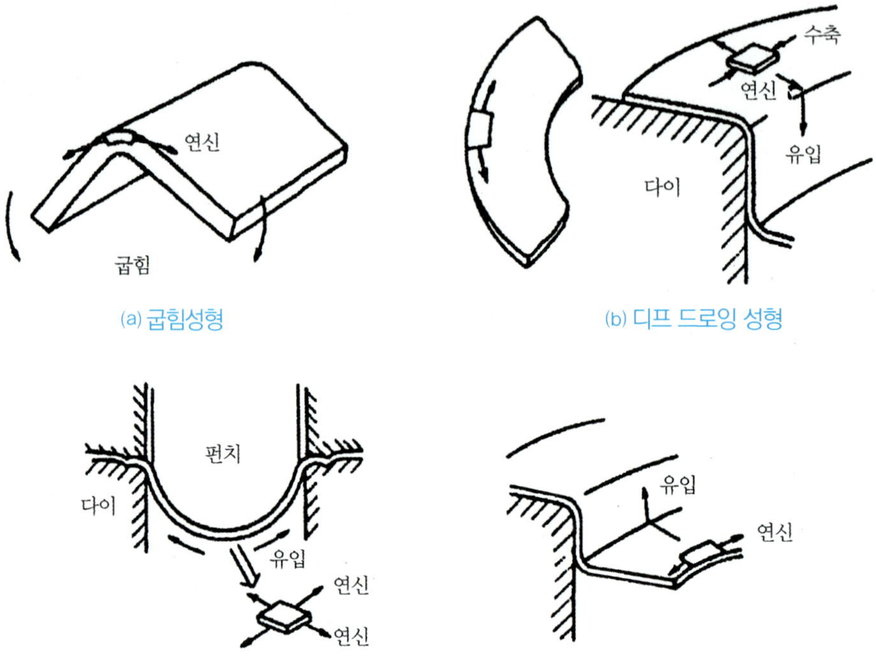


(a) 굽힘성형

(b) 디프 드로잉 성형

(c) 신장성형

(d) 신장 플랜지

**그림 6.1** 프레스성형 모드

판재의 성형성(formability)이란 벌크재의 가공성과 유사한 개념으로 재료가 파단 없이 소성변형 될 수 있는 능력 또는 재료가 상대적으로 소성변형 되기 쉬운 정도를 나타내는 것으로써, 강판의 성형 적합여부를 규명하는데 이용되고 있다.

판재의 성형성을 평가하기 위해서는 대상 성형공정에서 재료가 받게 되는 변형 모드를 재현해 줄 수 있는 모사시험(simulative test)을 통하는 것이 가장 바람직하며, 이와 병행해서 유한요소 해석을 포함한 전산모사시험(computer aided test) 등을 통해 판재의 성형성 평가 및 성형불량 원인규명에 적용할 수 있다.

본 장에서는 성형 한계도를 비롯한 각종 판재의 성형특성 평가방법에 대해 소개하고자 한다.

## 6.1 성형 한계곡선

판재의 성형성은 성형 한계곡선(FLD 또는 FLC; forming limit diagram(curve))을 작성함으로써 일반화시킬 수 있는데, 각 변형모드에 대한 판재의 국부 변형 성형성을 평가하여 이를 종합하여 도표로 나타낸 것이다. 성형 한계곡선을 그리기 위해 일반적으로 사용되는 시험방법을 아래에 나타내었으며 시험 조건은 필요에 따라 임의 조절할 수 있다(그림 6.2).

### ■ 사용기기

- 전단기(Shearing Machine), 전기 에칭기(Metal Marking kit), 박판 종합 시험기, 원형 그리드 측정기

### ■ 실험조건

- 다이 : FLD 전용 실험 다이
- 펀치 : 100mm 반구형 펀치(치수 변경 가능)
- 블랭크 홀더력(BHF) : 30ton
- 펀치속도 : 200mm/min(치수 변경 가능)
- 윤활 소건 : 무윤활 (아세톤 세적)

### ■ 시편준비(치수 변경 가능)

- 압연방향에 직각방향 200mm × 압연방향 25, 50, 75, 100, 125, 130, 135, 150, 200mm

### ■ 실험방법 및 순서

① 시편의 폭이 압연방향에 대하여 상기와 같은 폭으로 전단하여 준비한다.

② 시편의 가장자리의 버어를 제거하고 시편을 아세톤으로 세척한다.

③ 원형 그리드를 판재에 에칭한다(그림 6.2(a)).

④ 박판 종합 성형시험기에서 시험 모드를 LDH(Limiting Dome Height) 모드로 하여 파단 시까지 성형 후 성형높이를 기록한다(그림 6.2(b)).

⑤ 원형 그리드 측정기를 이용하여 시편의 파단부 주위의 그리드를 측정한다(그림 6.2(c)).

⑥ 측정된 변형률을 이용하여 성형 한계도를 작성한다(그림 6.2(d)).

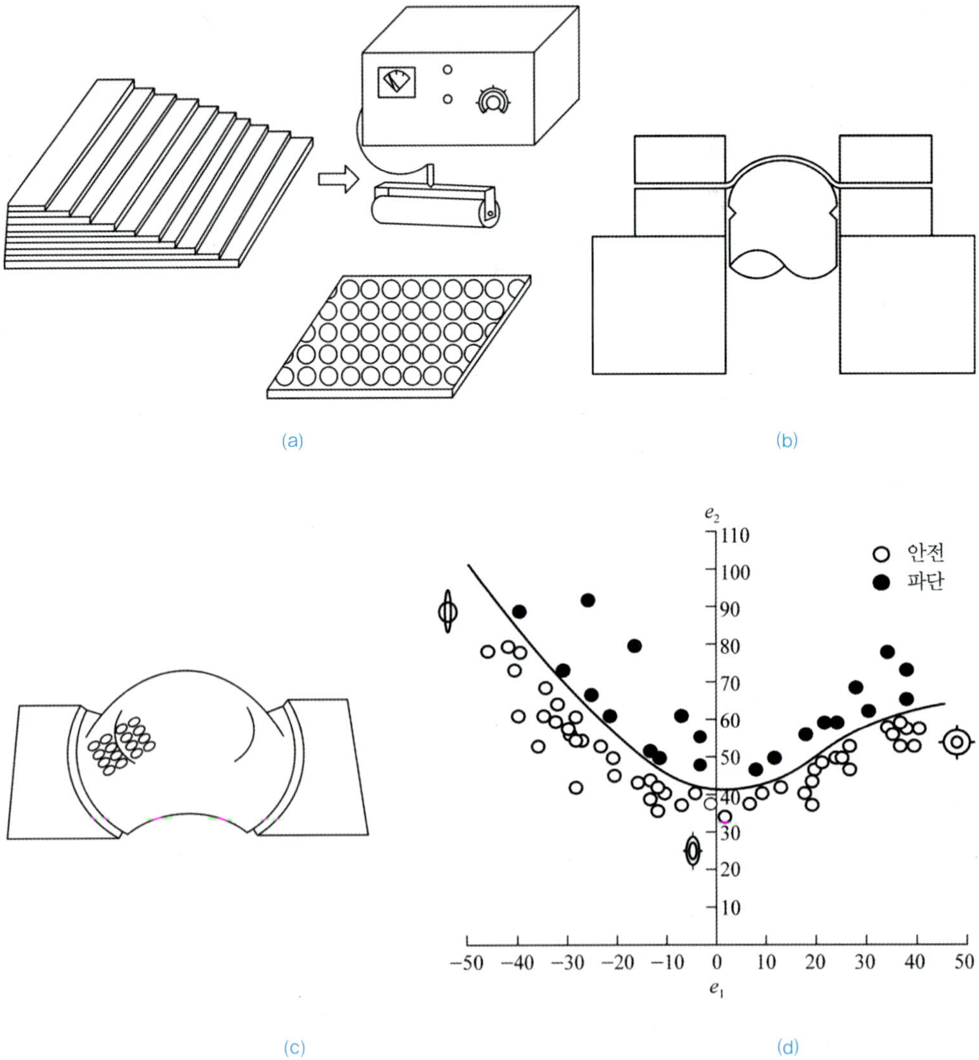


그림 6.2 성형 한계시험 개략도

그림 6.2(d)의 성형 한계도로부터 파단 가능성을 평가하여 재질 또는 가공 조건의 적합성을 판정한다.

성형 한계도를 그리기 위한 변형률은 원형 그리드(그림 6.3) 패턴을 강판에 표시하여 성형한 후 네킹이나 찢어짐이 발생한 부위에서 그리드 변형률을 측정하여 구한다. 일반적으로 전해부식에 의한 그리드 에칭방법이 현장에서 많이 사용되고 있으며 이를 위해서는 그림 6.3에 보인 바와 같이, 전원장치와 그리드 패턴인 스텐실(stencil), 그리고 적당한 에칭액(전해액)이 필요하다. 에칭부위는 가공제품에서 변형을 알고자 하는 부분(변형이 심한)에 해당하는 블랭크상의 위치이다. 에칭 후 가공 시 유의할 점은 방청유를 제거하고 에칭하기 때문에 에칭면의 윤활성이 불량해지며 에칭 깊이의 영향으로 마찰특성이 나빠진다. 따라서 에칭 후에 가공유를 도포하여 에칭면의 마찰특성이 에칭하지 않은 강판 면과 비슷하도록 해주어야 한다. 변형된 그리드는 타원 형태로 변형하므로 타원의 장 · 단경을 측정하여 변형률을 구할 수가 있다.

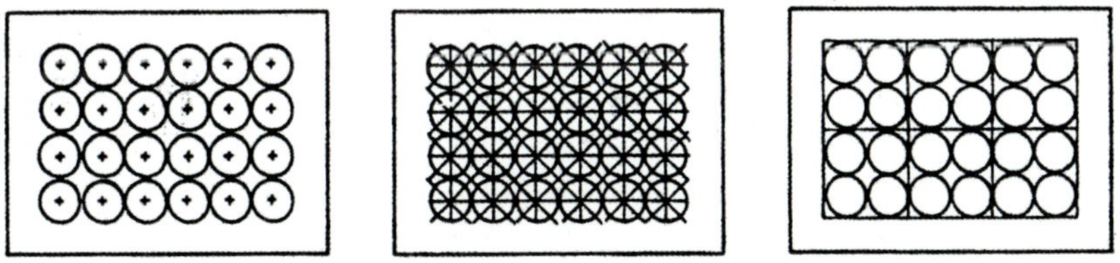

그림 6.3 변형률 측정용 원형 그리드 패턴(스텐실)의 예

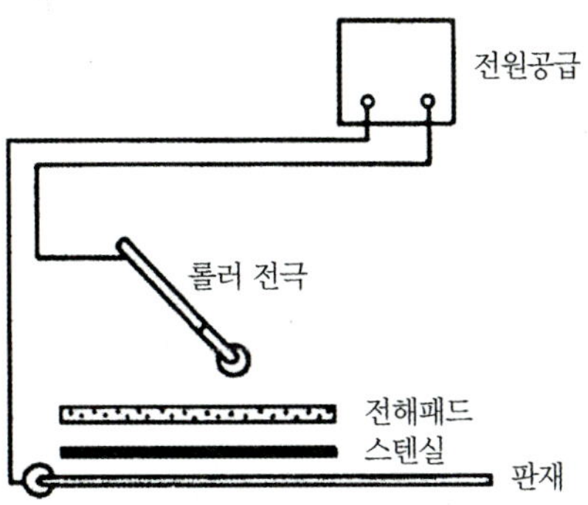


그림 6.4 전해 에칭 도식도

원형 그리드 격자의 변형은 그림 6.5에 보인 바와 같이 눈금자나 컴퓨터 화상 처리기 등을 이용하여 장축과 단축의 길이를 측정한다.

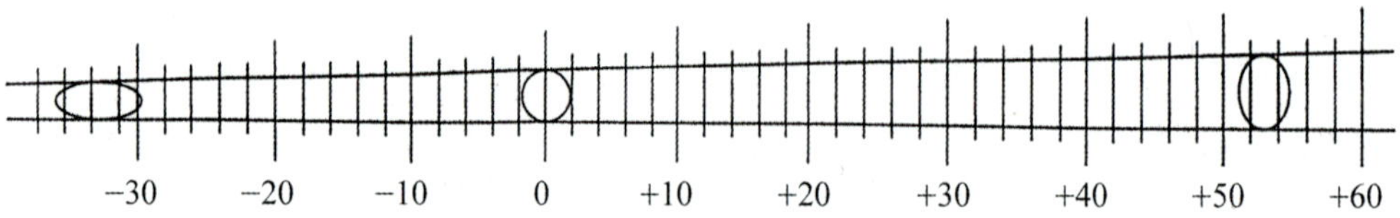


**그림 6.5** 5mm 원형 그리드 변형률 측정용 눈금자 예

성형 한계곡선을 그리기 위한 장축방향으로의 주변형률($e_1$: major strain)과 단축방향으로의 부변형률($e_2$: minor strain)은 그림 6.6에 보인 바와 같이 구한다. 성형 한계도를 작성할 때 공칭 변형률 대신 진 변형률을 사용할 수도 있으며 아래 식을 이용하여 계산한다.

$$\text{공칭 변형률: } e_1 = \frac{a - d_0}{d_0}, \quad e_2 = \frac{b - d_0}{d_0} \tag{6.1}$$

$$\text{진 변형률: } \epsilon_1 = \ln\frac{a}{d_0} = \ln(1 + e_1), \ \epsilon_2 = \ln\frac{b}{d_0} = \ln(1 + e_2) \tag{6.2}$$

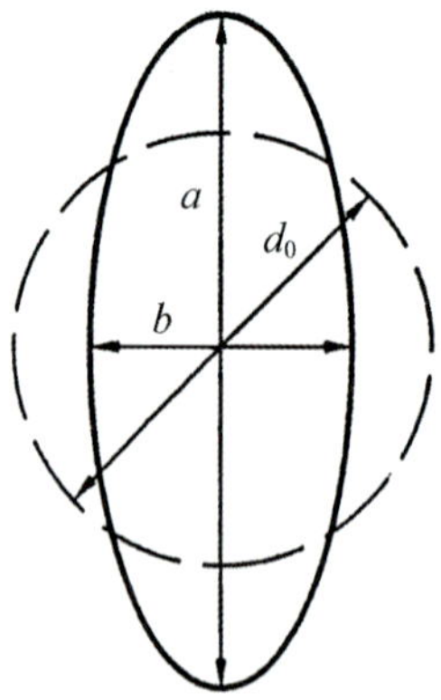


**그림 6.6** 원형 그리드 패턴으로 주 변형률과 부 변형률을 결정

실제로 네킹이나 찢어짐이 발생한 부위에서 원형 그리드의 변형을 정확하게 측정하기가 쉽지 않고 파단부위 인근의 그리드를 이용하여 보다 정확한 변형을 재는 것이 중요하다.

그림 6.7에 소성 불안정(plastic instability)점에서 $e_1 = e^*$의 결정과정을 보여주고 있으며 이는 주어진 변형 모드에서 대표성 있는 변형 특성을 알아내는데 매우 유효한 방법이다.

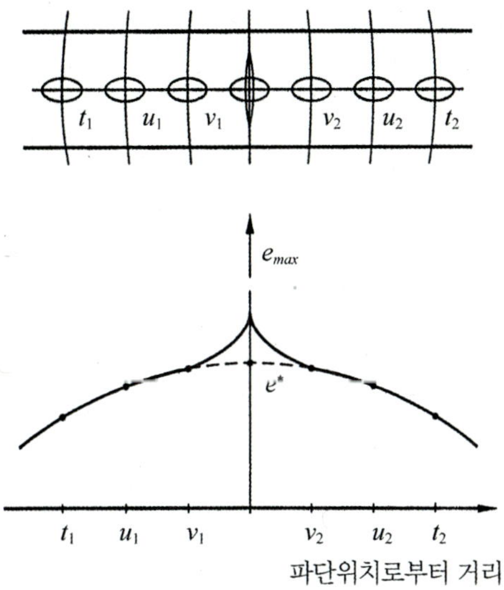


**그림 6.7** 소성 불안정(plastic instability)점에서 $e_1 = e^*$의 결정

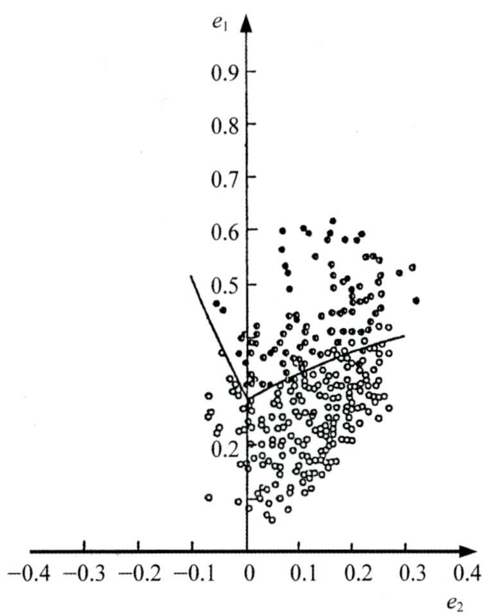


**그림 6.8** 성형 한계도의 작성(○: 안전, ●: 파단, ◐ : 네킹)

성형 한계도는 부 변형률을 가로축, 주 변형률을 세로축으로 잡아서 시편의 파단부위에서 측정된 값을 나타내는 그림이다. 특정 판재에 대하여 측정한 일련의 시험결과를 정리하면 그림 6.8에 보인 바와 같이 파단(및 네킹)된 영역과 파단 되지 않은 안전영역을 경계 짓는 성형 한계곡선을 작성할 수 있다.

전술한 바와 같이, 시편의 폭을 다르게 하여 시험하면 그림 6.9에 보인 바와 같이 다양한 변형 모드에서의 파단 변형률을 얻을 수 있다. 즉, 정사각형 시편은 등2축 인장, 폭이 좁은 시편은 단축 인장 상태의 변형을 나타낸다. 시편은 신장되어 변형하므로 주 변형률은 항상 양의 값이지만, 부 변형률은 수축이나 신장에 따라 음 또는 양의 값을 갖는다. 예를 들어, 금속판재를 단축 인장시험하면 폭이 좁아지면서 부 변형률은 음의 값을 갖는다. 소성영역에서의 체적 일정 조건과 수직이방성이 r =1이라고 가정하면, 폭방향 변형률과 두께방향 변형률이 같아지므로, $e_2 = -0.5e_1$이 되며, 반면에 고무풍선을 불 때처럼 원형무늬가 모양을 유지하면서 커지면 등2축 인장상태($e_2 = e_1$)가 되어 부 변형률은 양의 값으로 주변형률과 같은 크기로 커진다.

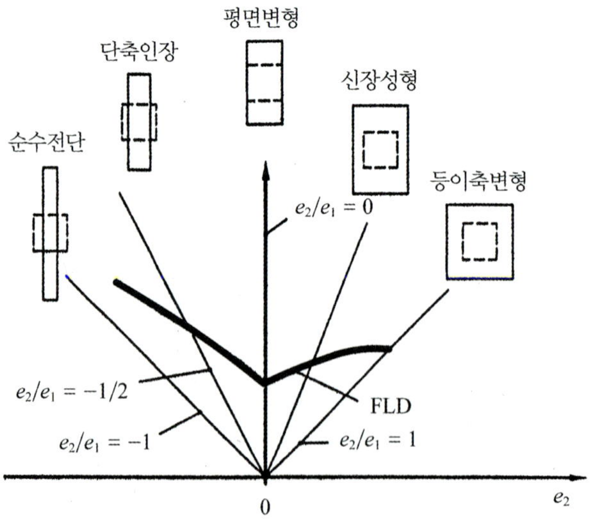


그림 6.9 변형경로와 성형 한계도의 관계

재질이 다르면 성형 한계곡선도 다르게 나타나는 것을 알 수 있는데, 곡선의 위치가 높을수록 재료의 성형성이 좋다고 할 수 있다. 또한 그림에서 판재의 파단 시에 같은 부 변형률 크기, 예를 들어 20%로 압축된 경우(음의 부 변형률)가 20%로 인장된 경우보다 큰 주 변형률값을 가지며, 이로부터 부 변형률은 음의 값, 즉 단축방향으로 수축을 일으키는 것이 성형성을 향상시킬 수 있는 방법임을 알 수 있다. 그림 6.10에 보인 바와 같이 판재의 강도가 작을수록, 두께가 두꺼울수록, 가공경화지수($n$)와 변형률속도 민감도($m$)가 클수록 성형 한계도의 곡선을 위로 올리는 효과를 주므로 성형성이 증가한다고 할 수 있다. 따라서 성형성은 재질의 고유한 성질이 아님을 주지하여야 한다.

### 예제 6.1

아래의 성형 한계도를 참고하여, 고강도강으로 만들어진 두께가 얇은 반구형 판재에 내압을 걸어서 확장시키고자 한다. 현재의 지름이 200mm라면 안전하게 확장 가능한 최대 지름은 얼마인지 계산하라.

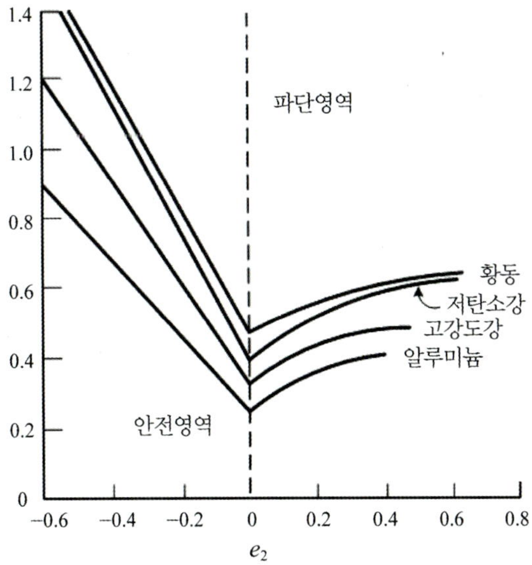

풀이

판재가 등2축 인장상태에서 신장성형되므로 성형 한계도상에서 고강도강의 최대 허용 공칭 변형률은 50%이다. 따라서

$$e = \frac{\pi D_f - \pi D_o}{\pi D_o} = \frac{D_f - 100}{100} = 0.5 \text{ 이므로}$$

확장 가능한 최대 지름은 $D_f = 150\text{mm}$

## 예제 6.2

두께 1.2mm의 판재의 표면에 2.50mm의 원형 그리드를 에칭하고 성형 후 타원으로 변형된 격자들의 장축과 단축의 길이를 측정하여 아래의 결과를 얻었다. 각 격자에 대해 주 변형률과 부 변형률 및 성형 후 두께를 계산하고 [예제 6.1]에 나타낸 저탄소강, 황동, 고강도강, 알루미늄의 성형 한계도로부터 파단 없이 성형 가능한 소재를 선택하여라.

(a) 장축 3.25mm, 단축 3.20mm

(b) 장축 3.30mm, 단축 2.60mm

(c) 장축 4.10mm, 단축 1.62mm

풀이

- 공칭 변형률 : $e_1 = \frac{a - d_0}{d_0}$, $e_2 = \frac{b - d_0}{d_0}$
- 진 변형률 : $\epsilon_1 = \ln\frac{a}{d_0} = \ln(1+e_1)$, $\epsilon_2 = \ln\frac{b}{d_0} = \ln(1+e_2)$

(a) $a = 3.25\text{mm}$, $b = 3.20\text{mm}$, $d_0 = 2.50\text{mm}$

- 주 변형률 : $e_1 = \frac{a - d_0}{d_0} = \frac{3.25 - 2.50}{2.50} = 0.30$, $\epsilon_1 = \ln\frac{a}{d_0} = \ln(1+0.30) = 0.262$
- 부 변형률 : $e_2 = \frac{b - d_0}{d_0} = \frac{3.20 - 2.50}{2.50} = 0.28$, $\epsilon_2 = \ln\frac{b}{d_0} = \ln(1+0.28) = 0.247$
- 성형 후 두께 : $\epsilon_3 = \ln\left(\frac{t_f}{t_o}\right) = -(\epsilon_1 + \epsilon_2)$

$$t_f = t_o \exp[-(\epsilon_1 + \epsilon_2)] = 1.2\exp(-0.509) = 0.7213\text{mm}$$

(b) 장축 3.30mm , 단축 2.60mm

- 주 변형률 : $e_1 = \dfrac{a-d_0}{d_0} = \dfrac{3.30-2.50}{2.50} = 0.32,\ \epsilon_1 = \ln\dfrac{a}{d_0} = \ln(1+0.32) = 0.278$
- 부 변형률 : $e_2 = \dfrac{b-d_0}{d_0} = \dfrac{2.60-2.50}{2.50} = 0.04,\ \epsilon_2 = \ln\dfrac{b}{d_0} = \ln(1+0.04) = 0.039$
- 성형 후 두께 : $t_f = t_o \exp[-(\epsilon_1+\epsilon_2)] = 1.2\exp(-0.317) = 0.8740\text{mm}$

(c) 장축 4.10mm , 단축 1.62mm

- 주 변형률 : $e_1 = \dfrac{a-d_0}{d_0} = \dfrac{4.10-2.50}{2.50} = 0.64,\ \epsilon_1 = \ln\dfrac{a}{d_0} = \ln(1+0.64) = 0.495$
- 부 변형률 : $e_2 = \dfrac{b-d_0}{d_0} = \dfrac{1.62-2.50}{2.50} = -0.352,\ \epsilon_2 = \ln\dfrac{b}{d_0} = \ln(1-0.352) = -0.434$
- 성형 후 두께 : $t_f = t_o \exp[-(\epsilon_1+\epsilon_2)] = 1.2\exp(-0.061) = 1.1290\text{mm}$

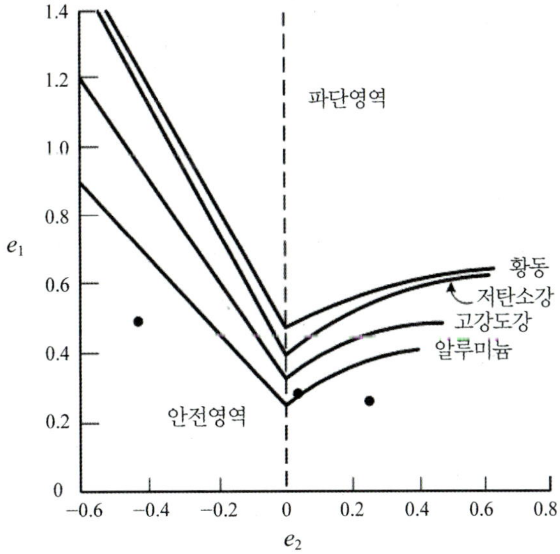


성형 한계도로부터 알루미늄을 제외한 고강도강, 저탄소강, 황동은 파단 없이 성형 가능한 소재이다.

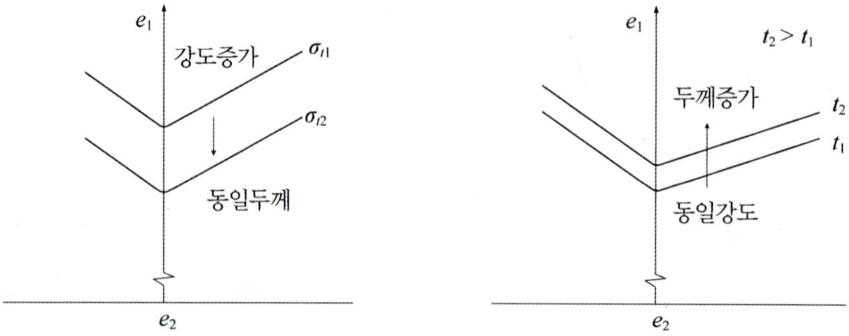


(a) 동일 두께에서 강도가 다를 경우

(b) 동일 강도에서 두께가 다를 경우

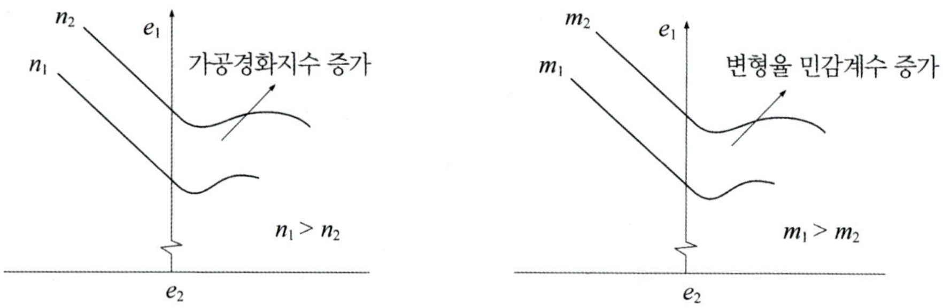


(c) $n$이 다를 경우

(d) $m$이 다를 경우

**그림 6.10** 성형 한계도 변화 추이

최근의 연구결과에 의하면 성형 한계곡선은 변형경로에 따라서도 달라지는 것으로 알려져 있다. 강의 성형성에 미치는 변형 모드의 영향을 그림 6.11에 나타내었다. 2번 모드로 드로잉 변형을 먼저 한 후 스트레칭을 하게 되면 이는 FLD 선도를 $A$위치에서 $B$위치로 옮기는 효과를 보이게 되어 바로 1번 모드로 성형한 경우에 비해 훨씬 안전한 성형을 할 수 있는 영역이 넓어진다. 만약 3번 모드로 성형을 하면 곡선이 $C$ 위치로 이동하는 효과를 보인다. 하지만 실조업에서 변형경로를 임의로 바꾸기는 쉽지 않음을 유념할 필요가 있다.

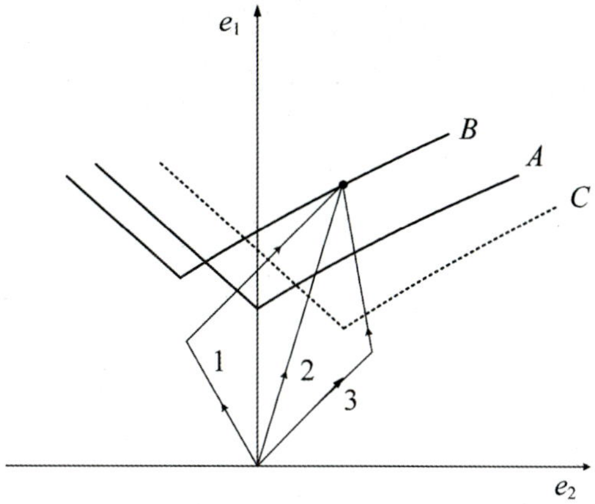


그림 6.11 강의 성형성에 미치는 변형 모드의 영향

부 변형률이 영인 경우의 주 변형률을 $FLD_o$라고 하는데 재질에 따라서 $FLD_o$ 값이 다르고 형상은 주변형률 축을 따라서 평행이동 하여 구할 수 있다. 따라서 재질별 $FLD_o$ 값과 성형 한계도 형상을 알고 있다면 그 재질의 성형 한계도를 예측할 수 있는 것이다.

실험적으로 구한 대체적인 냉연강판의 $FLD_o$ 값은 표 6.1과 같다.

표 6.1 냉연판재의 대체적인 성형한계 수준(FLDo), 판 두께 범위: 0.7~1.5mm

| 재질 | $FLD_o$ | 재질 | $FLD_o$ |
|---|---|---|---|
| EDDQ(Extra Deep Drawing) | 45-46% | 일반용 35Kg/mm$^2$ 고장력강 | 35-36% |
| DDQ(Deep Drawing Quality) | 44-45% | 고가공용 40Kg/mm$^2$ 고장력강 | 30-32% |
| DQ(Drawing Quality) | 42-43% | 일반용 40Kg/mm$^2$ 고장력강 | 28-30% |
| CQ(Commercial Quality) | 40-41% | 60Kg/mm$^2$ 고장력 강, Al-5xxx | 23-25% |
| 고가공용 35Kg/mm$^2$고장력강 | 38-39% | STS304 | 46-47% |

아래 식은 인장강도와 판의 두께로 부터 $FLD_o$ 값을 예측하는 예를 보였으며 이 식 이외에도 $FLD_o$와 강판의 기계적 물성 및 두께와의 관계를 나타내고 있는 식이 여러 가지 제안된 바 있다.

$$FLD_0(\%) = 38 - 0.06(\sigma_t - 305) + 10(t - 0.7) \tag{6.3}$$

여기서, $FLD_o$ = 평면 변형률(%), $\sigma_t$ = 인장강도(MPa), $t$ = 판재두께(mm)

윤활은 FLD 시험결과에 큰 영향을 주므로 시험 후에는 윤활 조건에 대하여 언급하여야 한다. 이렇게 함으로써 동일 판재에 대한 다른 윤활제나 동일 윤활제에 대한 다른 판재에 대하여 성형성을 평가할 수 있다. 또한 성형성은 판재재료의 노치 민감성, 표면의 흠집이나 자국 등으로 감소될 수 있으며, 시험에서뿐 아니라 실제 가공 시에도 조기 파단이나 찢어짐이 일어난다.

성형 한계도를 실생산에 활용하기 위해서는 먼저 성형하고자 하는 부품의 주 변형률과 부 변형률을 다양한 부위에서 실측정하거나 또는 컴퓨터 시뮬레이션(FEM 등)을 통해 성형부품에서의 변형률을 측정한다. 이렇게 얻어진 변형률은 사용대상 소재의 FLD 선도에 중첩시켜서 안전성형 영역에 놓이는지를 평가한다. 만약 파단 영역으로 놓여지는 변형률이 존재하면 소재, 두께, 제조공정, 목표형상 등에 대한 변경 여부를 고려해야 한다.

## 6.2 드로잉시험

판재의 드로잉(drawing)성을 평가해주는 시험법으로 Swift cupping 시험과 사각컵(sink model) 드로잉 실험을 들 수 있다.

### (1) Swift Cupping 시험

디프 드로잉성을 평가하는 기본적 시험법으로 원통 드로잉에서 파단하지 않고 드로잉 가능한 최대 블랭크 지름(d)과 펀치 지름(d)의 비율인 한계 드로잉 비($LDR = D/d$)가 평가치이다.

그림 6.12(a)에 LDR을 결정하기 위한 Cupping 시험을 도식적으로 나타내었다. 블랭크 직경을 점진적으로 증가시킴에 따라 보다 깊은 컵이 성형되고 최대 성형 하중도 증가하게 된다. 계속하여 블랭크 직경을 증가시키게 되면 한계 블랭크 직경 이상에서 파단이 일어나게 된다. 처음 파단이 일어난 직경보다 더 큰 블랭크를 이용하여 성형하면 파단이 더욱 빠르게 일어나고 최대 성형 하중도 낮아진다. 그림 6.12(b)에 보인 바와 같이 컵성형이 성공적으로 이루어진 블랭크 직경별 최대 성형 하중 선도와 파단이 일어난 블랭크 직경별 최대 성형 하중 선도를 연결하였을 때 교점에 해당하는 블랭크 치수를 성형 가능 최대 블랭크 치수로 결정한다.

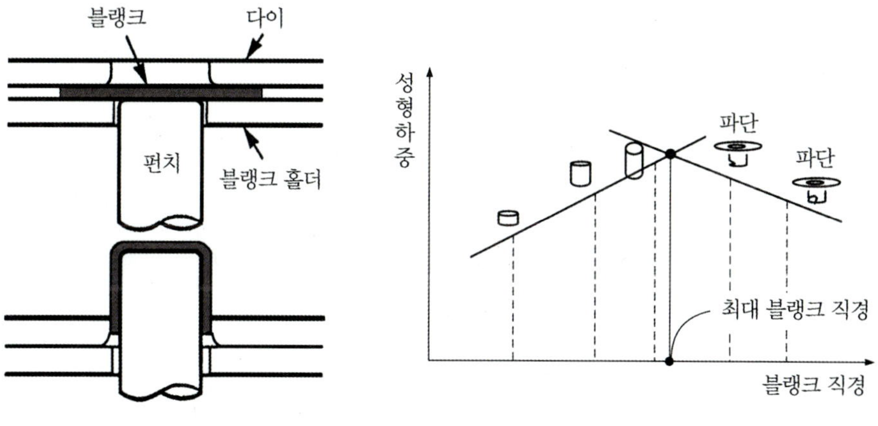


(a) LDR을 결정하기 위한 Cupping 시험 (b) 성형 가능 최대 블랭크 치수 결정

그림 6.12

그림 6.13은 Swift 시험을 통해 얻어진 임계 블랭크 직경을 수직이방성($\bar{r}$)과 대비시킨 것으로, 회귀분석을 통해 얻어진 실선을 기준으로 95% 신뢰 영역을 점선으로 나타내었다. 그림에서 보듯이 임계 블랭크 직경($=LDR\times d$)은 수직이방성($\bar{r}$)과 높은 상관성을 보인다.

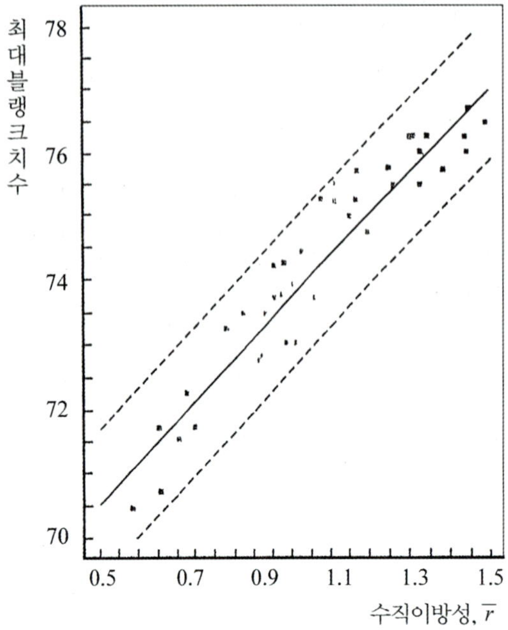


그림 6.13 임계 블랭크 직경과 수직이방성(r-bar)의 상관관계 예시

높은 $\bar{r}$가 성형성을 개선시키는 이유를 그림 6.14 에 나타내었다. 플랜지 부위와 측면벽 부위를 비교해보면, 측면벽 부위(2)는 펀치의 구속으로 인해 원주방향으로 변형을 일으킬 수가 없으므로 측면벽 부위는 길이방향으로만 변형을 일으키게 된다. 체적이 일정하므로

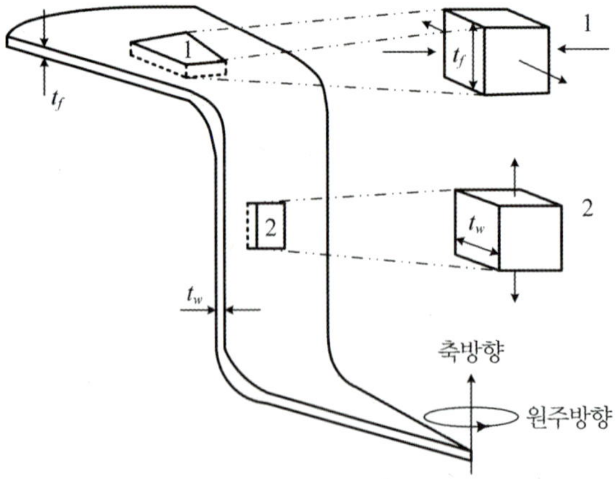


그림 6.14 Cupping 시험에서 수직이방성($\bar{r}$)의 중요성

이때의 길이방향 변형률은 두께방향의 변형률과 그 값은 같고 부호는 반대일 것이다. 높은 $\bar{r}$, 다시 말해 두께방향의 높은 변형 저항은 두께방향의 변형을 억제하게 되고 이로 인해 길이방향 변형도 억제된다. 플랜지 부위의 경우(1)에도 $\bar{r}$가 높을수록 두께방향으로의 변형 저항보다 낮은 변형 저항을 갖는 원주방향 변형이 쉽게 일어날 수 있으므로 성형성이 좋아진다.

높은 가공경화지수($n$)와 변형률 민감도계수($m$)가 성형성에 미치는 긍정적 효과를 그림 6.15 에 나타내었다. 드로잉 하중 하에서 체적이 일정하여야 하므로 두께방향으로의 변형도 일어난다. 이 경우 높은 $r$값보다는 가공경화지수($n$)와 변형률 민감도계수($m$)가 훨씬 중요하다. 두께가 국부적으로 얇아지는(local thinning) 현상은 가공경화지수($n$)와 변형률 민감도계수($m$)가 증가할수록 크게 억제된다. 만약 재료가 이러한 특성을 갖는다면 변형된 부위의 재료가 주변의 미변형된 부위에 비해 더욱 강해지게 되므로 하중이 지속적으로 가해지더라도 미변형된 주변부가 더욱 쉽게 변형되게 되므로 네킹(necking)이 지연되어 성형성이 크게 나타난다.

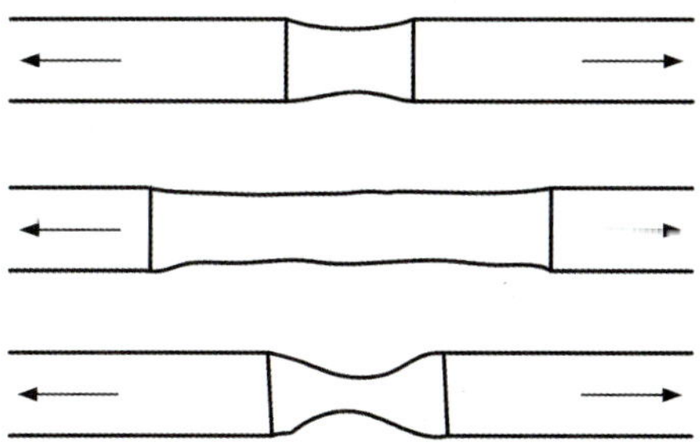


그림 6.15 네킹(국부 thinning) 측면에서 n과 m의 중요성

### (2) 사각컵 드로잉 실험

사각형상의 컵을 디프 드로잉 하여 강판의 사각통 드로잉 능력 및 신장(장출)성형성을 평가하는 시험방법이 사각컵 드로잉 실험(sink model die test)이며, 다음의 과정을 거쳐 실시한다(그림 6.16).

### ■ 사용기기

- 전단기(Shearing Machine), 전기 에칭기(Metal Marking kit), 박판 종합 시험기, 원형 그리드 측정기

### ■ 실험 조건

- 다이 : 사각컵 전용 실험 다이
- 펀치 : 90×95mm 사각펀치(치수 변경 가능)
- 블랭크 홀더력(BHF) : 성형 가능 수준
- 펀치속도 : 100mm/min(속도 변경 가능)
- 윤활 조건 : 우지 또는 가공유

### ■ 시편준비(치수 변경 가능)

- 163×158mm, 163×158mm (Corner Cut 45mm)

### ■ 실험방법 및 순서

① 실험목적에 따라 상기와 같은 폭으로 전단하여 준비한다.

② 시편의 가장자리의 버어를 제거한다.

③ 원형 그리드를 판재에 에칭한다.

④ 시편을 아세톤으로 세척한다.

⑤ 원형 그리드 에칭 시편의 경우 일정 높이로 성형하고 BHF 범위 결정의 경우 성형 가능한 최대 BHF를 구한다.

### ■ 평가방법

- 성형 가능한 최대 BHF로 성형성의 우열을 평가한다.
- 일정높이 성형 후 같은 부위에 대하여 변형률을 측정한다.

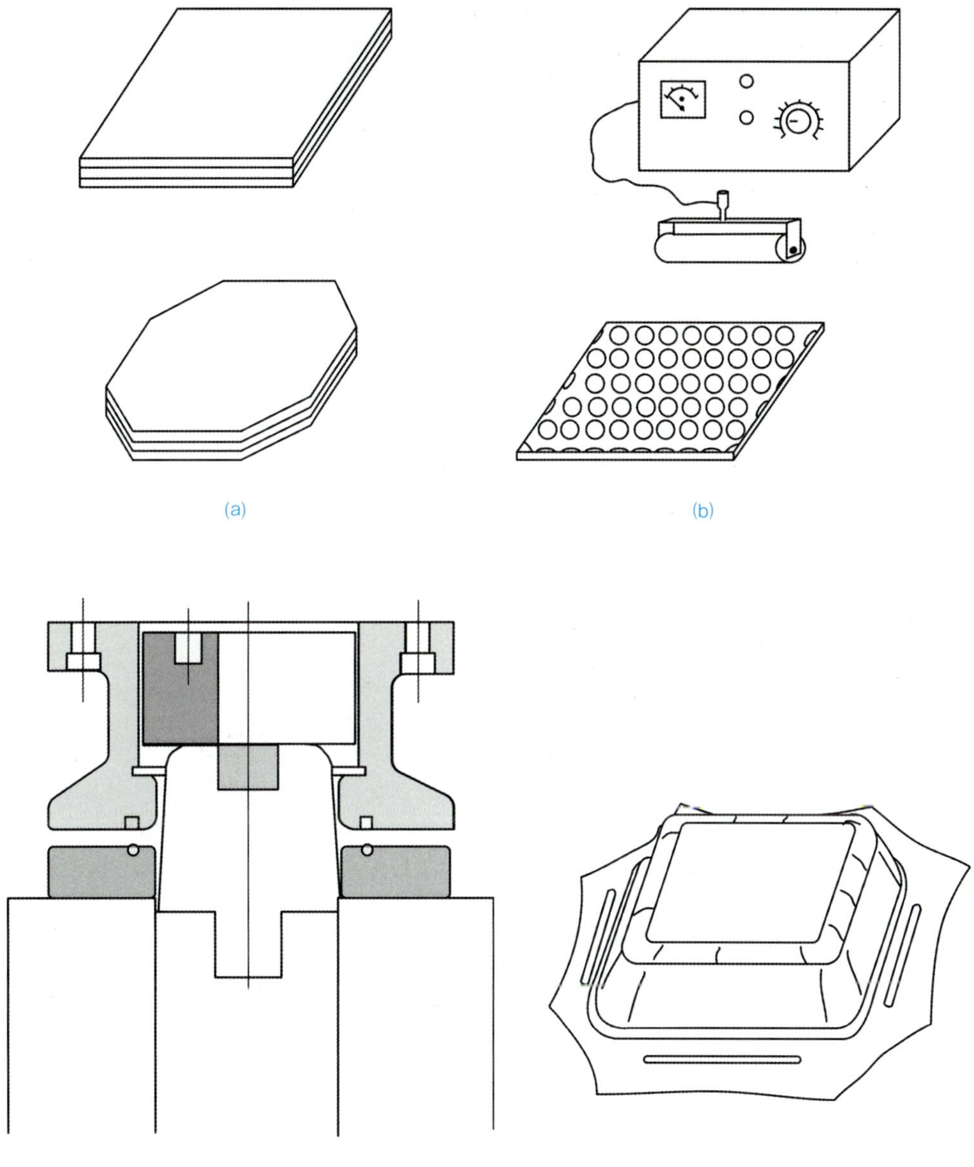

(a) (b) (c) (d)

**그림 6.16** 사각컵 드로잉 실험의 개략도

## 6.3 신장성형 시험

펀치나 액압을 이용하여 시료를 변형시켜 신장(stretching) 성형성을 평가하는 시험법으로 블랭크 홀더가 블랭크의 테두리 부분을 고정시켜 이 부분이 다이 안으로 빨려들어가지 못하게 한 상태에서 펀지를 하강시킨다. 그러면 재료가 2축 인장상태에서 신장되면서 국부적으로 신장성형 된다. 신장성형성을 평가하는 시험법으로는 다음과 같은 것들이 있다.

- 에릭슨(Erichsen test) 시험
- 한계 돔 높이시험(LDH test, Limiting Dome Height Test)
- 액압 벌지 시험(bulge test)
- 평면 변형 신장 시험 (PSST, Plane Strain Stretch Test)

### (1) 에릭슨 시험

에릭슨 펀치 스트레치 성형 시험은 박판의 신장성형성 평가에 널리 이용되고 있는 시험법이다(그림 6.17). 원형의 판재의 원주부분을 블랭크 홀더로 단단하게 잡고, 반구형의 끝을 가진 펀치로 누르는 시험으로 파단이 일어날 때까지 펀치가 판재를 누르면서 강하한 깊이(mm)로 에릭슨값(IE: Index Erichsen)을 정한다.

#### ■ 사용기기

- 전단기(Shearing Machine), 박판종합 시험기

#### ■ 실험 조건

- 다이 : 내경 27mm Erichsen Die Set(치수 변경 가능)
- 펀치 : 직경 20mm Erichsen 펀치(치수 변경 가능)

- 블랭크 홀더력(BHF) : 3ton(홀더력 변경 가능)
- 펀치속도 : 100mm/min(속도 변경 가능)
- 윤활 조건 : $MoS_2$ 또는 우지 도포

## ■ 시편준비

- 70×70mm 5매(치수 변경 가능)

## ■ 실험방법 및 순서

① 시편의 폭이 압연방향에 대하여 상기와 같은 폭으로 전단하여 준비한다.

② 시편의 가장자리의 버어를 제거한다.

③ 시편을 아세톤으로 세척한다.

④ $MoS_2$ 또는 우지를 도포한다.

⑤ 박판 종합 시험기에서 시험 모드를 LDH 모드로 하여 파단 시까지 성형 후 성형높이를 기록한다.

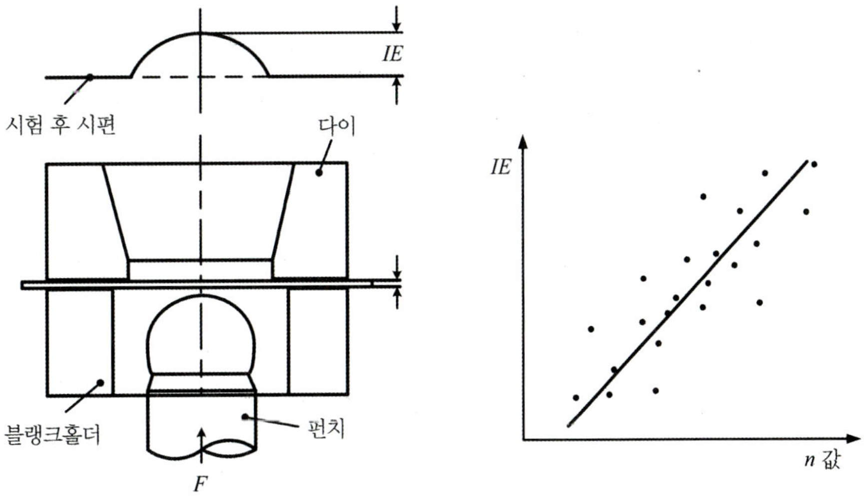


(a) 에릭슨(Erichsen test) 시험장치 개략도 (b) 가공경화지수($n$)와 에릭슨값(IE) 사이의 관계

그림 6.17

■ 평가방법

- 시험 후 돔 높이의 상호비교로 장출성형성의 우열을 판단한다.
- 판재 파단 시 펀치의 스트로크로 에릭슨값(Index Erichsen)을 측정한다.

### (2) 한계 돔 높이 실험

한계 돔 높이(LDH ; limiting dome height) 시험은 100mm 반구형 펀치를 이용하여 파단이 일어나는 높이를 측정하여 신장성형성을 평가하는 시험법이다. 각기 폭이 다른 여러 개의 시편으로 각 시편이 파단하거나 펀치력이 최대에 도달하였을 때의 돔 높이를 측정한다. 이 시험에서는 에릭슨 시험과 달리 소재가 다이 내부로 딸려 들어가지 못하도록 드로비드(drawbead)를 사용하여 판재를 고정한다. LDH 시험으로 시편이 파단에 이를 때까지 신장될 수 있는 능력을 알 수 있다(그림 6.18).

■ 사용기기

- 전단기(Shearing Machine), 박판 종합 시험기

■ 실험 조건 :

- 다이 : LDH 전용 실험 다이
- 펀치 : 100mm 반구형 펀치(치수 변경 가능)
- 블랭크 홀더력(BHF) : 30ton(홀더력 변경 가능)
- 펀치속도 : 200mm/min(속도 변경 가능)
- 윤활 조건 : 무윤활 또는 평가대상 윤활유

■ 시편준비(치수 변경 가능)

- 예비 실험: 178(압연 직각방향)×117, 120, 123, 126, 129, 132, 135mm(압연방향)
- 본 실험: 178(압연 직각방향)×최소 돔 높이의 시편 폭(압연방향) 5매 절단

■ 실험방법 및 순서

① 시편의 폭이 압연방향에 대하여 상기와 같은 폭으로 전단하여 준비한다.

② 시편의 가장자리의 버어를 제거한다.

③ 시편을 아세톤으로 세척한다.

④ 박판 종합 시험기에서 시험 모드를 LDH 모드로 하여 파단 시까지 성형 후 성형 높이를 기록한다.

■ 평가방법

- 예비 실험의 최소 돔 높이의 시편 폭에서 5회 본실험을 실시하여 장출성형성 평가 및 예비 실험 결과의 시편 폭-돔 높이 선도로 성형성을 평가한다.

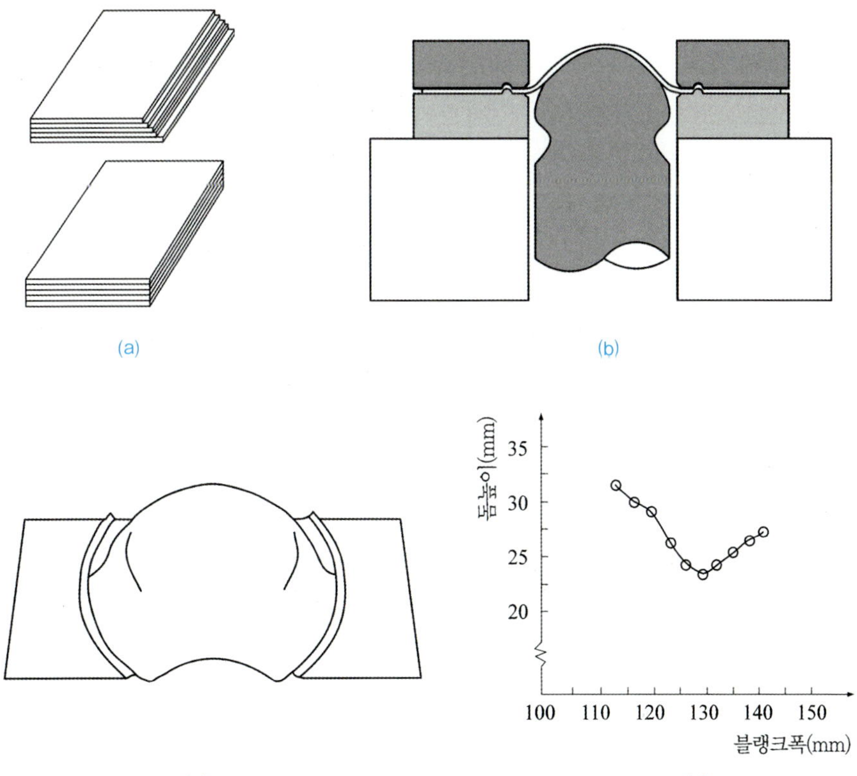


그림 6.18 한계 돔 높이 실험

### (3) 액압벌지 시험(bulge test 또는 jovignot test)

그림 6.19에 보인 바와 같이 판재를 2축 응력상태에서 액압성형하는 방법으로 재료와 공구 간의 마찰이 없는 상태에서 성형성을 평가하는 것이 이 시험의 특징이다. 마찰이 없으므로 파단은 항상 벌징부의 첨단부에서 일어난다. 다양한 변형 조건을 부여하기 위해 타원형으로 벌징시키기도 한다. 타원의 단축을 따라 변형이 크고 장축을 따라서 작으므로 타원형 다이의 타원도를 크게 증가시킬 경우 $e_2/e_1$ 비율을 0.1 까지도 낮출 수 있다.

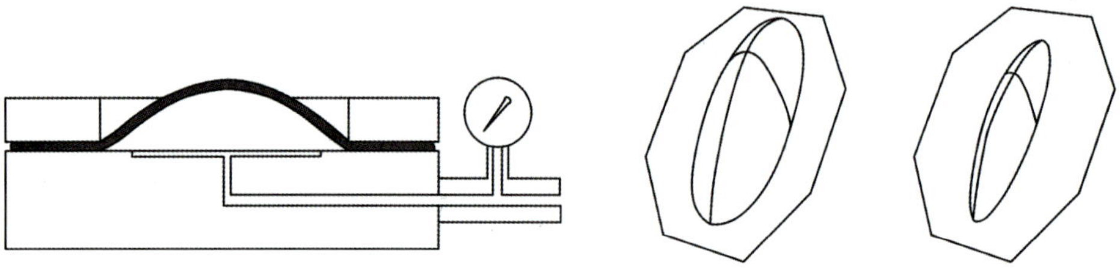

(a) 2축 변형을 위한 장치 (b) 타원 형태로 변형된 블랭크

**그림 6.19** 벌지 시험

그림 6.20에 나타낸 원형 벌징의 경우, 벌징 첨단부의 판두께($t$), 곡률 반지름($\rho$) 및 액압($P$)을 측정하여 다음 식으로 응력과 변형을 계산하면 해당소재의 응력-변형 곡선을 얻을 수 있다.

$$\bar{\sigma} = \sigma_1 = \sigma_2 = \frac{p\rho}{2t} \tag{6.4}$$

$$\bar{\epsilon} = \ln\frac{t_0}{t} \tag{6.5}$$

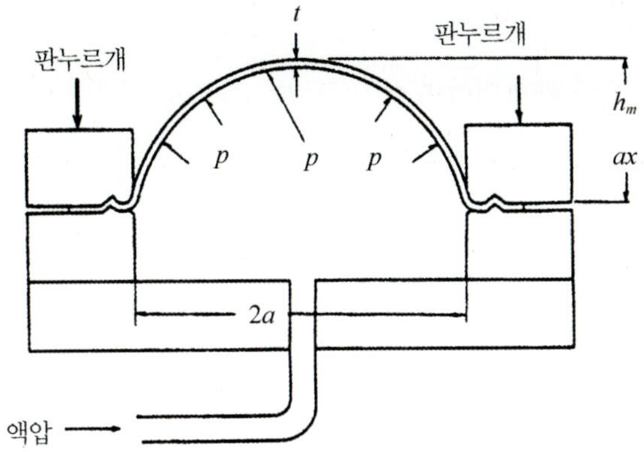


그림 6.20 원형 벌지 시험

### (4) 평면변형 신장 시험 (PSST, Plane Strain Stretch Test)

평면변형 신장 시험은 평면변형 상태에서 판재의 신장성형성을 평가하는 시험법이다(그림 6.21).

#### ■ 사용기기

- 전단기(Shearing Machine), 박판 종합 시험기

#### ■ 실험 조건

- 다이 : FLD 전용 실험 다이
- 펀치 : 70×70×R35mm 실린더 펀치(치수 변경 가능)
- 블랭크 홀더력 : 30ton(홀더력 변경 가능)
- 펀치속도 : 200mm/min(속도 변경 가능)
- 윤활 조건 : 무윤활 (아세톤 세척) 또는 가공유

#### ■ 시편준비(치수변경 가능)

- 178(압연방향에 직각방향)×126mm(압연방향) 5매 절단

■ 실험방법 및 순서

① 시편의 폭이 압연방향에 대하여 상기와 같은 폭으로 전단하여 준비한다.

② 시편의 가장자리의 버어를 제거하고, 시편을 아세톤으로 세척한다.

③ 박판 종합 시험기에서 시험 모드를 LDH 모드로 하여 파단 시까지 성형 후 성형높이를 기록한다.

■ 평가방법

• 시험 후 돔(Dome) 높이의 상호비교로 성형성의 우열을 판단한다.

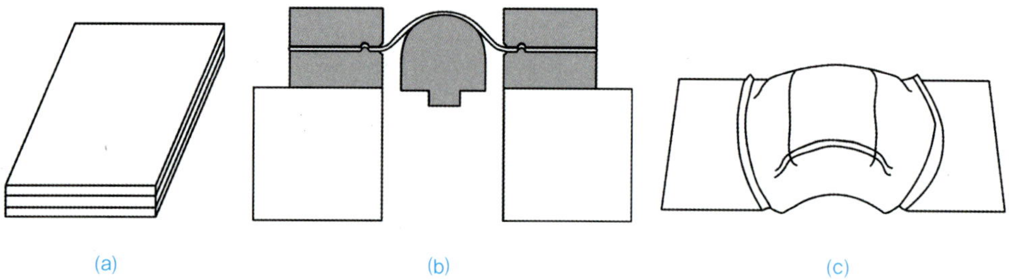


그림 6.21 평면변형 장출 시험 개략도

## 6.4 굽힘성형

각종 강판의 굽힘가공 특성 평가, 스프링 백 측정 및 각종 표면처리 강판의 내골링성을 평가하기 위해 굽힘성형 시험을 실시하게 되며 주로 U 굽힘 실험(U Bending Test, 그림 6.22)과 V 굽힘 실험(V bending test, 그림 6.23)이 행해진다.

### (1) U 굽힘 실험

■ 사용기기

- 전단기(Shearing Machine), 박판 종합 시험기

■ 실험 조건

- 다이 : (58×101mm) R4.5mm Bead의 사각 다이(치수 변경 가능)
- 펀치 : (50×93mm) 사각펀치(치수 변경 가능)
- 블랭크 홀더력(BHF) : 2~5ton(홀더력 변경 가능)
- 펀치속도 : 200mm/min(속도 변경 가능)
- 성형 높이 : 70mm(변경 가능)
- 윤활 조건 : 무윤활 또는 평가대상 윤활유

■ 시편준비

- 50 x 350mm(치수 변경 가능)

■ 실험방법 및 순서

① 시편을 상기와 같은 폭으로 전단하여 준비한다.

② 시편의 가장자리의 버어를 제거한다.

③ 시편을 아세톤으로 세척한다.

④ 박판 종합 시험기에서 시험 모드를 Cupping 모드로 하여 실험하고자 하는 BHF에서 펀치 높이를 70mm로 성형한다.

■ 평가방법

① U 굽힘 실험

- 굽힘 실험 후 각도기의 굽힘각으로 스프링 백량을 평가한다.

- 굽힘 실험 후 끝단의 벌어짐량을 버어니어 캘리퍼스로 측정하여 평가한다.

② 내골링성 실험

- 각 BHF에 대한 실험시편 표면의 변색 정도 및 스크래치 발생유무를 육안으로 검사하여 평가한다.
- 실험시편 표면에 tape를 접착 후 묻어나오는 도금층의 박리 정도로 평가한다.

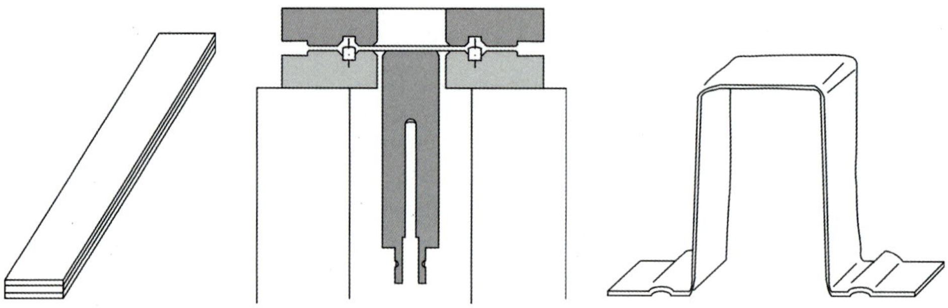

(a) (b) (c)

그림 6.22 U 굽힘 실험 개략도

## (2) V 굽힘 실험

### ■ 사용기기

- 전단기(Shearing Machine), 박판 종합 시험기

### ■ 실험 조건

- 다이 : (91×105×55mm) V 굽힘 다이(치수 변경 가능)
- 펀치 : (71×105×50mm) R2, 4, 8, 12, 예리한 펀치(치수 변경 가능)
- 블랭크 홀더력(BHF) : 2~5ton(홀더력 변경 가능)
- 펀치속도 : 100mm/min(속도 변경 가능)
- 윤활 조건 : 무윤활

## ■ 시편준비

• 50 x 200mm(치수 변경 가능)

## ■ 실험방법 및 순서

① 시편을 상기와 같은 폭으로 전단하여 준비한다.

② 시편의 가장자리의 버어를 제거한다.

③ 시편을 아세톤으로 세척한다.

④ 박판 종합 시험기에 실험하려는 굽힘 다이 및 펀치장착 후 일정한 BHF로 가압하여 실험한다.

## ■ 평가방법

• 굽힘 실험 후 각도기의 굽힘각으로 스프링 백을 평가한다.

• 굽힘 실험 후 끝단의 벌어짐량을 버어니어 캘리퍼스로 측정하여 평가한다.

• 제진 강판의 경우 강판 사이의 미끄러짐량을 버어니어 캘리퍼스로 측정하여 평가한다.

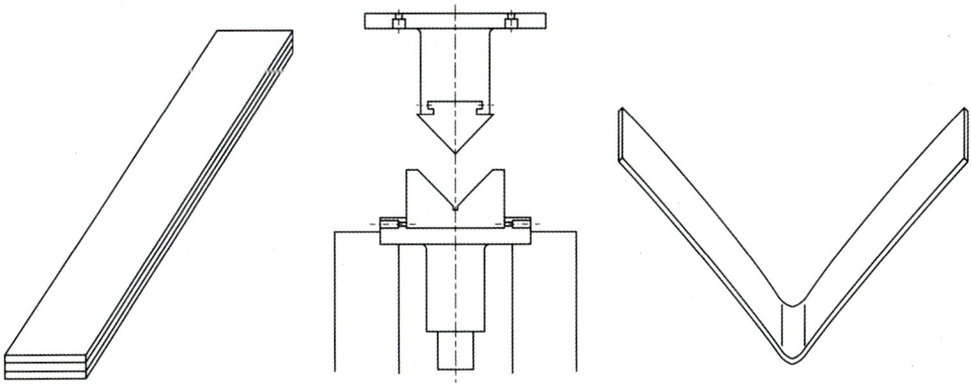

(a) (b) (c)

**그림 6.23** V 굽힘 실험 개략도

## 6.5 연신 플랜지성형

연신 플랜지 시험은 그림 6.24에 나타낸 구멍확대 시험(hole expansion test)으로 주로 평가한다. 중앙에 구멍이 뚫려 있는 블랭크를 바닥이 편평한 펀치, 바닥이 구형인 펀치, 또는 원추형 펀치로 성형하여 구멍 테두리에 파단을 발생시키는 방법이다. 평가 치로는 구멍 확대율(=$(d_f - d_0)/d_0$) 또는 구멍 확대비(=$d_f/d_0$), 파단발생 펀치높이 등이 사용된다($d_f$는 파단발생 시의 구멍 지름, $d_0$는 초기의 구멍 지름).

### ■ 사용기기

- 전단기(Shearing Machine), 전기 에칭기 (Metal Marking Kit), 박판 종합 시험기, 원형 그리드 측정기

### ■ 실험 조건

- 다이 : LDH 전용 실험 다이
- 펀치 : 100mm 반구형 펀치(치수 변경 가능)
- 블랭크 홀더력(BHF) : 30ton(홀더력 변경 가능)
- 펀치속도 : 100mm/min(속도 변경 가능)
- 윤활 조건 : 무윤활 또는 평가하려는 윤활유

### ■ 시편준비(치수 변경 가능)

- 200 x 200mm의 시편의 중앙에 30mm 직경의 구멍을 펀칭 후 버어(Burr) 제거

### ■ 실험방법 및 순서

① 시편을 가로, 세로 200mm의 시편에 직경 30mm의 펀칭 공구를 이용하여 시편의 중앙에 구멍을 뚫는다.

② 시편의 가장자리의 버어를 제거한다.

③ Metal Marking으로 원형 그리드를 판재에 에칭한다.

④ 시편을 아세톤으로 세척한다.

⑤ 박판 종합 시험기에서 시험 모드를 LDH 모드로 하여 펀치를 상승시키면서 육안으로 구멍주위를 관찰하여 크랙발생 순간에 펀치를 정지시킨다.

## ■ 평가방법

- 구멍이 동심원일 경우 : 크랙 주위의 변형률을 측정하여 평가하거나, 성형된 원의 평균직경을 측정하여 평가한다.

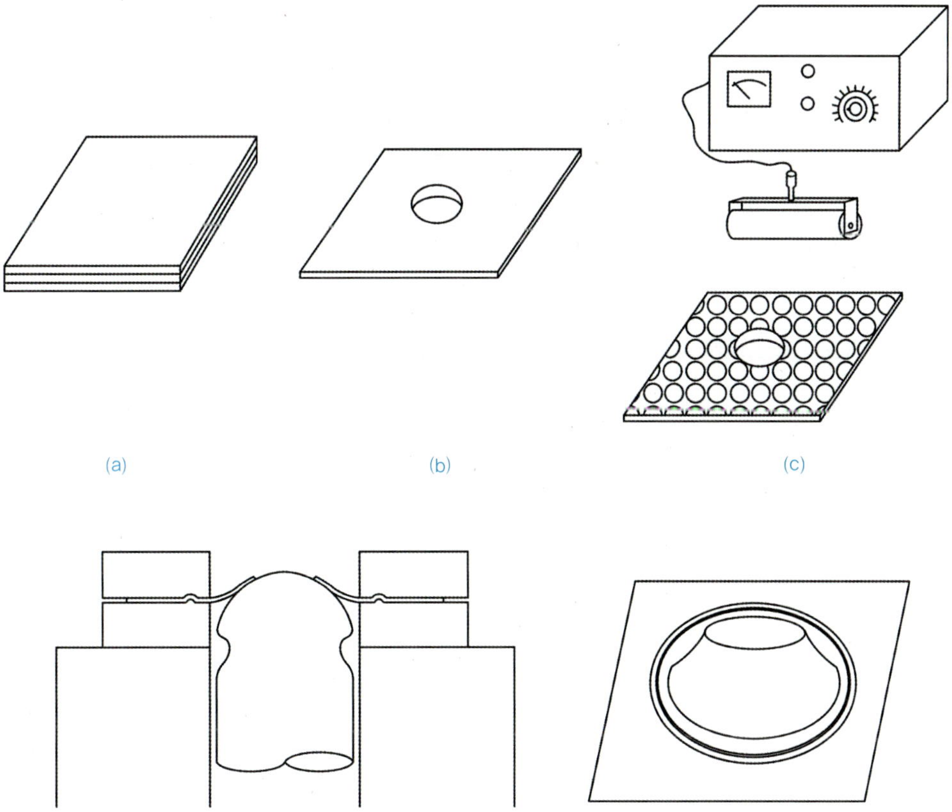

(a) (b) (c)

(d) (e)

그림 6.24 구멍 확대 시험 개략도

- 찌그러진 원일 경우 : 장축 및 단축의 직경측정 후 평균값을 구하거나 단축의 직경으로 평가한다.
- 크랙이 커서 직경이 적절치 못할 경우 : 하중-스트로크 곡선의 변곡점을 찾아서 이때의 펀치 높이로 평가한다.

## 6.6 버클링 시험

각종 강판의 면외 좌굴 특성을 평가하는 시험으로, 요시다 버클링 실험(Yoshida Buckling Test)법을 주로 이용한다(그림 6.25).

### ■ 사용기기

- 전단기(Shearing Machine), 인장 시험기

### ■ 실험 조건

- 인장속도 : 1mm/min(속도 변경 가능)

### ■ 시편준비(치수 변경 가능)

- 100 x 100mm
- 표점거리 :75mm(Marking)

### ■ 실험방법 및 순서

① 시편을 상기와 같은 폭으로 전단하여 준비한다.

② 시편의 가장자리의 버어를 제거한다.

③ 시편을 아세톤으로 세척 후 인장 시험기에 시편의 모서리 부분을 물린다.

④ 일정거리 또는 일정시간 축 압입 후 정지한다(통상 0.5mm 간격 또는 30초 간격).

■ 평가방법

- 각 단계에서의 표점거리를 디바이더로 측정하여 평가한다.
- 각 단계에서의 면외 좌굴 높이를 3지점 다이얼 게이지를 이용하여 측정된 좌굴 높이로 평가한다.

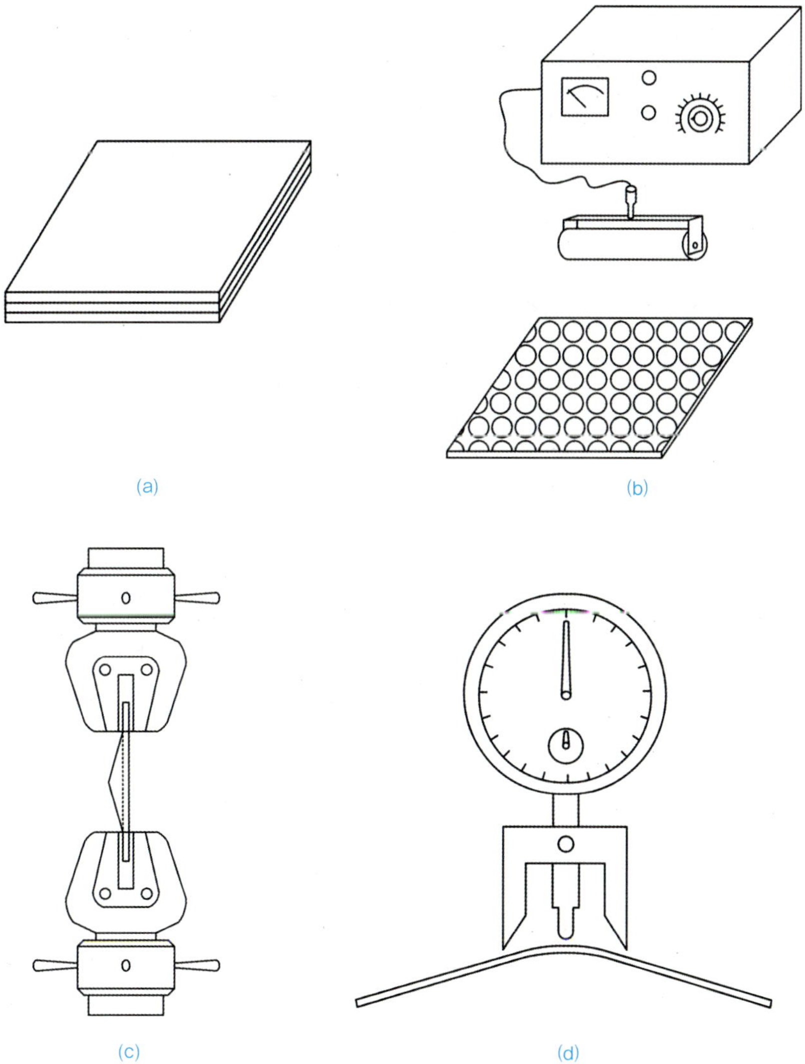


그림 6.25 버클링 시험 개략도

## 6.7 덴트저항

덴트(dent)는 크기가 작은 영구적인 양축변형이다. 자동차 차체판, 가전제품, 사무가구 등의 금속판재 제품에서는 덴트저항이 중요하게 고려되어야 한다. 덴트저항에 영향을 주는 인자는 항복응력 $Y$, 두께 $t$, 판의 형상이며, 재료 및 형상변수를 고려하여 다음 식으로 정의된다.

$$\text{덴트저항} : \propto \frac{Y^2 t^4}{S} = \frac{Y^2 t^4}{E t^{\alpha}} \tag{6.6}$$

대부분의 판에서 형상인자인 $a$는 1과 2사이의 값을 가진다. 판의 형상에 있어서는 곡률이 작을수록(즉, 판이 편평할수록) 유연성이 있으므로 덴트저항이 높다. 윗 식에 따르면 강도와 두께가 증가할수록 덴트저항은 높아지고, 탄성계수 $E$, 즉 강성이 높거나 곡률이 클수록 덴트저항은 작아진다.

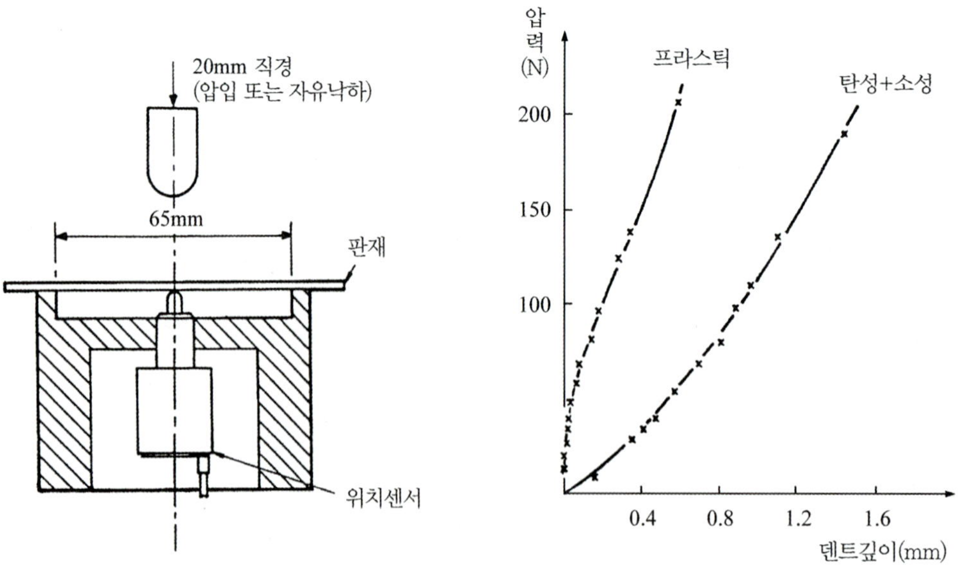


(a) 덴트저항 시험장치 도식도

(b) 덴트저항 시험결과 예

그림 6.26

덴트는 낙하물이나 충돌물질에 의한 동 하중으로 인해 발생하며, 자동차 차체판의 경우는 충돌속도가 최대 45m/s에 이른다. 따라서 정적 항복응력보다는 변형률속도가 높을 때의 동적 항복응력이 고려되어야 한다. 변형률속도가 증가함에 따라 항복응력도 증가하는 재료에서 덴트가 생기려면 정적 조건에서보다 높은 수준의 에너지가 필요하며, 동 하중으로 인한 덴트는 정 하중의 경우보다 국부적이 된다. 변형 에너지의 일부는 탄성변형에 사용되므로 금속판재의 반발계수도 고려되어야 한다. 그림 6.26에 덴트저항을 측정하는 시험장치와 덴트 시험 결과 예를 나타내었다.

CHAPTER 7

# 판재성형 해석

판재성형은 판재를 소재로 하여 소성변형에 의하여 필요한 형상으로 성형하는 과정이며 체적성형과 달리 다음과 같은 뚜렷한 특징을 갖는다.

- 성형 중의 형상변화는 크지만 재료가 받는 변형률은 크지 않다.
- 성형 중 판 두께와 표면적의 변화가 작다.
- 탄성복원의 영향이 크다.
- 재료의 물성치가 방향성을 갖는다.

판재는 제조과정에서 압연과 소둔의 반복과정을 거치면서 발생된 내부조직의 결정학적 방향성에 의해 응력을 가하는 방향에 따라서 판재의 기계적 성질이 차이를 보이는 이방성을 보이게 된다. 또한 판재의 소성 가공에서는 일반적으로 두께방향으로 작용하는 응력이 상대적으로 작기 때문에 대부분의 경우 두께방향의 응력이 없는($\sigma_3 = 0$) 평면응력 상태로 가정한다(그림 7.1).

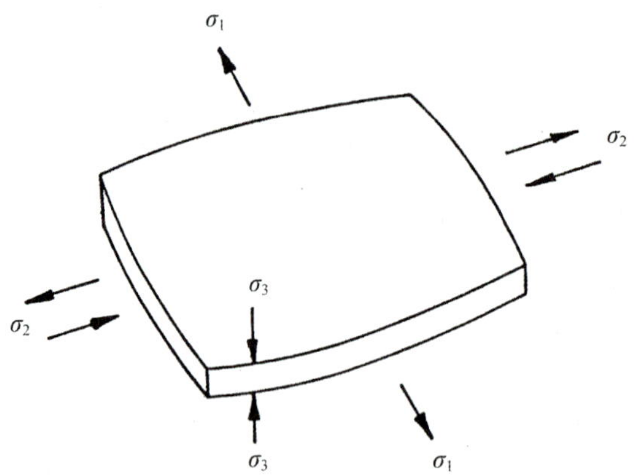


그림 7.1 판재성형의 응력상태

판재성형공정을 수학적으로 해석하고자 하는 노력은 오래 전부터 있어 왔지만 판재성형 자체에 영향을 주는 인자들의 수가 너무 많아서 모두 고려할 수가 없으며, 이들 인자 또한 수학적인 묘사가 어려운 것이 대부분이므로 판재성형공정의 정확한 해석에는 한계를 보여

왔다. 본 장에서는 판재성형공정 해석에 대해 다루고자 하며 전술한 판재성형의 공정 특성상 판재의 이방성과 평면변형 특성에 중점을 두었다.

## 7.1 등방성 소성 이론

소성 이론은 탄성한계를 넘어선 변형률 영역에서 재료에 부가되는 응력과 그에 따른 재료의 변형률을 서로 관계 지어 주며, 탄성변형은 가역적인데 비하여 소성변형은 비가역적이다. 또한 탄성변형은 초기와 최종의 응력상태에 의존하지만 소성변형은 최종 상태에 이르는 변형경로에 의존한다는 점이 다르다. 탄성변형은 탄성계수에 의해서 응력과 변형률을 관계 지을 수 있지만, 소성변형은 재료의 가공경화, 소성 이방성, 바우싱거(Bauschinger) 효과 등과 같은 실제 재료의 특성들을 수학적으로 표현하는 것은 쉽지 않다.

소성변형은 재료에 가해지는 응력이 탄성한계를 넘어설 때 일어나며 복합적인 응력 하에서도 이러한 항복이 일어나는 조건을 아는 것은 성형공정 측면에서 매우 중요하다. 단순인장 혹은 단순압축과 같은 간단한 응력 조건 하에서 재료의 항복을 측정하거나 이해하는 것은 쉽다. 그러나 복합응력 하에서 항복이 일어나는 조건을 물리적으로 이해하는 것은 용이하지 않은데 이것을 가능하게 하는 것이 항복 조건이다. 즉 단축인장과 같은 단순한 응력상태는 물론, 복합응력 하에서 소성변형이 시작되는 조건을 제공해 주는 항복 조건은 판재성형에서 매우 중요한 조건이다.

소성변형은 전단응력 성분에 의해서 일어나며 정수압 혹은 평균응력은 소성변형에 영향을 주지 않는다는 것은 그림 7.2에 나타낸 무어(Mohr) 원으로 설명할 수 있다. 주어진 응력상태를 표시하는 무어 원을 정수압 $\sigma_m$ 만큼 평행이동 시키더라도 원의 크기에는 변화가 없으며, 최대 전단응력은 원의 반지름으로 동일하게 아래와 같이 주어진다.

$$\tau_{\max} = \frac{\sigma_1 - \sigma_3}{2} \tag{7.1}$$

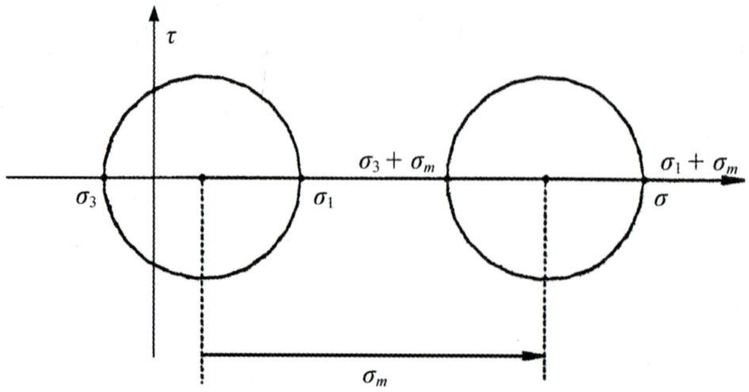


그림 7.2 한 응력상태에 정수압 $\sigma_m$을 더한 응력의 무어 원 표시

트레스카(Tresca)는 최대 전단응력($\tau_{max}$)의 크기가 일정한 값 이상일 때 항복이 일어난다는 조건을 제안하였다. 즉,

$$\frac{\sigma_1 - \sigma_3}{2} = k \quad \text{여기서} \quad \sigma_1 > \sigma_2 > \sigma_3 \tag{7.2}$$

상수 $k$는 전단항복응력이다. 단순인장 혹은 일축인장(($\sigma_2 = \sigma_3 = 0$)에서의 항복응력을 $Y$라 하면, 인장항복응력 $Y$와 전단항복응력 간에는 아래 관계가 성립한다.

$$\sigma_1 - \sigma_3 = 2k = Y \tag{7.3}$$

이와 달리 미제스(von Mises)는 재료의 항복에는 최대 전단응력뿐만 아니고 다른 두 전단응력도 영향을 미치므로 다음과 같은 항복 조건을 제안하였다. 즉,

$$(\sigma_1 - \sigma_2)^2 + (\sigma_2 - \sigma_3)^2 + (\sigma_3 - \sigma_1)^2 = C \tag{7.4}$$

단순인장($\sigma_2 = \sigma_3 = 0$)에서의 항복응력을 Y라 하면, 위의 식에서 상수 C는 아래와 같이 주어진다.

$$C = 2Y^2$$

그리고 순수전단 변형 조건($\sigma_1 = -\sigma_3,\ \sigma_2 = 0$)에서의 항복전단응력을 $k$라 하면,

$$C = 6k^2$$

따라서 미제스의 항복 조건은 아래와 같이 표시된다.

$$(\sigma_1 - \sigma_2)^2 + (\sigma_2 - \sigma_3)^2 + (\sigma_3 - \sigma_1)^2 = 2Y^2 = 6k^2 \tag{7.5}$$

일반적인 응력상태에 대해서 미제스의 항복 함수 혹은 항복 조건은 아래와 같이 표시된다.

$$\frac{1}{2}[(\sigma_x - \sigma_y)^2 + (\sigma_y - \sigma_z)^2 + (\sigma_z - \sigma_x)^2 + 6({\tau_{xy}}^2 + {\tau_{yz}}^2 + {\tau_{zx}}^2)] = Y^2 = 3k^2 \tag{7.6}$$

재료의 전단항복강도의 인장항복강도에 대한 비를 트레스카와 미제스의 항복 조건에서 각각 구하여 비교하여 보자. 식 (7.3)과 (7.6)로부터 트레스카 조건에서는 $Y = 2k$ 그리고 미제스 조건에서는 $Y = \sqrt{3}\,k$로 차이를 보임을 알 수 있다. 아래 예를 통하여 항복 조건의 의미를 알아보도록 하자.

### 예제 7.1

항복강도가 200MPa인 재료로 만들어진 정육면체의 한쪽 대칭면에 압축응력 120MPa를 가하고 있다. 그 응력의 수직방향으로 얼마정도의 인장응력을 가하면 재료의 항복을 유발하겠는가? 이것을 (1) 트레스카의 항복 조건과 (2) 미제스의 항복 조건을 이용하여 각각 구하여 보자.

풀이

(1) 트레스카의 항복 조건에 대하여

$\sigma_1 - \sigma_3 = Y$로부터

$\sigma_1 = Y + \sigma_3 = 200\text{MPa} - 120\text{MPa} = 80\text{MPa}$

따라서 트레스카 조건의 경우 80MPa

(2) 미제스 항복 조건에 대하여 ($\sigma_2 = 0,\ \sigma_3 = -120$ MPa)

$(\sigma_1 - 0)^2 + (0 - (-120))^2 + (-120 - \sigma_1)^2 = 2(200)^2$

${\sigma_1}^2 + 120\,\sigma_1 - 25600 = 0$

이 식을 풀면 $\sigma_1 = -60 \pm 170.9$MPa

따라서 미제스 조건의 경우 110.9MPa

상기의 결과를 보면, 트레스카의 항복 조건에 비해 미제스의 항복 조건이 소재의 항복 거동을 과대평가함을 알 수 있다.

### 예제 7.2

5,000psi까지 견디는 반경 12인치 길이 60인치의 양끝이 막힌 원통형 압력용기를 설계하고자 한다. 재료의 항복강도가 100Ksi라면 용기 벽의 최저 두께를 얼마로 하면 되겠는가? 이것을 (1) 트레스카의 항복 조건과 (2) 미제스의 항복 조건을 이용하여 각각 구하여 비교하여 보라.

**풀이**

원통 용기 벽의 응력상태

- hoop stress : $\sigma_1 = \dfrac{\text{Pr}}{t}$
- axial stress : $\sigma_2 = \dfrac{\text{Pr}}{2t}$
- thickness stress : $\sigma_3 = 0$

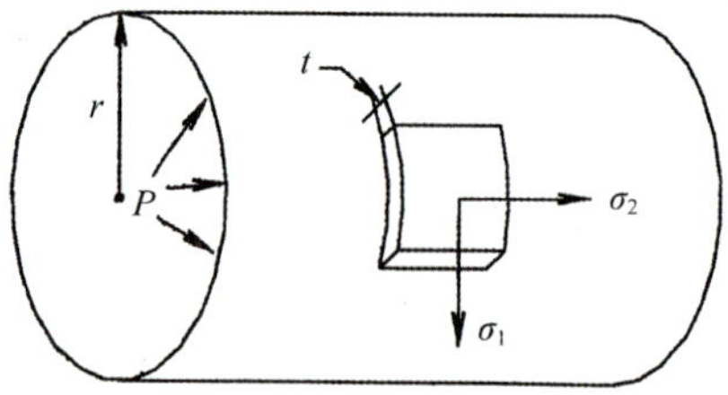


(1) 트레스카 조건에 대하여, $\sigma_1 - \sigma_3 = Y$ 이므로

$\therefore t = \dfrac{\text{Pr}}{Y} = 0.6''$

(2) 미제스 조건에 대하여, $\frac{3}{2}\sigma_1{}^2 = 2Y^2$ 이므로

$$\therefore t = \frac{\sqrt{3}}{2}\frac{\mathrm{Pr}}{Y} = 0.52''$$

이 경우 미제스 이론을 적용하는 쪽이 보다 얇은 재료를 써도 좋은 것으로 나타남을 알 수 있으며, 트레스카의 항복 조건에 비해 미제스의 항복 조건이 소재의 항복거동을 과대평가함을 알 수 있다.

그림 7.3에 2차원 응력상태($\sigma_2 = 0$)에 대하여 트레스카와 미제스의 항복 조건을 $\sigma_1 - \sigma_3$ 평면에 비교하였는데, 이와 같이 항복 조건을 나타내는 곡선을 항복곡선이라 부른다. 한 응력 조건이 항복곡선 내부에 있으면 탄성변형을 유발하고, 항복곡선에 도달하게 되면 소성변형이 시작된다. 그림에서 보인 바와 같이 트레스카의 항복 조건에 비해 미제스의 항복 조건이 소재의 항복 거동을 과대평가함을 알 수 있다.

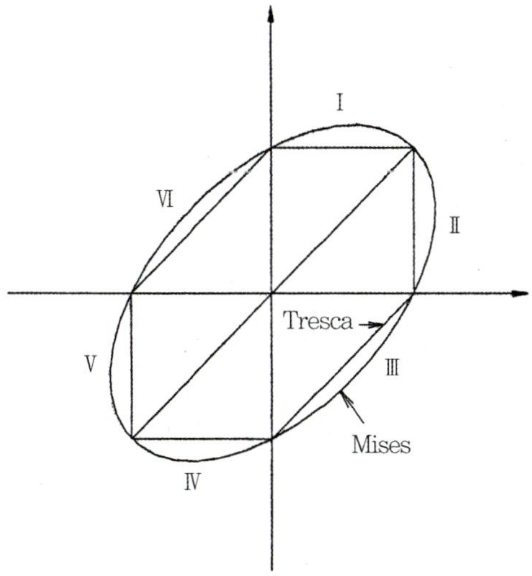


**그림 7.3** 트레스카와 미제스의 항복 조건에 대한 항복곡선

재료에 하중을 가하는 과정을 하중경로 혹은 변형경로라 부른다. 하중은 주응력 방향으로 가하는 경우가 많은데, 하중을 가하는 과정에서 주응력의 비가 일정하게 유지되는 경우를 비례 하중경로라 부른다. 2차원 응력상태 즉 평면응력에 대한 몇 가지 비례 하중경로가 그림 7.4에 도시되어 있다.

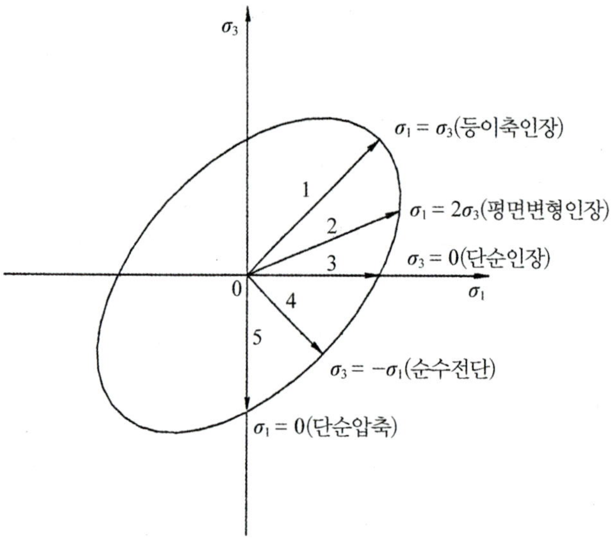


**그림 7.4** 미제스 항복곡선과 비례변형경로

## 예제 7.3

평면변형인장 시 하중을 가하는 방향으로의 응력은 단축항복응력의 몇 배가 되는가?

**풀이**

$\sigma_1 > 0$인 경우를 가정한다.

(a) 재료 거동이 최대 전단응력 조건(트레스카)를 따르는 경우

$\sigma_2 = (\sigma_1 + 0)/2$이므로

$\sigma_{max} - \sigma_{min} = \sigma_1 - 0 = 2k = Y$

여기서 $k$: 전단항복강도, $Y$: 일축항복강도

즉, $\sigma_1 = Y$로 일축항복강도와 동일하다.

(b) 재료 거동이 전단변형 에너지 조건(미제스)을 따르는 경우

$$\begin{aligned}\bar{\sigma} &= \sqrt{\frac{1}{2}[(\sigma_1-\sigma_2)^2+(\sigma_2-\sigma_3)^2+(\sigma_3-\sigma_1)^2} \\ &= \sqrt{\frac{1}{2}[(\sigma_1-\frac{\sigma_1}{2})^2+(\frac{\sigma_1}{2}-0)^2+(0-\sigma_1)^2} \\ &= \frac{\sqrt{3}}{2}\sigma_1 = Y\end{aligned}$$

따라서, $\sigma_1 = \frac{2}{\sqrt{3}}Y = 1.15Y$

즉, 일축항복응력의 1.15배가 되며 이를 평면변형 항복응력이라고도 한다.

## 7.2 이방성 소성 이론

압연과 소둔의 반복에 의해서 생산되는 판재금속은 내부조직의 방향성으로 인하여 응력을 가하는 방향에 따라서 기계적 성질에 있어서 차이를 보이는 이방성을 갖는다. 따라서 이러한 재료의 변형거동을 '7.1절'에서 소개한 등방성 소성 이론으로 표시하게 되면 오류를 일으키게 되므로 재료의 이방성을 고려할 수 있는 소성 이론이 필요하다.

본 절에서는 이방성 재료의 변형 거동을 표시하기 위하여 제안된 소성 이론들을 소개하기로 한다. 가장 널리 이용되는 이방성 소성 이론은 1948년 힐(Hill)이 제안한 이론으로, 미제스의 항복 조건식에 이방성을 나타내는 6개의 상수를 도입하여 일반화한 것이다. 본 장에서는 이 이론을 중심으로 하여 먼저 설명한 후 이후에 제안된 이방성 소성 이론들에 대해 설명한다.

### 7.2.1 힐의 이방성 소성 이론

판재의 성질을 수학적으로 묘사하는 방법 중에서 가장 널리 사용되어 온 이론은 힐이 제안한 2차 이방성 항복 함수이다. 재료의 모든 점에서 서로 수직인 3개의 대칭면을 갖는 이방성 재료에 대해서 힐의 2차 이방성 항복 함수는 식 (7.7)과 같이 표현된다.

$$\bar{\sigma}^2 = F(\sigma_y - \sigma_z)^2 + G(\sigma_z - \sigma_x)^2 + H(\sigma_x - \sigma_y)^2 + 2L\tau_{yz}^2 + 2M\tau_{zx}^2 + 2N\tau_{xy}^2 \qquad (7.7)$$

여기서 $\bar{\sigma}$는 유효응력이고, 상수 $F$, $G$, $H$, $L$, $M$, $N$은 재료의 이방성을 나타내는 계수로 금속의 종류 및 소성 가공 정도에 따라 변할 수 있는 값이다.

식(7.8)에 나타낸 미제스 등방성 항복 조건식과 비교해 보면 식 (7.7)의 계수값은 등방성일 경우, $F = G = H = 1/2$, $L = M = N = 3/2$임을 의미한다.

$$\sigma_0{}^2 = \frac{1}{2}[(\sigma_x - \sigma_y)^2 + (\sigma_y - \sigma_x)^2 + 6(\tau_{xy}{}^2 + \tau_{yz}{}^2 + \tau_{zx}{}^2)] \qquad (7.8)$$

주어진 재료의 유효항복응력 $\bar{\sigma}$를 $k$로 놓고, 각 방향의 인장 시험에서 실측한 항복응력을 $Y_x$, $Y_y$, $Y_z$라 놓으면 식 (7.7)로부터 다음과 같은 관계가 얻어진다.

$$G + H = \left(\frac{k}{Y_x}\right)^2, \; F + H = \left(\frac{k}{Y_y}\right)^2, \; F + G = \left(\frac{k}{Y_z}\right)^2 \qquad (7.9)$$

이 연립방정식을 풀면 $F$, $G$, $H$가 결정된다. $L$, $M$, $N$은 순수전단변형 시험을 통해 결정할 수 있다. 실제로 박판금속의 경우 두께방향의 인장 시험을 행할 수 없으므로 식 (7.9)의 마지막 식은 실험을 통해 직접 얻을 수 없다. 그러나 판면상의 두 주축방향으로의 인장 시험으로부터 얻어지는 소성변형률의 항으로 이방성계수를 결정할 수 있다.

이상적인 소성 거동(ideal plastic solid)을 나타낸 레비-미제스(Levy-Mises)식의 경우, 응력-변형률 관계식은 식 (7.10)과 같이 나타낼 수 있다.

$$d\epsilon_x = \left[\sigma_x - \frac{1}{2}(\sigma_y + \sigma_z)\right]d\lambda = \left[-\frac{1}{2}(\sigma_z - \sigma_x) + \frac{1}{2}(\sigma_x - \sigma_y)\right]d\lambda \tag{7.10}$$

$$d\epsilon_y = \left[\sigma_y - \frac{1}{2}(\sigma_z + \sigma_x)\right]d\lambda = \left[\frac{1}{2}(\sigma_y - \sigma_z) - \frac{1}{2}(\sigma_x - \sigma_y)\right]d\lambda$$

$$d\epsilon_z = \left[\sigma_z - \frac{1}{2}(\sigma_x + \sigma_y)\right]d\lambda = \left[-\frac{1}{2}(\sigma_y - \sigma_z) + \frac{1}{2}(\sigma_z - \sigma_x)\right]d\lambda$$

$$d\gamma_{yz} = 2L\tau_{yz}d\lambda$$

$$d\gamma_{zx} = 2M\tau_{zx}d\lambda$$

$$d\gamma_{xy} = 2N\tau_{xy}d\lambda$$

따라서 힐의 이방성 항복 조건에 대한 소성응력-변형률 관계식은 다음과 같이 나타낼 수 있다.

$$d\epsilon_x = [-G(\sigma_z - \sigma_x) + H(\sigma_x - \sigma_y)]d\lambda \tag{7.11}$$

$$d\epsilon_y = [+F(\sigma_y - \sigma_z) - H(\sigma_x - \sigma_y)]d\lambda$$

$$d\epsilon_z = [-F(\sigma_y - \sigma_z) + G(\sigma_z - \sigma_x)]d\lambda$$

$$d\gamma_{yz} = 2L\tau_{yz}d\lambda$$

$$d\gamma_{zx} = 2M\tau_{zx}d\lambda$$

$$d\gamma_{xy} = 2N\tau_{xy}d\lambda$$

식 (7.7)과 식( 7.11)을 이용하여 정리한 후 $d\overline{\epsilon} = \overline{\sigma}\, d\lambda$ 의 관계식을 적용하면 유효변형률은 식 (7.12)와 같이 주어진다.

$$\begin{aligned}(d\overline{\epsilon})^2 &= (1/w^2)[F(Gd\epsilon_y - Hd\epsilon_z)^2 + G(Hd\epsilon_z - Fd\epsilon_x)^2 + H(Fd\epsilon_x - Gd\epsilon_y)^2] \\ &\quad + 2L(d\gamma_{yz}/2L)^2 + 2M(d\gamma_{zx}/2M)^2 + 2N(d\gamma_{xy}/2N)^2\end{aligned} \tag{7.12}$$

여기서 $w = FG + GH + HF$

상기에 기술된 힐의 항복 함수를 이용하여 다음에 기술하는 여러 응력 조건 하에서 항복 조건을 구하였다.

### (1) 주응력만 존재하는 경우

판재의 주축 x, y, z 방향이 주응력 방향과 일치하게 되는 응력조건 하에서는 힐 의 항복조건식 (7.7)은 이방성계수 F, G, H 대신에 x방향과 y방향 인장 시험에서의 소성변형률 비 R과 P의 항으로 표시된다(여기서 기술되는 R, P, Q는 각각 압연방향의 인장 시험에서 얻은 소성변형률 비($r_0$), 폭방향의 인장 시험에서 얻은 소성변형률 비($r_{90}$), 압연 45°방향의 인장 시험에서 얻은 소성변형률 비($r_{45}$)를 의미한다).

유효항복응력 $\bar{\sigma}$를 x-방향의 인장 시험에서의 항복응력 $Y_x$와 일치한다고 정의하면

$$G+H=1 \tag{7.13}$$

x방향의 인장 시험($\sigma_x$, $\sigma_y=\sigma_z=0$)시 소성변형률 비 $R$은 $\dfrac{\epsilon_y}{\epsilon_z}=\dfrac{H}{G}$ (7.14)

y방향의 인장 시험($\sigma_y$, $\sigma_z=\sigma_x=0$)시 소성변형률 비 $P$는 $\dfrac{\epsilon_x}{\epsilon_z}=\dfrac{H}{F}$ (7.15)

식(7.13), (7.14), (7.15)를 연립하여 풀면

$$F=\frac{R}{P(1+R)},\ G=\frac{1}{1+R},\ H=\frac{R}{1+R} \tag{7.16}$$

∴ 힐의 항복 조건은,

$$\bar{\sigma}^2=\frac{1}{P(1+R)}[R(\sigma_y-\sigma_z)^2+P(\sigma_z-\sigma_x)^2+RP(\sigma_x-\sigma_y)^2] \tag{7.17}$$

이 경우의 응력-변형률 관계식은 다음과 같다.

$$d\epsilon_x = \frac{P}{P(1+R)}[-(\sigma_z - \sigma_x) + R(\sigma_x - \sigma_y)]d\lambda \tag{7.18}$$

$$d\epsilon_y = \frac{R}{P(1+R)}[(\sigma_y - \sigma_z) - P(\sigma_x - \sigma_y)]d\lambda$$

$$d\epsilon_z = \frac{1}{P(1+R)}[-(\sigma_y - \sigma_z) + P(\sigma_z - \sigma_x)]d\lambda$$

### (2) 주응력만 존재하고 판면 등방성인 경우

판면 등방성인 경우, 즉 z-축에 수직인 평면상의 모든 방향에서 물성이 일정할 경우, $R = P$가 성립한다.

따라서 식 (7.16)은 식 (7.19)와 같이 된다.

$$F = \frac{1}{1+R},\ G = \frac{1}{1+R},\ H = \frac{R}{1+R} \tag{7.19}$$

따라서 식 (7.17)과 식 (7.18)로부터 힐의 항복 조건은

$$\bar{\sigma}^2 = \frac{1}{1+R}[(\sigma_y - \sigma_z)^2 + (\sigma_z - \sigma_x)^2 + R(\sigma_x - \sigma_y)^2] \tag{7.20}$$

이 경우의 응력-변형률 관계식은 다음과 같다.

$$d\epsilon_x = [\sigma_x - \frac{1}{1+R}(R\sigma_y + \sigma_z)]d\lambda \tag{7.21}$$

$$d\epsilon_y = [\sigma_y - \frac{1}{1+R}(\sigma_z + R\sigma_x)]d\lambda$$

$$d\epsilon_z = \frac{2}{1+R}[\sigma_z + \frac{1}{2}(\sigma_x + \sigma_y)]d\lambda$$

### (3) 평면응력인 경우

박판금속의 소성 가공 시 두께방향의 작용응력은 상대적으로 매우 작으므로 무시하는 경우가 많다. 평면응력( $\sigma_z = 0$)인 경우에 대하여 힐의 항복 조건식은 식 (7.22)와 같이 나타낸다.

$$\bar{\sigma}^2 = \sigma_x^2 + \frac{R(1+P)}{P(1+R)}\sigma_y^2 - \frac{2RP}{P(1+R)}\sigma_x\sigma_y + 2N\tau_{xy}^2 \tag{7.22}$$

이 경우의 응력-변형률 관계식은 식 (7.23)과 같다.

$$\begin{aligned} d\epsilon_x &= [\sigma_x - \frac{R}{1+R}\sigma_y]d\lambda \\ d\epsilon_y &= [\frac{R(1+P)}{P(1+R)}\sigma_y - \frac{R}{1+R}\sigma_x]d\lambda \\ d\epsilon_z &= -[\frac{1}{1+R}\sigma_x - \frac{R}{P(1+R)}\sigma_y]d\lambda \\ d\gamma_{xy} &= 2N\tau_{xy}d\lambda \end{aligned} \tag{7.23}$$

여기서, 이방성계수 $N$은 압연 45°방향의 인장 시험에서 얻은 소성변형률 비($r_{45}$)인 $Q$의 항으로 다음 식 (7.24)를 이용하여 구할 수 있다.

$$N = \frac{(Q+0.5)(R+P)}{P(1+R)} \tag{7.24}$$

### (4) 판면 등방성이고 주응력( $\sigma_z = 0$, $\tau_{xy} = 0$)인 경우

재료가 판면 등방성이고 z-방향의 주응력과 전단응력 $\tau_{xy}$가 없는 경우 식 (7.20)에서 $\sigma_z = 0$의 값을 대입하면 식 (7.25)과 같은 힐 의 항복 조건식을 얻을 수 있다.

$$\bar{\sigma}^2 = \sigma_x^2 + \sigma_y^2 - \frac{2R}{1+R}\sigma_x\sigma_y \tag{7.25}$$

이 경우의 응력-변형율 관계식은 식(7.26)과 같다.

$$d\epsilon_x = [\sigma_x - \frac{R\sigma_y}{1+R}]d\lambda \tag{7.26}$$

$$d\epsilon_y = [\sigma_y - \frac{R\sigma_x}{1+R}]d\lambda$$

$$d\epsilon_z = [\frac{\sigma_x + \sigma_y}{1+R}]d\lambda$$

재료의 이방성에 따른 힐의 항복 조건식으로부터 만들어지는 항복곡선이 어떠한 형상을 가지는지를 살펴봄으로써 복합응력 하에서 판재의 항복응력이 어떻게 변하는지를 알 수 있다. 그림 7.5는 이방성 계수값의 변화에 따른 힐의 항복곡선의 변화( $\sigma_z = 0$, R=P)를 나

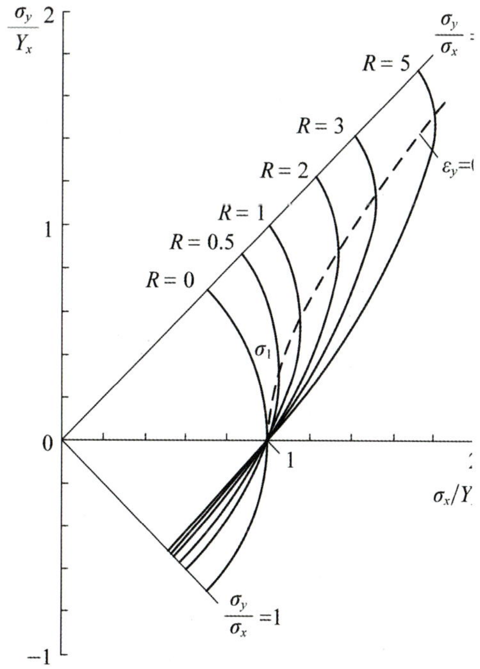


그림 7.5 이방성 계수값의 변화에 따른 힐의 항복곡선의 변화($\sigma_z = 0$, $R = P$)

타낸 것이다. 그림에 보인 바와 같이 R=1일 때의 항복곡선이 등방성인 재료에 대한 미제스의 항복곡선과 동일하다. $R>1$인 경우에는 동일한 인장항복응력을 가진 재료에 대해 $\sigma_Y/\sigma_X$가 0보다 클 때(즉, 2축 인장응력 시), 항복강도가 미제스 항복 조건식 예측치보다 크다. 이 차이는 $\sigma_Y/\sigma_X$ 가 1일 때, 즉 등이축 조건일 때 최대가 됨을 보이고 있다.

$R<1$인 경우에는 힐의 항복 조건으로부터 예측되는 이축인장에서의 항복응력이 미제스의 항복응력보다 낮다. 하지만 실제 실험을 통해 얻어지는 값들은 항상 크게 나타났으며, 이러한 거동을 비정상 거동으로 간주하였다.

1979년에 힐은 식 (7.27)에 나타낸 일반화된 항복 조건식을 제안하고 지수 $m$을 등이축 인장 시험을 통해 결정함으로써 그 실험의 하중경로 주위에서는 실험결과와 잘 일치하는 곡선을 재현하였다.

$$(2\overline{R}+1)|\sigma_x-\sigma_y|^m+|2\sigma_z-\sigma_x-\sigma_y|^m=2(\overline{R}+1)\overline{\sigma}^m \tag{7.27}$$

## 7.2.2 호스포드의 이방성 소성 이론

호스포드(Hosford)는 집합조직을 가진 박판금속의 슬립을 결정구조학적으로 계산한 결과를 기본으로 하여 식 (7.28)에 나타낸 항복 조건식을 제안하였다.

$$\overline{\sigma}^a=\frac{1}{P(1+R)}[R|\sigma_y-\sigma_z|^a+P|\sigma_z-\sigma_x|^a+RP|\sigma_x-\sigma_y|^a] \tag{7.28}$$

이 식에서는 지수 $a$는 슬립의 상계 해로부터 예측되는 값으로 BCC 금속에 대해서는 $a=6$, FCC 금속에 대해서는 $a=8$로 주어진다. 이 이론에서 지수 $a=2$이면 힐의 항복 조건식이 된다. 호스포드의 이론에서 지수 $a$가 변화함에 따라 항복곡선이 어떻게 변하는지를 그림 7.6에 도시하였다. 그림에서 나타낸 바와 같이 호스포드의 이론에서 지수값이 커짐에 따라서 이축인장 구역에서 R값의 영향이 지수값이 '2' 일 때에 비하여 줄어듦을 알 수 있다.

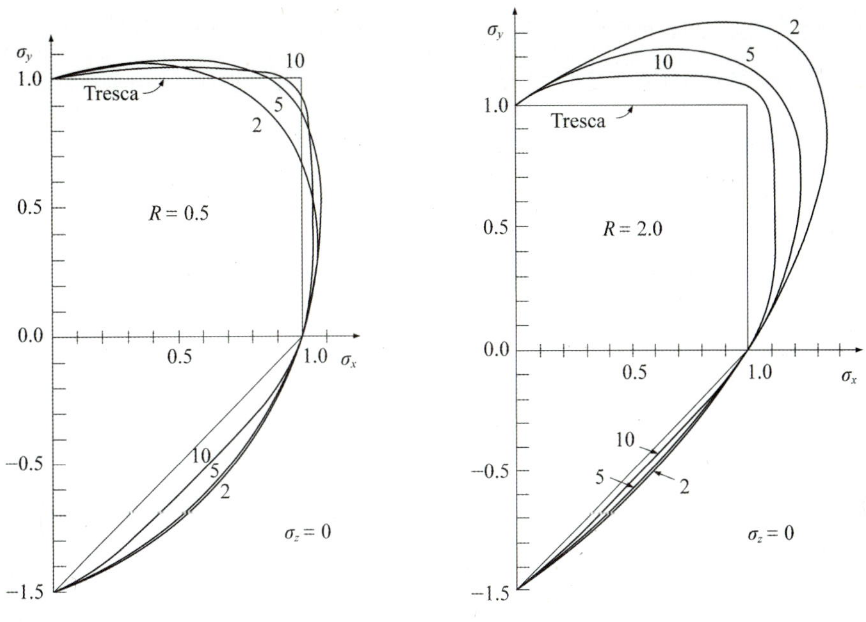


(a) $R=0.5$ (b) $R=2.0$

**그림 7.6** 호스포드의 항복 조건에서 지수 $a$값의 변화에 따른 항복곡선의 변화($\sigma_z=0,\ R=P$)

## 7.2.3 발라의 이방성 소성 이론

근래에 제안된 바 있는 발라(Barlat)의 평면이방성 항복 함수는 식 (7.29)로 나타낼 수 있다.

$$\Phi = 2\bar{\sigma}^m = |S_1 - S_2|^m + |S_2 - S_3|^m + |S_3 - S_1|^m \tag{7.29}$$

여기서 $S_{i=1,2,3}$는 식(7.30)에 나타낸 $S$의 주값(principal value)이다.

$$S = \begin{bmatrix} S_{xx} & S_{xy} & S_{xz} \\ S_{yx} & S_{yy} & S_{yz} \\ S_{zx} & S_{zy} & S_{zz} \end{bmatrix} = \begin{bmatrix} \frac{1}{3}(cC - bB) & hH & gG \\ hH & \frac{1}{3}(aA - cC) & fF \\ gG & fF & \frac{1}{3}(bB - aA) \end{bmatrix} \tag{7.30}$$

$S$에서 $A=\sigma_{yy}-\sigma_{zz}, B=\sigma_{zz}-\sigma_{xx}, C=\sigma_{xx}-\sigma_{yy}, F=\sigma_{yz}, G=\sigma_{zx}, H=\sigma_{xy}$이며, $a$, $b, c, f, g, h$는 결정조직으로부터 결정되거나 인장 시험으로 결정되는 이방성계수로 등방성일 경우 이 값은 모두 1이다. 그리고 항복식에서 $m$은 결정구조와 관련된 항복 파라미터로, $m=1$ 혹은 $\infty$일 때 트레스카 항복 조건식이 되고, $m=2$ 혹은 4일 때 미제스 항복 조건식이 되며, BCC 금속은 $m=6$의 값을 갖고 FCC 금속은 $m=8$의 값을 갖는다. 또한 항복식에서 $\bar{\sigma}$는 단축인장 시험에서 항복응력을 나타내는 유효응력이다. 알루미늄 합금판재 Al2008-T4의 예를 들어 $m$값과 이방성계수들을 표 7.1에 나타내었다. 표에서 보는 바와 같이 인장 시험 결과로부터 구한 이들과 압축 시험에서 얻은 이들은 상이한 값들을 가지며, 이를 이용하여 구한 항복곡선을 그림 7.7에 나타내었다. 그림에 보인 바와 같이, 항복궤적은 압축 및 인장 항복응력에 따라 달리 표현된다.

**표 7.1** Al2008-T4로부터 구한 발라의 평면 이방성 항복 함수의 m값과 이방성계수

| | m | a | b | c | f | g | h |
|---|---|---|---|---|---|---|---|
| tension | 11 | 1.223 | 1.014 | 0.9858 | 1.000 | 1.000 | 1.000 |
| compression | 11 | 1.017 | 1.023 | 0.9761 | 0.9861 | 0.986 | 0.8875 |

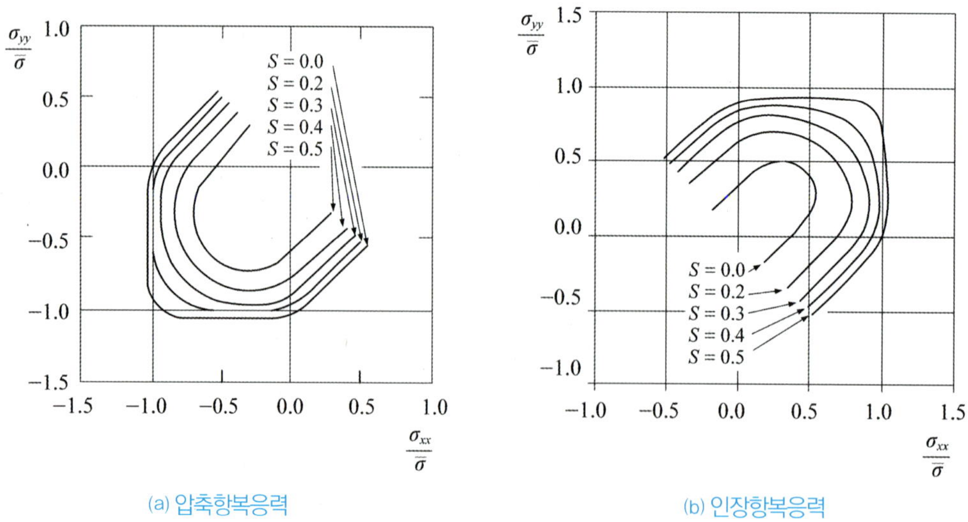


**그림 7.7** 발라 항복 함수의 궤적

그림 7.8은 평면응력상태에서 발라의 항복곡선, 힐의 1948 항복곡선 및 미제스의 항복곡선을 상호 비교한 것이다. 실험적으로 힐의 이방성 항복 함수에 비해 발라의 항복 함수가 잘 일치하는 것으로 평가되고 있으며 근래에 사용이 확대되고 있다.

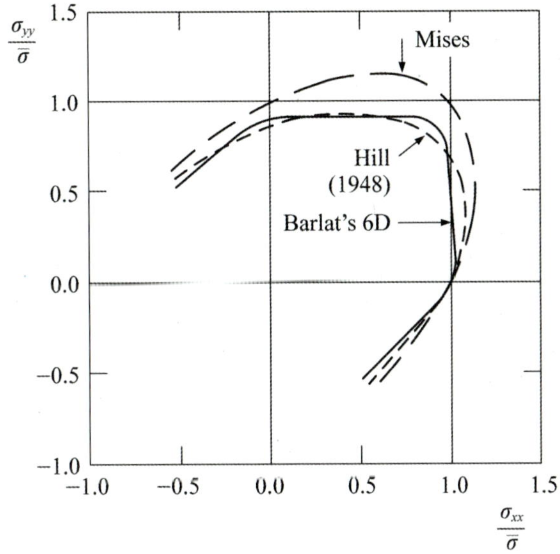


그림 7.8 평면응력상태에서 발라, 힐(1948) 및 미제스 항복곡선

이상에서 이방성을 가지는 금속판재에 대한 항복 및 소성변형 거동을 설명하기 위하여 제안된 항복 조건식들을 소개하였다. 이러한 항복 조건식들이 실제 박판금속의 변형 거동을 어느 정도 정확하게 표시하는지를 알아보기 위하여 여러 연구자들이 실제 실험에 의해서 측정한 항복곡선과 비교하여 왔다. 그러나 많은 판재금속에 대하여 모두 잘 적용되는 식은 아직 없으며 각각의 이론들에 대한 특성분석을 통해 적절한 이방성 항복 이론을 선택하여 이용하고 있다.

## 7.3 판재성형공정의 유한 요소 해석

판재성형공정의 해석에는 유한 요소법, 유한 차분법, 상계 해석법 등이 있으며 이들 방법 중에서 유한 요소법(FEM: finite element method)이 가장 널리 사용되고 있다. 금속 판재성형 시 금형 또는 공정 조건 등이 적절히 설계되어 있지 않으면 초종 부품 또는 중간단계에서 파단, 주름, 치수불량 등의 결함이 발생하게 된다. 시행착오법에 기본을 두고 있는 기존의 전통적인 금형 및 공정 조건 설계작업은 비용부담 및 소요시간 측면에서 부담이 되므로 유한 요소법에 바탕을 둔 성형공정의 시뮬레이션 기법이 비용 및 시간절약을 위해 많이 수행되고 있다. 유한 요소법에서 사용되는 시간적 분법은 크게 내연적(implicit) 방법과 외연적(explicit) 방법으로 구분된다. 내연적 방법은 외연적 방법에 비하여 좀 더 정확한 해를 제공할 수 있으며, 접촉 정식화가 상대적으로 간단하고 계산 소요시간이 많이 소요되지 않는 이차원 준정적 문제에 대해 효율적인 것으로 알려져 있다. 반면에 3차원 판재성형 시뮬레이션의 경우 단순한 접촉정식, 상대적으로 적정한 수준의 계산시간으로 인하여 외연적 방법이 더 많이 적용되고 있다. 판재성형 해석 코드의 성공적 해석은 효율적인 쉘 요소의 개발이 크게 의존하며, 판재성형 부품의 최종 치수를 정확히 예측하기 위해서 근본적으로 스프링 백에 대한 고려가 있어야 한다. 외연적 방법은 과도한 계산시간이 소요되므로 스프링 백 해석에 적합하지 않으므로, 3차원 판재성형해석은 외연적 방법에 의하여 스프링 백 해석은 내연적 방법에 의해 수행하는 것이 일반적인 추세이다.

판재성형공정을 유한 요소법으로 해석하는 과정은 크게 3단계로 구분할 수 있는데 전처리과정(Pre-Processing), 성형 해석, 후처리과정이 그것이다.

## 7.3.1 전처리과정

### (1) 성형용 금형의 형상 묘사

성형하고자 하는 제품의 형상을 설계 자료로부터 성형 해석에 필요한 금형 형상으로 변환한다. 이 형상으로부터 실제 성형에 사용될 다이, 펀치, 블랭크 홀더, 그리고 드로우 비드의 형상을 결정하게 된다. 그림 7.9는 성형하고자 하는 형상의 설계 자료를 나타낸 것이며 이 설계 자료로부터 결정한 성형 해석에 사용할 금형들의 형상과 배치를 그림 7.10에 나타내었다.

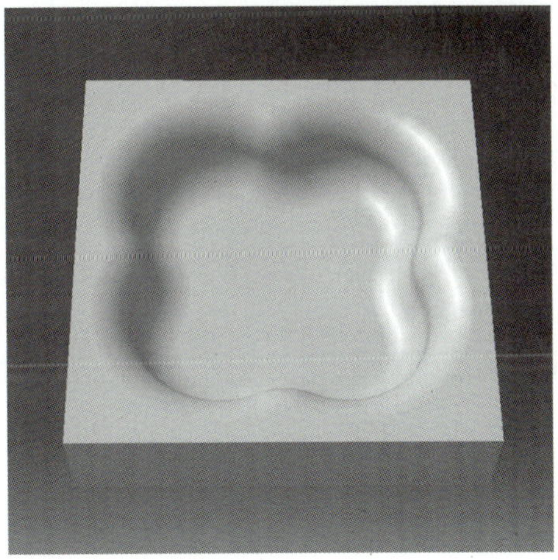

그림 7.9 금형설계 CAD Data

### (2) 성형용 판재의 유한 요소 격자망 구성

제품의 성형에 사용될 블랭크의 형상과 크기를 결정하고 결정된 블랭크에 대하여 유한 요소 격자망을 구성한다. 이 때 격자의 크기가 작을수록, 그리고 격자의 수가 많을수록 성형 해석 결과는 정확해지나 해석에 소요되는 계산시간은 급격히 커지므로 자신의 컴퓨터 사양에 맞는 적정 수준의 격자수와 크기를 선택한다. 블랭크에 대하여 격자망을 구성한 예를 그림 7.11 에 나타내었다.

그림 7.10 해석용 금형형상

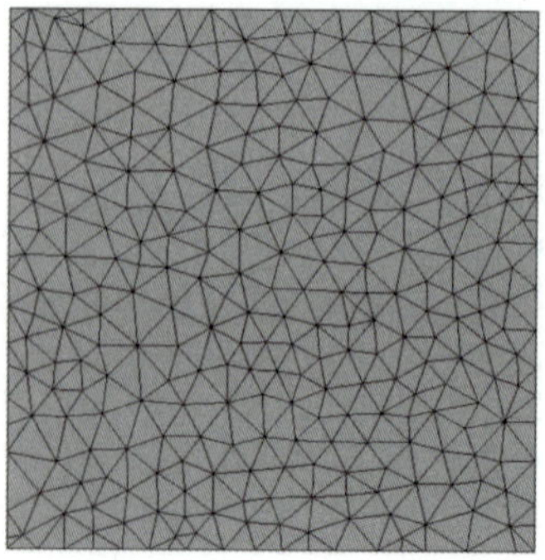

그림 7.11 유한 요소 격자망

#### (3) 판재의 물성치 입력(인장 시험으로 측정)

제품의 성형에 사용될 판재의 물성치들 즉, 항복점, 인장곡선, 이방성계수, 마찰 특성, 두께, 성형한계선도 등을 입력한다.

#### (4) 경계 조건 입력

제품 성형에서의 여러 가지 조건들 즉, 펀치의 속도곡선, 펀치의 행정, 블랭크 홀더의 가압력 등의 값들을 입력하여 준다.

### 7.3.2 성형 해석

#### (1) 재료의 물성치 묘사방법(강소성, 탄소성)

성형 해석에는 주로 상용 해석 소프트웨어들이 사용 되는데 재료의 성질을 묘사하는 방법에 따라서 다른 특성들을 보인다. 재료의 물성치를 묘사하는 방법에는 재료의 탄성 변형과 소성 변형을 모두 고려한 탄소성 프로그램과 탄성 변형 성분을 무시한 강소성 프로그램이 있다. 판재성형 해석에는 탄소성 프로그램이 주로 사용되며 강소성 프로그램은 단조, 압연 등의 해석에 주로 사용된다.

### (2) 컴퓨터 프로그램 종류(Implicit Code, Explicit Code)

성형 해석을 하기 위해서는 시간의존적인 변형과정을 적분을 통해 계산할 필요가 있는데 이를 적분하는 방법에 따라 외연적(explicit) 방법과 내연적(implicit) 방법으로 구분한다. 외연적 방법은 $\Delta t$ 만큼의 시간이 경과된 후의 상태값인 $Y(t+\Delta t)$를 현재의 상태값인 $Y(t)$를 이용하여 계산하는 반면, 내연적 방법은 $Y(t+\Delta t)$와 $Y(t)$를 모두 포함하는 방정식의 해를 통해 $Y(t+\Delta t)$를 구한다. 즉 외연적 방법은 식 (7.31)에 나타낸 형태의 과정을 거치게 되며 $\Delta t$ 작을수록 해의 정확도가 증가한다.

$$Y(t+\Delta t) = F(Y(t)) \tag{7.31}$$

내연적 방법은 식 (7.32)에 나타낸 방정식의 해를 구해 $Y(t+\Delta t)$를 구한다.

$$G(Y(t),\ Y(t+\Delta t)) = 0 \tag{7.32}$$

내연적 방법은 보다 많은 계산을 요구하고 성형 해석의 결과를 구하기가 어려우나 일단 구하여진 결과는 정확성이 상당히 뛰어나다. 외연적 방법은 거의 모든 경우에 대하여 해석이 가능하나 해석 결과의 정확성은 내연적 방법에 비하여 떨어진다.

따라서 주어진 문제의 특성을 고려하여 외연적 코드와 내연적 코드의 사용여부를 결정할 필요가 있다.

## 7.3.3 후처리과정

### (1) 해석결과 출력

성형에 필요한 펀치의 하중과 변형률의 분포, 성형 형상 등을 그래프와 3차원 형상으로 출력한다. 성형 하중에 대한 결과로부터 성형에 사용할 프레스의 용량을 결정한다. 그림

7.12에 유한 요소법을 이용하여 판재성형을 해석한 결과 얻어진 성형 형상을 나타내었고, 그림 7.13에는 성형 후의 변형률 분포를 나타내었다.

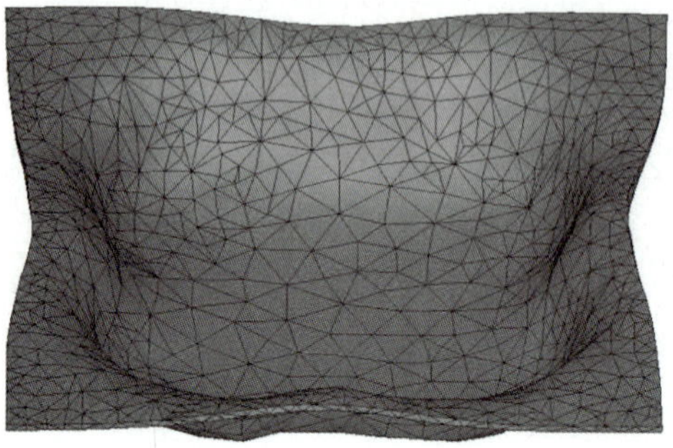

그림 7.12 유한 요소 해석결과 형상

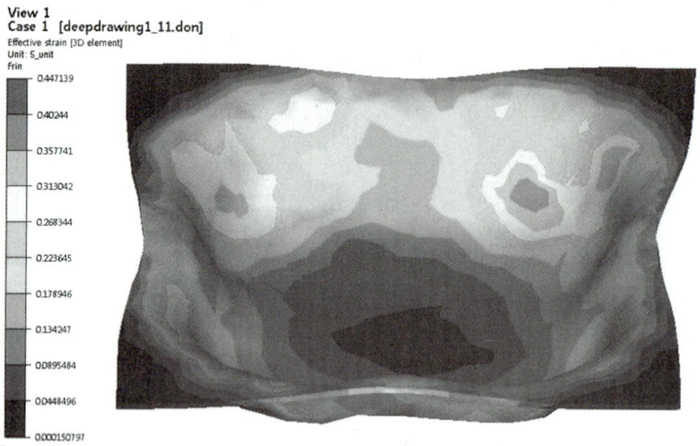


그림 7.13 유한 요소 해석결과 출력 예

### (2) 성형 형상의 적정성 판단

제품의 성형결과 형상이 원하는 형상대로 잘 성형되었는지를 판단하여 금형의 형상이나 재질 선정에 사용한다. 성형 형상에 영향을 미치는 인자로는 스프링 백과 주름 등이 있다. 유한요소해석 결과 얻어진 변형률 분포와 성형 형상으로부터 형상결함 등의 발생 여부를 판단하며 성형 후 스프링 백으로 인한 형상 동결성에 대하여서도 적정성을 판단한다.

### (3) 성형 한계도를 이용한 가공 불량 예측

성형에 사용된 판재의 성형 한계도상에 각 부위의 변형률 상태를 나타내어 위험 정도에 의한 가공 불량의 발생여부를 판단한다. 그림 7.14에 예시된 튜브 플랜지성형의 경우, 그림 7.14(a)의 경우 일부분의 변형률이 성형 한계도 윗부분에 존재하여 파단의 발생 가능성을 보여주고 있다. 이 결과로부터 재질의 변경이나 금형 형상의 변경 등의 조치가 필요함을 알 수 있다. 그림 7.14(b)는 튜브의 액압성형 시 파단발생 가능성을 보여주는 유한 요소 해석의 결과를 보여주고 있다.

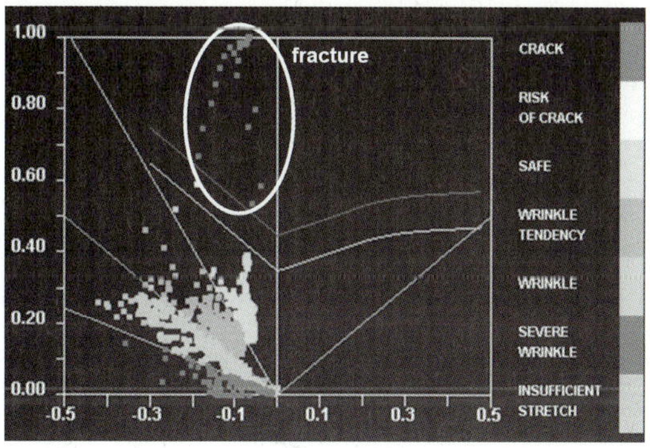


(a) 성형한계 분석

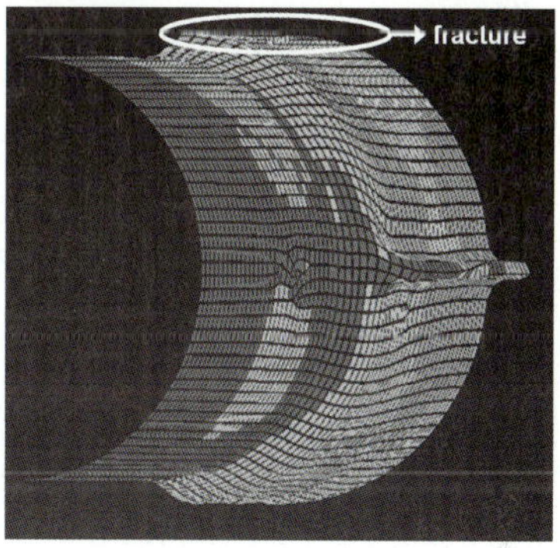


(b)파단 예측

**그림 7.14** 튜브 액압성형의 유한 요소 해석결과 출력 예

CHAPTER 8

# 마찰과 윤활

두 물체가 접촉하여 서로 상대 운동을 할 때 두 물체의 계면에서 운동에 저항하는 힘이 발생하게 된다. 이를 마찰이라 하며 두 물체의 표면상태와 재질 등에 의해서 결정된다. 공구와 피가공물 간의 마찰은 판재성형에서 고려하여 주어야 할 중요한 인자이다. 일반적으로 컵 드로잉에서 마찰계수를 낮추어주면 드로잉성이 증가하지만 플랜지부에서 주름이 발생할 우려는 커지는 바와 같이, 재료-금형 접촉부의 마찰 조건에 따라서 재료의 흐름과 변형률 분포가 변화하게 된다. 물체에 대하여 마찰의 정도를 나타내는 방법으로는 쿨롬(Coulomb)이 제안한 마찰계수가 주로 사용된다. 쿨롬의 법칙에서 마찰계수 $\mu$는 하중과 접촉면적에 관계가 없는 값이다. 판재성형공정에서 두 물체 사이의 마찰은 여러 가지로 악영향을 미칠 수 있으므로, 이를 줄이기 위해서 물체의 계면에 일련의 마찰 완화조치를 취하게 되는데 이를 좁은 의미에서의 윤활이라 한다. 본 장에서는 마찰 및 윤활에 관하여 기술하고자 한다.

## 8.1 판재의 표면상태

일반적으로 외관상 깨끗하게 보이는 고체의 표면일지라도 그림 8.1과 같이 산화막과 오염막이라 불리는 2-3층의 흡착물질로 덮여져 있어, 실제의 프레스 가공 시 일종의 윤활막의 역할을 하게 되어 이들 막의 성질에 의해서 마찰 특성은 크게 달라진다. 그리고 금속 표면에는 다른 물질의 흡착이라고 하는 화학적인 것 이외에 표면 조도, 즉 표면 거칠기라고 하는 기계적인 것이 존재하고 있으며 이것은 표면 마무리 방법에 따라 달라진다. 현재까지의 공작기술로는 기하학적으로 완전한 평면은 만들 수 없으며 반드시 그림 8.2와 같은 요철이 존재하며, 규칙적인 기복이 있고 그 기복 속에 다시 작은 요철이 있는 모양으로 되어 있다. 이러한 요철은 프레스 가공 시 금속면 간의 접촉에 의한 마찰에 있어서 마찰 특성에 영향을 주는 큰 요인이 된다.

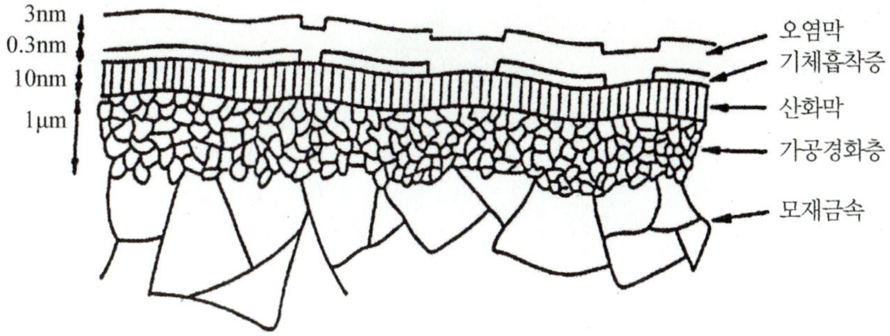


그림 8.1 금속표면의 구조

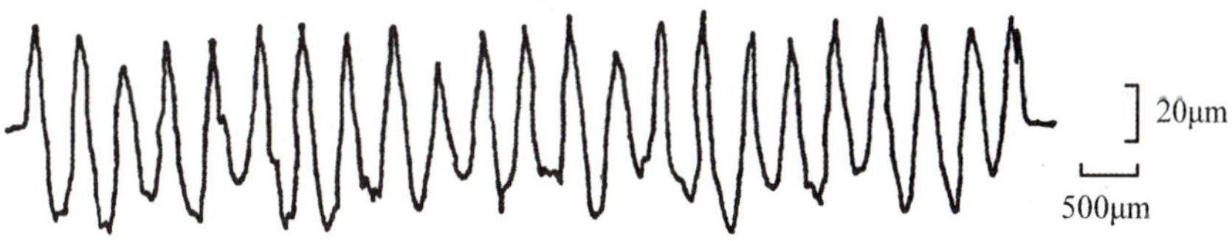


(a) 절삭면

(b) 브라이트 사상면

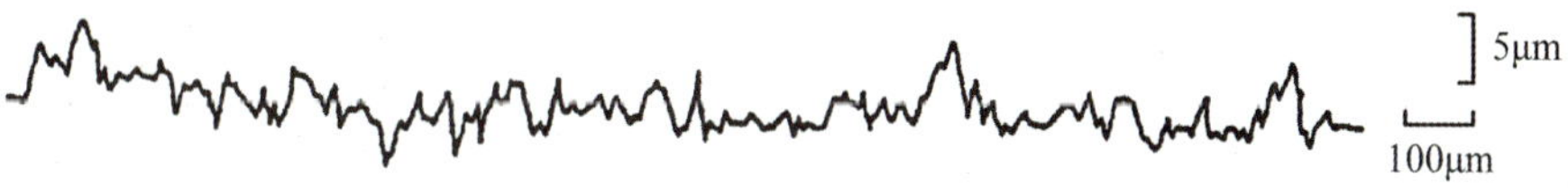


(c) 연삭면

그림 8.2 각 마무리면의 표면 조도곡선의 예

그림 8.3에 보여진 금속표면의 요철에 대한 3차원 측정결과에서도 반복적인 요철과 기복을 잘 보여주고 있다.

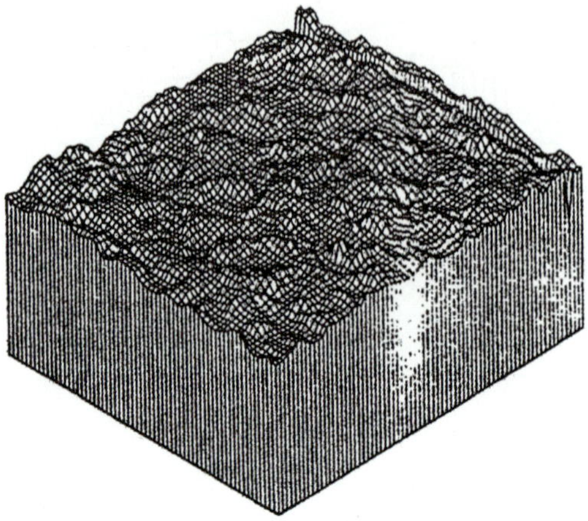

그림 8.3 금속표면 요철의 3차원 형상 예

따라서 금속의 두 면이 접촉할 때는 모든 면이 닿는 것 같이 보이지만 실제는 그림 8.4와 같이 매우 미소한 부분에 접촉하기가 쉽지 않으므로 이것을 진실 접촉면적이라 부르며, 겉보기 접촉면적과 구별하고 있다. 보통 진실 접촉면적의 비율은 수백 분의 일부터 수만 분의 일이다. 이러한 것은 작은 하중에서도 국소적으로는 특별한 고압 하에 있다는 것을 나타내고 뒤에서 말하는 윤활피막의 파단과 마찰열의 발생과도 밀접하게 관련된다. 그림 8.4의 볼록면의 접촉부는 하중의 증가에 따라서 탄성변형 상태로부터 소성변형상태로 움직인다.

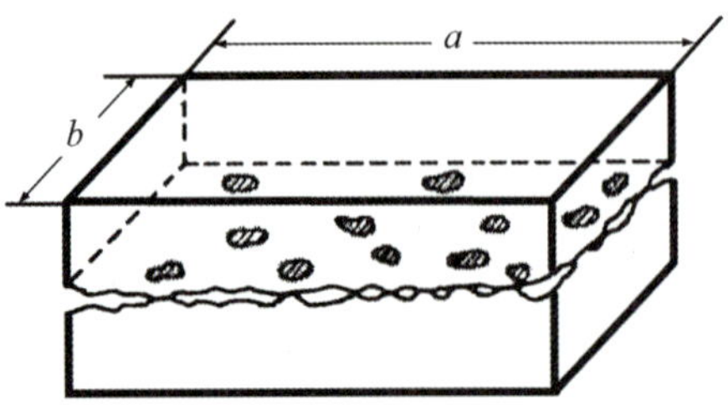


(a) 요철표면끼리의 접촉

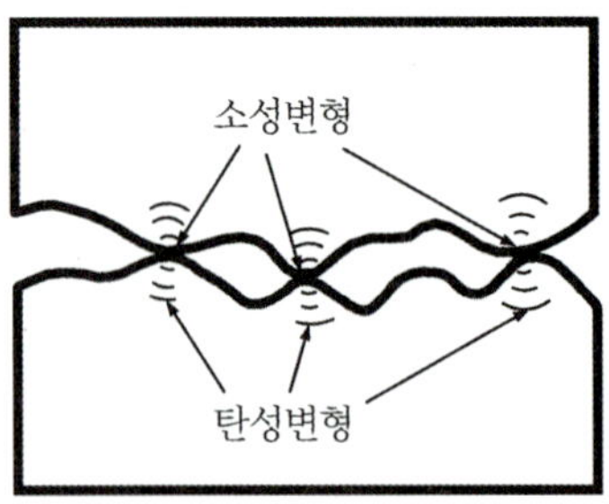


(b) 접촉부분의 탄성변형, 소성변형

그림 8.4 금속표면의 접촉상태에 관한 도식도

그림 8.5에서 접촉면적 $A_r$은 미시적인 관점에서의 접촉면적이다. 또 그 표면은 대체로 오염되어 있다. 그 계면은 가스 분자, 물 분자 혹은 얇은 산화피막 등으로 덮혀 있다. 또 그 위는 윤활제 분자로 덮이게 된다. 계면의 수직 하중이 증가하게 되면, 미시적인 관점에서의 접촉면(asperity) 은 소성변형하게 되어 실제 접촉면적이 넓어진다.

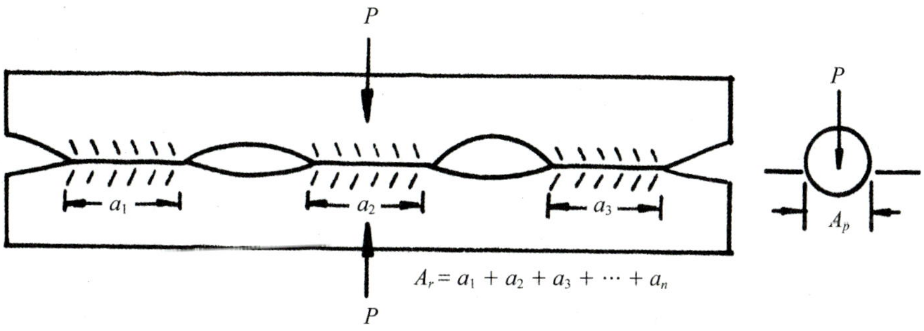


그림 8.5 금속표면의 면 간 접촉

이 접촉면에서 냉간용접이 일어날 수도 있다. 하나의 접촉면에 대해서 변형을 관찰하여 본다면 경도시험의 그것과 유사하다. 경도값은 수직 하중을 찍어 누르는 면적으로 나눈 값이다. $H = P/A_p \approx P/A_r$ 재료의 물성인 경도는 접촉면적과 관계없이 일정하므로 $A_r = P/H$이니 실제 접촉면은 수직 하중에 따라 증가한다. 용접되어 있는 계면을 분리시키는 데 필요한 계면에 평행한 힘을 $F$라 하면, 마찰계수는 다음과 같이 주어진다.

$$\mu = \frac{F}{P} = \frac{\tau_i A_r}{HA_r} = \frac{\tau_i}{H} \qquad (8.1)$$

여기서 $\tau_i$는 튀어나온 언덕부위를 전단변형 시키는 데 필요한 전단응력이다. 수직 하중이 높지 않은 경우에는 $\tau_i$와 $H$는 $P$에 무관하다. 따라서 마찰계수는 수직 하중에 무관하다. 이것이 쿨롬 미끄럼 마찰의 존재 조건이고, 아몬톤의 법칙(Amonton's law)이라 한다.

## 8.2 판재성형 시 마찰과 윤활의 중요성

판재성형 시 마찰과 윤활의 중요성은 아래에 나타낸 바와 같이 매우 중요하므로 이에 대한 폭넓은 이해와 공정별로 필요 시 적절한 대책을 요한다.

### (1) 국부적 과다압력

전단 가공의 예와 같이 일반적인 판재 가공에서는 공구에 작용하는 압력이 매우 높아 3,000kgf/mm$^2$을 넘는 경우도 있다. 이 때문에 윤활유 막을 깎아 내기 쉽고 곧 외부에서의 윤활유의 공급이 곤란하게 된다.

### (2) 높은 가공온도

열간 가공에는 미치지 않지만 냉간 가공에서도 부분적으로는 가공온도가 매우 높이 올라갈 수 있다. 이러한 높은 가공온도는 윤활유의 점도저하를 초래하고 금속 간의 반응을 촉진하는 것으로 응착과 소착이 생기기 쉽다. 반대로 열에 의해 생성된 재료표면의 산화막이 윤활제 역할을 하는 경우 이점으로 작용할 수 있다.

### (3) 높은 가공속도

박판의 압연 가공에서는 40m/s, 신선 가공에서는 80m/s로 매우 빠른 속도로 가공되는 예가 많다. 이러한 고속은 온도상승을 일으키고 윤활의 점도저하, 유막파단을 일으키기 쉽다.

### (4) 윤활유 탈지

소성 가공 제품은 최종적으로 탈지가 요구되는 경우가 많다. 특히 프레스 가공 제품은 그대로 최종 제품에 남을 경우 문제가 되는 경우가 많다. 일반적으로 점도가 높고 각종 첨가제를 함유한 윤활제가 우수한 윤활효과를 보이지만 탈지하기 어려운 면이 있다.

### (5) 표면 건전성

박판 제품은 표면이 거칠지 않고 미려해야 하는데 응착물은 재료를 거칠게 한다. 드로잉을 비롯한 다양한 판재성형공정 시 공구에서의 응착이 생기기 쉬우므로 표면손상이 되지 않도록 주의해야 한다.

### (6) 성형공정 효율성

판재성형 조건은 제품 측에서 보아 양호한 조건을 선택하는 일이 많다. 이 조건은 마찰의 관점에서 볼 때에 양호한 조건과 반드시 일치하는 것은 아니다. 예를 들면 블랭킹 가공 시 틈새(clearance)를 약간 작게 설정하면 양호한 제품을 얻을 수 있지만 마찰력의 증가로 인해 공구의 마모가 빠르게 진행될 수 있다.

## 8.3 마찰 이론

마찰에 대한 이론적 설명에는 요철 이론과 응착(adhesion) 이론, 연삭 이론 등 많은 이론이 있으며 금속 간의 마찰에 대해서는 주로 응착 이론과 연삭 이론이 일반적으로 인용되고 있다.

### (1) 마찰의 응착 이론

표면에 어떤 종류의 물리화학적 막도 존재치 않은 깨끗한 두 금속체가 단위 원자 간격 이내로 근접하면 두 금속체 간에 아주 강한 결합이 발생하며, 접촉부위에 소성변형과 표면경화 현상이 수반 되었을 경우, 그 접촉면은 오히려 금속 내부 원자 간의 결합보다도 강한 결합상태를 이룰 수도 있다는데 근거한 이론이다.

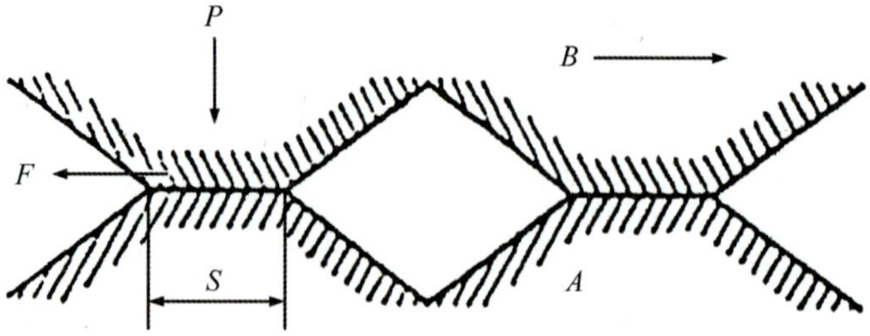


그림 8.6 응착설의 모델

그림 8.6에 보인 바와 같이, 두면의 요철부가 눌러 붙여진 상태를 가정할 때 $A$, $B$ 두 면이 봉우리와 봉우리로 접촉을 하며 접촉부의 면적은 외관상 접촉면적의 수백 분의 1에서 수백만 분의 1밖에 되지 않기 때문에, 외관상의 접촉압력은 수 $kg/mm^2$라는 낮은 값이더라도, 이 봉우리와 봉우리의 진실 접촉압력은 수백 내지 수만 $kg/mm^2$라는 매우 높은 값이 된다. 그 때문에 봉우리의 날카로운 선단은 보통 그 탄성한계를 훨씬 넘어서 소성적으로 유동을 일으키고 각 봉우리는 평균적으로 면적 S로 접촉하게 된다. 이 면적 $S$내에서는 높은 압력과 변형 때문에 $A$, $B$ 고체 자체의 강한 응착이 일어나며 응착면적 $S$, 또는 그 근방의 약한 단면이 전단으로 조각조각 끊겨지게 되는데 이 때 하나의 봉우리에 걸리는 평균 하중을 $P$, 마찰력을 $F$, 압력을 $p$, 재료의 전단강도를 $\tau$라고 하면, 접촉면적 $S=\dfrac{P}{p}$ 및 마찰력 $F=\tau S$이기 때문에 마찰계수 $\mu$는 아래 식(8.2)와 같이 나타내어진다.

$$\mu = \frac{F}{P} = \frac{\tau S}{Sp} = \frac{\tau}{p} \tag{8.2}$$

이와 같이 응착 이론은 접촉면에서 응착을 일으키고, 그 응착부의 전단력이 마모를 일으킨다는 이론이다. 그림 8.7에 보인 바와 같이 요철이 있는 두 면이 응착마모를 일으킬 때 마모체적 $V$는 식 (8.3)과 같은 나타낼 수 있으며 이때의 마모계수 $C$는 표 8.1에 나타내었다.

$$V = \frac{CLx}{3P_m} \tag{8.3}$$

여기서 $C$: 무차원 마모계수, $x$: 미끄럼거리, $L$: 접촉수직 하중,

$P_m$ : 마모되는 재료의 압입강도(유동응력)

표 8.1 공기중에서 각종 접촉면의 마모계수, $C$

| 무윤활 | $C$ | 윤활 | $C$ |
|---|---|---|---|
| 연강 : 연강 | $10^{-2} \sim 10^{-3}$ | 52100강 : 52100강 | $10^{-7} \sim 10^{-10}$ |
| 6/4 황동 : 경화된 공구강 | $10^{-3}$ | 알루미늄 청동 : 경화강 | $10^{-8}$ |
| 경화된 공구강 : 경화된 공구강 | $10^{-4}$ | 경화강 : 경화강 | $10^{-9}$ |
| PTFE : 공구강 | $10^{-5}$ | | |
| 텅스텐 카바이드 : 연강 | $10^{-6}$ | | |

위 식에서 접촉압이 높고($L$이 크다) 재료가 연하게 되면($P_m$이 작다) 마모되기가 쉽다는 것을 알 수 있다. 그러므로 응착되기 쉬운 재료의 조합이라면 $C$가 크게 되어 마모가 쉽게 된다. 소성 가공에서는 강으로 만든 공구로 강재를 가공하는 일이 많아 응착이 쉬운 같은 금속끼리의 마찰이 발생하므로 공구의 마모가 문제가 되고 있다.

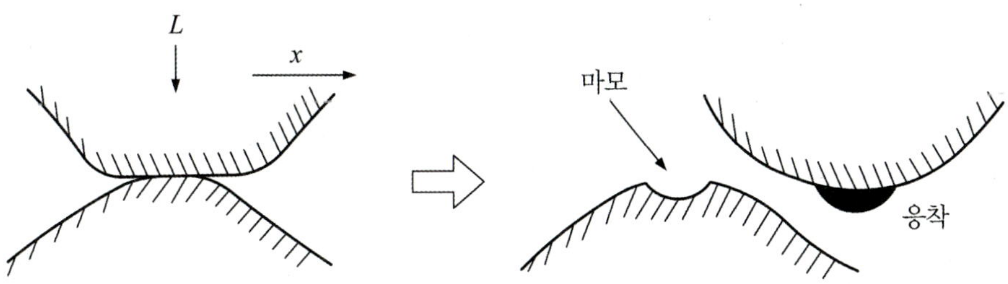


그림 8.7 응착마모의 도식도

그림 8.8에 접촉면이 분리될 때 파단이 발생하는 유형을 접촉재료의 특성에 따라 도식적으로 분류하였다.

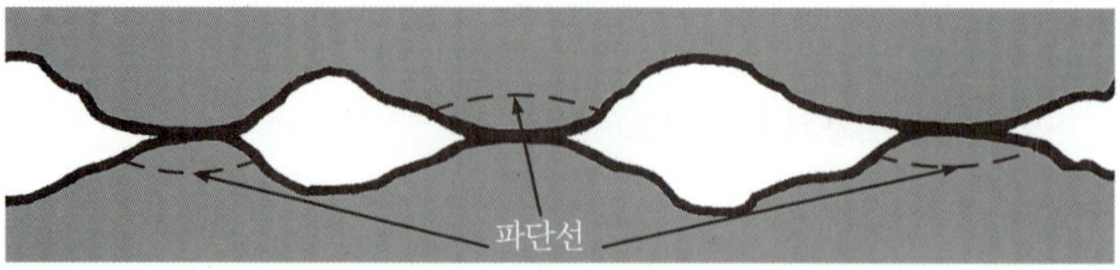


(a) 경도가 비슷한 금속 간의 접촉

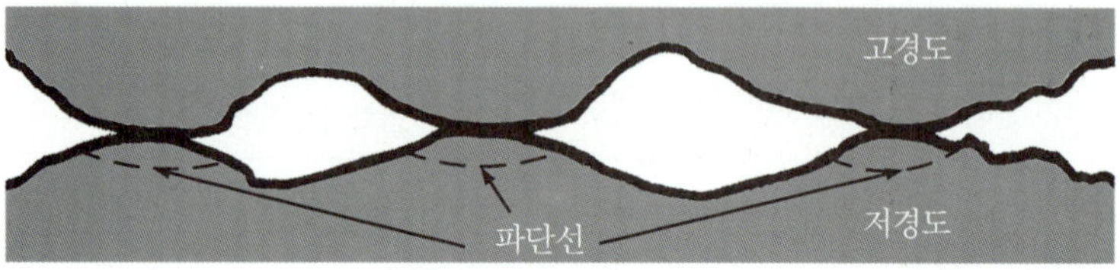


(b) 경도 차이가 있는 금속 간의 접촉

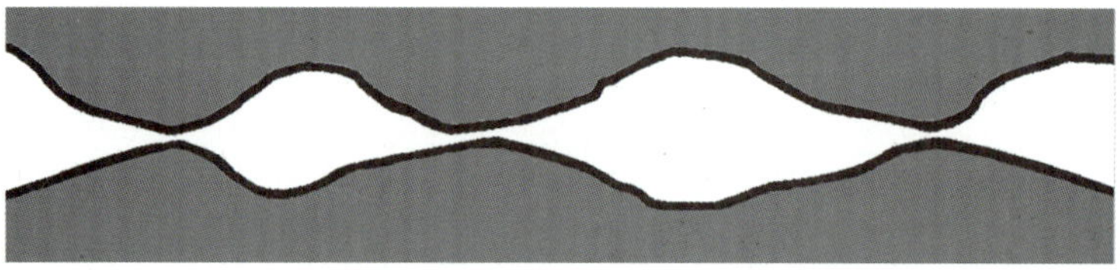

(c) 접촉면에 약한 막이 존재하는 접촉

**그림 8.8** 접촉면이 분리될 때 파단이 발생하는 유형

### 예제 8.1

6/4 황동 막대의 한쪽 끝이 무윤활상태의 경화된 공구강 표면 위를 미끄럼운동 하고 있다. 이 막대에 작용하는 수직 하중의 크기는 200lb이며 황동의 압입강도는 120kg/mm$^2$이다. 응착마멸에 의한 황동막대의 마멸양이 0.001in$^3$이라면 이 막대가 이동한 거리는 얼마인가?

**풀이**

표 8.1에서 마모계수 $C = 10^{-3}$

또한 황동의 압입강도인 120kg/mm$^2$을 영미계로 바꾸면 170,700lb/in$^2$

따라서 식 (8.3)으로 부터

$$V = \frac{C\,L\,x}{3\,P_m}$$

$$x = \frac{3\,VP_m}{CL} = \frac{3\times0.001\times170{,}700}{10^{-3}\times200} = 2560$$

막대가 이동한 거리는 2,560인치이다.

### (2) 연삭마모(Abrasive wear)

마찰력을 형성하는 주요한 요인의 하나로 경한 표면의 돌기들이 접촉하고 있는 연한 표면을 깎아 내는 현상이다. 이것은 경질인 숫돌가루가 공구를 깎아 내는 경우에 생기고 도식적으로 그림 8.9와 같이 나타낼 수 있다.

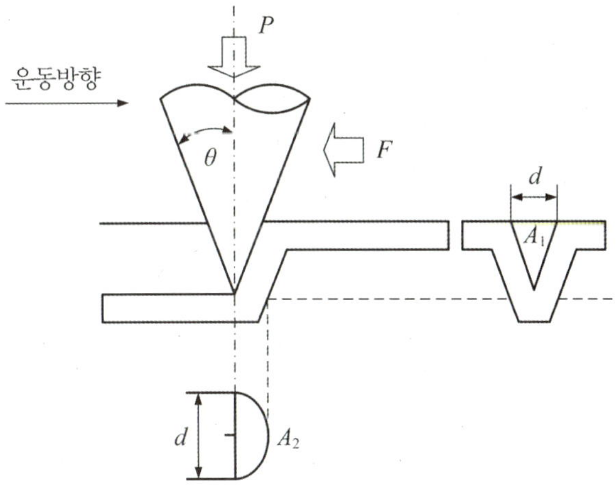


그림 8.9 연삭마모의 도식도

수직 하중 P에 의해 $P = A_2H$, 마찰 하중 F에 의해 $F = A_1H$의 관계를 가지므로 마찰계수는 식 (8.4)와 같이 구할 수 있다.

$$\mu = \frac{F}{P} = \frac{A_1}{A2} = \frac{2\cot\theta}{\pi} \tag{8.4}$$

실제로 표면 돌출부들은 $\theta = 80\text{-}85^\circ$ 사이에 있으므로 마찰계수 $\mu$는 0.07-0.14로 계산된다. 하지만 실제 관측되는 연삭마찰계수의 값은 계산값보다도 크게 나오며 이는 소성 돌출부(plastic bulge)에 기인한다. 그림 8.10에 도식적으로 보인 바와 같이 표면 돌기의 전단부에 재료가 축적되어 운동방향 단면적을 증가시켜 마찰계수가 증가하게 된다.

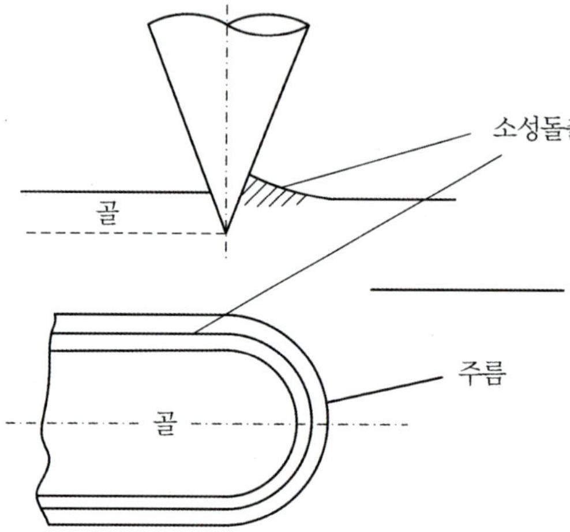


그림 8.10 연삭마모 시 선단부의 소성 돌출부의 도식도

### (3) 요철 이론

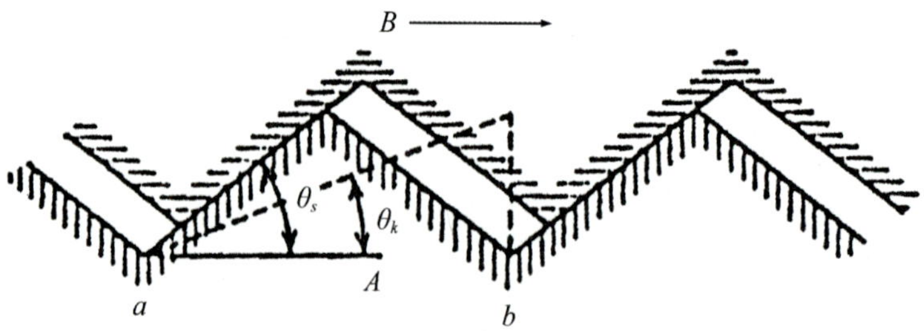


그림 8.11 요철설의 모델

그림 8.11에서와 같이 두면의 요철부위가 서로 맞물린 상태로 접촉한다고 하는 이론으로 $A$를 고정하고 $B$를 화살표 방향으로 미끄러지게 한다면 $B$는 빗면을 따라 들어 올려지

는 것이 되므로 빗면의 마찰과 똑같이 생각되어 정지마찰계수($\mu_s$)는 식 (8.5)와 같다.

$$\mu_s = \tan\theta_s \tag{8.5}$$

운동마찰계수($\mu_k$)에 관해서 $B$가 요철의 1피치 $a$, $b$를 수평으로 미끄러져 가는 사이에 요철의 높이만큼 $B$를 들어 올리면 되기 때문에 식 (8.6)과 같이 표현할 수 있다.

$$\mu_k = \tan\theta_s/2 = \mu_s/2 \tag{8.6}$$

위 두 식은 마찰이 두면의 요철의 형상만으로 결정되어 진다는 입장에서 Euler가 유도한 것으로서 근래에는 잘 사용되지 않고 있다.

이밖에 부식 현상에 기인되는 부식마모, 표면피로 현상에 기인되는 피로마모 등이 있으며, 마모 현상은 매우 복잡하여 아직도 충분히 규명되지 않은 현상들도 많이 있다. 마모는 제품 치수변화와 표면성상을 악화시키는 원인이 되고 있으므로 가능한 작게 하는 것이 바람직하다. 따라서 이에 대한 방안으로는 마모 및 응착에 대한 저항성을 개선시킬 수 있도록 공구재료를 단단하게 하는 일이다. 탄화물을 함유한 합금 공구강과 단단한 초경합금 등이 이러한 목적으로 적합하며 표면처리도 효과적이다. 응착의 관점에서 보면 윤활유의 선택과 공구와 재료의 적절한 조합을 통해 마모를 줄이는 것이 유효하다. 즉, 응착은 고온화 때 촉진되므로 온도를 낮추는 냉각방법을 채용하는 것도 유효하다.

## 8.4 윤활상태의 구분

판재의 프레스 가공에 있어서 사용되고 있는 윤활의 목적은 공구와 재료의 경계면에 있어서 다음의 이유에 의해 실시하게 된다.

- 변형력의 감소
- 성형한계의 증가
- 제품 표면의 제어
- 금속 픽업(pick up)의 최소화
- 공구마모의 최소화
- 피가공물-공구 간의 열적 차단
- 피가공물과 공구의 냉각

윤활의 주된 목적은 공구와 재료들 사이에서 금속끼리의 직접 접촉을 막는 일이다. 이것은 마찰력을 줄이고 형 긁힘과 마모를 방지하며 가공역의 감소와 제품 품질의 향상으로 이어진다. 윤활 상태는 그림 8.12와 같이 크게 4가지로 구분된다.

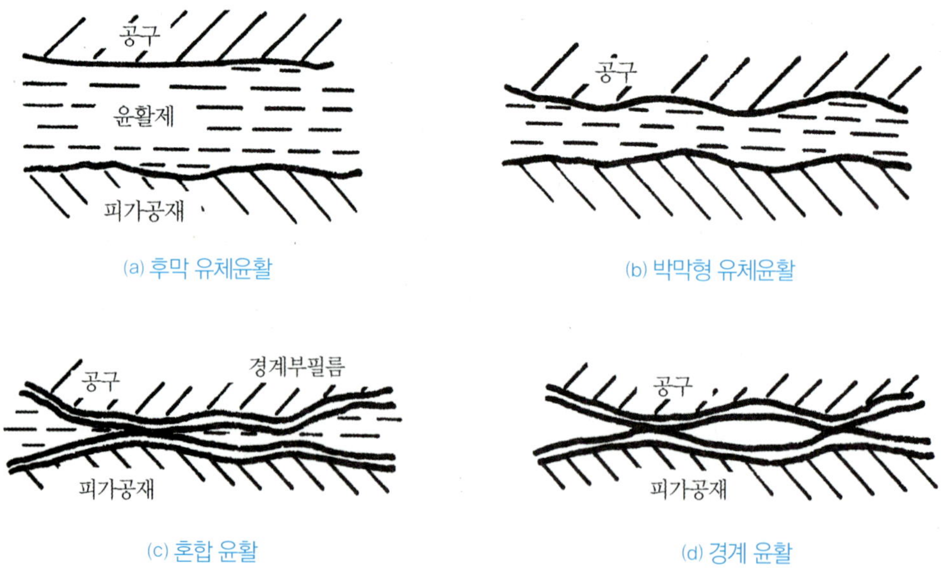


**그림 8.12** 윤활상태의 도식도:

### (1) 후막 유체 윤활 영역

윤활막의 평균두께가 재료의 평균표면 거칠기보다 훨씬(10배 이상)클 때(그림 8.11(a))에는 재료의 표면 거칠기가 윤활에 미치는 영향은 거의 무시될 수 있고 윤활막은 연속체로 취급된다. 윤활작용은 유체 역학적으로 설명이 되는 영역이다. 이러한 조건은 실제 가공에서는 일어나기 어려우나, 금형의 간격이 수렴하는 형태의 공정(그림 8.13)에서 재료의 미끄럼 속도가 빠른 경우에 일어날 수 있다. 계면은 유체에 의해서 완전히 분리되어 있으므로 마모는 거의 일어나지 않고 마찰계수는 0.001~0.02 정도가 된다. 수직압력이 높아지거나 유체의 점도와 흐름속도가 감소하게 되면, 막의 두께는 점차 얇아져서 계면에서 금속-금속 간 접촉을 유발하게 되고 마찰계수도 따라서 증가하게 된다. 후막 유체 윤활이 유체 윤활제에 한하여 일어나는 것은 아니고 왁스, 비누, 합성수지, 연한 금속 등도 후막형 윤활제에 속하고, 저속에서는 더욱 효과적일 수 있다.

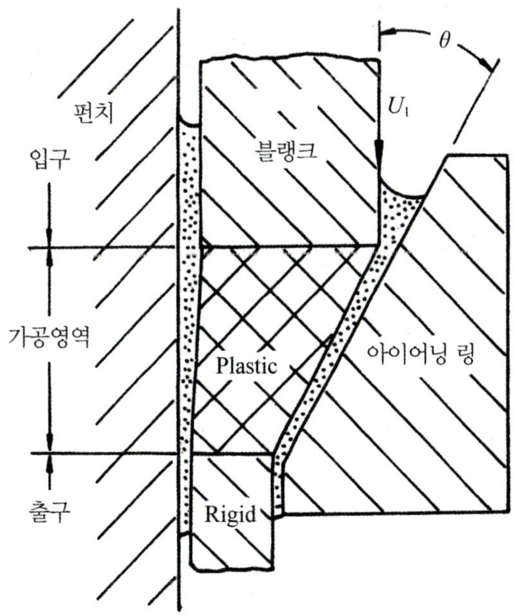


그림 8.13 아이어닝 공정 시 후막 유체 윤활영역

### (2) 박막형 유체 윤활영역

평균 윤활막 두께가 표면 거칠기와 같은 차수(10배 미만)이지만 금속-금속 간의 접촉은 크지 않은 경우(그림 8.12(b))로써 대부분의 하중은 윤활피막(윤활제 분자크기보다는 훨씬 두꺼운)에 의해서 지지된다. 윤활막은 연속체로 취급되지만 계면의 표면 거칠기의 영향이 고려되어야 하는 영역이다.

### (3) 혼합영역

유체 윤활에 의한 금속 가공공정에서 일부 언덕부(asperity)의 접촉은 불가피하다. 하중의 많은 부분이 언덕부-언덕부 간의 접촉에 의해서 지지되고 나머지가 골(valley)에 갇혀 있는 유체에 의해서 지지되는 경우이다(그림 8.12(c)). 따라서 언덕부에서는 경계 윤활방식이, 그리고 골에서는 박막 유체 윤활방식이 적용된다. 금속가공에서 일반적으로 일어나는 윤활방식이 이 혼합 유막 윤활이다. EP(extreme pressure) 첨가제 등이 첨가된 적절히 조제된 윤활유의 경우에는 윤활제 분자 크기와 같은 차수(order)의 경계 윤활층이 금속표면에 형성되어 금속-금속 간 접촉은 방지 된다.

### (4) 경계 윤활영역

그림 8.12(d)에 도시된 바와 같이 하중이 언덕부 간의 접촉에 의해서 지지되는 경우이다. 좁은 의미에서의 경계 윤활제는 금속표면에 화학적으로 흡착되어 얇은 막을 형성하는 유기질을 말한다. 지방산, 알콜, 지방산 파생물 등 극성물질이 그것이다. 이들 분자들은 금속표면에 방향성을 가지고 규칙적으로 흡착되어 쉽게 분리되지 않는, 그리고 전단응력이 낮은 층을 형성한다. 이 층이 금속-금속 간 접촉을 방지한다. 이 막에 의한 마찰계수는 0.1~0.4 정도이고 윤활막의 강도와 두께에 좌우된다. 이 윤활에서 온도가 상승하면 규칙적으로 흡착된 분자들은 흐트러지기 시작하여 임계온도에 이르면 금속-금속 간 접촉이 일어나서 마찰이 급격히 증가하게 된다. 넓은 의미에서는 산화피막, 인산염피막 등과 같은 화성피막, EP 첨가제에 의해서 생성되는 피막, $MoS_2$와 흑연분말 등의 고체 윤활제가 이 영역에 속한다.

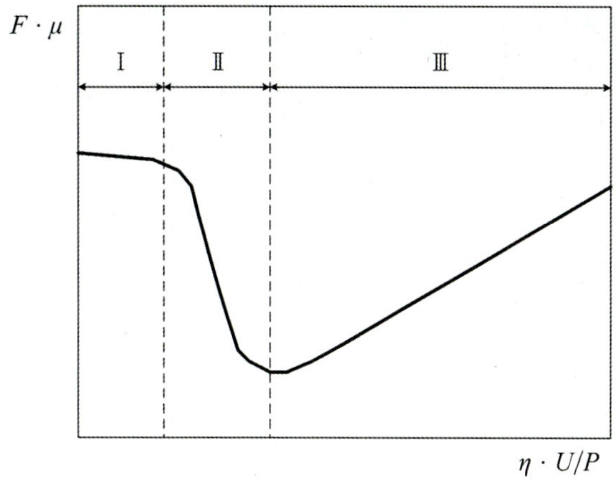


그림 8.14 스트리백 곡선

이상에서 설명한 윤활의 형태, 즉 윤활상태를 나타내는 데에는 저널 베어링(journal bearing)의 시험에서 얻어지는 스트리백(Stribeck)곡선이 이용되기도 한다. 그림 8.14에 보인 바와 같이 유체 윤활에서 윤활의 상태는 계면 간의 상대운동속도 $U$, 수직 하중(혹은 수직압력) $P$, 그리고 윤활유의 점도 $\eta$으로써 표시되고 그 결과는 마찰계수 $\eta$ 혹은 마찰력 $F$로 나타난다. 그림 8.14에서 $\eta U/P$항의 값이 낮을 때(영역 I)에는 계면이 수분자 혹은 그 이하의 얇은 윤활막에 의해서 분리되는 경계 윤활상태가 얻어진다. $\eta U/P$항의 값이 점차 커지면 계면에서 윤활막의 두께가 점차 두꺼워지면서 $\eta$가 급격히 감소한다. 하중의 일부는 언덕부 간의 접촉에 의해서 다른 일부분은 유체 윤활막에 의해서 지지되는 혼합 윤활상태(영역 II)가 된다. $\eta U/P$항의 값이 더욱 커지면 유막의 두께가 더욱 두꺼워져서 전체 계면에서 연속적인 윤활유의 막이 형성되어 유체 윤활(영역 III)이 이루어진다. 유체 윤활에서 마찰력은 윤활유의 점성저항에만 의존한다. $\eta U/P$항의 값이 커짐에 따라 마찰력이 다시 증가한다. 이것은 윤활유의 점성저항이 증가하기 때문이다.

## 8.5 소성 가공 계면의 윤활특성의 특징

- 유체 윤활보다 경계 윤활에 가까운 상태에 있다. 소성 가공의 계면마찰계수는 거의 0.15-0.2의 사이에 있어 기계요소 계면의 마찰계수보다 높은 값을 갖는다.
- 소성 가공면은 재료의 탄성한계를 넘는 높은 면압 하에 있으며 그 면적 또한 넓어서 경계막의 파단이 일어나기 쉽다.
- 소성 가공면의 온도가 높다. 소성 가공면의 온도는 하중, 속도, 미끄럼 거리 등에 의해 결정된다. 그리고 특정온도 이상이 되면 윤활유 막이 파단되어 윤활능력이 현저하게 저하된다.
- 소성 가공계면 내에서 미끄럼 속도가 재료의 소성변형에 의해 부분적으로 변화하고, 그 방향도 변화할 수가 있다. 이것은 유체막을 형성하고 있을 때에는 부압의 원인이 된다.
- 소성 가공계면에서 가공 중에 신생면을 노출한다. 이러한 신생면의 노출은 마찰 특성의 변화를 가져온다.

## 8.6 소성가공계면의 미시적 접촉상황

소성 가공계면의 미시적 접촉상황 모델의 개념도를 그림 8.15에 나타내었다. 공구와 재료가 접촉을 시작하는 점에서는 공구와 재료와의 속도에 따른 윤활유의 도입량이 정량적으로 결정되어진다. 또, 공구와 재료의 오목부에서는 윤활유를 계면으로 들어가게 하는 효과로써 작용한다. 소성변형역의 계면에 있어서는 재료-공구가 미시적으로 접촉하는 경계 윤활영역과 재료-공구계면의 오목부에 있어서 정수압을 발생시키고 있는 유체 윤활영역 등이 공존하고 있는 혼합 윤활을 나타내고 있다. 가공 조건이 심하게 되면, 경계 윤활역이 증가하여 국부적으로 금속접촉이 발생하고 고체마찰역이 나타내게 된다.

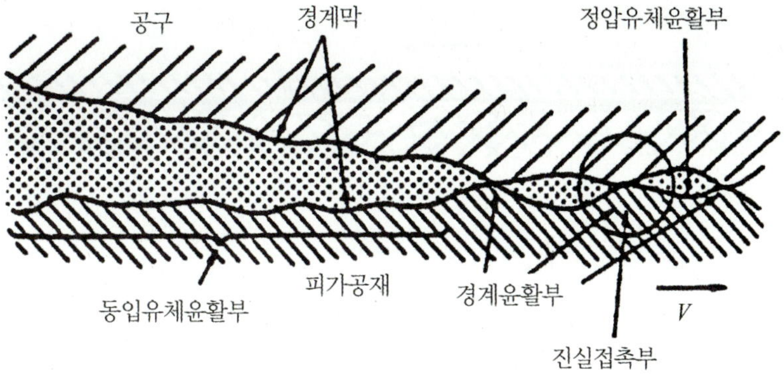


그림 8.15 소성 가공 윤활면의 미시적 접촉상황 모델

이 소성 가공계면의 접촉 모델이 기계요소의 축수 등의 강성체 접촉과 큰 차이는 그림 8.16에 나타낸 것과 같이 혼합 윤활영역에 있어서 계면에 투입된 재료 오목부의 윤활유, 또는 재료의 소성변형에 의해 생긴 포켓에 봉입된 윤활유에 정수압 $q$가 발생되는 것이다.

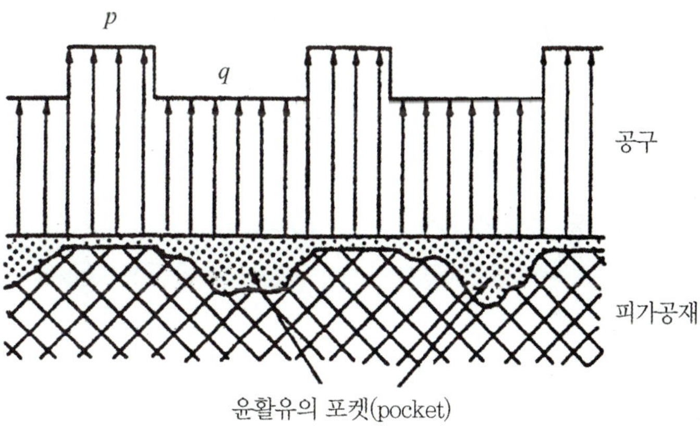


그림 8.16 정수압이 작용한 윤활상태

이 정수압 $q$가 진실 접촉역에 작용하는 압력 $q$에 가까운 오목부 또는 포켓 내의 윤활유에도 정수압 작용이 발생한다고 생각하면 그림 8.17에 나타낸 바와 같이 오목부에 봉입된 윤활유가 오목부 주변의 접촉영역에 침투하여 유체윤활 작용을 하는 미시적 소성 유체 윤활의 가능성이 시사되었다.

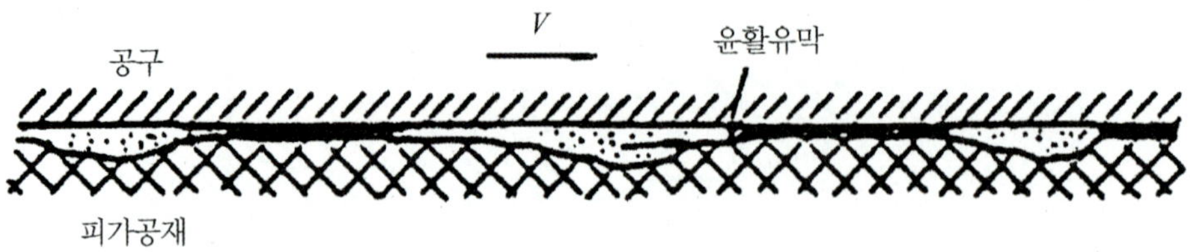


그림 8.17 미시적 소성 유체 윤활의 모델

강체끼리의 경우도 마찬가지로 도입 윤활두께 $h$와 공구와 재료의 표면조도의 평균값 R과의 관계에서, 소성 가공의 경우에도 다음과 같은 윤활 메커니즘으로 크게 분류할 수가 있다.

- $h=0$ : 경계 윤활, 고체마찰
- $h=R$ : 혼합 윤활(유체 윤활, 경계 윤활, 고체마찰, 마크로 소성 유체 윤활)
- $h>R$ : 마크로 소성 유체 윤활

그림 8.18에 각 윤활 메커니즘의 미시적 접촉상황의 개념도를 나타내고 있다.

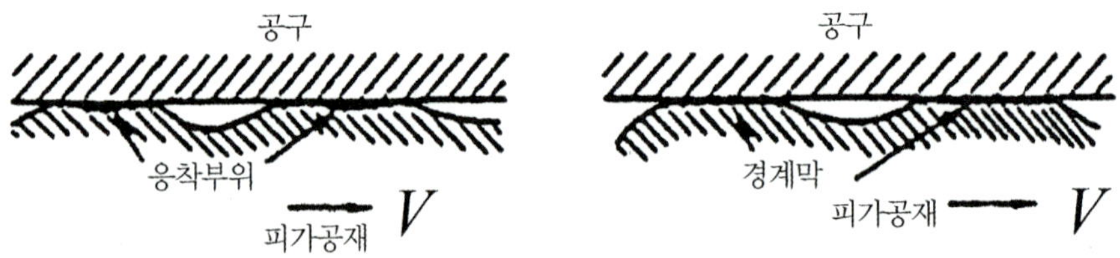


(a) 고체마찰($h \to 0$) (b) 경계 윤활($h \to 0$)

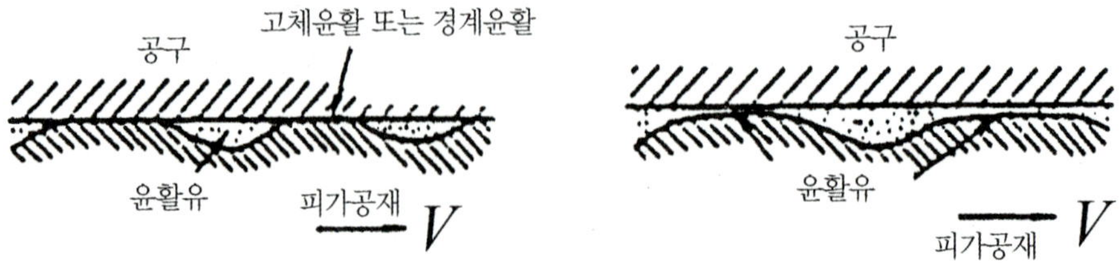


(c) 혼합 윤활($h \fallingdotseq R$) (d) 마이크로 소성 유체 윤활($h \fallingdotseq R$)

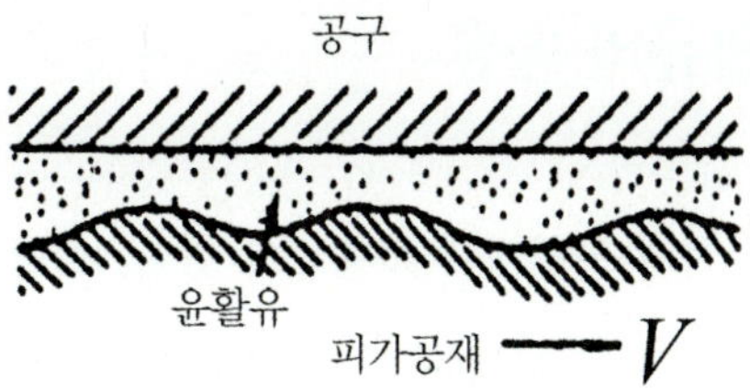


(e) 마크로 소성 유체 윤활($h > R$)

그림 8.18 각 윤활 메커니즘의 미시적 접촉상황 모델

소성 가공 중의 윤활이 부적절하게 되면 계면 간 접촉이 열의 형태로 나타나 급격한 온도상승을 일으키게 된다. 그림 8.19에 보인 바와 같이 윤활 시스템이 작동하지 않으면 온도가 급격히 상승하게 되고 마찰계수도 수배 상승하는 것으로 알려져 있다.

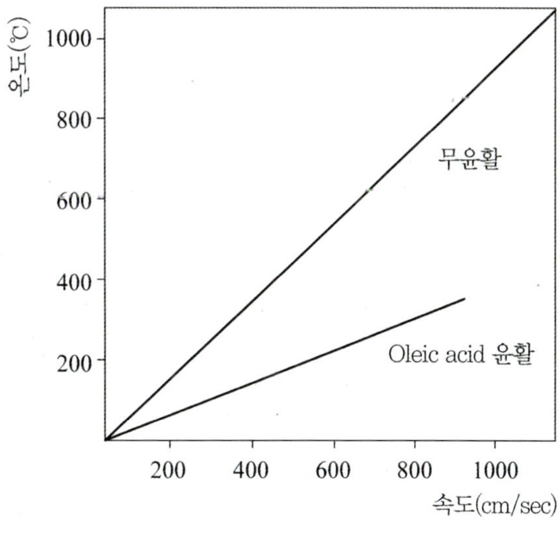


그림 8.19 계면의 미끄럼 속도에 따른 온도변화가 윤활에 미치는 효과 예

## 8.7 판재성형용 윤활유의 종류

여러 가지의 윤활제들이 현재 산업계에 사용되고 있다. 이들 윤활제들은 크게 액체(일반적인 윤활제), 반고체(그리스 등), 고체(흑연 · 이산화 몰리브덴) 등으로 분류할 수 있다. 프레스 가공에서는 액체 윤활제가 가장 많이 이용된다. 그리고 액체 윤활유는 다시 광물계 윤활유, 합성 윤활유, 수용성 윤활유 등으로 분류되면 그 특징은 다음과 같다.

### (1) 광물계 윤활유

원유 처리과정에서 생산되는 윤활유로 다음과 같은 특징이 있다.

- 고온 시 산화하여 열화 한다.
- 온도에 의한 점도 변화가 크다.
- 저온 유동성이 나쁘다.
- 인화성이 있다.

### (2) 합성 윤활유

광물계 윤활유의 결점을 화학조성을 변경, 합성의 분자설계를 하여 개량한 윤활유이다. 대표적인 합성 윤활유로는 제트엔진 윤활유가 있다. 이것은 종래의 광물계 윤활유의 고온 산화 특성을 개량한 것이다.

### (3) 수용성 윤활유

이것은 물에 녹여 에멀젼 상태로 만들어서 사용하는 윤활유이다(에멀젼: 2개의 서로 녹지 않는 액체의 한 쪽이 다른 쪽의 액체 중에 입상이 되어 분산하고 있는 상태). 예를 들면, 물 중에 기름의 입상이 유화제를 이용하여 섞여 있는 상태를 말한다. 이 수용성 윤활유에는 물과 광유의 관계에 따라 유중수적형(기름 중에 물이 분산하고 있다), 수중유적형(뮬 숭에 기름이 분산하고 있다)의 두 가지 형태가 있다. 일반적으로 프레스 가공에 이용되는 타입은 수중유적형의 것이 많고 물에 희석하여 사용된다.

수용성 윤활유의 장점은 물 중에 윤활제가 입상이 되어 포함되어 있어 윤활효과와 냉각효과를 동시에 얻을 수 있다는 것이다. 이 성질은 트랜스퍼 프레스 가공이나 스테인레스강의 드로잉 가공과 같이 가공열이 많이 발생하는 경우에 열발생을 억제하기 위해 사용되고 있다. 수용성 윤활유는 물을 사용하고 있기 때문에 내화성에 있어서는 가장 큰 효과를 보이지만 녹, 부식에 대해서는 문제를 발생시키기도 한다.

## 8.8 윤활제

윤활제는 공구-재료 계면의 마찰력을 제어하고, 금속-금속 간의 접촉을 방지함으로써 공구의 수명개선, 성형품의 표면 긁힘 방지 등의 역할을 한다. 이러한 목적으로 사용되는 윤활제는 값싸고, 그것의 적용과 제거가 용이해야 하며 후처리에서 얼룩 등의 표면결함을 남기지 않아야 한다. 윤활제는 크게 나누어 액체, 고체, 반고체의 3가지가 있다. 각종 윤활제의 종류를 표 8.2에 나타내었다.

### (1) 액체 윤활제

주된 것으로 광유계, 수용성계, 합성 윤활유가 있다. 광유계는 넓은 용도로 이용되고 있지만, 성능향상 때문에 나중에 설명하는 각종 첨가제를 가하게 된다. 수용성계의 대표적인 것은 에멀젼으로 광유와 물을 계면활성제 등으로 혼합한 것으로 냉각성이 우수하다. 유성으로 중요한 것은 점도 및 점도지수(viscosity index)가 있다. 점도는 유막두께, 유막강도를 결정하고 점도지수는 점도의 의존성을 나타낸다.

### (2) 고체 윤활제

액체 윤활제로 충분한 윤활막을 형성하지 못하는 경우에 이용하게 된다. 흑연, 이황화몰리브덴, 테프론, 볼리미트 등의 유기화합물을 이용하게 된다.

### (3) 반고체 윤활제

그리스로 액체 윤활제에 칼슘 등을 배합하여 페이스트 상으로 만든 것이 있다.

표 8.2 윤활제의 종류

| 종류 | | 조성 | 적용 범위 | 비고 |
|---|---|---|---|---|
| 액체<br>윤활제 | 광물계<br>(광유) | 파라핀계 탄화수소<br>나프텐계 탄화수소<br>방향족계 탄화수소 | 일반적인 용도<br>대량 사용 가능 | 극고온, 극저온에는 부적합<br>가역 저렴 |
| | 수성 | 에멀젼 타입<br>솔루벌 타입<br>솔리션 타입<br>물+글리코올 | 내화성, 난연성 및 특히<br>냉각성이 요구되는 용도 | 광유보다 유성이 나쁨<br>부패될 수 있음 |
| | 합성 | 인산 에스테르<br>이염기산 에스테르<br>폴리폴 에스테르 등 | 특수 용도 | 가격 고가 |
| | 지방성 | 팜유, 우지, 종유 등 | 광유의 적용범위와 유사 | 안정성이 나쁘고 취급이<br>곤란<br>광유보다 유성 양호 |
| | 혼성 | 광유+동식물 유지 | 지방성 윤활유에 준함. | 광유보다 유성 양호<br>광유보다 안정성은 불량 |
| 반고체 윤활제 | | 리튬염기 그리스<br>칼슘염기 그리스 등 | - | - |
| 고체 윤활제 | | 이황화 몰리브덴<br>흑연<br>이황화 텅스텐 | 고온, 고압에서 액체<br>윤활제가 적용되지 않는<br>영역 | 액체, 반고체 윤활제 에<br>혼합하거나 또는 단독으로<br>사용 |

### (4) 첨가제

액체 윤활제는 그들 자체가 단독으로 이용되는 일은 적고 각종 첨가제를 넣어 사용한다. 지방산, 알콜, 아민 등의 유기물은 활성기로 침전되어 그림 8.20(a)와 같이 금속표면과 반응하여 흡착하는 것으로 견고한 경계막을 만든다. 이것을 유성 향상제라 부르며 오린산, 스테아린산은 대표적인 소성 가공의 윤활로 널리 이용되고 있다. 그림 8.20(b)의 극압 첨가제로는 인계, 유황계, 염소계가 대표적으로 사용된다.

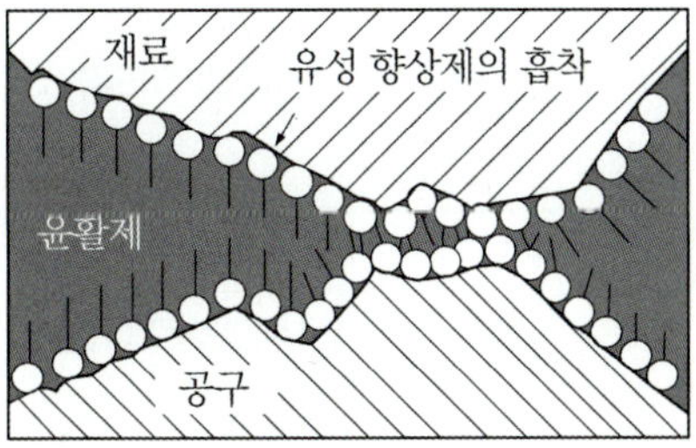


(a)유성 향상제

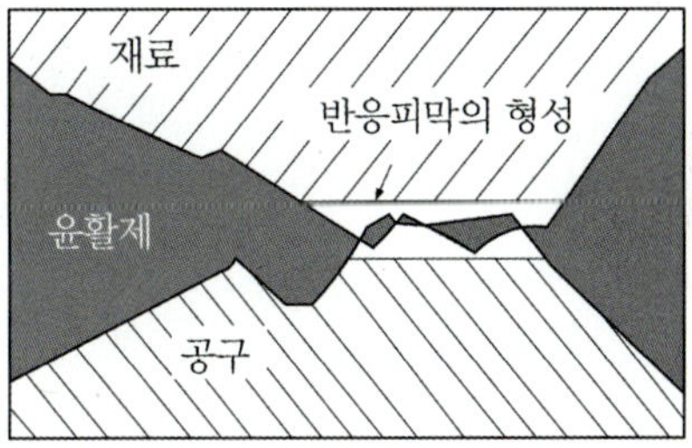


(b)극압 첨가제

그림 8.20 첨가제의 작용

그림 8.21에 나타낸 바와 같이 유성 향상제는 저온영역에서, 극압 첨가제는 고온영역에서 그들의 효과를 발휘하고 모두를 첨가하면 넓은 온도구역에서 양호한 윤활상태가 된다.

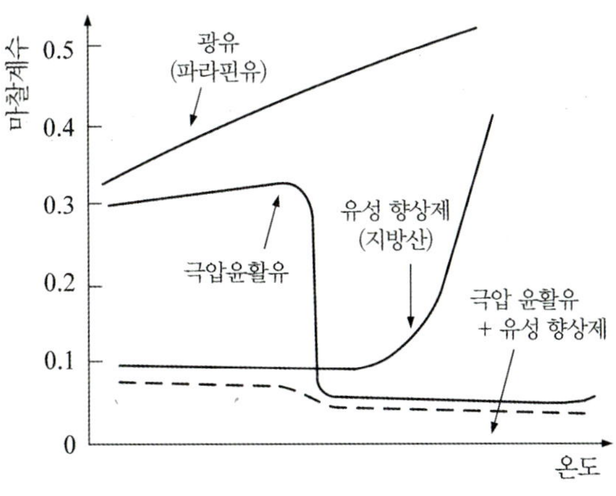


그림 8.21 유성 향상제와 극압 윤활유의 거동을 나타낸 마찰계수-온도 선도

편치측면의 심한 응착을 극압 첨가제의 사용에 의해 완전히 방지할 수도 있다. 그 밖에 필요에 따라 산화방지제, 점도지수 향상제, 점착제, 방부제 등을 첨가시킬 수 있으며 표 8.3에 첨가제의 종류를 나타내었다.

**표 8.3** 주요 유성 향상제와 극압 첨가제

<table>
<tr><th colspan="2">구분</th><th>종류</th><th colspan="2">구분</th><th>종류</th></tr>
<tr><td rowspan="9">유성<br>향상제</td><td rowspan="2">고급 지방산</td><td>올레인산</td><td rowspan="9">극압<br>첨가제</td><td rowspan="3">유황계</td><td>유화 유지류</td></tr>
<tr><td>스테아린산</td><td>유화 테르펜</td></tr>
<tr><td rowspan="2">고급 알콜</td><td>라우릴알콜</td><td>폴리설파이드류</td></tr>
<tr><td>오릴알콜</td><td rowspan="3">인계</td><td>포스페이트류</td></tr>
<tr><td rowspan="3">에스테르<br>(그리세라이트)</td><td>스테아린산 부틸</td><td>포스파이드류</td></tr>
<tr><td rowspan="2">올레인산<br>모노글리세라이드</td><td>인산에스테르 아민염</td></tr>
<tr><td>염소계</td><td>염소화 파라핀</td></tr>
<tr><td>아민</td><td>세틸 아민</td><td rowspan="2">유기<br>금속계</td><td>나프텐산연</td></tr>
<tr><td>금속가루</td><td>올레인산 철</td><td>디아킬(아릴)디지오인산아연</td></tr>
</table>

금속 가공용 윤활유에는 서로 상반되는 여러 가지 조건들이 요구되고 있다. 그것은 넓은 영역의 압력, 온도, 그리고 상대 운동속도에서 윤활작용을 유지하여야 하고, 소성 가공 중에는 새로운 면이 계속 생성되기 때문에 윤활제는 금속표면에 대한 친화력(wettability)과 퍼짐성(spreadability)이 좋아야 한다. 그런데 공구와 피가공물의 화학반응에 의한 피해를 줄이려면 잘 젖지 않아야 할 때도 있다. 윤활제는 온도변화에 대하여 안정하여야 하고 박테리아에 의한 공격이나 소량의 불순물에 의한 오염에도 저항이 커야 한다. 또 가공 후에는 쉽게 제거할 수 있어야 하고, 열처리 혹은 용접과 같은 후 공정에서 오염을 남길 수 있는 잔존물이 없어야 한다. 최종적으로 윤활제는 독성 및 화재의 위험이 없어야하고 값도 싸야 한다.

## 8.9 마찰 및 윤활의 영향

가공제품의 표면은 그 공정의 마찰 조건에 의해서 정해진다. 냉간 가공에서는 피가공물 표면의 요철부가 잘 연마된 공구와의 접촉에 의해서 눌려서 반질반질하게 된다. 공구의 표면이 거칠면, 그 공구 표면거칠기 보다 좋은 제품의 표면을 기대할 수 없다. 피가공물이 가공 중 공구와 접촉하지 않는 경우에는 표면은 피가공물의 물성에 좌우된다. 즉 오렌지필(orange peel)과 변형무늬(stretcher strain) 등이 그 예이다.

공정의 이론적인 해석에서는 마찰은 변형력을 증가시킨다는 점을 강조하여 왔으나, 실제적인 관점에서 본다면 가공 기계는 대체로 여유 용량을 가지고 있으므로 문제가 되지 않을 경우가 많다. 그러나 마찰에 기인하는 높은 응력은 변형한계에 영향을 준다. 마찰이 크게 되면 파단 현상이 조장되는 것은 명백하다. 실제적인 측면에서는 마찰이 제품의 표면과 공구의 마모에 주는 영향이 가장 중요하다.

피가공물과 공구에서처럼 서로 미끌어지는 계면에서 한쪽 면의 경도가 아주 높으면, 경도가 높은 쪽의 튀어나온 부분은 연한 면을 파고들어가서 미끄러지는 길이만큼 골을 만든다. 이것을 플라우잉(ploughing)이라 부른다. 계면의 튀어나온 부분간의 접촉부에서 전단변형을 유발하는 데 소요되는 힘과 플로우잉에 기인하는 마찰 저항력의 합이 변형에 소요되는 전체힘이 된다. 플라우잉에 소요되는 힘은 공구의 튀어나온 부분의 형태와 크기 그리고 피가공물의 물성에 관계된다. 따라서 다이 표면의 매끈함은 플로우잉에 대한 마찰력을 감소시키는 데 중요하다.

부적절한 윤활에 기인하는 가장 심각한 결과의 하나가 피가공물의 부스러기가 공구에 달라붙는 현상이다. 이것을 픽업(pickup)이라 부른다. 픽업에는 두 가지의 형태가 있다. 거칠은 공구 표면에서 윤활제가 고갈되면 피가공물이 공구 표면의 낮은 부분을 파고들게 되고, 공구-피가공물 간의 상대운동에 의해서 그 부분이 잘리어져서 공구표면에 달라붙게 된다. 따라서 이것은 피가공물의 표면을 거칠게 만든다.

한편 높은 압력 하에서 공구와 피가공물 계면에서 윤활제의 막이 파괴되게 되면 그 부분에서 냉간용접(cold welding)이 일어나게 되고, 피가공물의 일부가 떨어져 나오면 오염되지 않은 새로운 표면을 형성하게 되므로 냉간용접이 더욱 일어나기 쉽게 된다. 따라서 픽업이 한번 일어나게 되면 점점 더 심화되어 골링(galling)이라 부르는 표면 결함을 유발하게 된다.

장시간 가공하게 되면 공구의 표면이 마모되는데 그 기구는 피가공물 표면의 경질의 산화물에 의한 연마와 반복 하중에 의한 공구표면의 피로이다. 반복적인 가열 냉각에 따른 열응력 때문에 공구표면이 깨어지기도 한다.

## 8.10 판재마찰 시험

판재성형에서 취급하는 계면에서의 접촉문제는 주로 미끄럼 마찰이고 그것은 일반적으로 쿨롬 마찰계수로 표시한다.

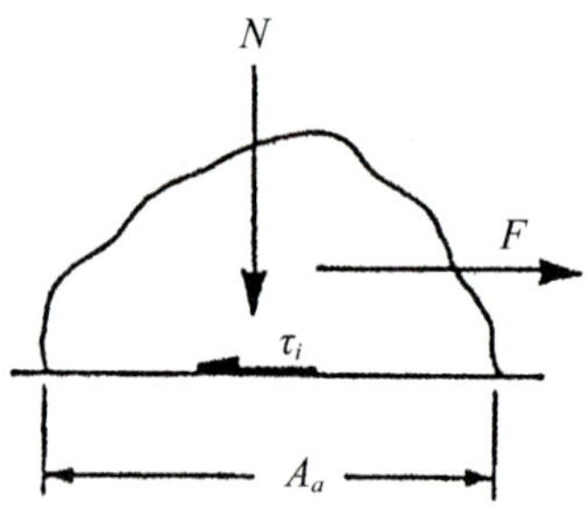


그림 8.22 계면에서의 미끄럼 마찰

그림 8.22에 도시된 바와 같이 공구와 피가공물 계면에 수직으로 작용하는 힘을 $N$, 계면에 평행하게 작용하는 힘을 $F$, 그리고 계면의 겉보기 면적(apparent area)을 $A_a$라 한다면 마찰계수 $\mu$는 아래 식과 같이 주어진다.

$$\mu = \frac{F}{N} = \frac{\tau_i}{P} \tag{8.7}$$

여기서 $\tau_i$는 계면에 평행하게 $F$에 대하여 반대방향으로 작용하는 전단응력이고 $P$ 는 수직압력이다. 실 가공에 있어서 공구와 피가공재 계면의 접촉상태를 실험실적 규모에서 시뮬레이션 하여 마찰계수나 마모량 등의 특성치를 정량적으로 계측하는 것이 마찰 시험의 목적이다. 모든 마찰 조건 범위에 적용 가능한 마찰 시험법이 이상적이나 현 상황에서는 불가능하기 때문에 실 가공의 마찰 · 윤활상태를 정확하게 재현 가능한 마찰 시험법을 채용하는 것이 가장 중요하다.

## 8.10.1 드로우비드 마찰 실험

각종 강판의 드로우비드 마찰 실험(drawbead friction test), 표면처리 강판의 박리 특성 평가 및 각종 윤활유의 성능 평가를 할 수 있는 판재마찰 시험법이다.

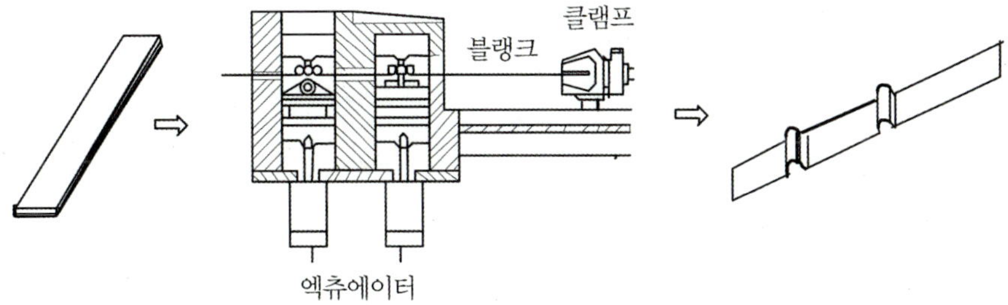


그림 8.23 드로우비드 마찰 실험 개략도

그림 8.23에서 보듯이 드로우비드 마찰 실험 장치는 롤러비드와 고정비드로 구성이 되어 있다. 그림 8.24(a)에 나타낸 고정비드는 소성변형에 의한 변형 하중과 마찰 하중을 모두 포함하는 반면, 8.24(b)에 나타낸 롤러비드는 회전하기 때문에 마찰 하중 없이 변형 하중만 포함하게 된다.

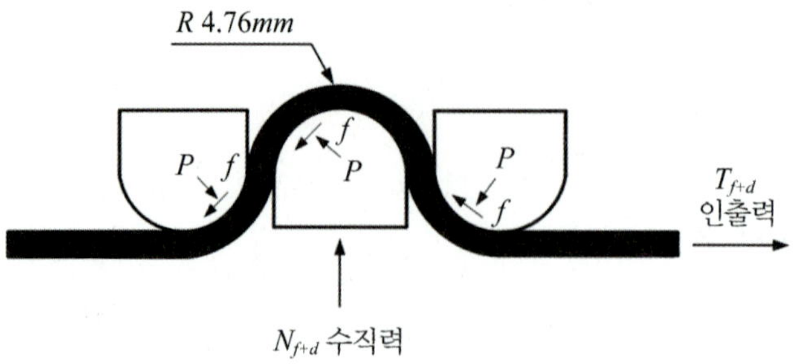


(a) 고정비드

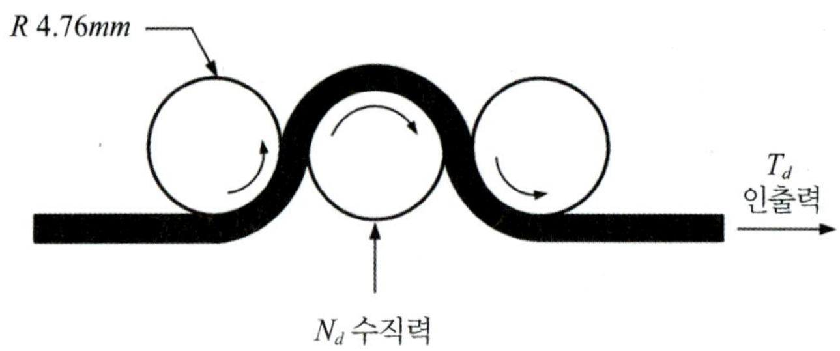


(b) 롤러비드의 접촉 특성

그림 8.24

그러므로 고정비드와 롤러비드에서 측정된 하중의 차이를 이용하여 드로우비드의 마찰 저항력을 구할 수 있으며 이 마찰 저항력과 쿨롬의 마찰법칙을 이용하여 마찰계수 $\mu$를 구할 수 있다. 드로우비드 시험기에서 측정되는 마찰 하중은 고정비드에서의 드로잉 하중에서 롤러비드에서의 드로잉 하중을 제거한 값이 된다. 따라서 드로우비드에서의 마찰 하중은 다음과 같이 나타낼 수 있다.

$$T_t = T_{f+d} - T_d \tag{8.8}$$

여기서, $T_t$는 드로우비드에서의 마찰 하중이고, $T_{f+d}$는 고정비드에서의 인출력, $T_d$ 는 롤러비드에서의 인출력이다. 비드 접촉부의 전체 마찰력은 다음과 같이 나타낼 수 있다.

$$\mu_t = l \times f \tag{8.9}$$

여기서, $\mu_t$는 비드 접촉부의 전체 마찰력, $l$은 접촉부 길이, $f$는 비드 접촉부의 스트립 단위 면적당 작용하는 마찰력(일정하다고 가정)이다.

식 (8.8)과 식 (8.9)는 동일해야 하므로,

$$T_{f+d} - T_d = l \times f \tag{8.10}$$

식(8.10)은 다음과 같이 나타낼 수 있다.

$$f = \frac{T_{f+d} - T_d}{l} \tag{8.11}$$

또한, 비드에서의 힘의 평형을 고려하면 다음과 같은 식을 얻을 수 있다.

$$N_{f+d} = 2rp \tag{8.12}$$

여기서 $r$은 비드 반경이고, $p$는 비드 접촉부의 스트립 단위 면적당 작용하는 수직력(일정하다고 가정), $N_{f+d}$는 고정비드 사용 시의 수직력(normal force)이다.

식 (8.12)는 다음과 같이 나타낼 수 있다.

$$p = \frac{N_{f+d}}{2r} \tag{8.13}$$

접촉부의 총 길이를 하나의 원 둘레와 같다고 볼 수 있으므로 접촉부의 길이를 $l \approx 2\pi r$로 가정하고 쿨롱의 마찰법칙 $\mu = f/p$에 대입해 보면, 다음과 같은 식을 얻는다.

$$\mu = \frac{f}{p} = \frac{\dfrac{T_{f+d} - T_d}{l}}{\dfrac{N_{f+d}}{2r}} = \frac{2r\left(T_{f+d} - T_d\right)}{l \times N_{f+d}} = \frac{2r\left(T_{f+d} - T_d\right)}{2\pi r N_{f+d}} = \frac{T_{f+d} - T_d}{\pi N_{f+d}} \tag{8.14}$$

그림 8.25 는 드로우비드 마찰 실험 전과 후의 시험편 모양을 나타내고 있다.

(a) 마찰 시험 전 시험재

(b) 시험 후의 시험재

**그림 8.25** 드로우비드

아래에 드로우비드 시험에 관한 절차를 자세하게 나타내었다(그림 8.26).

## ■ 사용기기

- 전단기(Shearing Machine), 드로우비드 시험기(Drawbead Tester)

## ■ 실험 조건

- 비드 가압 깊이 : 9.5mm(치변경 가능)
- 비드 곡률반경 : R4.75mm(치수 변경 가능)
- 드로잉속도 : 1000mm/min(속도 변경 가능)
- 윤활 조건 : 무윤활, P-340N, 평가하려는 윤활유

### ■ 시편준비(치수 변경 가능)

- 45 × 600mm 3개 (두께 1,2t 이내)

### ■ 실험방법 및 순서

① 시편의 폭을 상기와 같이 전단하여 준비한다.

② 시편의 가장자리의 버어를 제거한다.

③ 시편을 아세톤으로 세척한다.

④ 드로우비드 마찰 시험기 인발 그립(grip)에 시편을 물린 다음 롤러비드 가압 후 70mm 인발하고 다시 고정비드 가압 후 70mm 인발하여 각각의 가압 및 인발 하중을 측정하여 마찰계수를 산출한다.

⑤ 성형된 시편의 고정비드 통과부위에 tape를 부착 후 떼어내어 묻어 나오는 도금층의 변색정도로 박리 특성을 평가한다.

### ■ 평가방법

① 드로우비드 마찰 실험 : 각각의 하중 데이터를 컴퓨터로 자동 계산하여 마찰계수를 산출한다.

② 박리 특성 평가 : 고정비드 통과 부위에 드로잉방향의 직각방향으로 tape를 부착 후 떼어 내어 묻어나오는 도금층의 변색 정도로 박리 특성을 평가한다.

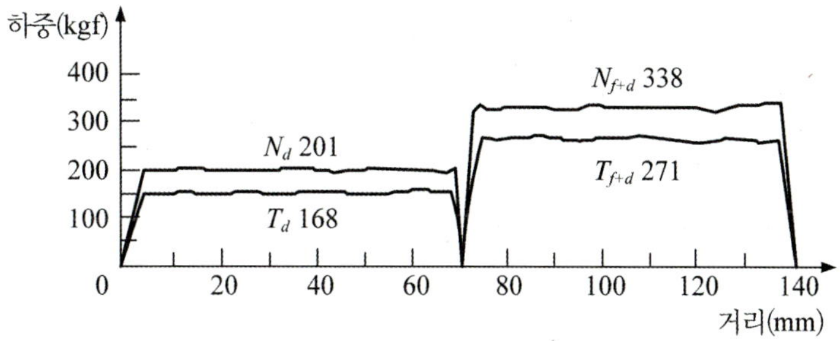


그림 8.26 드로우비드 마찰 시험 결과 예

### 예제 8.2

드로우비드 마찰 시험 결과 그림 8.26에 보인 결과를 얻었다. 이 경우 마찰계수는 얼마인지 계산하라.

풀이

식 (8.14)를 이용하여 마찰계수를 계산한다.

$$\mu = \frac{T_{f+d} - T_d}{\pi N_{f+d}} = \frac{271-168}{3.14 \times 338} = 0.097$$

## 8.10.2 편면 마찰 실험

실험판재의 두께에 영향을 받지 않고 편면도금 및 편차도금재의 마찰계수 도출, 표면처리 강판의 박리 특성 평가, 온도에 따른 각종 윤활유의 성능 평가에 사용되는 마찰 시험법으로 한쪽 편면의 마찰계수를 시험하는 시험법이다(그림 8.27).

■ 사용기기

- 전단기(Shearing Machine), 드로우비드 시험기(Drawbead Tester)

■ 실험 조건

- 시험공구 접촉면적 : 45×50mm(치수 변경 가능)
- 가압 하중 : 통상 600kg(하중 변경 가능)
- 드로잉속도 : 1,000mm/min(속도 변경 가능)
- 윤활 조건 : 무윤활, P-340N, 평가대상 윤활유

■ 시편준비(치수 변경 가능)

- 45 × 250mm 3개

■ 실험방법 및 순서

① 시편의 폭을 상기와 같이 전단하여 준비한다.

② 시편의 가장자리의 버어를 제거하고 시편을 아세톤으로 세척한다.

③ 드로우비드 마찰 시험기의 고정비드부에 편면마찰 시험공구를 체결한다.

④ 시편고정구에 시편 체결 후 시편을 가압한 다음 120mm 드로잉 한다.

⑤ 시편인발 시 나타나는 드로잉 하중과 가압 하중으로 마찰계수를 산출한다.

⑥ 박리 특성 평가용 시험공구를 교환체결 하여 인발 후 시험공구 통과부위에 tape를 부착 후 떼어내어 묻어나오는 도금층의 변색정도로 박리 특성을 평가한다.

■ 평가방법

① 편면마찰 실험 : 각 하중데이터를 측정하여 마찰계수를 산출한다.

② 박리 특성 평가 : 시험공구 통과 부위에 드로잉방향의 직각방향으로 tape를 부착 후 떼어 내어 묻어 나오는 도금층의 변색 정도로 박리 특성을 평가한다.

③ 윤활유 성능 평가 : 열제어기를 이용하여 온도에 따른 마찰계수 도출로 윤활유 성능 평가를 한다.

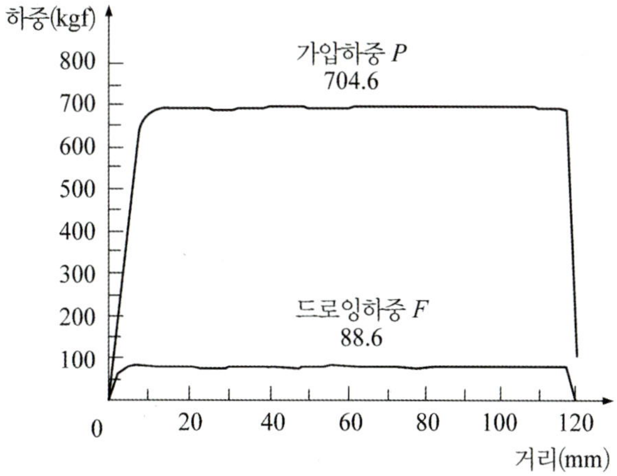


그림 8.27 편면 마찰 시험결과 예

### 예제 8.3

편면 마찰 시험결과 그림 8.27에 보인 결과를 얻었다. 이 경우 마찰계수는 얼마인지 계산하라.

풀이

식(8.14)를 이용하여 마찰계수를 계산한다.

$$\mu = \frac{F}{N} = \frac{88.6}{704.6} = 0.126$$

## 8.10.3 판재 마찰 시험법

표 8.3에 판재의 마찰특성을 분석하기 위한 여러 마찰 시험방법들을 정리하여 나타내었고 그림 8.28은 각 시험법들에 대한 개념도를 나타내었다.

표 8.3 판재의 마찰 시험방법

| 시험법 | 접촉형식 | 시험속도 (mm/s) | 접촉면압 (MPa) | 주요측정항목 | 그림 8.26 |
|---|---|---|---|---|---|
| 드로잉형 | 가압 공구면과 판재의 접촉 | 0.1~1 | ~수십 | 마찰력, 수직력, 접촉률 | (a) |
| 압축 인발형 | 평면 다이와 판재의 접촉 | 30 | 10~50 | 마찰력, 수직력, 소부조건 | (b) |
| 원통형 다이 인발형 | 원통형 다이와 판재의 접촉 | ~1 | ~60 | 인발력, 가압력, 소부조건 | (c) |
| U 굽힘 아이어닝형 | U 굽힘 다이의 아이어닝 곡률부와 판재의 접촉 | 2 | 300~600 | 정상부 잔존률, 소부조건 | (d) |
| 벨트 마찰형 | 원통형 다이와 판재의 접촉 | 저속 | ~수십 | 마찰계수 | (e) |
| 인발 굽힘형 | 인발 다이 곡률부 에서의 판재의 접촉 | 저속 | ~수십 | 마찰력, 수직력, 소부조건 | (f) |
| 인발 롤굽힘형 | 유동롤의 굽힘 미끄럼 시 판재의 접촉 | 저속 | ~10 | 마찰력, 소부조건 | (g) |

| 시험법 | 접촉형식 | 시험속도 (mm/s) | 접촉면압 (MPa) | 주요측정항목 | 그림 8.26 |
|---|---|---|---|---|---|
| 인발 슬라이드형 | 강구 또는 원통과 판재의 접촉 | $10^{-4}$ ~$10^{-2}$ | 6~100 | 마찰력, 수직력, 미끄럼속도 | (h) |
| 드로우 비드형 | 고정비드와 판재의 접촉 | 저속 | ~수십 | 표면조도, 마찰력, 소부 조건 | (i) |
| 경사형 다이인발형 | 경사형 다이와 판재의 접촉 | 0.5~$10^3$ | ~0.65 | 마찰력, 수직력, 온도 | (j) |

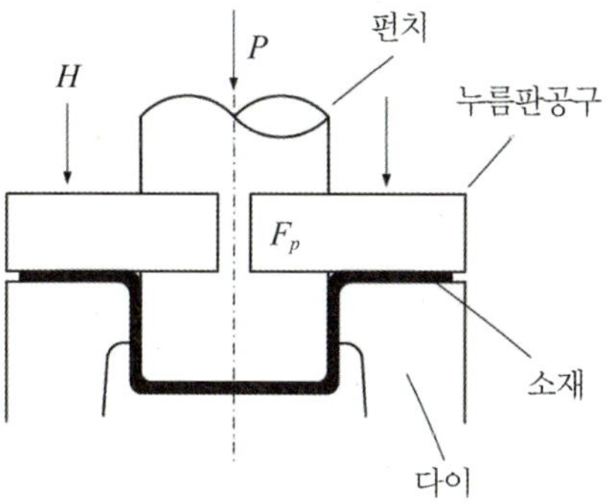

(a)

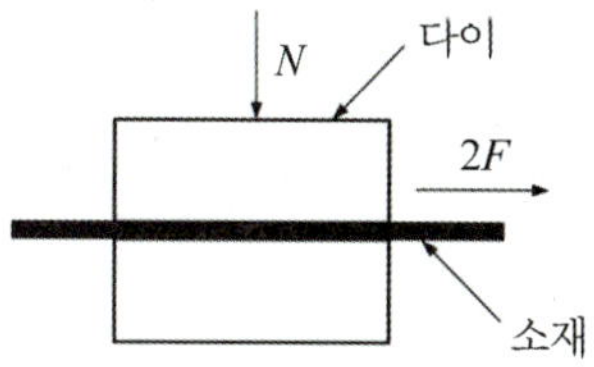

(b)

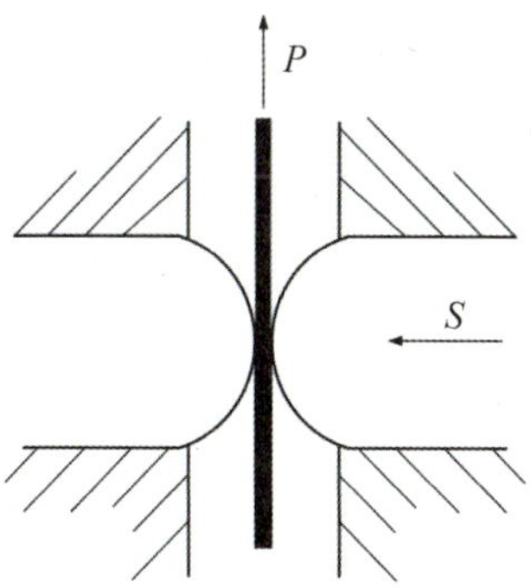

(c)

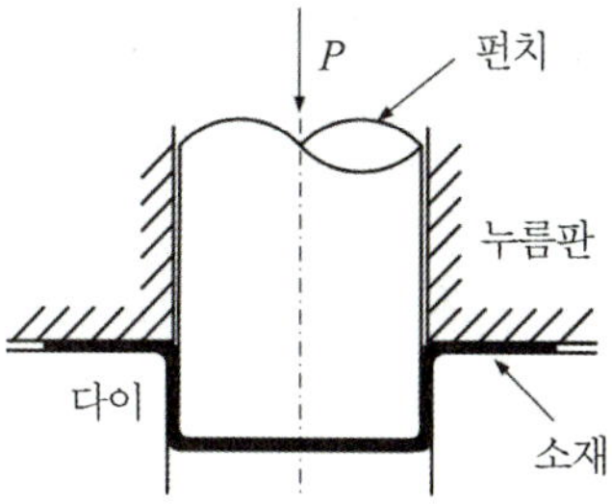

(d)

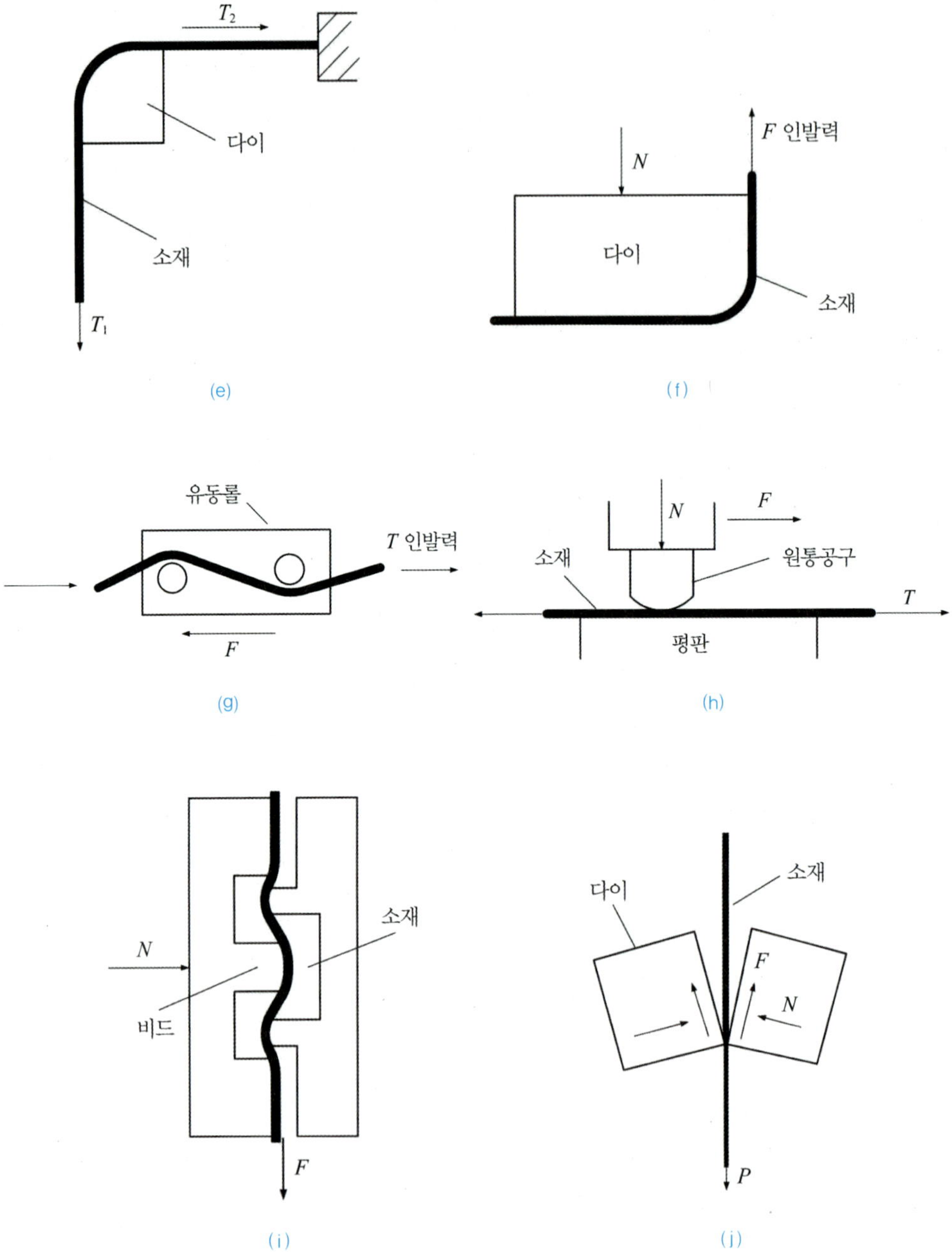


**그림 8.28** 판재 마찰 시험 개념도

CHAPTER 9

# 프레스 가공용 판재

프레스(press) 가공용 철강소재는 크게 냉연 강판과 표면에 도금처리 한 표면처리 강판으로 구분할 수 있으며 비철계로는 알루미늄 판재가 대표적이다. 프레스 가공용 냉연 강판은 주로 도장처리에 의해 표면의 부식을 억제할 수 있으므로 부품의 외면에 사용한다. 표면처리 강판은 강판 자체의 부식저항이 크므로 도장이 어려운 부품 즉 차체의 내면에 적용한다. 그러나 최근에는 차체의 수명연장을 위해서 점차 표면처리 강판의 적용 범위가 넓어지고 있는 실정이다. 본 장에서는 범용 프레스 가공용 강판과 함께 자동차용 강판 및 알루미늄 판재에 관해서 다루고자 한다.

## 9.1 프레스 가공용 강판의 재질

냉연 강판은 재질의 수준에 따라 일반용, 가공용(drawing quality), 심가공용(deep drawing quality) 등으로 구분할 수 있다. 이들 특성은 가공정도에 따라 구분되므로 차체 적용부위도 다르게 된다. 그러나 냉연 강판의 재질별 사용 부위는 자동차 업체별 또는 차종에 따라 크게 차이가 있으므로 재질별 적용 부위를 한정하는 것은 곤란하다.

프레스 가공용 냉연 강판에 대하여 일반적으로 적용하고 있는 강판의 기계적 성질을 표 9.1에 나타내었으며, 강판분류별 대표적인 연성과 이방성계수($r$)를 그림 9.1에 나타내었다. 통상 냉연 강판의 재질 수준은 인장 특성으로 나타내며 어느 정도 가공성을 예측하기 위한 지표로써 활용하고 있다. 표 9.2 에는 냉연 강판의 분류별로 통용되는 강종 약어를 나타내었다.

**표 9.1** 냉연 강판의 재질별 대표적인 인장특성 예

| 재질 | 인장 특성 | | | 두께 (mm) | 적용부품 |
|---|---|---|---|---|---|
| | 항복강도 | 인장강도 | 연신율 | | |
| Commercial Quality(I) | ≦27 | ≧28 | ≧38 | 0.7~0.8 | 단순가공용 외판 |
| Commercial Quality(II) | ≦22 | ≧28 | ≧42 | | |

| 재질 | 인장 특성 | | | 두께 (mm) | 적용부품 |
|---|---|---|---|---|---|
| | 항복강도 | 인장강도 | 연신율 | | |
| Drawing Quality | ≦20 | ≧28 | ≧44 | | 복합가공용 외판, 내판 |
| Deep Drawing Quality | ≦18 | ≧28 | ≧46 | | |
| Extra Deep Drawing Quality | ≦16 | ≧28 | ≧48 | | |
| 35kgf/mm$^2$ High Strength | 16-24 | ≧35 | ≧40 | | 외판 |
| 35BH(bake hardenable) | ≧19 | ≧35 | ≧40 | | 외판 |

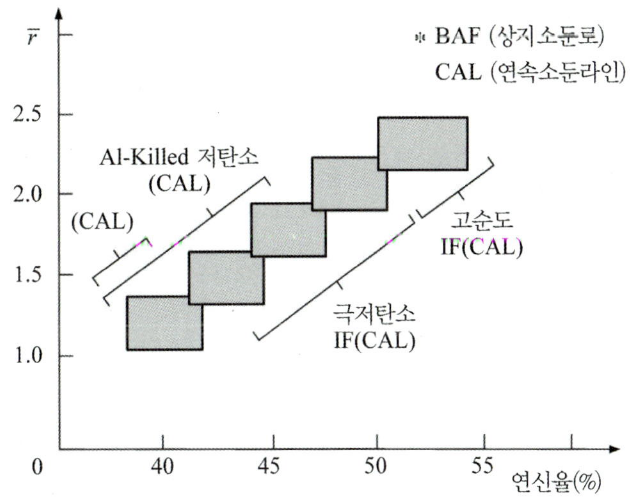


**그림 9.1** 강판분류별 대표적인 연성과 이방성계수(r)

**표 9.2** 냉연 강판의 재질분류

| 구분 | 종류 | 재질 명칭 | 약어 |
|---|---|---|---|
| 일반 강판 | 열간 압연 강판 | SS((Rolled) Steel (for General) Structure) | SS400 |
| | | SAPH(Steel Automobile Press Hot-Rolled) | SAPH310, SAPH370, SAPH400, SAPH440 |
| | | SPFH(Steel Plate Formability Hot-Rolled) | SPFH540, SPFH590 |
| | | SPHC(Steel Plate Hot-Rolled Commercial)<br>SPHD(Steel Plate Hot-Rolled Drawing)<br>SPHE(Steel Plate Hot-Rolled Extra-Deep Drawing) | |

| 구분 | 종류 | 재질 명칭 | 약어 |
|---|---|---|---|
| | 냉간 압연 강판 | SPCC(Steel Plate Cold-Rolled Commercial)<br>SPCD(Steel Plate Cold-Rolled Drawing)<br>SPCEN(Steel Plate Cold-Rolled Deep Drawing)<br>SPCUD(Steel Plate Cold-Rolled Extra-Deep Drawing)<br>SPCSD(Steel Plate Cold-Rolled Super extra-Deep Drawing) | |
| | 냉간 압연 강판 | SPFC(Steel Plate Formability Cold-Rolled) | SPFC390, SPFC590, SPFC780 |
| | 냉간 압연 강판 | SPRC<br>(Steel Plate Rephosphorized Cold-Rolled) | SPRC340R, SPRC340E, SPRC390R, SPRC390E, SPRC440R, SPRC440E |

## 9.2 프레스용 강판의 기계적 성질과 가공성과의 상관성

프레스용 강판의 가공성은 냉연 강판의 재질의 영향과 가공 조건의 영향으로 크게 구분할 수 있으며 철강업체의 역할은 가공부품의 형상을 만족하며 가공 중 결함이 발생하지 않는 소재를 공급하는 것은 물론 강판에 대한 최적의 가공 조건을 조사하여 제시할 필요가 있다. 철강업체는 용도에 적합하도록 용도별로 재질을 설계하고 최적의 제조 조건을 적용하고 있으며, 가공 조건의 경우에도 재질별 성형한계를 설정하여 수요가의 사용조건에 맞는 조건을 검토하고 있다. 최근에는 부품의 일체화 성형기술과 가공 조건이 고속화됨에 따라 점차 강판의 가공성 향상에 대한 요구가 엄격해지고 있다.

표 9.3에는 일반적으로 알려진 가공성을 나타내는 인장 특성 인자와의 상관성을 나타낸 것이다. 표 9.3에 나타낸 인장 특성과 기계적 성질의 상관성은 가공성을 평가하는 절대적인 지수로 사용할 수는 없으나 대체로 재질이 연질일수록 가공성은 우수한 특성을 나타내며 강판의 사용되는 용도에 따라 평가되는 항목이 다름을 알 수 있다.

표 9.3 냉연 강판의 기계적 성질의 상관성

| | 인장강도 (TS) | 항복강도 (YS) | 연신율 (%) | 이방성 (r값) | 드로잉성 (LDR) | 가공경화 (n값) | 스트레칭성 (IE) |
|---|---|---|---|---|---|---|---|
| 인장강도 (TS) | | ● | ● | × | △ | ● | ● |
| 항복강도 (YS) | ● | | ● | × | △ | ● | ● |
| 연신율 (%) | ● | ● | | × | ● | ● | ● |
| 이방성 (r값) | × | × | × | | ● | × | △ |
| 드로잉성 (LDR) | △ | ∧ | ● | ● | | △ | △ |
| 가공경화 (n값) | ● | ● | ● | × | △ | | ● |
| 스트레칭성 (IE) | ● | ● | ● | △ | △ | ● | |

●: 상관성 매우 큼, △: 상관성 약간 있음, ×: 상관성 거의 없음

이들의 특성은 단순한 가공에서의 가공성을 예측하는데 사용되므로 가공 시 변형 방법이 복합적일 경우에는 앞서 나타낸 평가방법 또는 지수 이외의 가공성을 평가하는 지수를 찾아낼 필요가 있다.

프레스 가공성은 냉연 강판의 재질 특성의 영향을 크게 받게 되며 주로 인장 특성에 의해 강판의 가공 특성을 평가할 수 있는 지수로써 나타낸다. 표면처리 강판의 경우는 냉연 강판과는 다르게 표면의 도금층에 의해 가공 중 마찰 특성이 변화하기 때문에 동일한 재질을 갖는 경우에도 냉연 강판의 가공성과 약간의 차이가 있다. 또한 프레스용 냉연 강판의 경우는 강판의 재질 특성 이외에도 소재의 치수 정도가 높아야 하며 평탄도와 용접성이 양호해야 하며 가공성에 중요한 역할을 하는 균일한 표면 조도분포와 형태 등도 요구된다.

냉연 강판의 프레스 가공성을 나타내는 주요한 특성인자로 인장 특성은 항복강도, 인장강도, 연신율 등이 있고, 직접적인 가공성 평가지수로는 r-value(Lankford value), n-value

(가공경화지수) 등이 있으며 표면의 마찰 거동을 평가하는 마찰계수 등을 측정함으로써 가공성을 예측하는데 사용하고 있다.

또한 사용되는 용도에 따라 즉 가공 정도에 따라 평판용, 가공용, 심가공용 등으로 분류한다. 이들의 인장 특성에 따른 가공성의 평가로부터 일반적으로 강도가 낮을수록, 연신율이 높을수록 가공성이 양호한 특성을 나타낸다. 따라서 양호한 가공성을 가질 수 있도록 재질을 확보하는 것이 매우 중요하며 이들 인자에 대한 야금학적 제어를 통하여 얻을 수 있다.

## 9.3 프레스 가공용 강판의 제조기술

가공용 냉연 강판에 대한 요구 특성과 제조공정 인자와의 상관성을 표 9.4에 나타내었다.

**표 9.4** 가공용 냉연 강판에 대한 요구 특성 및 제조공정 영향인자

| 요구특성 | 평가방법 | 재질 특성 | 야금학적 인자 | 공정인자 | | | | | 결함 발생 형태 |
|---|---|---|---|---|---|---|---|---|---|
| | | | | 제강 | 열연 | 냉연 | 소둔 | 조질 | |
| 디프 드로잉성 | LDR | r-값 | 집합조직 | ◎ | ○ | ○ | ◎ | | 균열 |
| 신장성형성 | IE (에릭슨값) | n-값, 연신율 | 결정조직, 성분조정 | ◎ | | | ◎ | ○ | |
| 신장 플랜징성 | 구멍확관 | r-값, 연신율 | 집합조직, 개재물 | ◎ | ○ | ○ | ◎ | | |
| 굽힘 가공성 | 최소 굽힘곡률 | 연신율 | 개재물 | ◎ | | | | | |
| 주름-저항성 (anti-wrinkle) | 육안검사 | 항복점, 인장강도, n-값 | 결정조직, 성분조정 | ◎ | ○ | | ◎ | ○ | 주름 |
| 형상 동결성 | 치수편차 | 항복점, n-값 | | ◎ | | | ◎ | ○ | 형상 불량 |

| 요구특성 | 평가방법 | 재질 특성 | 야금학적 인자 | 공정인자 | | | | | 결함 발생 형태 |
|---|---|---|---|---|---|---|---|---|---|
| | | | | 제강 | 열연 | 냉연 | 소둔 | 조질 | |
| anti-aging성 | 표면상태 | 항복점 연신 | 고용C, N | ◎ | | | ◎ | ◎ | stretcher strain |
| 표면 거칠기 | 표면조도 | 결정입도 | 결정입도 | ○ | | | ◎ | | 표면 거침 |
| 덴트 저항성 | 덴트 깊이 | 항복강도 | 강화원소 첨가 | ◎ | ○ | ○ | ◎ | | 표면 덴트 |
| 2차 취성 | 가공 후 천이온도 | 결정입도, 성분 | P, O, C 함량 조정 | ◎ | | | ◎ | | 취성 균열 |

프레스 가공용 강판은 사용되는 용도에 따라 가공방법과 요구되는 특성도 차이가 있으므로 요구되는 특성에 맞게 재질을 확보할 필요가 있다. 재질을 제어하기 위한 수단으로 제조 조건의 변화로는 강의 성분조절, 열간압연 조건 또는 소둔 조건 등을 변경함으로써 가능하며, 야금학적으로는 강 중 개재물, 결정입도의 크기, 집합조직의 제어, 고용원소의 양, 또는 강도의 확보를 위해서는 강화원소 등을 첨가하는 방법 등이 적용되고 있다.

철강 제조공정에서는 재질의 부여방법 중 특히 최종적으로 재질을 제어하는 공정인 소둔공정은 종래로부터 적용되어 온 상자 소둔로(BAF: box anneal furnace) 방식보다 생산성이 높고 품질이 균일한 특성을 갖는 연속 소둔기술(CAL: continuous anneal line)을 충분히 활용하고 있다. 또한 가공성을 향상시키기 위하여 극저탄소강을 이용한 제조기술에 대한 연구가 활발히 진행되어 최근에는 연속소둔방식에 의해 프레스용 고가 공용소재를 제조하고 있다. 냉연 강판은 다양한 가공방법에 따른 요구재질을 만족하도록 설계되어야 하며 수요가는 용도에 맞게 재질을 선택할 필요가 있다.

또한 향후에 프레스용 냉연 강판은 차체의 경량화와 승객의 안정성 향상을 위하여 점차 강도가 높은 소재의 요구경향이 강하게 나타날 것이며, 또 내부식성 향상을 위해서 도금강판 즉 표면처리 강판의 채용범위가 확대될 것으로 예상할 수 있다. 또한 자동차 생산성을 향상시키기 위해서 부품의 일체화 성형기술이 확대되고 있으므로 더욱 더 소재의 가공성에 대한 요구가 심하게 대두될 것으로 예상된다. 이러한 경향으로 미루어 소재의 강도 증가는 프레스 가공성에는 불리하므로 소재의 강도 수준 증가에 따른 가공성의 확보와 표면처리 강판의 표면도금층 구성에 따른 가공 특성의 변화에 대응한 적절한 가공 조건 설정 등이 향후 대처해야 할 필요기술이다.

## 9.4 표면처리 강판

표면처리 강판은 강판의 표면에 방청을 주목적으로 하여 도금이나 특수한 도장처리를 한 강판을 말한다. 표면처리 강판은 크게 도금계와 도장계로 나눌 수 있으며, 도금계 표면처리 강판은 전기아연도금과 용융아연도금으로 나눌 수 있다.

전기아연도금과 용융아연도금의 장단점을 표 9.5에 나타내었다.

표 9.5 전기아연도금과 용융아연도금의 장단점 비교

| | 장점 | 단점 |
|---|---|---|
| 용융아연도금 | • 도막을 두껍게 할 수 있어 우수한 내식성 | • 소재의 물성이 변함<br>• 거친 도금표면<br>• 가공성이 불리 |
| 전기아연도금 | • 도장성이 우수<br>• 가공성이 양호<br>• 도금 두께 조절 가능 | • 내식성 향상을 위한 도금두께 상승 시 가격 상승 부담 |

널리 사용되어지고 있는 표면처리 강판을 종류별로 분류하여 표 9.6에 나타내었다.

**표 9.6** 표면처리 강판의 종류

| 구분 | | | 명칭 | 화학 조성 (wt%) |
|---|---|---|---|---|
| 전기 도금재 | 순아연 | 단층 | 전기아연 도금 강판 | 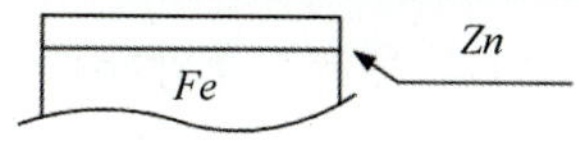  |
| | 합금 | 단층 | Zn-Ni합금 전기도금 강판 | 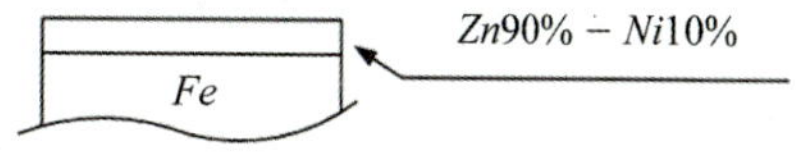  |
| | | 2층 | 2층 Zn-Ni합금 전기도금 강판 | 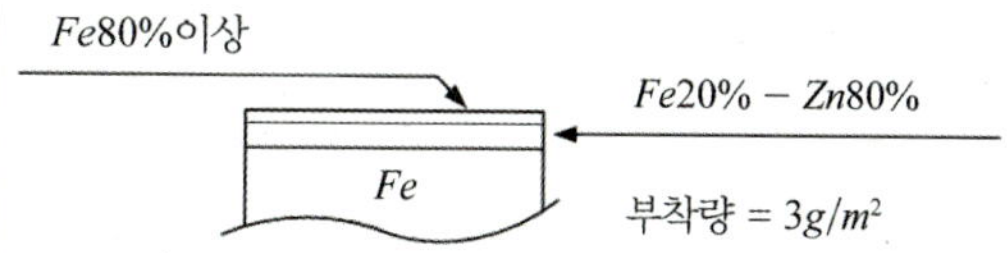  |
| | | | 2층 Zn-Ni합금 전기도금 강판 | 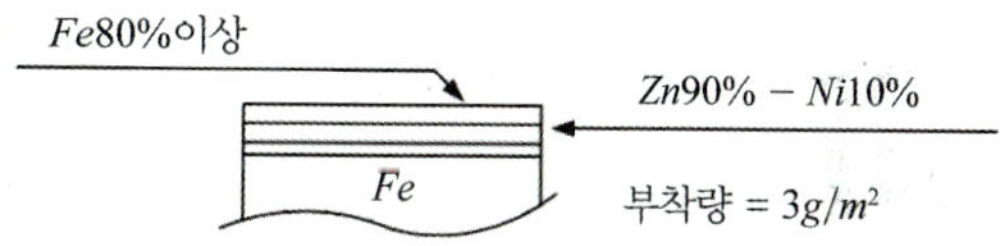  |
| 용융 도금재 | 순아연 | 단층 | 전기아연 도금 강판 | 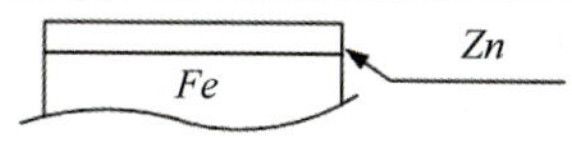  |
| | 합금 | 단층 | 합금화 이연도금 강판 | 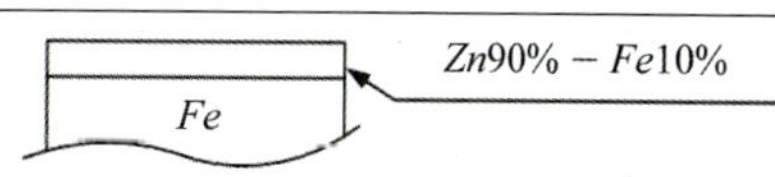  |
| | | 2층 | 2층 합금화 용융 아연도금 강판 | 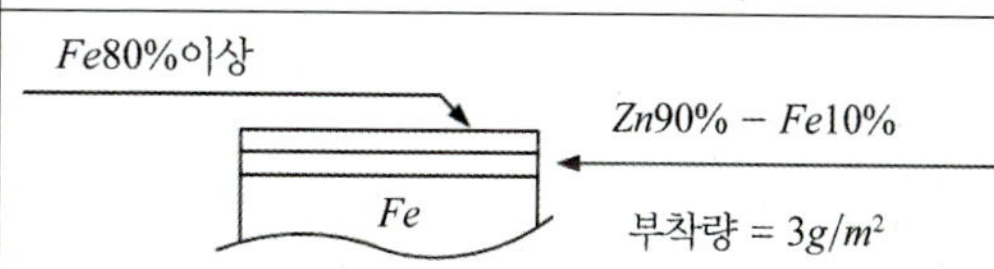  |

## 9.4.1 용융도금 강판

열연 또는 냉연 강판을 원판으로 하여 연속식 용융도금법에 의해 제조된다. 용융아연도금 강판(galvanized sheet : GI 강판)의 내식성은 아연 부착량에 비례하여 증대하지만 사용 시에는 용접성을 고려한 부착량을 선택하여 사용하고 있으며 용융도금강판은 단시간의 열처리를 이용한 연속 풀림법을 채용하기 때문에 재질이 경화되어 가공성은 떨어진다. 그러나 현재는 제조공법의 발달로 디프 드로잉용에서 고장력 강판까지도 개발되어 있다.

용융아연합금화 도금 강판(galvaneal sheet : GA 강판)은 기본적으로는 도금 직후의 용융아연도금 강판을 가스로 또는 고주파 유도로를 이용하여 450~600℃까지 가열하여 도금층 전체를 균일한 Fe-Zn 합금층으로 변하게 하는 제품이다. 도금층이 가열처리에 의해 약 10% 정도의 철 성분을 포함하고 있기 때문에 도금층의 표면이 미세한 요철표면으로 되고 순아연에 비해 경하고 융점이 높기 때문에 용접성이 우수하다. 또한 용융아연도금 강판(순Zn도금)에 비해 표면에 철 성분이 많아 화성처리 시에 전착도료의 밀착성을 좋게 하는 층을 형성하기 쉬워 도장성도 우수하나 아연 부착량이 적으므로 내식성은 떨어진다. Zn-Fe층은 경하고 전연성이 부족하여 가공 시 도금층에 균열이 발생하여 가루형태로 분리되는 분말화(powdering)현상으로 인한 핌플(pimple) 현상이 성형품에 유발되기 쉽다.

차체의 방청수단으로써 용융아연 및 용융아연 합금화 강판을 동시에 이용한 차등도금 강판을 사용하기도 하는데, 이는 성형성, 도장성, 용접성 등의 향상을 위하여 강판의 한쪽 면에는 순수아연 도금처리를 하고 다른 면은 Zn-Fe층을 형성시킨 표면처리 강판을 말한다.

표 9.7 에는 용융도금 강판의 분류별로 통용되는 강종 약어를 나타내었다.

**표 9.7** 용융도금 강판의 분류 약어

| 구분 | 종류 | 재질 명칭 | 약어 |
|---|---|---|---|
| 표면처리강판 | 용융도금강판 | SGCC(Steel Galvanized Cold-Rolled Commercial)<br>SGCD(Steel Galvanized Cold-Rolled Drawing)<br>SGCEN(Steel Galvanized Cold-Rolled Deep Drawing) | |
| | | SGACC(Steel Galva-Annealed Cold-Rolled Commercial)<br>SGACD(Steel Galva-Annealed Cold-Rolled Drawing)<br>SGACEN(Steel Galva-Annealed Cold-Rolled Deep Drawing)<br>SGACUD(Steel Galva-Annealed Cold-Rolled Extra-Deep Drawing)<br>SGACSD(Steel Galva-Annealed Cold-Rolled Super extra-Deep Draw'g) | |
| | | SGARC<br>(Steel Galva-Annealed Rephosphorized Cold-Rolled) | SGARC340, SGARC370<br>SGARC390, SGARC440 |

## 9.4.2 전기아연도금 강판

전기아연도금 강판은 그림 9.2에 도식적으로 보인 바와 같이 강판을 음극으로 하고 도금재의 이온을 함유하는 용액 중에서 직류 전해하여 강판표면에 도금재를 석출시킨 강판이다. 특징으로는 도금공정에서 열처리를 받지 않기 때문에 원판과 동일재질 특성을 가지므로 재질 선택이 자유롭고 도금 부착량이 균일하여 표면이 평활하고 또한 편면 및 양면도금을 쉽게 얻을 수 있어 자동차의 내 · 외판에 사용되어지고 있다. 그리고 도금두께를 조절할 수 있어 용도에 따라 제조가 가능한 장점은 있으나 고내식성을 얻기 위해서는 도금층을 두껍게 해야 하기에 제조경비가 높은 단점도 가지고 있다. 전기아연도금 강판은 크게 4가지로 분류된다.

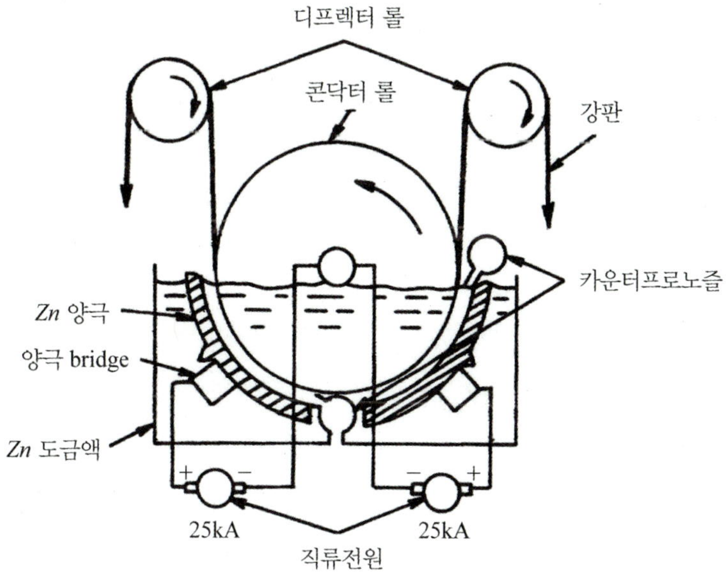


그림 9.2 전기도금법의 개념도

### (1) 순수아연도금 강판

소둔처리 후 조질 압연 후에 전기도금 한 것으로 통전량에 따라 도금 두께를 변화시킬 수 있고 부착양은 통상 $10 \sim 50g/m^2$ 정도이고 내식성이 우수하나 용접성, 도장성에서 불리하다. 편면도금을 하려고 할 때는 편면을 차폐(seal)하든가 또는 양면도금 후에 편측의 도금층을 벗겨 내는 방법을 사용할 수 있다.

### (2) Zn-Fe(1층)도금 강판

용융아연 합금화도금 강판과 같이 Fe는 약 10~15% 정도이고 도장 내식성, 용접성이 우수한 도금 강판이다.

### (3) Fe-Zn/ Zn-Fe(2층)도금 강판

강판 자체의 내구성은 물론 도장 후에도 우수한 내식성을 갖도록 Fe-Zn/ Zn-Fe 2층도금을 실시한 강판이다. 내측은 Zn 농도가 높아 내식성을 가지고, 외측은 Fe 성분이 높아 도장성능을 향상시킨 것이다.

### (4) Zn-Ni 합금도금 강판

아연을 주성분으로 Ni을 10~15% 정도 함유한 합금도금 강판으로 내식성이 우수하여 많이 사용하는 강판 중 하나이다. 일반적으로 도금이 된 강판의 스폿 용접성은 전류의 적정범위가 좁으면서 적정치가 높고 도금층에 의해 용접기 전극의 오염이 심해 연속타점점수가 작고 전극수명이 짧아진다. 순아연도금에 비해 합금화로 인해 융점이 낮고 경도가 높으므로 스폿 용접성의 전류 적정치가 낮고 연속 타점 수는 우수하다.

### (5) Fe-Zn/Zn-Ni(2층) 합금도금 강판

Zn-Ni합금도금 강판에 비해 전착도장 시 크레이터링(cratering)성과 도금막의 밀착성을 개선시킬 목적으로 Zn-Ni 합금층의 상부에 Fe-Zn층을 도금한 2층도금 강판이다.

이 외에도 도장 밀착성을 향상시키기 위해 한쪽 면에는 Zn-Ni층의 상부에 Fe-P층을 도금시키고 다른 쪽은 Zn-Ni도금층으로 내식성을 높인 강판도 있다.

표 9.8 에는 전기도금 강판의 분류별로 통용되는 강종의 약어를 나타내었다.

**표 9.8** 전기도금 강판의 분류 약어

| 구분 | 종류 | 재질 명칭 | 약어 |
|---|---|---|---|
| 표면 처리 강판 | 전기 도금 강판 | SECC(Steel Electrolytic Cold-Rolled Commercial)<br>SECD(Steel Electrolytic Cold-Rolled Drawing)<br>SECEN(Steel Electrolytic Cold-Rolled Deep Drawing) | |
| | | EZFCC(Electroplated Zn-Fe Cold-Rolled Commercial)<br>EZFCD(Electroplated Zn-Fe Cold-Rolled Drawing)<br>EZFCEN(Electroplated Zn-Fe Cold-Rolled Deep Drawing) | |
| | | EZFRC(Electroplated Zn-Fe Rephosphorized Cold-Rolled | EZFRC340, EZFRC370 |
| | | RCNCC(Resin Coated Zn-Ni Cold-Rolled Commercial)<br>RCNCD(Resin Coated Zn-Ni Cold-Rolled Drawing)<br>RCNCEN(Resin Coated Zn-Ni Cold-Rolled Deep Drawing) | |
| | | RCNRC(Resin Coated Zn-Ni Rephosphorized Cold-Rolled ) | RCNRC340 |
| | | EDZFCEN(Electroplated Differential Zn-Fe Cold-Rolled Deep Drawing)<br>EDZFCUD(Electroplated Differential Zn-Fe Cold-Rolled Extra Deep Drawing) | |
| | | SRNCEN(Special Resin Coated Ni Cold-Rolled Deep Drawing) | SRNCEN-A<br>SRNCEN-B |

## 9.4.3 도장 강판

자동차용으로 용접이 가능한 도장 강판은 진크로메탈(Zincrometal)이 대표적인 아연계 분말용액을 표면에 도포한 후 소부시킨 것과 도금층 위에 유기피막을 도포시킨 것으로 대별할 수 있다.

### (1) 아연분말도장 강판

냉연 강판에 무수크롬산과 금속 아연입자, 환원촉매 등의 혼합물을 도포 소부시킨 층 위에 특수한 에폭시 수지에 아연 프라이머(Zinc-rich Primer)를 도포 소부시킨 것이다. 이것은 아연분말도장 강판으로 프레스성과 도장막 박리로 인한 가공성 등이 나쁜 것이 단점이나 내식성은 우수하다.

### (2) 유기피막 강판

아연분말도장 강판은 도장막이 손상된 경우 내식성이 저하되기 때문에 기본재를 도금 강판으로 사용하여 도막손상 시 내식성을 향상시키고, 도금층 위에 유기 피막을 도포한 강판이다.

원판으로는 전기 아연합금도금 강판인 Zn-Ni도금 강판을 채용하고 성형성, 용접성 개선을 위해 특수 유기 피복층을 얇게 도포시킨 유기 피막 강판의 경우 내식성이 다른 도장 강판 및 전기합금화 강판에 비해 훨씬 우수하다.

## 9.4.4 특수목적용 표면처리 강판

### (1) Pb-Sn 도금 강판

냉연 강판에 Pb-Sn합금(Pb 80~90%)을 용융도금하여 만든 것으로 Pb는 Fe와 합금을 만들지 않으므로 Sn이 첨가되어 도금층의 밀착성이 좋다. 표면이 매끈하고 내식성, 납땜성, 용접성이 좋고 특히 도금층에 윤활성이 있어 디프 드로잉 가공에 적합하다. 도금층이 건재해 있으면 아연도금의 백색 녹같은 부식생성물을 일으키지 않아 불순물의 혼입을 싫어하는 연료탱크 등에 채용되어지고 있다.

#### (2) 알루미늄도금 강판

냉연 강판을 원판으로 하여 연속용융도금법으로 제조되며 Al부착량은 20~100g/$m^2$의 것이 생산되고 있다. 이것은 내열성, 내식성의 양면이 우수하기 때문에 배기계의 머플러용 강판으로 사용된다.

## 9.5 자동차용 강판

### 9.5.1 연강

연강(mild steel)은 저탄소부터 극저탄소까지 포함하는 강으로써, 인장강도 340MPa 미만이고 연신율은 40% 이상의 수준을 보인다. 일반가공용에서 높은 연신율을 갖는 심가공용까지 넓은 성형범위를 가지므로 자동차 부품에 가장 널리 사용되고 있는 재료이다(그림 9.1). 주요 적용부품으로는 높은 성형성이 요구되는 Rear floor 또는 Door inner 등이 있다.

연강 내에 포함되어 있는 C와 N 등의 침입형(interstitial)원소들은 높은 확산성으로 인하여 항복점 연신과 변형시효(strain aging) 현상을 일으키게 되고 결국 스트레쳐 스트레인(stretcher strain)과 같은 면불량의 원인이 된다. 또한 이방성 계수가 낮은 경우에는 심가공 공정에서 균열을 발생하게 할 수 있다.

이러한 문제점을 완화시키기 위해 개발된 IF(interstitial free) 강은 탄, 질화물 형성원소인 Ti, Nb 등을 첨가하여 침입형 원소인 C와 N을 탄질화물로 형성시켜 제조되는 강이다. 그러므로 침입형 원소의 확산이 주요원인이 되어 발생되는 변형시효 현상이 소멸되고 포집(scavenging)효과로 가공성이 향상된다.

## 9.5.2 고강도강(HSS: high strength steel)

### (1) 소부경화형 고장력강

소부경화형(BH: bake hardenable) 강은 침입형 원소를 적절히 포함하고 있어 도장소부 공정 시 항복강도가 증가할 수 있도록 제조된 강을 말한다. 소부경화 전의 성형단계에서는 변형은 상대적으로 쉽게 일어나지만 후공정인 소부경화를 거치면 그림 9.3에 보인 바와 같이 강 내부의 전위로 탄소가 확산되어 코트렐(Cottrell) 분위기를 형성하게 되어 약 30MPa 이상 항복강도가 증가된다. 일반 강에 비해 덴트저항성(dent resistance)이 높아지며 더 얇은 강판으로도 동일 강성을 보이므로 비강성이 높아진다. 소부경화 강은 높은 덴트저항성과 성형성이 요구되는 Hood 및 Door outer 등과 같은 자동차 외판재에 널리 사용된다.

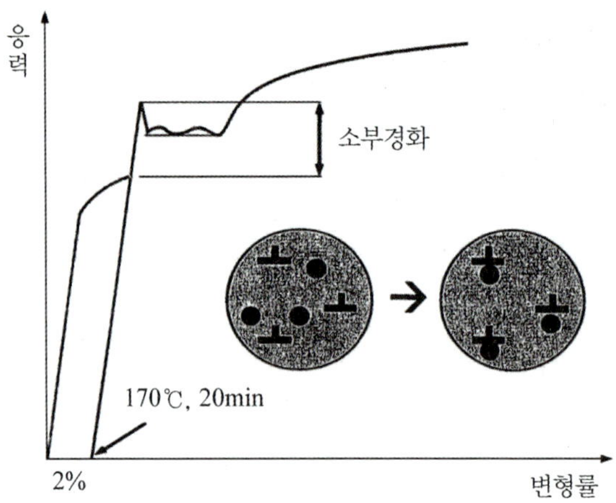


그림 9.3 소부경화 효과의 도식도

### (2) 저합금 고강도 강

저합금 고강도 강(HSLA 강)은 저탄소 강에 석출강화 원소인 Ti, Nb를 첨가하여 강 중에 탄질화 석출물을 미세하게 분산시켜 제조한다. 고용한계(solubility limit) 이상으로 합금 원소를 첨가하면 NbC, TiC, VC, AlN 등의 석출물이 형성된다. 이렇게 형성된 석출물이 전위이동을 억제하여 항복강도와 충격 저항성을 향상시키게 되며, 석출물이 미세하게 널리 분산되어 있을수록 강도가 더욱 증가된다(그림 9.4). 석출경화는 높은 항복비(=항복강도/인장강도)를 보이므로 높은 충격저항을 보이며 비교적 간편하게 고강도를 얻을 수 있어 경제적인 강종이다. 일반적으로 높은 강도를 요구하는 자동차 보강재에 적용된다.

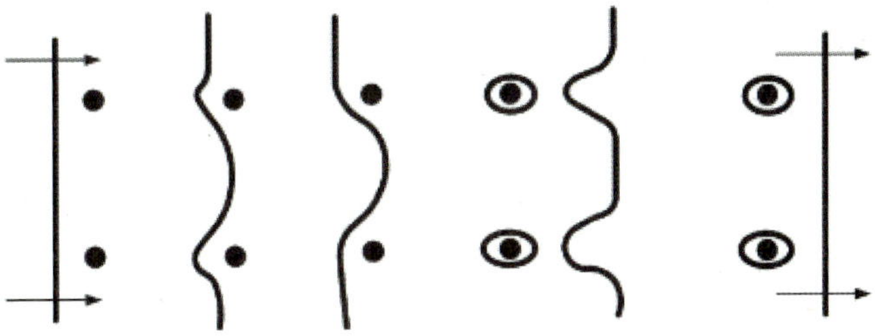

그림 9.4 석출물이 전위이동에 미치는 영향 도식도

### (3) 인첨가 강

인첨가 강(rephosphorized steel)은 저탄소 강에 치환형(substitutional) 합금 원소인 P, Mn 등을 첨가하여 제조한 강이다. 치환형 원소는 격자변형을 일으키고 내부응력을 증가시키며 이로 인한 전위이동의 억제효과 때문에 강도가 상승하게 된다. P원소를 첨가하면 강도를 증가시키면서 적정한 $r$-값을 유지한다. 다른 강화기구에 비해 강도 증가효과가 크지 않고 $r$-값 감소량도 작다. 또한 치환형 원소의 강화효과는 침입형 원자에 비하여 상대적으로 작다(그림 9.5).

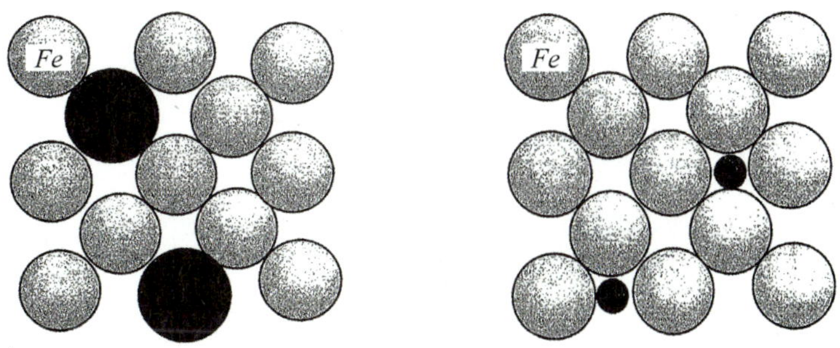


그림 9.5 강 내의 치환형 원소와 침입형 원자의 도식도

### (4) IF 고강도 강

IF(interstitial-free) 고강도 강(HSS: high strength steel)은 극저탄소 강에 탄질화물 형성 원소인 Ti를 첨가하여 심 가공성을 부여하고 치환형 고용 원소인 P, Mn을 복합첨가하여 고강도를 얻는다. 결정입계에 P 편석으로 인해 결정립 취성이 나타날 수 있으며 이의 방지를 위해 보론(B)을 첨가할 필요가 있다. 이 강은 주로 고강도와 심 가공성을 요구하는 부품에 적용한다.

$r$-값(가공성)을 증가시키기 위해서는 침입형 고용 원소를 극히 낮게 하고 {111} 집합조직의 밀도를 높여야 하는데, 이를 위해 냉간 가공률을 높이고 소둔온도를 높여준다. 이 강은 고강도와 높은 성형성을 겸비하고 있는 강이다.

### (5) 등방성 강

등방성 강(isotropic steel)은 수직 이방성계수($r$)가 판의 모든 방향에서 균일하게 '1'이 되도록 설계되어 모든 방향으로 균일한 변형을 일으킨다.(즉, $\bar{r} \cong 1$ , $\Delta r \cong 0$ ) 모든 방향별로 균일하게 변형되어 디프 드로잉성이 우수하고 성형표면이 양호하다. 2축 변형 조건

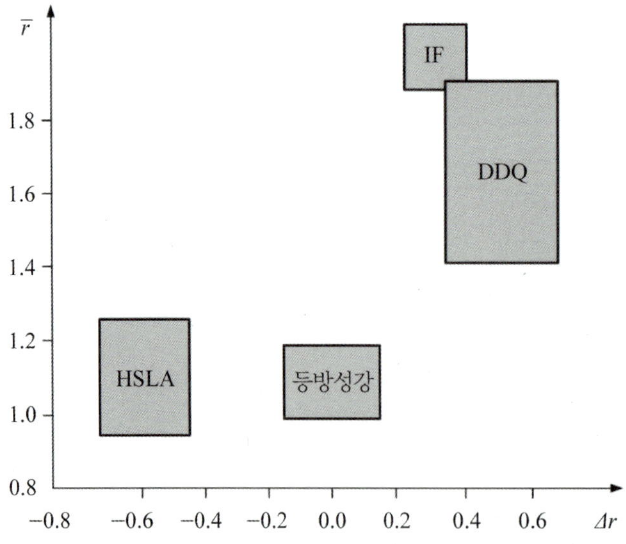


그림 9.6 등방성 강의 이방성계수

에서 이방성이 작고 항복강도가 낮기 때문에 소성변형이 쉽게 일어나므로 일반강보다 스트레칭성이 우수하고 강판이 균일하게 변형하므로 형상 동결성이 우수하다(그림 9.6). 이 강은 높은 형상 정밀도를 요구하는 roof 혹은 hood와 같은 외판재에 적용할 수 있다.

### 9.5.3 초고강도 강

#### (1) DP강

DP(dual phase)강은 페라이트 기지조직과 제2상인 마르텐사이트로 구성된 조직을 갖는 강으로, 연성이 우수한 페라이트와 강도가 우수한 마르텐사이트의 혼합비율에 의해 강도와 연성을 결정할 수 있다(그림 9.7). DP강은 0.5~0.6수준의 낮은 항복비를 가지므로 쉽게 가공할 수 있고 TRIP강 다음으로 높은 연신율을 나타낸다. 또한 소둔로에서 가열한 후 급냉하고 Ms 온도이하에서 과시효 구간을 거치기 때문에 우수한 소부 경화능을 갖는다. 생산제품은 인장강도 기준으로 440, 590, 690, 780 및 980MPa 급으로 구분된다. 대개 경우에는 용융도금 강판(GI/GA)으로 제조되며 냉연(CR) 및 열연(HR)제품도 생산된다. 그림 9.8에 DP350/600강의 미세조직을 나타내었다.

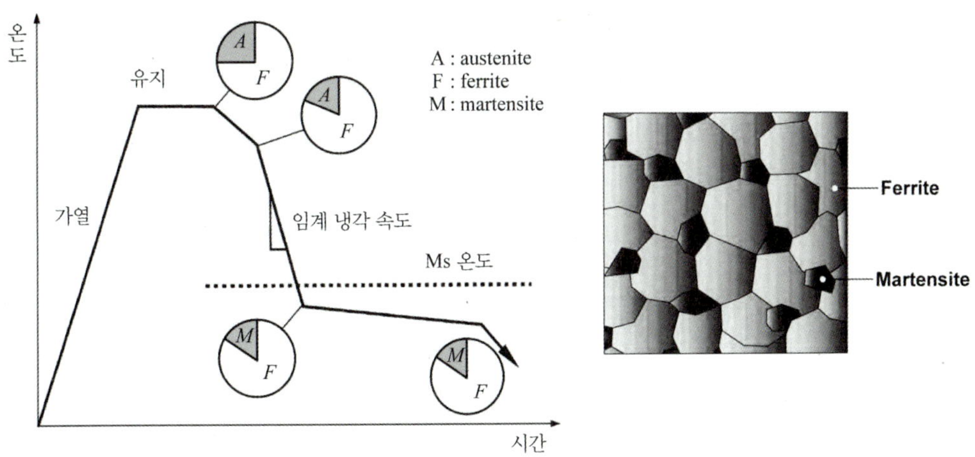


그림 9.7 DP강 제조공정 도식도

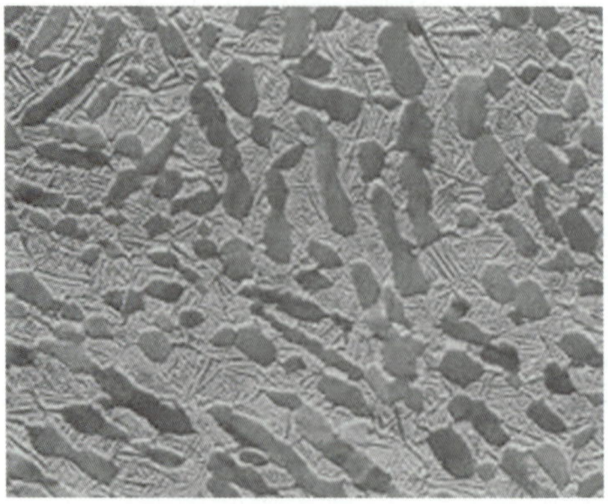

**그림 9.8** DP350/600강의 미세조직

### (2) 변태 유기 소성(TRIP) 강

TRIP 강(transformation induced plasticity steel)은 페라이트 기지에 베이나이트와 잔류 오스테나이트로 구성된 복합조직 강으로 소량의 마르텐사이트를 포함하는 경우도 있다(그림 9.9). 탄소, 실리콘, 망간을 첨가해 강도와 연신율을 동시에 확보한 강이다. 5~10% 함유된 잔류 오스테나이트가 가공 중에 소성 유기 변태를 일으키면서 연성이 향상된다. TRIP강은 0.57~0.67 범위의 항복비로 우수한 성형성(연신율)을 나타내므로 고성형성을 요구하는

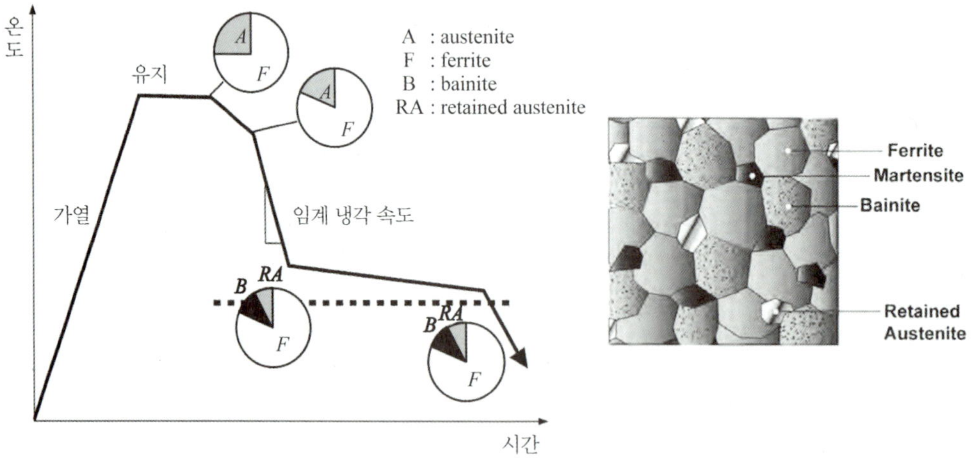


**그림 9.9** TRIP 강 제조공정 도식도

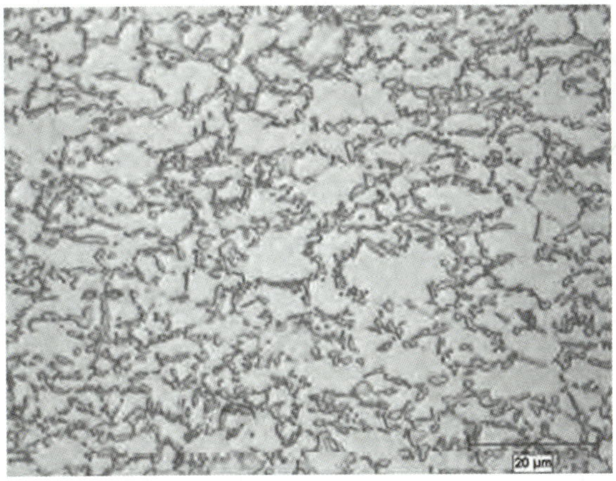


그림 9.10 TRIP690강의 미세조직

부품에 적합하며 그림 9.10에 TRIP690강의 미세조직을 나타내었다. 인장강도 기준으로 590, 690, 780 및 980MPa 급의 제품이 생산된다. 고강도 TRIP강은 용융도금 강판을 제조하기 어려운데 이것은 도금품질에 해로운 Si 및 기타성분이 많이 포함되어 있기 때문이다.

### (3) CP 강

CP 강(complex phase steel)은 페라이트 기지에 베이나이트와 마르텐사이트와 함께, Ti 및/혹은 Nb 석출물을 포함하는 복합조직 강이다. 1180MPa 급의 냉연(CR) 및 용융도금 강판(GA)을 생산하고 있으며 이들 간 미세조직은 다소 차이가 있다. GA 1180CP 강은 2상역으로 가열 후 마르텐사이트와 페라이트로 구성되도록 서냉으로 제어하여 제조된다. CR 1180CP 강은 오스테나이트 단상역으로 가열 후 급냉하여 제조하므로 최종조직은 대부분 마르텐사이트로 구성된다. 이런 조직적인 특징으로 GA 강판은 저항복비와 높은 연신율을 보이는 반면 CR 강판은 높은 항복비와 굽힘 가공성을 나타낸다. 그림 9.11에 CP강의 제조 공정 도식도와 CP800/1000강의 미세조직을 나타내었다.

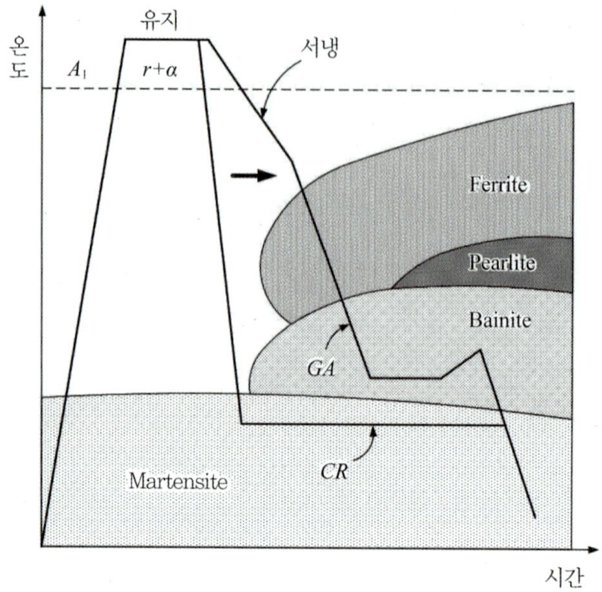


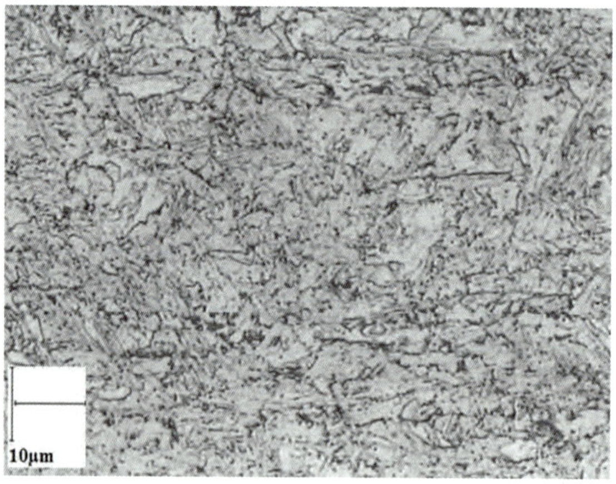


그림 9.11 CP강 제조공정 도식도와 CP800/1000강의 미세조직

### (4) FB 강

FB강(ferrite bainite steel)은 페라이트와 베이나이트로 구성된 2상조직강이며 주행대(runout table)에서 3단 냉각제어로 제조된다. 그림 9.12에 FB강의 제조공정 도식도와 FB450/600강의 미세조직을 나타내었다. 연질의 페라이트는 높은 연신율을 나타내고 베이나이트는 높은 신장 플랜지성을 보이며 이들이 결합된 FB 강은 구멍 확장성(HER:

expanding ratio)이 우수하다. 열연 후 냉각하는 동안에 중간 유지온도와 권취온도는 최종 조직을 결정하는 주요 변수이다. 좋은 품질의 FB강을 제조하기 위해서 열연 강판은 페라이트 영역에서 적정하게 유지하며 고순도 페라이트를 조성하고 미변태된 오스테나이트에 용질 원자를 농축시킨 다음 오스테나이트가 베이나이트로 변태할 수 있게 권취온도 이하로 급냉시킬 필요가 있다.

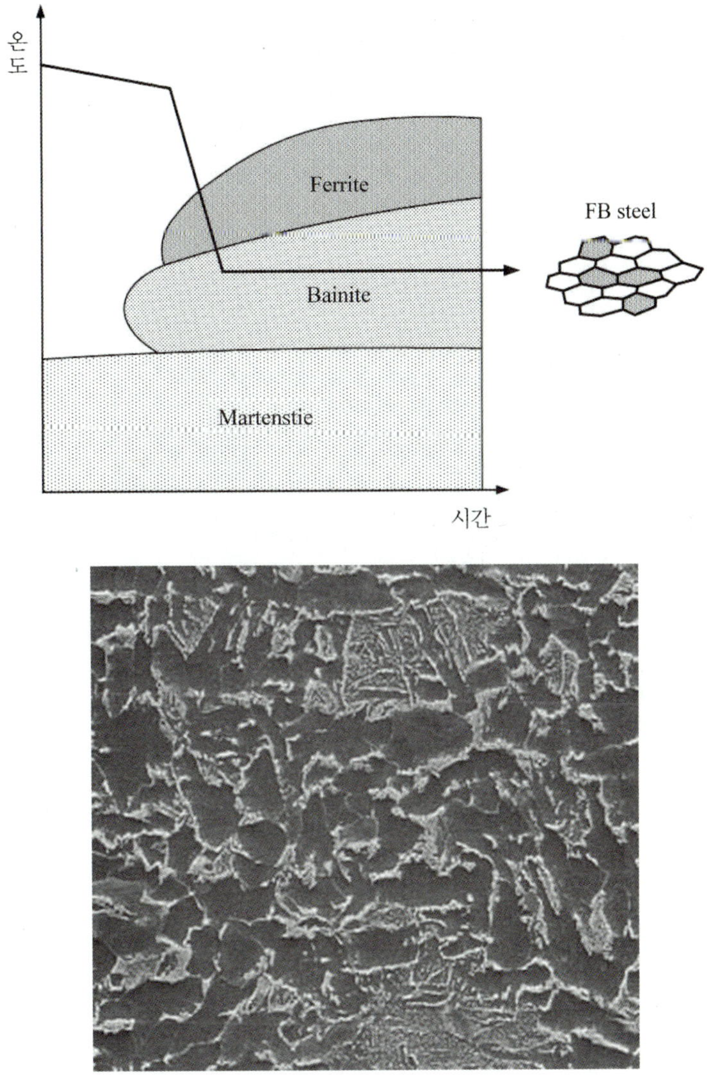


그림 9.12 FB강 제조공정 도식도와 FB450/600강의 미세조직

### (5) TWIP 강

TWIP(twinning induced plasticity) 강은 일반 강에 망간, 알루미늄 등을 다량 첨가해 변형 중 변형쌍정(deformation twin)을 유도시켜줌으로써, 가공 경화을 증가시킴은 물론 높은 연신율을 가지도록 만든 강이다. 강도와 함께 연신율을 겸비한 오스테나이트 조직의 초고강도 강(AHSS: advanced high strength steel)으로써 인장강도 980MPa, 연신율 60% 이상 수준을 보이며 기존의 IF 강, DP 강, TRIP 강에 비해 강도뿐만 아니라 연신율 또한 매우 높다. TWIP 강은 소성변형 시 오스테나이트 조직 내부에서 금속 원자가 조금씩 틸팅(tilting)되어 거울에 반사된 형태의 대칭배열을 보이는 변형쌍정을 형성하면서 응력집중이 완화되어 연성이 크게 향상된다. 그림 9.13에 TWIP750/1000강의 미세조직을 나타내었다.

**그림 9.13** TWIP750/1000강의 미세조직

일반적으로 철강제품은 강도가 높으면 가공성이 떨어지는데 비해 TWIP 강은 초고강도 수준에서 최고 수준의 가공성을 가지는 강이다. 따라서 TWIP 강은 형상이 복잡한 자동차 부품을 쉽게 가공할 수 있고 부품 두께가 얇아도 강도가 충분하므로 우수한 경량화 효과를 갖는다. 그림 9.14에 현재까지 개발된 자동차용 강판소재의 인장 특성을 비교하였는데, TWIP 강이 강도와 연성측면에서 우월한 물성을 가짐을 잘 보여준다.

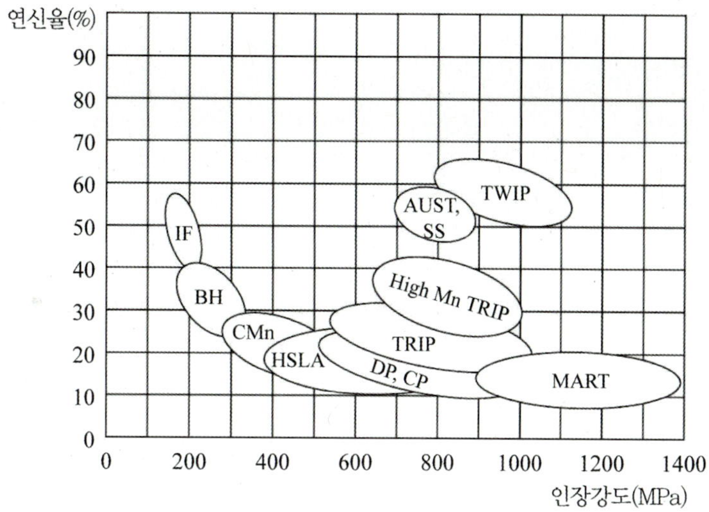


**그림 9.14** 자동차용 강판소재의 인장 특성 비교

## 9.6 알루미늄 합금 판재

알루미늄의 비중은 2.70g/cm$^3$으로 철의 비중인 7.86g/cm$^3$과 비교해 볼 때 가볍고 연성이 높은 금속이다. 순수한 상태에서 인장강도가 80MPa 정도로 재질 특성이 너무 연하므로 실제 공학적인 적용을 위해서는 강화처리가 필요하며 여러 형태의 합금들이 개발되어 있다. 철 합금과 마찬가지로 알루미늄도 합금을 하면 연성이 감소된다. 0.9-1.5%의Mn을 이용하여 고용체강화를 하면 인장강도가 120MPa로 증가하면서 연성의 저하는 크지 않은 반면, 그림 9.15에 보인 바와 같이 Mg을 첨가하면 인장강도는 현저하게 증가하지만 연신율은 0.23-0.30 수준으로 낮아진다. 보다 높은 강도를 얻기 위해서는 열처리 가능 합금이 사용되는데 대표적인 이원계 열처리 가능 합금으로는 Al-Cu계 합금을 들 수 있으며 인장강도가 420MPa에 이른다. 가장 강한 합금은 Al-Zn-Mg계 합금으로 인장강도가 550MPa 수준이다.

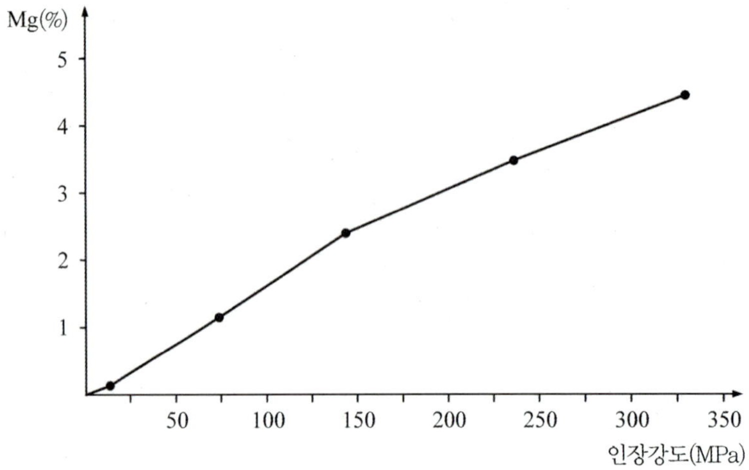


그림 9.15 Mg 함량에 따른 인장강도 변화

알루미늄 합금은 표 9.9에 나타낸 바와 같이 4자리 숫자로 분류하는데 첫 번째 숫자는 첨가된 주요 합금 원소에 의한 분류그룹을 의미한다.

표 9.9 알루미늄 합금분류

| 분류 | 1xxx | 2xxx | 3xxx | 4xxx | 5xxx | 6xxx | 7xxx | 8xxx | 9xxx |
|---|---|---|---|---|---|---|---|---|---|
| 합금 원소 | 99.00%이상 Al | Cu | Mn | Si | Mg | Mg+Si | Zn | Others | Spare |

알루미늄 판재는 다양한 냉간압연 및 열처리 과정을 거쳐 공급되므로 이에 대한 표기가 있어야 한다. 완전 소둔된 상태의 경우 'O'를, 냉간압연된 경우에는 'H'표기와 함께 1에서 8까지 숫자를 부여하는데, 이 숫자가 클수록 강도가 증가(연성이 감소)한다는 것을 의미한다. 열처리 가능 합금일 경우에는 'T'표기와 함께 1에서 10까지 숫자를 부여한다(영국식 표기는 10까지 표기하는 것을 원칙으로 하지만 10이상의 숫자로 확장되기도 한다).

4xxx 계열 합금계를 제외한 모든 합금계에서 판재형태의 제품이 생산된다.

### (1) 1xxx 합금계열

상용되는 순수 알루미늄은 판재성형용으로 잘 사용하지 않는데 그 이유는 너무 연하여 표면이 쉽게 손상되기 때문이다.

표 9.10에 1xxx 계열의 물성을 나타내었다. 경질압연을 거친 1xxx 합금계를 이용하여 심 가공(deep drawing)을 수행하면 H8 조건에 해당하는 150MPa의 강도수준을 얻을 수 있다.

표 9.10 1xxx 계열의 물성

| 0.2%오프셋 항복강도 (MPa) | 인장강도 (MPa) | $\bar{r}$ | n | m | $e_t$ (50mm게이지) |
|---|---|---|---|---|---|
| 40 | 90 | 0.74 | 0.24 | 0.005 | 0.40 |

### (2) 2xxx 합금계열

상온성형용으로 주로 사용되는 합금계열로는 Al2036-T4가 있다. 이 합금계열은 열처리 가능한 합금이며 T4 열처리 조건은 고용화 열처리 후 상온에서 안정 조건까지 시효하여 얻는다. 이 합금은 기존 연 강(mild steel)의 물성을 목표로 하여 차체성형용 판재로 사용하기 위해 개발하였다. 표 9.11에 보인 바와 같이 강도 측면에서는 비슷한 수준을 보이지만 연신율, r-값, m-값 등에서 열위하여 강판을 대체하기 위해서는 공구수정과 같은 기술적 보완이 필요하다.

표 9.11 Al2036-T4의 물성

| 0.2%오프셋 항복강도 (MPa) | 인장강도 (MPa) | $\bar{r}$ | n | m | $e_t$ (50mm게이지) |
|---|---|---|---|---|---|
| 185 | 320 | 0.7 | - | ~0 | 0.24 |

상당량의 합금이 자동차 판넬용으로 사용된 바 있으며 그림 9.16에 연강재와 비교한 응력-변형곡선을 보였고 그림 9.17에는 성형한계도를 비교하였다.

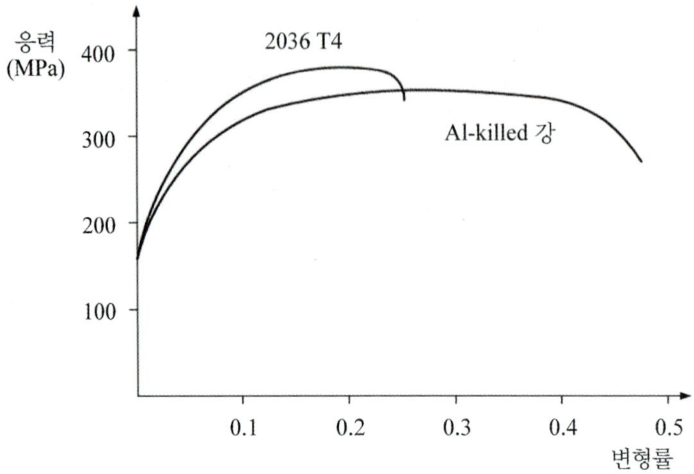


그림 9.16 응력-변형곡선의 비교

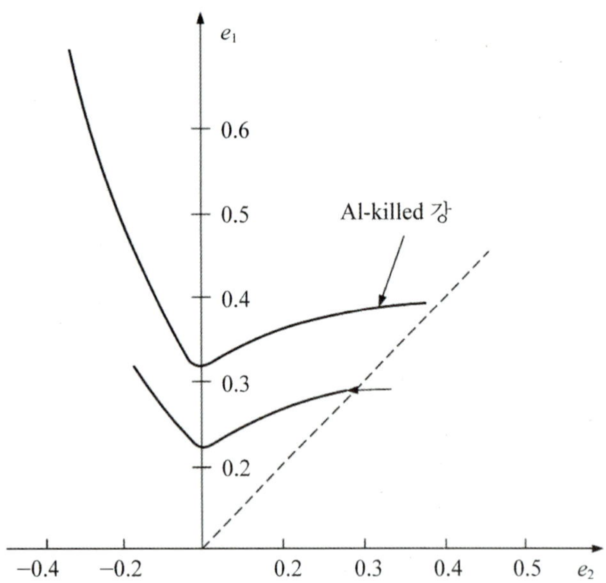


그림 9.17 성형한계도의 비교

보다 강한 부품을 얻기 위해서는 3.9-5.0%의 Cu를 기준으로 약간의 첨가 원소가 추가된 Al2014 합금을 사용할 수 있으며 성형 후 열처리를 통해 450MPa의 강도를 얻을 수 있다. 7xxx 계열의 합금이 개발되기까지 이 합금계가 우주항공분야를 비롯한 다양한 부품의 제조를 위한 주요 재료로 널리 사용되어 왔다. 450℃에서 급냉 후에도 $e_t=0.3$ 수준을 가지므로 간단한 성형이 가능하긴 하지만 상온에서 시효로 인한 연신율 저하가 일어난다. 이후에 초소성 알루미늄계 합금으로 Al2004 합금이 개발되었다. Al2004 합금은 입자크기가 5$\mu$m 이하인 Al-Cu-Zr 합금으로 430℃, $\dot{\epsilon}=2\times10^{-3}s^{-1}$에서 800%에 이르는 인장 연신율을 보이며 우주항공분야 등에 사용되고 있다.

### (3) 3xxx 합금계열

Al-Mn 합금은 널리 쓰이는 알루미늄 합금계이다. 특히 Al3004 합금은 1.0%Mn과 1.0%Mg이 첨가된 합금으로 H19 조건에서 캔을 만드는 주요 소재이다. 개발된 공정을 거치면서 심하게 변형경화된 알루미늄 기지조직에 Cu와 Mg 고용체와 0.5$\mu$m 이하의 크기를 갖는 $Al_{12}(Mn,Fe)_3$ 입자가 미세 석출된 미세조직을 갖도록 하며, 1.0-10$\mu$m 크기를 갖는 조대한 $Al_6(Mn,Fe)$와 $Al_{12}(Mn,Fe)Si$ 입자도 혼재토록 한다. 이러한 제2상들은 기지조직보다 더욱 단단하며 10$\mu$m 보다 조대한 입자들의 경우에는 변형 중인 기지조직 내에서 변형을 하지 않고 주변 기지조직의 변형을 촉진시켜 캔 벽면에 핀홀(pinhole)을 일으키게 하기도 한다. 반면에 조대한 제2상 입자는 캔 제조공정 시 아이어닝 다이쪽으로 알루미늄의 묻어남을 막아주는 역할을 하기도 한다. H19 재료에서 당연히 예상될 수 있듯이 연성은 낮다. 대표적인 물성을 표 9.12에 나타내었다.

**표 9.12** Al3004-H19의 물성

| 0.2%오프셋<br>항복강도 (MPa) | 인장강도<br>(MPa) | $\bar{r}$ | n | m | $e_t$<br>(50mm게이지) |
|---|---|---|---|---|---|
| 290 | 320 | – | – | – | 0.05 |

Al3004 합금에 단지 Cu와 Mg의 함량을 증가시켜 여러 가지 고강도 합금이 개발된 바 있으며, 급냉공정과 고온 용체화 처리를 연계한 공정을 이용하여 만든 소부경화(bake-hardenable)형 합금도 있다. 이러한 기계적 성질을 보유한 판재는 (재)드로잉 시 파단 없이 65%에 상당하는 압하가 가능하므로 0.1mm의 벽 두께를 갖는 캔을 제조할 수 있다. 이것이 가능한 이유로는, 변형경로의 변화(드로잉, 재드로잉, 아이어닝)는 단순히 인장 시험에 근거한 성형성 예측을 더 이상 신뢰할 수 없으며, m-값이 음의 값을 가져 고속의 아이어닝공정에 유리하게 작용하고 높은 성형속도로 가열된 재료가 유동응력을 낮추어 파단을 지연하기 때문이다. 이 합금계의 미세조직학적 특성이 매우 복잡하며 고용체 강화, 석출경화, 전위밀도로 인한 변형경화 및 아이어닝 시 동적회복(dynamic recovery) 현상 등이 복합적으로 작용한다.

### (4) 5xxx 합금계열

본 합금계열은 강의 경우와 유사하게 불연속 항복현상을 보여 프레스 가공 시 스트레쳐 스트레인(stretcher strain)을 나타낸다. 또한 응력-변형곡선에는 그림 9.18에 보인 바와 같이 톱니모양의 변형시효(strain aging) 거동을 보인다. Al-Mg 합금계는 최종 소둔 후 전위가 Mg 원자에 의해 고착(pinning)되지만 고착의 정도가 강의 경우에 비해 약하다. 따라서 가해진 응력에 의해 변형이 일어나면 전위가 Mg 원자를 벗어나게 되어 소성유동을 일으킨다. 하지만 Mg 원자크기가 비교적 작고 주변온도에서 확산이 가능하여 이동전위에 재고착하게 된다. 이러한 고착과 벗어남이 반복되면서 동적 변형시효(dynamic strain aging)를 일으킨다.

그림 9.18에 보인 바와 같이 1% 정도의 템퍼압연(temper rolling)은 불연속 항복거동을 억제해주며 가동전위(mobile dislocation)의 밀도가 높게 유지되는 한 불연속 항복 거동이 나타나지 않게 된다. 입자크기가 증가할수록 항복점 연신양은 감소하게 되며, 입자크기가 60$\mu$m 정도에 이르면 보통의 프레스 공정에서는 스트레쳐 스트레인이 나타나지 않는다.

불연속 항복 거동을 방지하는 또 다른 방법으로는 합금을 임계온도 이상에서 급냉함으로써 전위주변에 용질 원자의 분위기 형성을 막아주는 것인데, Al-Mg과 같은 치환형 합금에서는 이것이 유효한 반면 강에서와 같이 확산속도가 매우 빠른 침입형 원소들로 인해 효과가 나타나지 않는다.

변형시효 현상을 제거할 수 있는 간편한 방법으로는 고온성형을 하는 것인데 이것이 가능하다면 상당히 높은 연성을 얻을 수 있다. 스트레쳐 스트레인은 깊이방향으로 십분의 일 정도에 해당하는 영역에서 발생하고 실제 기능적인 측면에서 해롭다는 근거도 없지만 표면도장 품질에는 불리하게 작용한다. 두 가지 대표적인 Al-Mg 합금을 표 9.13에 나타내었는데 이 음의 값을 가짐을 보여주고 있다.

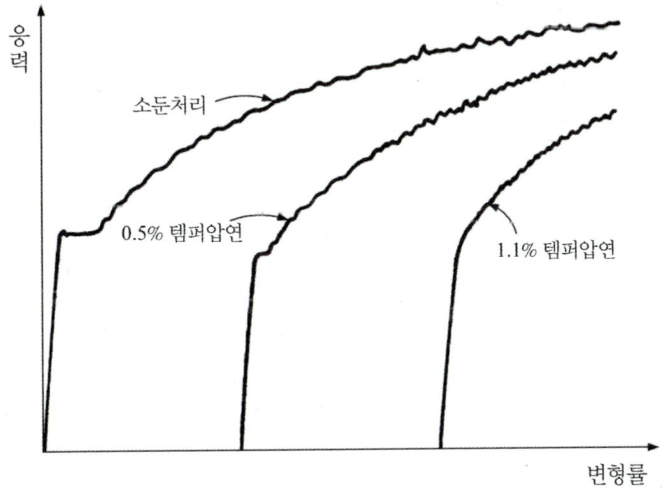


**그림 9.18** 20℃에서 Al-3.5%Mg 합금계의 응력-변형곡선

**표 9.13** Al5052, Al5154 의 물성

| 합금 | 0.2%오프셋 항복강도 (MPa) | 인장강도 (MPa) | $\bar{r}$ | m | $e_t$ (50mm게이지) |
|---|---|---|---|---|---|
| Al5052(2.4%Mg) | 78 | 178 | 1.04 | −0.005 | 0.26 |
| Al5154(3.7%Mg) | 124 | 243 | 0.69 | −0.004 | 0.18 |

### (5) 6xxx 합금계열

이 그룹의 합금은 Mg과 Si을 함유하며 적절한 열처리를 거치면서 고용체로부터 $Mg_2Si$ 화합물이 석출되면서 강화효과를 보인다. 본래 이 합금은 Al2036이나 5xxx 계열 합금에 비해 성형성이 낮아서 차제 성형용 판재로 고려되지 않았다. 하지만 연속 소둔기술을 적용하여 용체화 처리온도까지 급속가열이 가능해지면서, 균일한 입자크기와 제2상 입자의 균일한 분산을 이룰 수 있게 되고, 이로 인해 5xxx 계열 수준의 연성을 얻게 되었다.

6xxx 계열 합금은 5xxx 계열 합금에 비해 2가지 측면에서 장점이 있다. 첫째로는 불연속 항복현상을 보이지 않는다는 것이며 둘째로는 도장소부 온도에서 경화가 된다는 점이다.

대표적인 6xxx 계열 합금의 물성을 표 9.14에 나타내었다.

표 9.14 Al6061-T4의 물성

| 0.2%오프셋 항복강도 (MPa) | 인장강도 (MPa) | $\bar{r}$ | n | m | $e_t$ (50mm게이지) |
|---|---|---|---|---|---|
| 125 | 230 | 0.7 | – | ~0 | 0.27 |

### (6) 7xxx 합금계열

이 그룹의 합금은 인장강도가 550MPa 수준으로 알루미늄 합금 중에서 가장 강한 종류이며 낮은 연성($e_t$〈0.08)으로 인해 상온에서 성형이 쉽지 않다. 높은 비강도로 인해 항공우주분야의 부품제조용 소재로 적합하지만 성형성이 낮아 적용에 제한을 받고 있다.

Al7075 판재는 초소성(superplastic) 성형용 소재로 생산되며 520℃, $\dot{\epsilon}=2\times10^{-4}s^{-1}$에서 $e_t$= 1.5 수준의 인장연신을 얻을 수 있다.

### (7) 8xxx 합금계열

이 그룹의 대표적인 합금으로는 Al8090이 있으며 Li, Cu, Mg이 첨가된 합금이다. 이 합금은 항공우주용 부품을 보다 가볍게 만들려는 목적(Li의 밀도=0.534 g/cm$^3$)으로 개발되었지만 10%정도 높은 탄성계수를 보였다. 열처리에 의해 기계적 성질을 변화시킬 수 있으며 미세입자의 경우 초소성 거동을 보이며 확산접합이 가능한 특성을 갖는다.

표 9.15에 Al8090의 기계적 성질을 나타내었다.

**표 9.15** Al8090의 물성

| 열처리 | 0.2%오프셋<br>항복강도 (MPa) | 인장강도<br>(MPa) | $e_t$<br>(50mm게이지) | ρ (g/cm³) |
|---|---|---|---|---|
| 1 | 285 | 385 | 0.12 | 2.54 |
| 2 | 412 | 456 | 0.07 | 2.54 |
| 3 | 440 | 500 | 0.05 | 2.54 |

CHAPTER 10

# 프레스 기계와 프레스 금형

여러 가지 금형을 설치하여 압축력에 의해 금속 판재를 소요의 치수로 자르거나 원하는 모양으로 소성 변형시키는 기계를 프레스라 한다. 그림 10.1에 전형적인 기계식 스탬핑 프레스의 구성을 도식적으로 나타내었다.

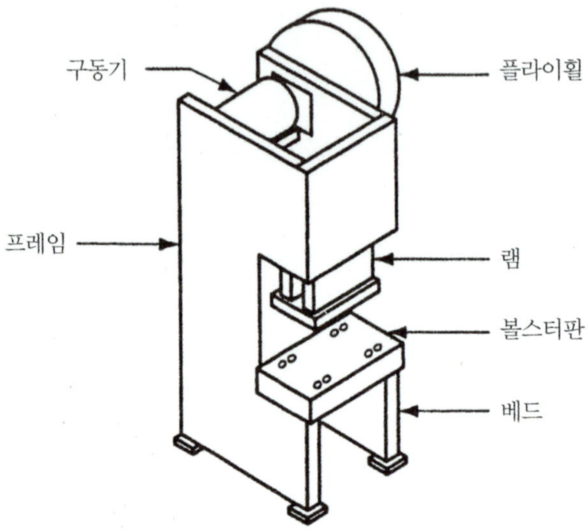


그림 10.1 전형적인 기계식 스탬핑 프레스의 구성

프레스 기계 그 자체의 원리나 구조는 비교적 간단하고 단지 베드(bed)에 대해서 다른 쪽의 램이 수직으로 왕복운동을 할 뿐이다. 부적당한 프레스 기계의 사용으로 기계나 금형에 손상을 일으키며 능률이 매우 감소할 수 있으므로 프레스 기계의 특징을 알고 있어야 한다.

프레스 기계의 골격을 이루는 프레스 프레임의 형태를 그림 10.2에 나타내었다. 성형 대상재의 치수, 재료강도, 소요동력, 성형 정밀도 등의 여러 사항을 면밀하게 고려하여 적합한 프레스 프레임을 선택한다. 초대형 제품의 제작 시에는 그림 10.3에 나타낸 대형 스탬핑 프레스를 이용하여야 할 경우도 있다.

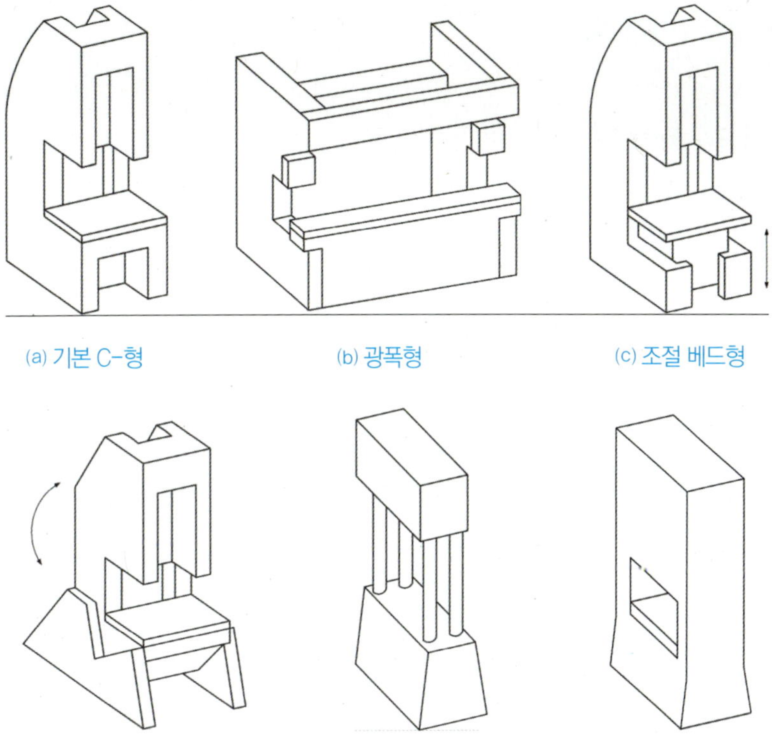

(a) 기본 C-형 (b) 광폭형 (c) 조절 베드형

(d) 오픈-백 경사형 (e) 필러형 (f) 이중 칼럼형

**그림 10.2** 프레스 프레임의 형태

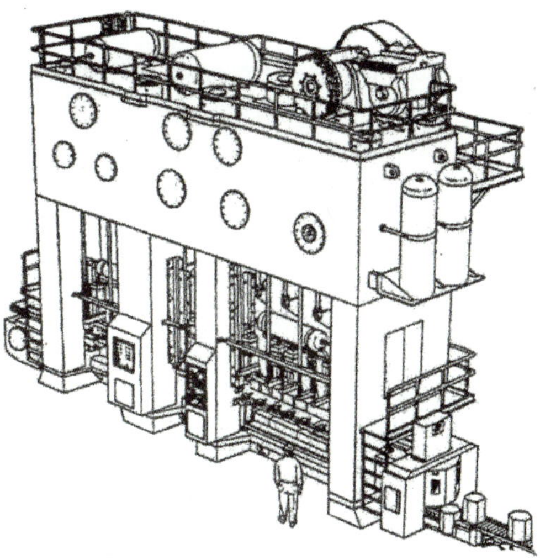

**그림 10.3** 대형 스탬핑 프레스

## 10.1 프레스 기계의 종류

작동 방법이나 동력원에 따라 여러 가지 종류가 있으며 사람의 힘으로 작동하는 핸드 프레스(hand press)와 기계의 힘으로 작동되는 동력 프레스로 대별할 수 있다.

### 10.1.1 핸드 프레스

압력을 가하는 방법에 따라 그림 10.4에 나타낸 바와 같이 나사 프레스(screw press), 편심 프레스(eccentric press), 아버 프레스(arbor press) 등이 있고 비교적 얇고 작은 판재로 간단한 제품을 제작할 때 손으로 핸들을 돌려서 작업하는 조작이 아주 간단한 프레스이다.

- 나사 프레스 : 펀치의 상하 기구에 사각 나사를 이용한 것으로 양손으로 핸들을 돌려서 작업하게 된다. 이 프레스는 수량이 적은 제품, 시작 금형의 시험, 펀칭 시험, 드로잉 시험, 코이닝 시험, 압축 시험 등에 사용한다.
- 편심 프레스 : 펀치의 상하운동에 슬라이드(slide)를 이용하고 핸들의 회전축이 편심운동을 하도록 되어 있다. 이 프레스는 소형이고 값이 싸서 가내 공업용으로 많이 사용되고 있다.
- 아버 프레스 : 피니언(pinion)과 래크(rack)에 의해 핸들을 돌리면 펀치가 상하운동을 하도록 되어 있는 기계로 용도는 편심 프레스와 같다.

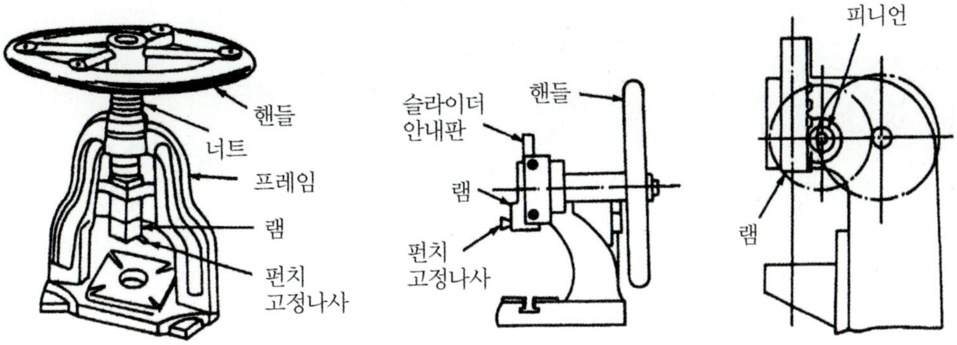


(a) 나사 프레스 (b) 편심 프레스 (c) 아버 프레스

**그림 10.4** 핸드 프레스의 종류

## 10.1.2 동력 프레스

프레스의 동력 시스템은 유압식 또는 기계식이다. 유압 프레스는 큰 피스톤과 실린더를 사용하여 램을 구동한다. 이 동력 시스템은 전형적으로 기계식 구동보다 더 긴 램 행정과 행정 전체에 걸쳐 충분한 힘을 낼 수 있는 구조이지만 느린 편이다. 이것으로 통상 행할 수 있는 금속박판공정은 디프 드로잉과 위의 특성이 장점으로 작용하는 성형공정들이다. 이 프레스는 한 개 또는 여러 개의 독립적으로 움직이는 슬라이드, 즉 단동(슬라이드 한 개), 복동(슬라이드 두 개) 등의 형식을 가질 수 있다. 복동 프레스는 펀치력과 블랭크 고정력을 따로 제어해야 할 필요가 있는 디프 드로잉 공정에 유용하다.

기계식 프레스에 사용되는 구동 메커니즘에는 여러 형식이 있는데, 그림 10.5에 나타낸 것처럼 편심축, 크랭크축, 너클 조인트 등이 있다. 이를 통해 구동 모터의 회전운동이 램의 직선운동으로 바뀐다. 구동 모터의 에너지를 축적하기 위해 플라이휠(flywheel)이 사용된다. 이런 구동방식을 갖는 기계식 프레스에서는 행정의 하사점에서 매우 높은 힘을 얻을 수 있다. 따라서 블랭킹과 펀칭공정에 적합하다. 너클 조인트(knuckle joint)는 하사점에 도달했을 때 매우 큰 힘을 발생하기 때문에 코이닝 공정에 주로 사용 된다. 아래에 여러 형태의 프레스 기계를 종류별로 구체적으로 설명하였다.

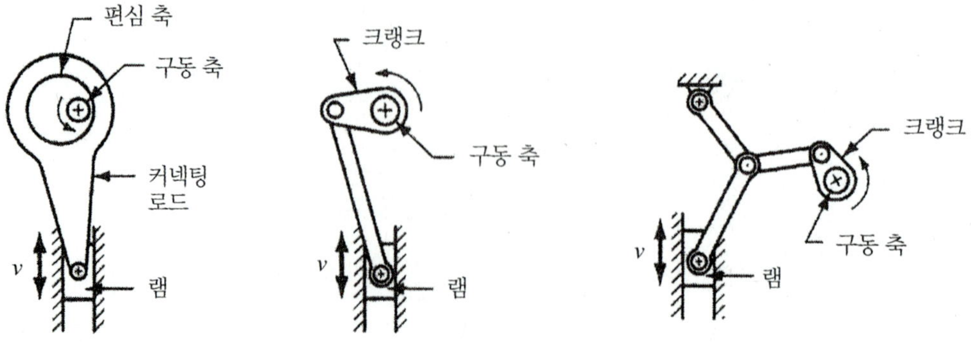


(a) 편심축 (b) 크랭크축 (c) 너클 조인트

**그림 10.5** 금속박판용 프레스에 쓰이는 구동 형식

### (1) 크랭크 프레스

크랭크 프레스(crank press)는 파워 프레스라고도 하며 가장 널리 사용되고 있는 프레스로, 단동식과 복동식이 있으며 단동식이 많이 사용된다. 이 프레스는 그림 10.6에 보인 바와 같이 주동축에서 공급되는 에너지를 플라이휠에 전달하고 저축하여 크랭크 기구에 의해 회전운동을 왕복 직선운동으로 바꿔 슬라이드에 상하운동을 줌으로써 작업하게 된다. 크랭크 프레스는 작업하는 형태에 따라 C형, 경사형 등과 같은 다양한 프레임(frame) 형태를 적용할 수 있다.

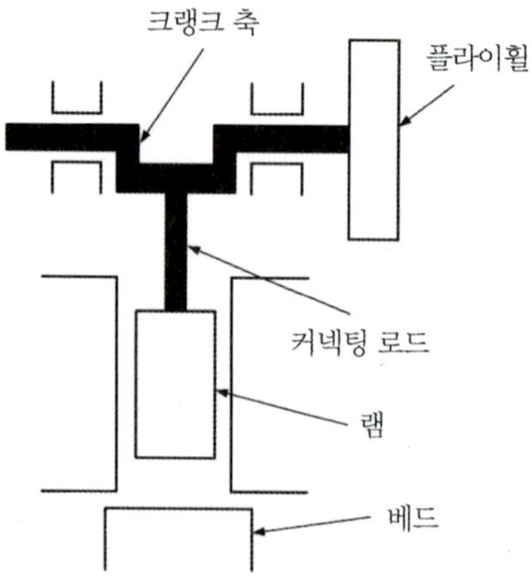


**그림 10.6** 크랭크 프레스 개념도

### (2) 캠 프레스

캠 프레스(cam press)는 그림 10.7(a)에 보인 바와 같이 크랭크축 대신 캠을 사용하여 램을 상하운동 시키는 프레스로, 주로 소형 프레스에 사용되는 방식이다. 그림 10.7(b)에 나타낸 캠식 복동 프레스는 크랭크축의 회전에 의하여 슬라이드가 상하운동을 하도록 되어 있고, 캠에 의하여 슬라이드를 일정시간 정지시켜 놓거나 급속히 직선운동을 일으키게 할 수 있다. 이 프레스는 비교적 소형의 제품을 신속히 성형 가공하는 용도로 적당하다.

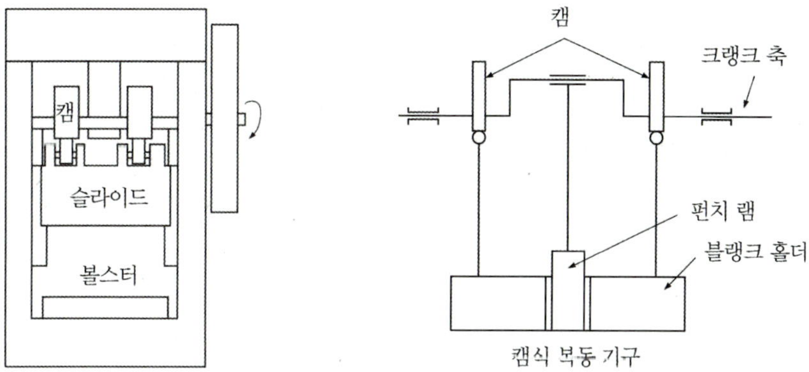


(a) 캠 프레스　(b) 캠식 복동 프레스

그림 10.7

### (3) 크랭크레스 편심 프레스(Crankless eccentric press)

크랭크레스란 크랭크가 없다는 뜻으로 크랭크 그 자체는 없지만 크랭크 기구와 동일한 동작을 하는 다른 기구를 가지고 있기 때문에 역시 크랭크 프레스의 일종이다. 이 프레스는 스트로크가 비교적 큰 제품 가공용으로 사용되고 있다.

프레스의 상태 및 기구는 그림 10.8에 표시한 바와 같이 플라이휠의 회전을 수개의 치차를 이용하여 감속하면서 큰 반경인 메인(main) 치차에 전달하고 메인 치차의 축과 일체인 편심부를 회전시켜 커넥팅 로드를 상하시키는 구조이다. 그림 10.9에 나타낸 편심부에는 축의 편심에 편심 부시(bush)가 끼여 있기 때문에 행정(stroke)의 조정이 가능하며 편심부 높이 조정은 웜 기어(worm gear)에 의하여 이루어진다. 이 프레스도 크랭크 프레스와 비슷한 용도이나 그보다 대형물의 가공에 적합하다.

크렝크레스 프레스는 강성이 구조적으로 높기 때문에 압력이 높고 스트로크가 긴 작업에 적합하며 외관이 우수함과 동시에 금형의 접근성도 좋다. 그러나 크랭크 형식과 비교하여 가격이 비싼 결점이 있다.

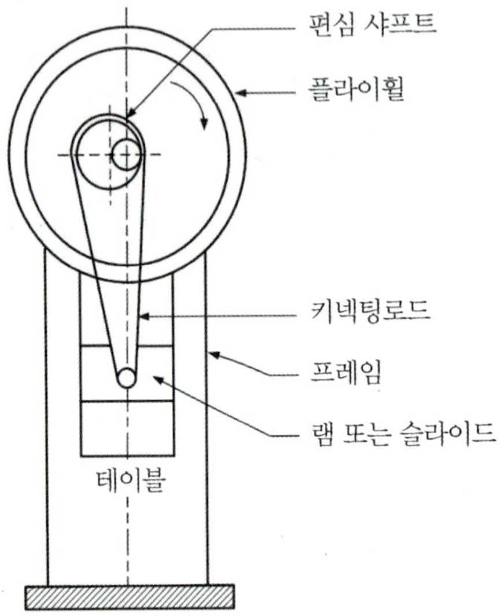


그림 10.8 크랭크레스 편심 프레스

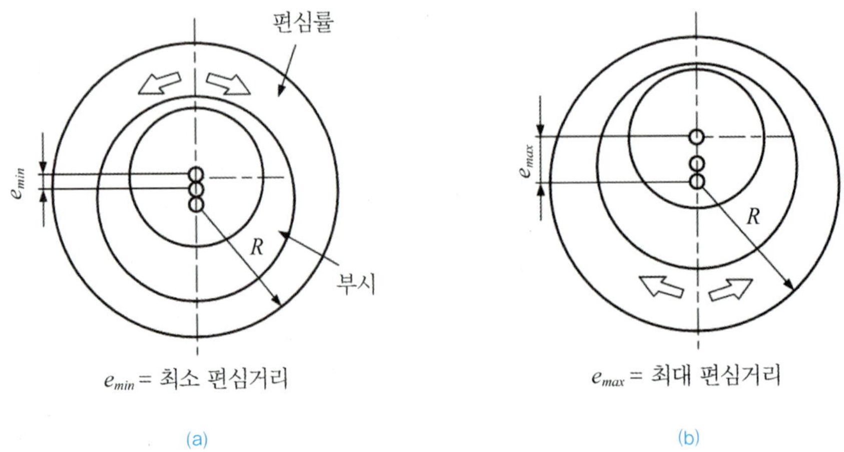


그림 10.9 행정 길이의 조정

### (4) 마찰 프레스

그림 10.10에 표시한 것이 일반적으로 단조용으로 많이 이용되고 있는 마찰 프레스(friction press)이다. 마찰 프레스는 수직면을 회전하는 좌우 2개의 원판이 있고 수평면에서 회전하는 중앙 원판이 마찰력에 의하여 회전하면서 너클 나사에 의하여 직선운동으로 변환시켜 램이 상하운동을 하게 되어 있다. 이 프레스는 램의 하사점이 일정하지 않고 또 램이 급격한 충격을 받아도 견딜 수 있는 구조로 되어 있는데, 하사점이 불규칙 하여 오히려 융통성이 있어 편리한 점도 있다. 마찰 프레스는 충격력과 스트로크 길이를 자유자재로 할 수 있으므로 다품종 소량생산에 적합한 프레스로 단조, 굽힘, 엠보싱(embossing) 가공 등의 작업을 손쉽게 할 수 있는 장점이 있다. 그러나 연속운전을 할 수 없다는 치명적인 결점과 작업의 행정이 일정하지 않으므로 성밀도가 나쁘고 조작에 숙련이 필요하며 프레임 파괴 위험을 내포하고 있는 등의 단점이 있다.

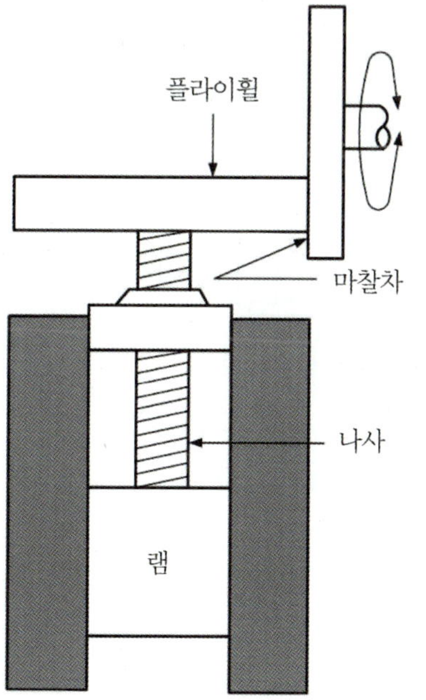


그림 10.10 마찰 프레스

### (5) 토글 프레스

너클 프레스(knuckle press)라고도 하며 토글(toggle)은 일반적인 역학 관계로 힘의 증가비가 큰 능률적인 기구로써 널리 이용되고 있다. 그림 10.11에 나타낸 바와 같이 토글 프레스는 플라이휠의 회전운동을 크랭크 기구에 의하여 왕복운동으로 바꾸고 다시 힘의 비를 증가시키기 위하여 토글 기구에 의해 슬라이드에 일정한 행정을 주게 되어 있다. 이 프레스는 슬라이드의 운동에서 최후의 압축이 천천히 이루어지고 힘의 비가 더욱 뚜렷이 증가하므로 코닝 작업에 아주 좋다.

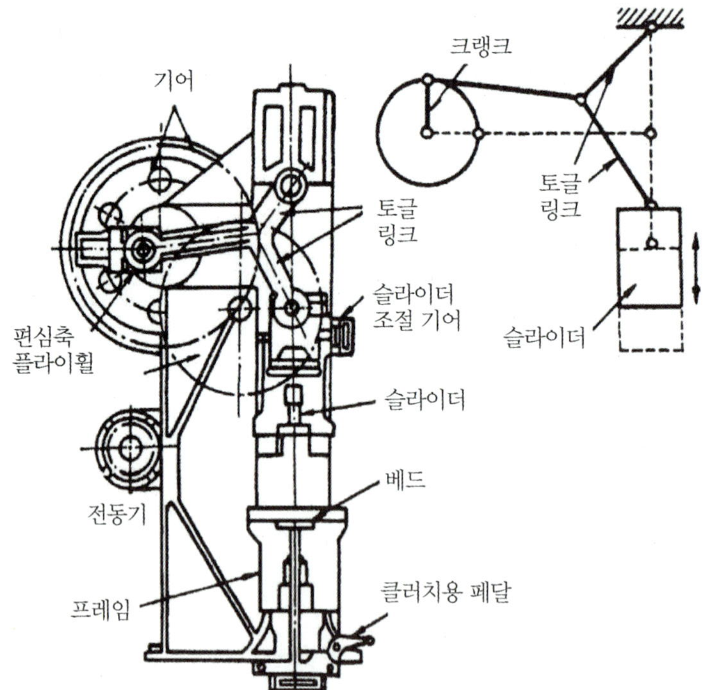


그림 10.11 토글 프레스

### (6) 유압 프레스

유압 프레스(hydraulic press)란 그림 10.12에 표시한 바와 같이 전동기의 회전에 의하여 펌프를 작동시키고, 탱크 안의 액체를 흡입하여 토출 시의 압력을 직접 또는 축력기를 통하여 필요에 따라 실린더 안으로 보내 피스톤의 왕복에 의해서 램을 상승시키는 프레스로 그 장점은 다음과 같다.

- 긴 스트로크를 쉽게 얻을 수 있고, 스트로크의 길이를 쉽게 변경시킬 수 있다.
- 스트로크 도중 가압력이 내려가지 않으며, 스트로크 도중에 속도를 변경시킬 수 있다.
- 가압력의 지속이 가능하며, 큰 압력의 발생이 가능하다.
- 안전장치에 의해 과다부하를 방지할 수 있어 기계나 금형의 파손을 방지 할 수 있다.
- 가동 시 소음이 적다.

이상과 같이 기계 프레스로는 할 수 없는 장점을 유압 프레스는 가지고 있다. 특히 긴 스트로크를 간단히 만들 수 있는 것과 스트로크상에서 압력이 저하하지 않는다는 두 가지의 장점은 드로잉 가공에 적합한 특성이며, 또 가압력의 지속이 가능하다는 특징은 굽힘이나 압축 가공에 적합하다고 할 수 있다. 그러나 기계 프레스에 비하여 다음과 같은 결점이 있다.

- 가격이 비싸고 유지보수가 용이하지 않다.
- 스트로크 속도가 느리다.
- 고장이 비교적 많다.
- 운동방향을 바꿀 때 쇼크의 소리가 난다.
- 하사점이 부정확하다.

유압 프레스의 주요 구성 요소는 본체, 가압장치, 운전장치 및 배관으로 이루어졌으며 용도에 따라 수십 톤에서 수만 톤의 대형 프레스가 있다.

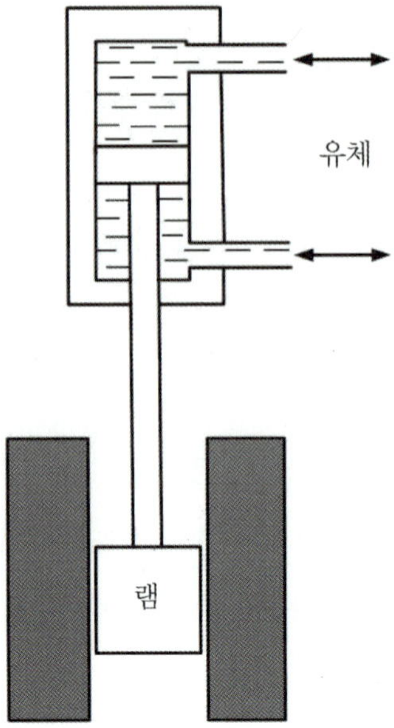


그림 10.12 유압 프레스의 원리

### (7) 프레스 브레이크

그림 10.13에 보인 프레스 브레이크(press brake)는 긴 판재를 굽히는 데 쓰이는 굽힘 전용 기계로, 기계의 크기는 전체의 나비와 굽힐 수 있는 판의 두께나 톤수로 나타낸다. 프레스와 같이 램의 구동방식에 따라 크랭크식, 편심식, 유압식 등이 널리 사용되며 건축용, 금속제품, 전기기기, 조명기기, 통신기기, 차량, 선박, 그 밖에 여라 가지 제관용 용기 제작에 이르기까지 활용 범위가 넓다. 그림 10.14에 프레스 브레이크 다이를 이용한 다양한 성형형상을 예시하였다. 프레스 브레이크는 마찰 클러치가 많이 쓰이며 행정(stroke)의 길이는 행정 조정용 보조 전동기에 의해 조정된다. 생산성이 좋지 못하며 구조상 강성이 크지 않는 등의 결점이 있으나 프레스 브레이크는 아래와 같은 여러 장점을 갖는다.

- 작업면이 길어서 여러 가지 소재의 동시 가공이 가능하다.
- 강력한 압력이 작용하므로 굽힘 정도가 좋다.

- 상하성형 금형을 바꾸어 끼우면 여러 가지 응용 가공이 가능하다.
- 유압식의 경우 행정 조정이 가능하고 대량생산용으로 적당하다.

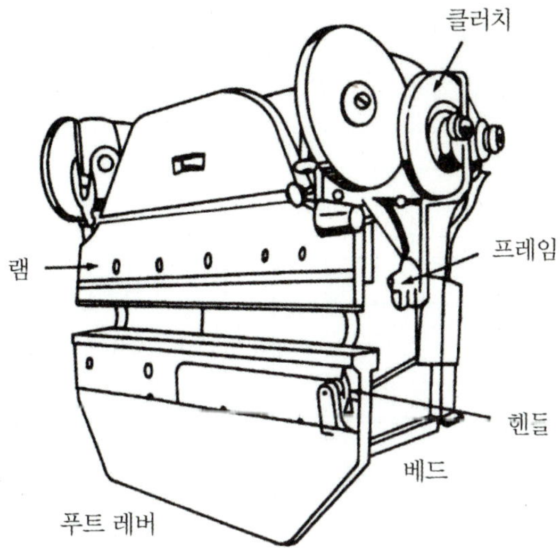


그림 10.13 프레스 브레이크

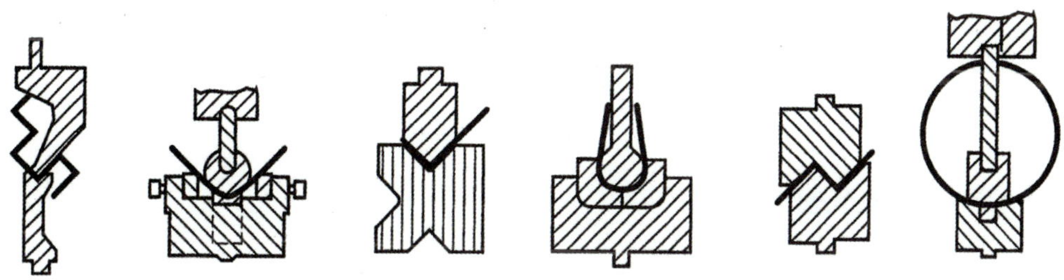

그림 10.14 프레스 브레이크 다이를 이용한 다양한 성형형상

### (8) 보텀 슬라이드 드로잉 프레스(Bottom slide drawing press)

단지 드로잉 프레스라는 호칭만으로 보텀 슬라이드 드로잉 프레스(tottom slide drawing press)는 드로잉 작업에 많이 사용되고 있다. 그 외관 및 구조는 그림 10.15에 나타낸 바와 같다. 이 프레스는 복동형식이고, R의 위에 부착된 다이스가 상승하여 T에 고정된 블랭크 홀더와의 사이에서 소재를 억누른 후, $Q_1$의 선단에 부착된 펀치가 드로잉 가공

을 한다. 이 형식의 장점은 금형상태가 안정되어 있으므로 드로잉성이 좋으며 주름 억제 압력의 가감을 간단히 할 수 있는 등의 장점이 있다. 그러나 면적을 많이 차지한다는 결점 외에 구조상 가공속도를 빠르게 할 수 없으므로 생산성이 나쁜 결점이 있다.

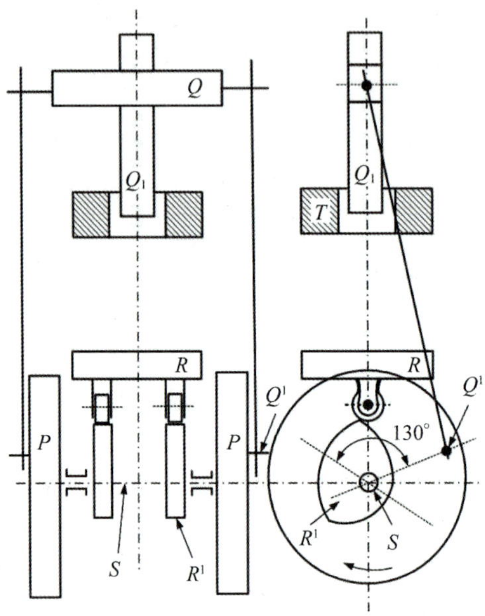


그림 10.15 보텀 슬라이드 드로잉 프레스와 기구도

### (9) 트랜스퍼 프레스

일명 아일릿 머신(eyelet machine)이라고도 하며 여러 개의 프레스를 하나로 만든 것으로 매우 능률이 높은 프레스이다. 이 트랜스퍼 프레스(transfer press)는 롤, 피드, 교정기, 스크랩, 커터 등을 동시에 갖추고 있으므로 각 공정을 자동으로 연속 가공할 수 있어 생산성이 우수하여 용도가 매우 넓은 프레스로 주로 소형 가공물의 연속 가공에 사용된다. 그림 10.16에 보인 바와 같이 슬라이드를 따라 다수의 금형세트를 장착한 후 각 스트로크가 종료되면 다음 단계로 계속 공정을 순차적으로 진행시킨다. 그림 10.17 에는 트랜스퍼 프레스의 판재성형공정 예를 보였다.

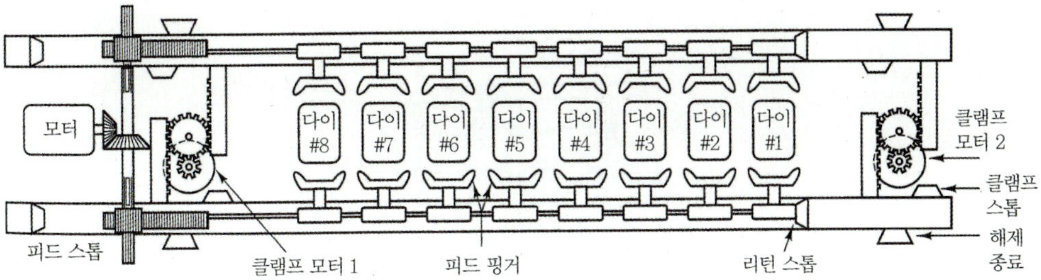


그림 10.16 트랜스퍼 프레스의 다이 배열 도식도

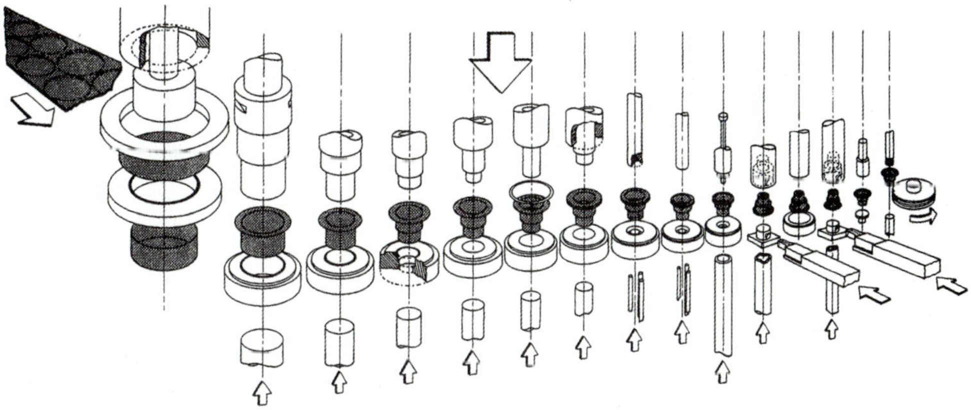

그림 10.17 트랜스퍼 프레스의 판재성형공정 예

## (10) 다잉 머신

상부 펀치를 하부로부터 구동하는 자동 고속 정밀특수 프레스를 말한다. 다잉 머신(dying machine)은 대량생산용 프레스로써 대량의 작은 가공물을 가공할 때 적합하다. 보통 많은 공정을 거쳐 제품을 만들 때 많은 프레스와 인력이 필요하나 이 프레스는 고속 자동 이송 작업에 알맞으므로 여러 개의 공정을 동시에 할 수 있다.

다잉 머신은 스트립이나 코일형태의 재료를 자동 이송 금형에 통과시켜 차례로 가공하며 최후 공정에서 제품의 모양을 전단하여 완성한다. 여러 성형 가공공정들을 동시에 할 수 있는 능률적인 프레스로써 그림 10.18에 다잉 머신을 도식적으로 나타내었다.

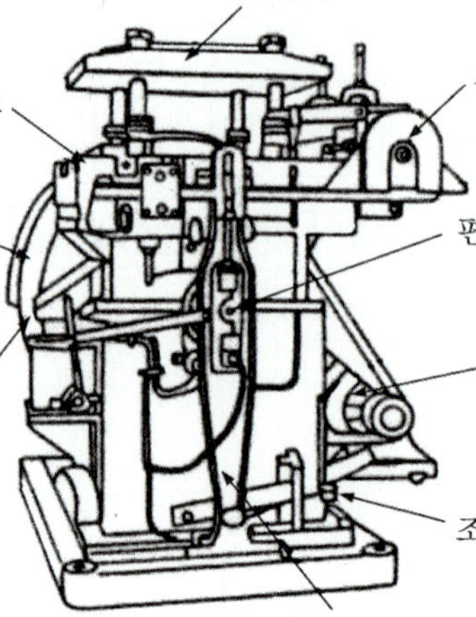


그림 10.18 다잉 머신 도식도

## 10.2 프레스 기계의 사양

금형설계나 프레스 가공작업을 적절하게 하기 위해서는 프레스 기계의 선택이 매우 중요하다. 여기에서는 프레스 기계 선택 시 필요한 사양에 대해 설명한다. 프레스 기계의 사양은 크게 3가지로 분류한다.

- 능력, 치수에 관한 것
- 구조에 관한 것 : 프레임, 전동계통, 슬라이드 구동기구, 클러치, 브레이크, 슬라이드 조정기구, 윤활, 운동방식
- 부속품에 관한 것 : 표준장비 이외의 옵션

여기에서 능력(load capacity), 치수에 관한 것을 중심으로 살펴본다(그림 10.19).

① 능력: 슬라이드가 하사점 위의 토크 능력 위치에서 이론적으로 낼 수 있는 최대하중을 표시

② 토크 능력: 능력발생위치(related tonnage point)로 하사점에서 어느 값의 영역까지에 있어서 최대 하중을 발생시킬 수 있는 거리

[1, 2에서 사양 능력을 구할 수가 있다. : 공칭 능력 × 토크 능력 = 사양 능력]

③ 스트로크 수 : 1분간에 슬라이드의 상하 이송이 가능한 수(가공 가능한 회수)

④ 허용 단속 스트로크 수 : 클러치판의 연결 등에 있어서 과다발열을 방지하기 위하여 1분간에 허용되는 클러치 연결 횟수

⑤ 셧트(shatto) 높이 : 스트로크 하사점에서 슬라이드 베드 사이의 거리

⑥ 다이 높이 : 슬라이드 밑면과 볼스터 사이의 거리로 프레스에 장착할 수 있는 금형의 공간을 나타낸다.

⑦ 슬라이드 조정량 : 셧트 높이 위치에서 슬라이드를 하강시키는 양. 필요 이상의 량을 이용하는 것은 강도상 피하는 것이 좋다.

⑧ 슬라이드 밑면 치수 : 금형을 장착할 수 있는 슬라이드 밑면의 가로 세로의 길이

⑨ 볼스터 치수 : 실제로 이용 가능한 영역은 좌우×전후 각 치수의 2/3범위이다. 또, 가공에 따라서는 두께에도 주의해야 한다.

⑩ 베드 떨어뜨림 구멍 치수 : 스크랩을 떨어뜨리거나 다이 쿠션장치를 위하여 만든 구멍으로 가능한 한 작은 것이 좋다.

⑪ 오픈 백(open back) : C형 프레임에 있어 뒷면의 좌우 프레임 간의 거리

⑫ 오버랩 임시장치 : 브레이크 라이닝에 마모 등으로 브레이크가 미끄러질 때에 상사점 정지에도 불구하고 상사점을 넘은 경우에 급정지 기구로 정지신호를 보내는 장치

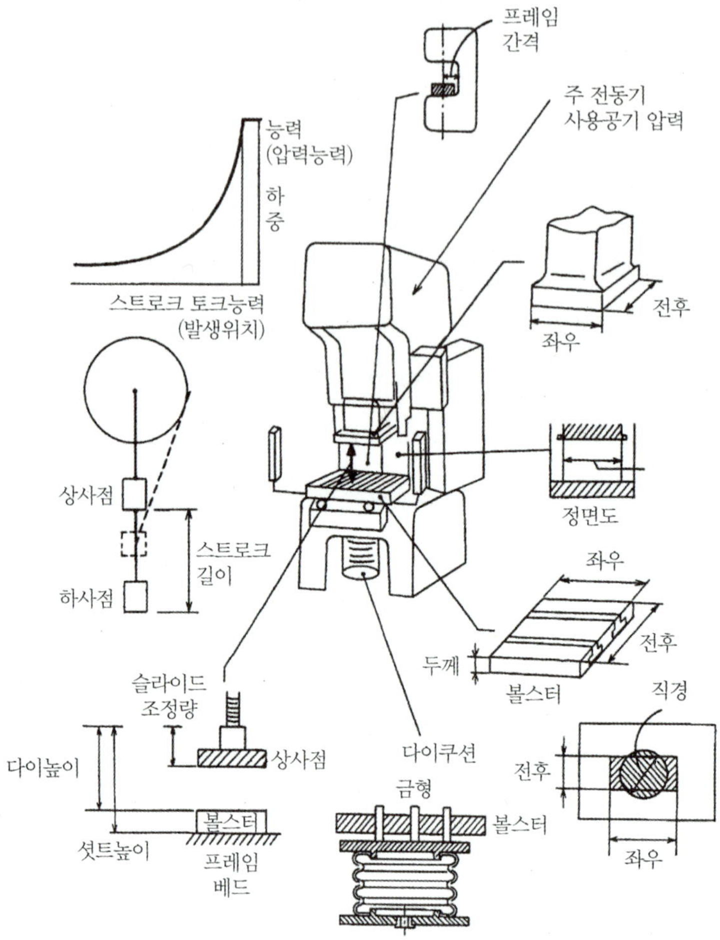


그림 10.19 프레스 기계의 각 사양

## 10.3 하중-스트로크 선도

유압 프레스에 있어서는 압력계에 의하여 발생 압력이 명확하게 나타남과 동시에 작동 중에 있어서도 크게 압력이 변화하는 일이 없기 때문에 과하중에 의한 파손이 일어나는 일은 적다. 그러나 크랭크 프레스에 스트로크 위치에 따라 하중이 상이하기 때문에 가압력 부족으로 전동기를 과열시키거나 반대로 하사점에서 예상 이상으로 가압력이 발생하여 기계를 파손하는 일이 있다. 한편, 프레스 기계는 같은 크랭크 프레스라도 범용 타입, 고속 타입, 드로잉 타입과 같이 형식이 다르면 하중의 발생패턴도 다르다. 또 각각의 프레스 가공에 있어서도 슬라이드 스트로크 위치에 따라 그림 10.20에 보인 바와 같이 필요한 하중의 패턴이 있다. 따라서 프레스 가공에 적절한 프레스 기계를 선택하는 것은 대단히 중요하며 프레스의 각 스트로크 위치에서 발생압력을 그림 10.21과 같이 선으로 연결한 것을 하중(압력-스트로크 선도)이라고 하며 각 스트로크에 대한 공칭압력 발생점을 찾을 수가 있다.

이와 같이 같은 프레스 일지라도 공칭압력은 커지기도 하고 작아지기도 한다.

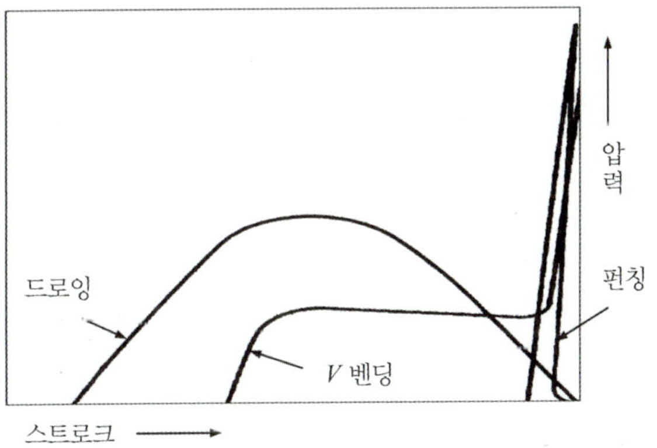


그림 10.20 프레스 기계의 하중-스트로크곡선

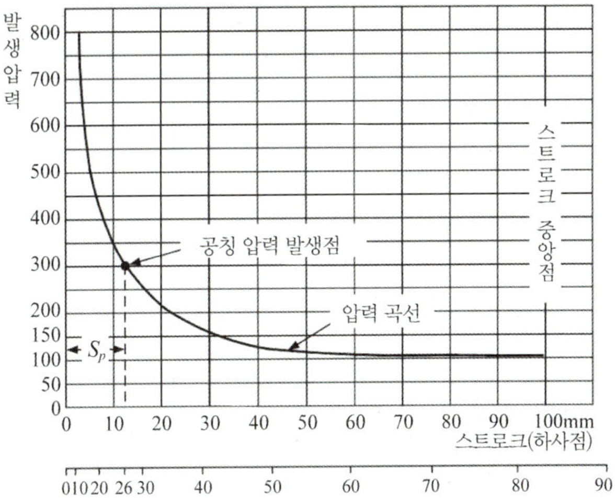


그림 10.21 프레스 가공의 압력-스트로크곡선

## 10.4 프레스 기계를 선택하는 요령

프레스 기계는 앞에서 설명한 바와 같이 기계 프레스와 유압 프레스의 2종류로 크게 분류하며 기계 프레스는 다시 크랭크 프레스 등의 많은 종류가 생산현장의 수요에 적합한 형식으로 제조되고 있다. 작업에 맞는 프레스 기계를 이용하는 것이 효율적으로도 중요한 사항이며 실제 현장에서는 프레스 기계를 용도별로 그룹화 하여 활용하는 것을 고려할 필요가 있다.

### 10.4.1 작업법이 다른 프레스 기계의 사양

#### (1) 펀칭용

- 판 두께 정도의 전단 스트로크만으로 가공공정이 짧게 끝나므로 스트로크 길이가 짧은 것.
- 클리어런스가 중요한 포인트이기 때문에 정밀도가 좋은 프레스가 필요.
- 스트로크가 짧으므로 가공속도가 빠른 것이 필요.

#### (2) 굽힘용

- 굽힘 제품의 높이나 취출 높이를 고려한 스트로크 길이.
- 포밍 가공에서 강하중을 이용하기 때문에 강성이 있는 프레스 기계.
- 가늘고 긴 제품은 프레스 브레이크가 있는 기계.

#### (3) 드로잉용

- 드로잉 깊이 2배 이상의 스트로크 길이를 요한다.
- 블랭크 홀더 등을 생각하여 다이 쿠션(die cushion) 필요.

- 가공속도는 느리다.

### 10.4.2 작업 형태에 따른 선택

#### (1) 단형

- 경량 수 가공 : C형 파워 프레스가 앞면에서의 조작성이 좋다.
- 중하중 가공: 스트레이트 사이드형 프레스가 좋다.

#### (2) 순차 보냄형

- 편심 하중에 대응하는 타입

#### (3) 트랜스퍼형

- 와이드 베드의 프레스

## 10.5 프레스 기계의 점검

프레스 기계는 기간은 다르나 법적인 정기검사가 의무화되어 있다. 즉 이 검사는 프레스 작업의 안전을 보증하는 최저한의 점검이라고 볼 수 있다. 여기에서 말하는 점검은 프레스 기계에 검사 월일과 보수 필요 · 불필요를 명확히 알 수 있도록 검사라벨을 붙이는 것으로 되어 있다. 그러나 이와 같은 검사만으로 생산 활동을 문제없이 유지하는 것은 곤란하며 이외에도 프레스 기계에 대해서 일상점검이 항상 필요하다. 이것을 실시하는 것은 간접적이지만 생산효율의 향상, 제품품질 측면에서 효과가 나타나게 된다. 프레스 기계의 일상점검은 일반적으로는 작업자가 작업 전 짧은 순간에 하는 것이기 때문에 무엇을 어떻게 점검할 것인가를 미리 정해둘 필요가 있으며 다음과 같은 관점에서 설정한다.

- 청결하게 한다고 하는 것, 즉 정리정돈을 마음에 새겨 습관적으로 하는 것에 의해 미세한 변화를 발견할 수 있다.
- 매일 점검이 [기본]이기 때문에 조업시작 점검 등을 작업순서에 포함시킨다.
- 시작 점검 항목은 외측에서 보이는 것을 중심으로 설정(공기압, 윤활유 압력 등).
- 보이지 않는 곳이나 보기 어려운 곳은 작업자가 반드시 느낄 수 있도록 시각적 표식이나 그림 등을 이용하여 알린다.
- 필요한 수치나 게이지 등의 표시는 알기 쉽게 크게 표시한다.
- 주간이나 월간 점검에 대해서는 알기 쉬운 날로 설정한다.
- 프레스 작업의 상태가 좋은 상태를 몸으로 체득해 두도록 한다. 예를 들면 소리, 냄새 등의 오감을 이용하여 기억한다.
- 작업 중에 있어서도 제품을 골라내어 프레스 기계의 상태라던가 트러블 시의 주변환경(특히 전기관계에 있어서) 등을 종료 시 점검으로 기록한다.

이상과 같은 사항을 고려하여 매일 점검에 필요한 차트를 작성하여 작업을 적극적으로 이용하는 것이 바람직하다. 또한 점검 항목에 대해서는 법령으로 최저한의 기준이 설정되어 있으며 다음의 사항을 준수하도록 한다(참조: 산업안전 보건법 시행령).

사업자는 프레스 등을 이용하여 작업을 할 때에는 그 날의 작업을 시작하기 전에 다음의 사항에 대하여 점검을 해야만 한다.

- 클러치 및 브레이크의 기능
- 크랭크샤프트, 플라이휠, 슬라이드, 커넥팅 로드 및 커넥팅 로드 나사볼트의 느슨함 유무
- 일공정/일정지 기구, 급정지 기구 및 비상정지 장치의 기능
- 슬라이드 또는 절단 칼 등에 의한 위험을 방지하기 위한 기구의 기능

- 프레스 기계에 있어서는 금형 및 볼스터의 상태
- 절단 칼에 있어서는 절단 칼 및 테이블의 상태

## 10.6 안전

### (1) 안전장치와 그 종류

안전장치는 현장작업에 있어서 직접적으로 작업자의 손이나 손가락을 보호하는 것이며, 안전대책상에 있어서 유효한 수단으로 여러 형식이 고안되어 사용되고 있으며 그 주요 형식의 종류는 다음과 같다.

- 부시(bush) : 블랭크 또는 반가공품을 금형 사이에 밀어 넣는 장치로 다품종 소량생산에 적합하며 간단히 만들 수 있다.
- 보호판식 안전장치 : 프레스의 작업점 주위에 반가공품이 통과하는 작은 통로만 만들어 놓고 나머지 부분은 방호 보호판으로 감싼 형식으로 작업점이 잘 보이지 않는 결점이 있으나 가장 안전한 안전장치이다.
- 유구식(gate) 안전장치 : 작업점의 상부 앞면에 문과 같은 형태를 한 테두리가 작업점과 손과의 사이에서 하강하는 구조로써 유구는 전기적인 스위치와 연결되어 있어 손이나 기타 공구가 금형 위에 남아 있으면 유구가 완전히 내려오지 못하게 되어 전기신호에 의해 클러치가 걸리지 않는 형식이다.
- 양수 조작식 안전장치 : 누르는 단추에 의해서 전기회로를 만드는 형식으로 양손으로 좌우의 스위치를 누름으로써 프레스가 작동하는 형식으로, 작업점에 손이 들어가는 것을 방지한다.
- 광전광식 안전장치 : 프레스 베드의 양쪽에 광원이 달려있는 형식으로 손 따위가 들어가 광선이 차단되면 클러치가 걸리지 않도록 되어 있는 형식으로 작업상 장애가 없는

편리한 방호장치의 하나이다.

- 손쳐내기식 안전장치 : 램의 하강과 동시에 프레임의 일부에 고정된 로커 봉이 좌우로 흔들리며 손을 쳐낼 수 있는 구조의 안전장치이다.
- 끌어올리기식 안전장치 : 램의 하강과 동시에 손에 연결된 끈이 후방으로 들려 올라가는 형식이다.

### (2) 프레스 작업 안전

프레스 작업에서의 재해는 다른 공작 기계보다도 재해 발생 건수가 많다. 재해에 의한 상해는 대부분 손이나 손가락을 잃는 큰 사고가 많으며, 프레스 가공 작업에 있어 재해의 많은 원인은 다른 작업과 마찬가지로 인적 요인이 차지하는 비율이 낮지 않다. 이것을 통계에도 나타나고 있는 실정이며 다음과 같은 작업태도를 안전을 위해 확립하는 것이 중요하다.

- 프레스 기계 주변의 정리정돈
- 중량물의 취급은 신중하게
- 작업개시 전의 점검과 주유
- 금형의 취부 · 조정은 안전에 만전을 기한다.
- 안전장치는 반드시 사용한다.
- 신호를 잊지 않는다.
- 정전 시는 반드시 스위치를 끈다.
- 볼스타상에 물건을 두지 않는다.
- 작업은 신중하게 진행한다.

# 10.7 프레스 금형

## 10.7.1 금형

지금까지 많은 항목에서 '금형'이라는 말이 사용되고 있다. 프레스 가공에 있어서 금형이라고 하는 것은 2개 이상이 쌍을 이루는 공구를 이용하여 그들 공구 간에 피가공재를 놓고 공구로써 피가공재에 강한 힘을 가하여 피가공재를 소성 변형시키는 가공을 프레스 가공이라고 한다. 여기에서 공구에 해당하는 것이 일반적으로 '금형'이라고 불리고 있으며 주로 금속재료로 되어 있다. 피가공재가 공구형상에 따라 성형되고 금형을 이용한 성형에서는 제품의 정도의 대부분은 금형에 의해 결정되는 것이 된다. 그렇기 때문에 공구형상만 바르게 제작된다면 금형을 이용하여 항상 안전한 제품을 생산하는 것이 가능하게 된다.

또한 금형을 자세히 살펴보면 금형은 간단히 성형하는 것이 아니라 피가공재를 소정의 위치에 있어서 성형 가공을 하고 가공된 제품을 취출하기까지 하는 공구이다. 그렇다면 금형은 프레스 가공 분야에서 어떤 종류의 가공이 있으며 그것에 대응한 어떠한 금형이 있는지 대표적인 금형을 몇 가지 살펴본다.

### (1) 펀칭 가공 금형

이 금형은 뽑는 형상(이것은 어느 때는 제품이고 또 어느 때는 스크랩이 된다)과 동일 형상의 날끝을 가진 공구와 뽑는 형상의 윤곽을 구멍으로 가지고 공구와의 관계에 의해 가공을 하는 금형이다.

### (2) 굽힘 가공 금형

이 금형은 판재의 피가공재를 직선적으로 굽히는 것이다. 제품에 맞는 형상(가공 시에 제품형상을 유지할 수가 있다)의 공구부분을 가진 합친 금형

### (3) 드로잉 금형

블록상의 피가공재에 강성을 높인 공구를 이용하여 피가공재에 직선적으로 압축력을 가하여 블록의 높이 · 폭 · 직경을 줄이거나 늘리거나 블록의 일부를 소정의 형상으로 가공하기 위한 금형

이상의 목적별 금형 외에 이들의 몇 가지 기능을 복합시켜 하나의 금형으로 집약한 것 같은 순차이송 금형이나 형상은 단일 가공이라도 2개의 가공을 복합 가공 금형 등의 여러 종류의 금형이 목적에 맞게 만들어지고 있다.

## 10.7.2 금형의 기능

금형은 프레스 가공의 핵심 부분으로 다종다양의 부품으로 구성되어 있으며, 다음의 기능이 요구되고 있다.

- 작업성은 좋은가?
- 보수정비는 하기 쉬운가?
- 조립 · 분해하기 쉬운가?
- 제품의 위치결정이나 취출은 용이한가?
- 안전금형인가?
- 프레스 기계와의 관계는 충분한가?
- 생산 수에 대해 대응 가능한가?
- 레이-아웃(lay-out)은 적절한가?

### 10.7.3 금형부품의 기능

금형은 프레스 가공제품의 정도(정밀도)에 크게 영향이 있으며 많은 부품으로 구성되어 소정의 기능을 만족해야 한다. 부품의 설계나 부품의 재료선택에 있어서는 각각의 구성부품의 기능을 이해해 두는 것이 중요하다. 여기에서는 기본적인 금형을 예로 하여 금형의 구성부품 종류와 역할에 대하여 알아본다(그림 10.22).

먼저, 프레스 기계에 취부되어 이용하는 금형은 각각 많은 역할을 가진 부품으로 구성되어 있다. 이들 부품을 3개의 기능으로 나누어 생각해보면

① 가공하기 위한 요소 : 펀치 · 다이

② 프레스 기계에 취부하는 요소 : 생크 · 펀치 홀더 · 다이 홀더

③ 작업상 필요한 것 : 스톱핀 · 스트릿바 플레이트

④ 각각의 부품을 위치 결정하는데 필요한 것으로 나눌 수 있으며 각각 부품의 역할은 다음과 같다.

- 생크 : 비교적 작은 상형을 프레스 기계의 슬라이더에 고정하기 위한 것이다.
- 펀치 홀더 : 펀치 플레이트를 취부하며 생크의 토대가 된다. 또 프레스 슬라이더에 밀착시키는 것이다.
- 펀치 플레이트 : 펀치는 펀치 플레이트에 고정한다. 펀치 플레이트의 역할과 목적은 펀치를 바른 위치에 수직으로 취부하는 것이다.
- 펀치 : 상형의 가공을 담당하는 부분(암수의 관계에서 수컷에 해당)을 가진 주요부품, 제품정도(정밀도)에 직접적으로 영향이 있으므로 높은 치수 정도가 요구된다.
- 다이 : 하형의 가공을 담당하는 부분(암수의 관계에서 암컷에 해당)을 갖춘 주요부품이다.
- 스트릿바 플레이트 : 펀치에 밀착하는 피가공재를 제거하는 목적과 함께 펀치의 가이드로도 중요한 역할이 있다.

- 다이 홀더 : 하형 전체를 프레스 기계의 볼스터에 고정하는 역할을 한다.
- 패킹 플레이트 : 펀치에 가해지는 충돌에 의한 펀치 홀더에의 손상방지를 위하여 펀치 두부와 펀치 홀더 사이에 삽입하는 판
- 다우얼 핀 : 금형을 조립할 시에 위치결정에 이용되는 부품이다.
- 조임 볼트 : 금형을 조립할 때에 플레이트 · 부품 등을 일체화하기 위한 볼트이다.
- 다이 세트 : 펀치 홀더, 다이 홀더, 가이드 포스트 및 부쉬를 한 조로 한 것이다. 상형, 하형은 가이드 포스트, 부쉬로 위치 정도가 나오기 때문에 조정의 필요가 없

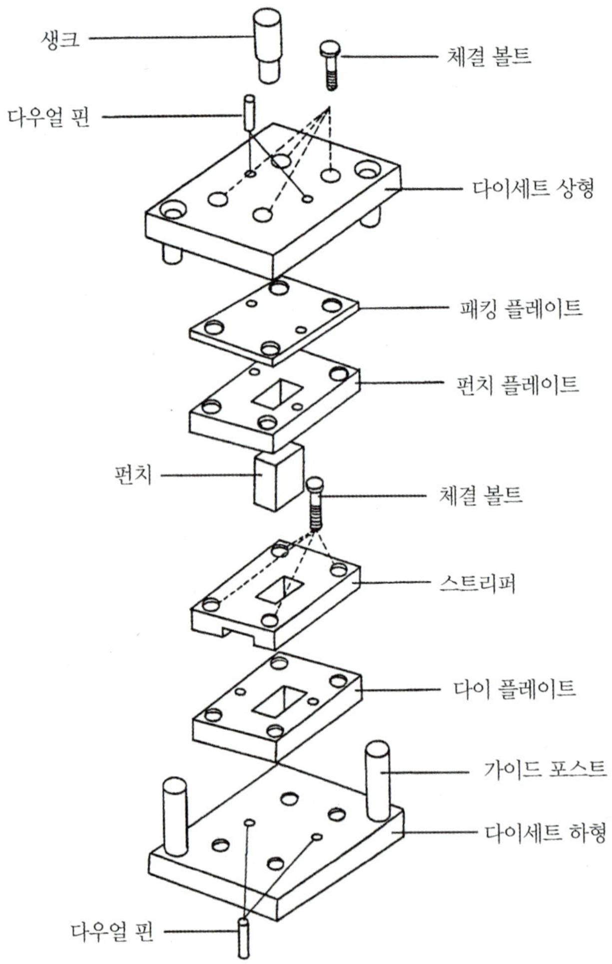


그림 10.22 금형의 분해도

다. 가이드 포스트는 2본(2개의 기둥) 또는 4본(4개의 기둥)의 것이 있고, 상형을 안내하는 서브 프레스라고도 부른다. 다이 세트의 특징은 안내부가 길기 때문에 금형의 소손이 적으며 공작이나 형조합이 쉽고 간편하여 작업성에 맞춰 여러 가지 형식을 선택하는 것이 가능하다.

## 10.7.4 금형용 재료

### (1) 금형용 재료의 구비 조건

- 내마모성이 우수할 것
- 내충격싱이 클 것
- 열처리에 의한 변형률이 작을 것
- 소입성이 좋을 것
- 피절삭성이 좋을 것
- 견고도가 클 것
- 열처리가 간단할 것
- 경제성이 있을 것
- 시장성이 있을 것

### (2) 금형재료의 종류와 특징

금형재료는 부품에 따라 다르다. 예를 들면 펀치 및 다이에서는 수명, 내마모성을 생각하여 공구강이나 고속도강 등이 쓰인다. 또한 최근에는 초경합금이 많이 이용되고 있으며, 이들 금형재료는 공구강의 특성과 비교하면 경도, 내마모성, 내열성 등에 있어 훨씬 뛰어난 조건을 나타내고 있다. 반면, 진동에 약하다는 결점도 있으므로 재료의 선정에 신중을 기해야 하며, 금형의 사용부위 제품 생산량 등을 종합적으로 검토하여 선정하여야 한다.

### ■ 탄소공구강(STC)

정밀도가 크게 요구되지 않는 소량의 생산용 금형에 사용되며 C 0.6~1.5%, $HR_C$가 54~63 정도이다.

### ■ 특수공구강(STS)

합금공구강으로 블랭킹용에 사용되며 중급 정도의 금형재료이다. C 0.75~1.5%, Cr 0.5~1.0% 이외에 소량의 Mn, W을 첨가시킨 특수공구강이다.

### ■ 다이스강(STD)

합금공구강으로 고탄소, 고크롬강이다. 재질이 우수하고 대량생산에 적합하며 성분은 C 1.0~2.4%, Cr 12~15% 이외에 Mo, W, V를 첨가시킨 것이다.

### ■ 고속도강

W-Cr-V의 합금비율 18-4-1로 구성된 합금공구강으로 고경화, 고내마멸성 등 성질이 우수하여 지름이 작은 구멍을 뚫는 피어싱 펀치, 다이 인서트 등에 사용된다. 이 밖의 재료로 초경합금, 페로틱(ferrotic), 회주철품, 기계 구조용 탄소강 등이 사용된다.

다음 표 10.1에 나타낸 바와 같이 금형 각 부품에 사용되는 재료는 특성에 맞는 것을 선택하여 사용하여야 한다.

**표 10.1** 금형 각 부품의 사용재료

| 사용구분 | 부품 명 | 재질 |
|---|---|---|
| 펀치/다이부 | 펀치 | STC5, STS3, STD1, STD11, SKH2, SKH9, 초경 |
| | 다이 | STC5, STS3, STD1, STD11, SKH2, SKH9, 초경 |
| | 펀치 고정판 | SB41C, SM20C, STC3, STC5 |
| | 펀치 뒤판 | STC3. STC5 |

| 사용구분 | 부품 명 | 재질 |
|---|---|---|
| 펀치/다이 안내부 | 스트리퍼<br>스트리퍼 부시<br>녹아웃<br>녹아웃 핀<br>녹아웃 링 | SB41, STC3, STC5, STS3<br>STC4<br>STC5<br>STC5<br>STC5 |
| 소재 안내부 | 위치결정 게이지<br>위치결정 핀<br>파일럿<br>파일럿 안내 부시<br>수동 정지구<br>수동 정지구 지레 핀<br>스톱 핀 | STC4, STC5<br>STS2, STS3, STC5<br>STS2, STS3, STC4, STC5<br>STC4<br>STC5<br>STC5<br>STC5<br>STS2, STS3, STC5 |
| 다이세트부 | 생크<br>펀치 홀더<br>다이 홀더<br>가이드 부시<br>가이드 포스트<br>볼스터 판 | SM20C<br>GC20, SM20C<br>GC20, SM20C<br>STC4<br>STC4<br>SB41, GC25 |
| 기타 | 스프링<br>맞춤 핀<br>고정나사<br>캠 | PWR2, SPS4<br>STC4<br>SM35C<br>STC5 |

## 10.7.5 금형재료의 열처리

금형재료는 열처리라고 하는 조작에 의해 체질, 즉 성질을 바꾸는 것이 가능하며 재료의 선정도 금형에서의 중요한 요소이지만 선정된 금형재료의 열처리를 어떻게 하느냐에 따라 금형수명이 결정되기 때문에 열처리도 금형에 있어서 중요한 요소 중의 하나이다.

표 10.2는 일반적으로 많이 사용되는 각종 공구강의 특성과 열처리 조건을 나타낸 것이다.

표 10.2 각종 공구강의 특성과 열처리 조건

| 재질 | 규격 | 열처리 조건 | 특성 | 비고 |
|---|---|---|---|---|
| STC<br>(탄소공구강) | SK | 830-850℃ 유냉<br>180-200℃ 뜨임 | 소입성 낮다<br>HRc: 57-60<br>불균일 크다 | 수냉 시<br>균열발생 가능 |
| STS<br>(스테인리스강) | SUS | 830-850℃ 유냉<br>180-200℃ 뜨임 | 소입성 중간<br>HRc: 58-60<br>불균일 크다 | |
| STD11<br>(내마모공구강) | SKD11 | 970-1000℃ 공냉<br>200-520℃ 뜨임 | 소입성 크다<br>뜨임연화저항 크다<br>HRc: 58-62<br>불균일 적다 | 프레스 금형용 |
| SKU9, HSS<br>(고속도강) | SKH9 | 1150-1180℃ 공냉<br>150-200℃ 뜨임 | 소입성 크다<br>HRc: 56-62<br>불균일 적다 | |

## 10.7.6 금형의 유지관리

프레스 가공은 금형을 사용하여 대량생산을 하는 것이다. 장시간에 걸쳐 생산의 핵심인 금형은 금형의 부적합 발생, 제품정도, 외관의 변화, 금형의 정상적인 마모, 프레스 기계의 이상 등이 발생하는 것은 피할 수 없는 일이다. 이들 사항을 사전에 방지하기 위하여 정기적인 점검이 필요하며, 첫 번째로 작업자가 오랜 경험의 축적에 의해 오감을 활용 연속생산의 작업 중에 프레스 기계나 금형의 거동, 즉 이상한 소리, 냄새, 진동 등을 감지하여 이상을 발견하는 것이다. 두 번째로 정기적인 제품의 검사(취출하여 검사), 프레스 기계의 정기검사, 주변장치의 점검, 금형의 일상 · 정기점검에 의한 이상이나 이상의 징후를 발견하여 사전에 품질이나 생산성의 문제점을 방지하여야 한다.

CHAPTER 11

# 강관 롤 포밍

강관 롤 포밍(roll forming)이란 판재를 이용하여 강관을 제작하기 위해, 코일을 강관의 원주길이에 해당하는 폭으로 절단한 대강(skelp 또는 strip)을 여러 롤 포밍 단계를 거쳐 파이프 형태로 조관하는 공정을 말한다. 그림 11.1에 강관의 롤 포밍과정을 나타낸 도식도를 나타내었다.

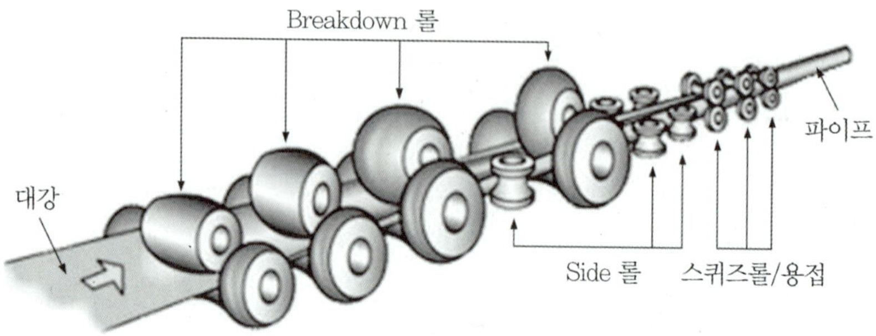


그림 11.1 강관 롤 포밍 도식도

## 11.1 강관 롤 포밍공정

### 11.1.1 치입부

치입(entry)부는 코일상의 대강을 풀어서 연속적으로 조관기에 공급시키는 것이 목적이다.

#### (1) 언코일링

대강을 조관기에 공급하기 위해 코일 형태이 대강을 길이방향으로 풀어주는 장치인 언코일러(uncoiler)는 코일의 중량, 조관속도, 제품의 품종, 규격 구성 등에 따라 적절한 형식이 선정된다. 근래에는 사용하는 코일의 중량이 소경관(small diameter tube) 조관기에서 최대 10톤, 중경관(medium diameter tube) 조관기에서 45톤으로 증가하여 장치가 대형화, 자동화 되는 경향이 있다.

### (2) 끝단 용접

연속(endless) 조관을 위해 대강의 끝단을 접속해주는 끝단 용접기(end welder)는 주로 소경관 조관기에 설치되고 있다. 최근에는 조관속도 150m/min을 초과하는 조관기도 있어 끝단 용접기에서의 대강 접속 시간은 조관기의 성능을 결정하는데 매우 중요한 역할을 한다.

끝단 용접의 형식은 용접방식에 따라 수동식과 자동식으로 대별된다. 전자에서는 교류 아크, 산소아세틸렌가스, 탄산가스 아크 용접기가 사용된다. 후자에서는 플래시 버트(flash butt), 불활성 가스 아크, 탄산가스 아크 용접기 등이 사용되고 있다.

### (3) 루핑

루핑(looping)장치는 주로 소경관 조관기에 사용되는 것으로 치입작업 중 조관기를 정지시키지 않고 연속작업이 가능하게 하기 위해 소요 대 강을 비축해 주는 장치이다.

직경 4 이하의 경우에는 케이지형 루퍼(cage looper, 그림 11.2), 천정 주행식(그림 11.3)이 주로 사용되고, 6 조관기와 후육(thick) 조관기에서는 지하 주행식이 주로 사용된다.

그림 11.2 케이지형 루퍼의 도식도

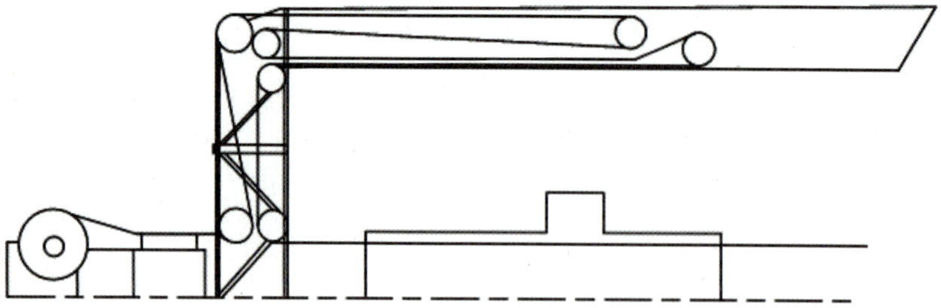

그림 11.3 천정 루퍼의 도식도

이와 다른 형태인 자유식 루퍼(free loop accumulator)에는 그림 11.4(a)에 보인 로터리(rotary)형과 11.4(b)에 보인 나선(spiral)형이 있는데 로터리형은 루핑 양이 많은 고속 라인용이고, 나선형은 루핑양이 비교적 적은 저속 라인용이다. 두 경우 모두 설비비가 적고 설치 공간이 적으며, 전기적 제어가 필요치 않고, 보전이 용이한 장점이 있다. 그러나 대강끼리의 접촉에 의한 흠이나 끝단부의 손상이 문제 될 수 있으며, 특히 두께가 두꺼운 대강에서는 곡률반경이 커지는 난점이 있을 수 있다.

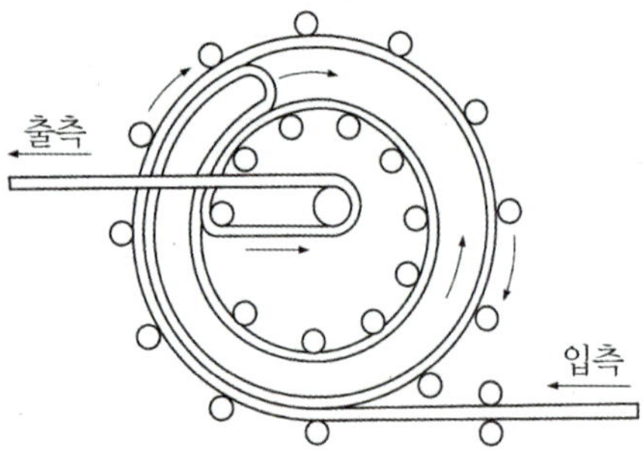


(a) 로터리형

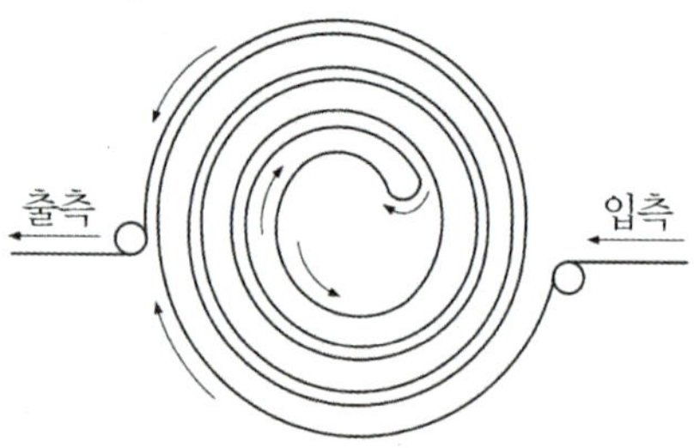


(b) 나선형

그림 11.4

중경관 이상에서는 대개 루핑을 적용하지 않는다. 이 경우에는 대강이 1코일씩 공급되게 되므로 소경관에 비해서 생산성이 떨어진다. 이것을 보강하기 위해 치입부와 조관기 사이에 케치업 테이블(catch up table)이라고 불리는 고속 테이블을 설치하여 후행 코일의 선단이 조관기 입구에서 선행 코일 후단을 따라가게 한다.

### (4) 측면 트리밍

중경관 조관기에서는 보통 압연상태 광폭 대 강을 사용하지만, 이것을 조관라인 입측에 설치된 측면 트리머에 의해 양 에지부를 전단하여 원하는 치수를 갖는 대 강을 만드는 동시에 양호한 전단면을 얻는다. 장치는 원판상의 절단기를 상하 각 2매씩 넣고 모터로 구동시킨다. 대강 끝단부에서 양호한 전단면을 얻기 위해서는 재료의 두께에 따라 원반상 커터의 상하좌우 간격을 나사를 이용하여 적절하게 조정할 필요가 있다.

### (5) 에지 스카핑

대강의 전단면을 바이트(bite) 절삭에 의해 깨끗한 평활면을 만들기 위해 성형기의 입구에는 에지 스카핑(edge scarfing)이라 불리는 장치를 설치하는 경우가 많다. 에지면의 절삭각도를 변화시키는 것에 의해 돌출형상을 피하고 내면 비드(bead)형상의 관리와 후육관에 있어서 균일가열을 가능하게 할 목적으로 사용한다.

## 11.1.2 성형공정

치입공정에서 적절히 처리된 대강은 성형(forming)공정을 통해 연속적으로 원통형의 미용접 강관(open pipe)으로 성형되어 나음의 용 접공정에 공급된다. 성형기는 보통 10-20단의 성형용 롤로 구성되어 있고 그 기본적인 배열은 그림 11.5 와 같다.

- 브레이크다운 롤(breakdown roll) : 구동되는 수평 롤로 대강 에지부의 성형을 포함 반원까지의 초기성형을 행한다( 그림 11.5  C형식의 1단계).
- 측면 롤(side roll) : 비구동의 수직 롤로 수평 롤 간(예를 들면 그림 11.5 A형식의 2단계)또는 클러스터(그림 11.5 C형식의 2단계)로써 배치된다.
- 핀패스 롤(fin-pass roll) : (그림 11.5 A형식의 3단계)

성형 후기의 수평 롤로 상부 롤에 취부된 핀 플레이트(fin plate)에 의하여 에지면의 각도 조절, 마무리 성형, 중심맞춤(centering)을 행한다.

- 스퀴즈 롤(squeeze roll) : 용접공정의 롤로써 업셋(upset)량 및 대강 에지부의 마주침 형상을 제어한다. 용접 시 가열된 대강의 에지를 가압하여 압착시키는 롤로 헤드 롤(head roll), 측면 롤, 하부 롤(bottom roll)로 구성되어 있으며 스퀴즈 롤은 대개 구동하지 않는 것이 많다.

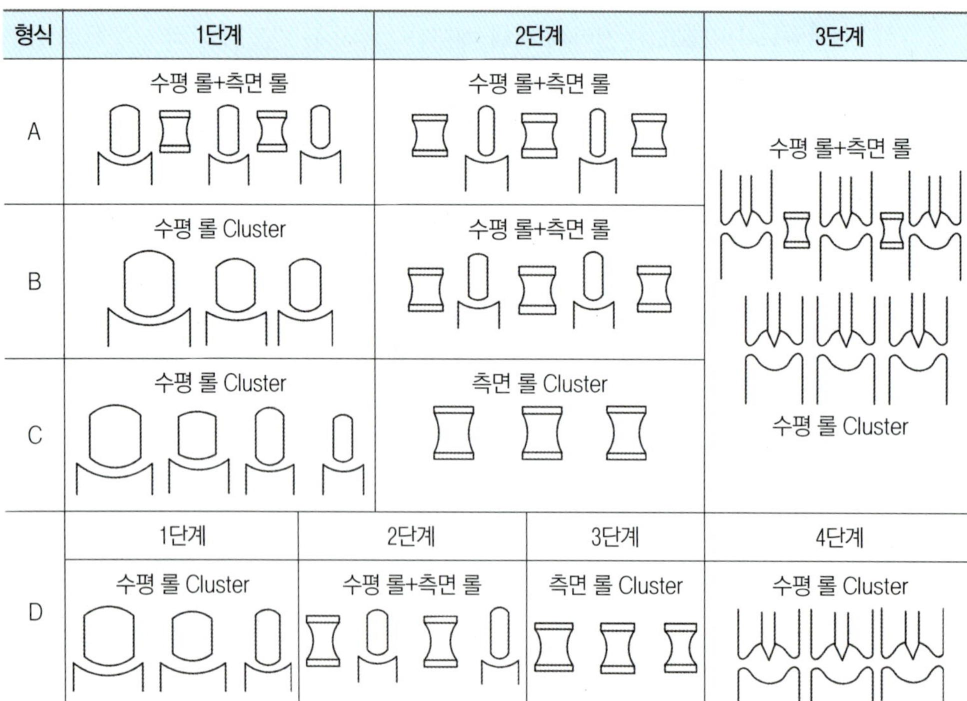


그림 11.5 성형 스탠드 배열의 여러 방식

그림 11.6에 보인 바와 같이 다양한 형태의 스퀴즈 롤로 사용되고 있으며 11.6(a)와 (b)는 주로 소경관에 적용되는 형태이며, 11.6(d)는 중경관 이상에서 주로 적용된다.

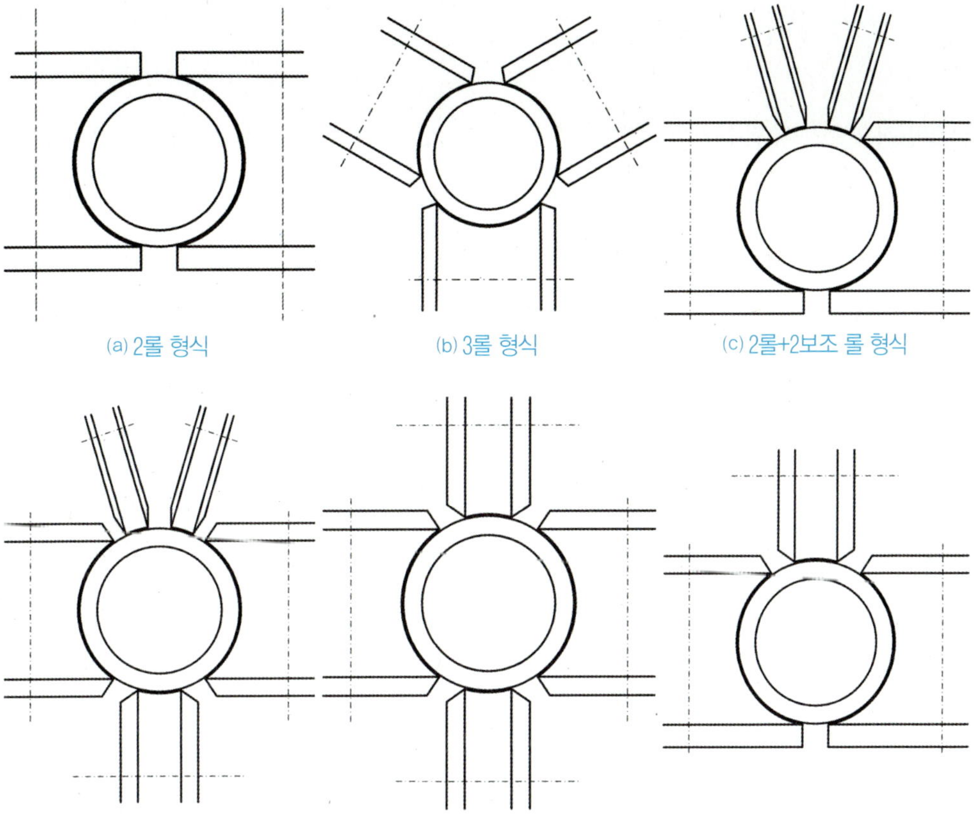

(a) 2롤 형식 (b) 3롤 형식 (c) 2롤+2보조 롤 형식

(d) 2롤+1중간 롤+2보소 롤 형식 (e) 2롤+2중간 롤 형식 (f) 2롤+1중간 롤 형식

**그림 11.6** 스퀴즈 롤

## 11.1.3 정형공정

용접 완료된 용접 강관은 정형(sizing)공정에 보내어지며, 이 공정에서 용접 강관은 적당한 공형을 가진 수단의 롤로 약간의 조임 가공을 받으면서 외경이 공차 내에 들도록 다듬어진다. 경우에 따라서는 정형의 최후부에 턱스 헤드(turks head)라 불리는 2～4개의 비구동 롤(idle roll)로 된 스탠드를 갖추고 있는 조관기도 있어 교정 또는 각관, 구형관, 타원관 등의 성형을 실시한다. 정정에서의 교정공정을 생략하기 위하여 정형공정에 교정전용 롤을 장착하고 있는 조관기도 있다.

## 11.2 구동설비

일반적으로 수평 롤만 구동되고 있고 성형공정으로부터 정형공정까지의 전 스탠드를 1대의 모터로 구동하는 공통 구동방식, 스탠드마다 단독 모터로 구동되는 개별 구동방식과 이 양자의 중간인 군별 구동방식의 3가지로 구별된다. 구동계통은 대부분이 모터 → 감속기어 → 유니버설 조인트 → 롤의 방식이나 일부 체인이나 무단 변속기를 거치는 것도 있다.

그림 11.7은 구동계통의 대표적인 예를 나타낸다. 조관기의 속도제어는 여전히 직류 모터의 전압제어방식에 의한 것이 많으나 아래에 나타낸 여러 방식이 조합되어 쓰이는 경우가 많다.

- 직류방식 : 전압제어, 계자제어, 기어변경(gear change) 등
- 교류방식 : 무단 변속기, 극수 변환, 기어변경 등

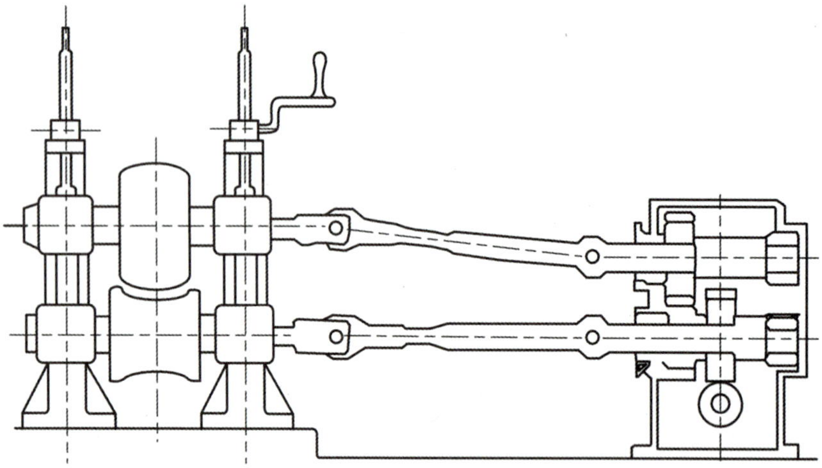

그림 11.7 구동계통방식 예

# 11.3 롤

## 11.3.1 성형방식과 롤 형상

조관공정시 사용되는 브레이크다운 롤(Roll)의 대표적인 형상을 그림 11.8(a)에 나타내었고 그림 11.8(b)에는 측면 롤의 형태를 나타내었다. 브레이크다운 롤은 구동되는 수평롤로 주로 반원까지의 초기성형을 행한다. 측면 롤은 진원에 가까워지도록 측면을 성형해 주는 롤이다.

그림 11.9에 보인 핀-패스(fin-pass) 롤의 핀 형상은 조관품질에 큰 영향을 미친다. 대 강 끝단에 손상을 주지 않고 안정된 성형을 하기 위해서는 핀 두께 $B_F$ 및 예각 $a_F$을 잘 선정하여야 하며, 용접 시에 양호한 가열, 압착 조건을 얻기 위해서도 중요하다. 용접 전 끝단 형상은 $B_F$와 $a_F$의 조합에 의해 결정되며 이들 값의 조절을 통해 V형, I형, 역V형의 끝단 용접 홈(groove)형상을 얻을 수 있다.

그림 11.10에 보인 정형 롤의 경우 소경관은 상하 반원의 공형 롤을, 중경관은 좌우와 상하의 4분할 롤을 사용하는 조관기가 많다.

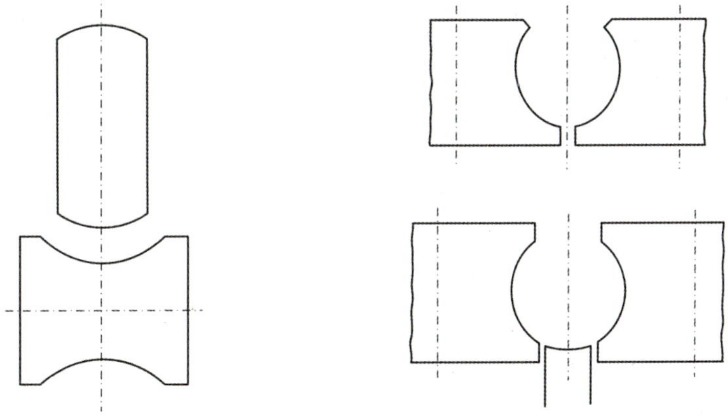

(a) 브레이크다운 롤의 형상 (b) 측면 롤의 형상

그림 11.8

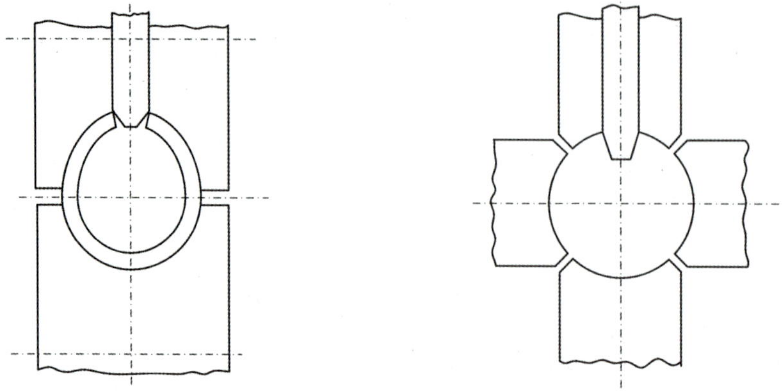

(a)소경(2 roll) 형태 (b) 중경(4 roll) 형태

**그림 11.9** 핀패스 롤의 형상

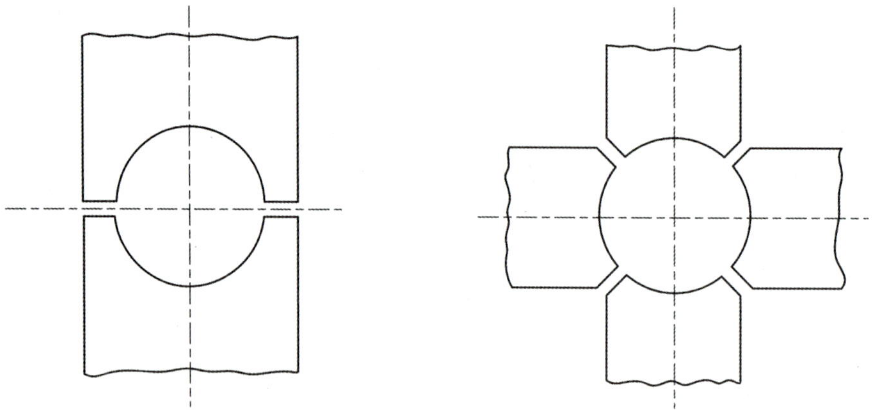

(a) 소경(2 Roll) (b) 중경(4 Roll)

**그림 11.10** 정형 롤의 형상

성형방식은 대강의 구부림 형식에 따라 에지 굽힘(edge bending: 그림 11.11의 A방식), 중심 굽힘(center bending: 그림 11.11의 B방식), 원형 굽힘(circular bending: 그림 11.11의 C방식)의 3종류로 나뉜다. 실제로 설계 시에는 3가지의 기본형을 적당히 조합하여 A+B+C, A+C, B+C 등의 형태로 적용한다.

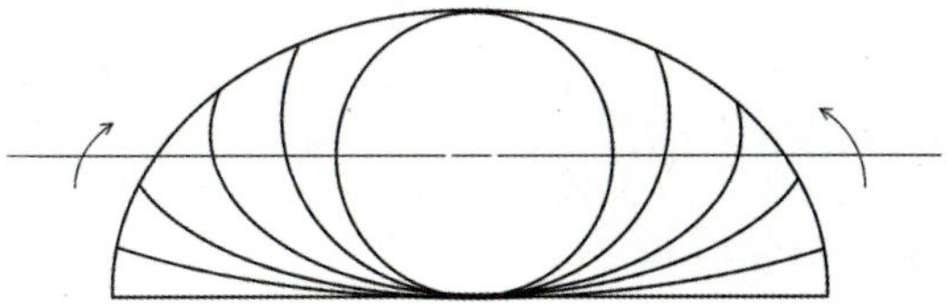

(a) A-방식

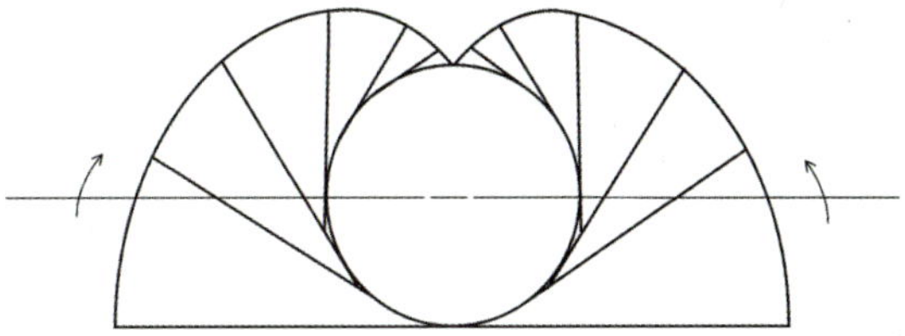

(b) B-방식

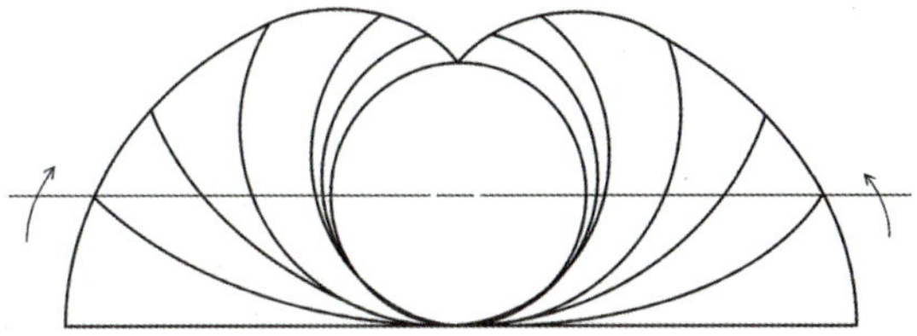

(c) C-방식

그림 11.11 성형방식 분류

- 에지 굽힘(A방식): 끝단의 궤적은 사이클로이드(cycloid) 곡선이 된다. 강관의 외반경을 R, 끝단부 궤적길이틀 L이라하면

$$x = R(\pi - \theta) + Rsin\theta \quad (11.1)$$

$$y = R(1 - \cos\theta)$$

$$L = R\int_0^{\pi} \sqrt{2(1-\cos\theta)}\, d\theta = 4R$$

- 중심 굽힘(B방식): 끝단의 궤적은 인벌류트(involute)곡선이 된다. 강관의 외반경을 R, 끝단부 궤적 길이를 L이라하면

$$x = R\sin\theta + (\pi - \theta)\cos\theta \tag{11.2}$$
$$y = R1 - \cos\theta + (\pi - \theta)\sin\theta$$
$$L = R\int_0^{\pi}(\pi - \theta)d\theta = 4.94R$$

• 원형 굽힘(C방식): 대강 을 n개의 성형 롤로 서서히 굽힘반경을 적게 하여 갈 경우, $i$ 번째의 성형 롤에서 굽혀진 반경을 $R_i$라 하면,

$$R_i = R_n / i \tag{11.3}$$
$$L = \pi R\int_0^{\pi}\left(\frac{1}{\theta}\sqrt{1 + \frac{2}{\theta^2} - \frac{2\sin\theta}{\theta} + \frac{\cos\theta}{\theta^2}}\right)d\theta$$
$$= 4.44R$$

이상의 3방식을 비교하면, 중심 굽힘(b)방식의 궤적 길이가 최대가 되고 끝단부 연신(edge stretch)의 점으로 보면 불리하다. 이들 성형방식은 단독보다도 조합되어 사용되는 것이 많고 끝단 굽힘(a)방식과 원형 굽힘(c)방식을 조합한 이중 반경성형(double radius forming)이 많다. 원형 굽힘(c)방식 단독의 단순 반경성형(single radius forming)은 일반적으로 연한 재질로 중간정도의 두께에서 쓰이며, 이중 반경성형은 경질재로 성형하기 힘들고 두께가 얇던지 두꺼운 경우에 일반적으로 적용된다.

## 11.3.2 롤의 재질과 경도

성형 롤과 정형 롤의 재질은 SKD11, 12 및 그 상당품이 많고 초경합금 롤을 사용하는 조관기도 있다. 롤의 표면상황은 직접 제품의 치수, 표면에 영향을 끼치므로 엄중한 관리가 필요하다. 핀 재질에 대해서도 대부분이 SKD11을 채용하고 있다.

### 11.3.3 롤의 마모와 윤활

롤의 마모요인으로는 (1) 조관 중의 압하력 대소 (2) 조관 시 윤활상황 (3) 대강의 표면상황 (4) 롤과 재료의 접촉상황 등을 들 수 있다. 롤의 윤활제로 사용되고 있는 기름은 에멀젼계의 압연유로 방청능력, 윤활성, 세척성이 뛰어나야 한다. 윤활방식은 일반적으로 2~10% 농도의 수용액을 롤의 공형부에 직접 노즐을 걸어 쓰는 방식이 취해지고 있고 사용된 윤활유는 지하로 설치된 피트(pit)에 회수되어 순환 사용한다.

## 11.4 성형 및 정형공정의 고려사항

### 11.4.1 성형배분의 고찰

연속성형에 있어서 각각의 스탠드에 성형량을 적절하게 분배시키는 것이 중요하다. 실제로 각 스탠드의 성형배분은 그림 11.12에 나타낸 바와 같이 롤 플라워(roll flower)를 이용하여 끝단부의 이동량이 최대한 비슷한 간격이 되도록 설계한다. 이것은 끝단부 연신값이 끝단의 이동량과 비례 관계가 있고 각 스탠드의 끝단 이동량이 일정하게 되도록 설계하는 것이 가장 유리하다고 생각되어지고 있기 때문이다.

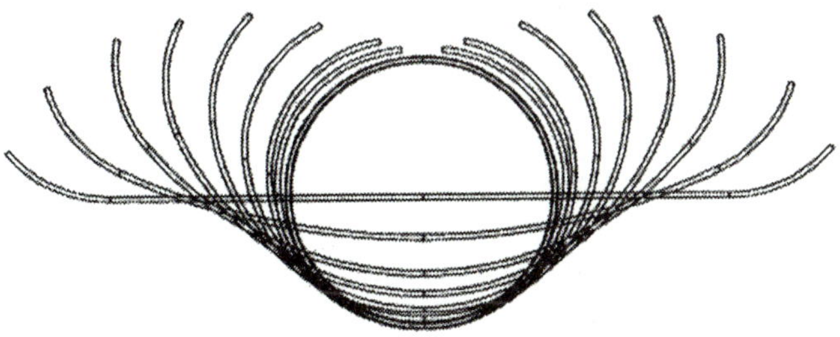

(a) 원형단면

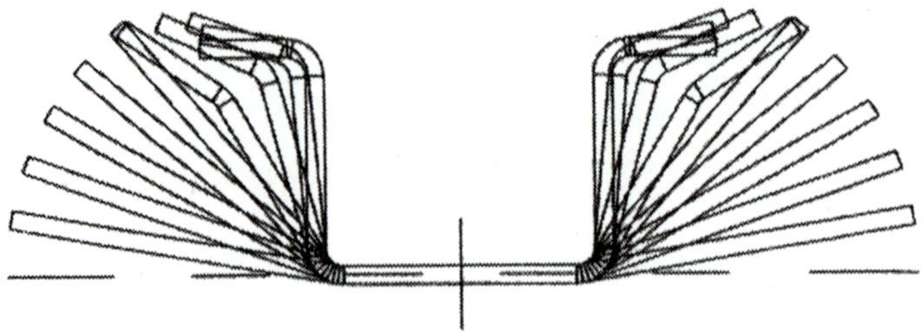

(b) 각형단면

그림 11.12 롤성형 제품의 롤 플라워 설계 예

## 11.4.2 두께가 얇은 강관의 성형

용접 강관과 같은 연속성형에서는 대강의 끝단부가 중앙부에 비해서 조금 더 늘어나는 경향이 있으며, 이 때 늘어난 끝단부는 용접 시에 굴곡을 발생시켜 용접불량을 일으킬 수 있다. 이것들은 각각 끝단부 연신 및 끝단좌굴(edge-buckling)이라 불리는 현상으로 특히 박육관의 성형에서 현저하게 발생된다. 끝단 연신을 패스 라인(pass line)으로 조정하는 방법으로 그림 11.12(a), (b)와 같이 성형의 진행에 따라서 하부 라인(bottom line)을 높이거나 또는 그림 11.12(c), (d)와 같이 반대로 내리는 방법 등을 고려해 볼 필요가 있다.

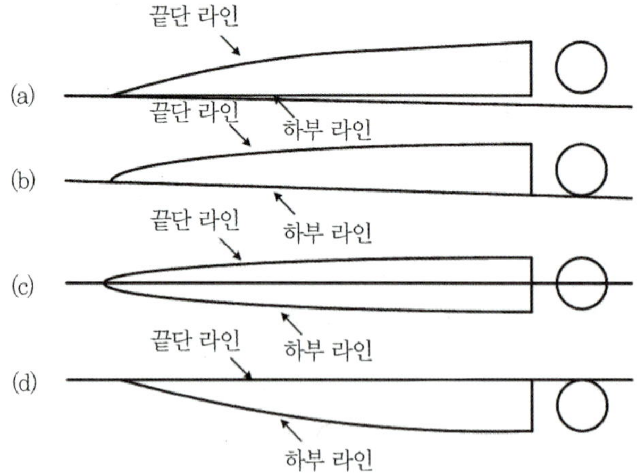


그림 11.13 각종 패스 라인 타입 (a) 업 힐 (b) 하부 라인 일정 (c) 다운-힐 (d) 끝단-라인 일정

그림 11.14에 나타낸 것과 같이, 스탠드 높이의 배열에 의한 길이 방향 변형의 발생상황이 달라서, 다운 힐(downhill)성형은 하부 라인 일정(bottom line constant)과 같은 일반적인 성형에 비해서 대강 폭 방향의 각 위치에서 길이방향의 변형에 균형이 잡혀 끝단부 연신 방지에 유효한 것으로 알려져 있다. 끝단 좌굴의 대책으로는 성형배분을 고려하여 끝단 연신을 최소로 하고 끝단 연신부분이 굽혀지는 것을 방지하는 것이 중요하다.

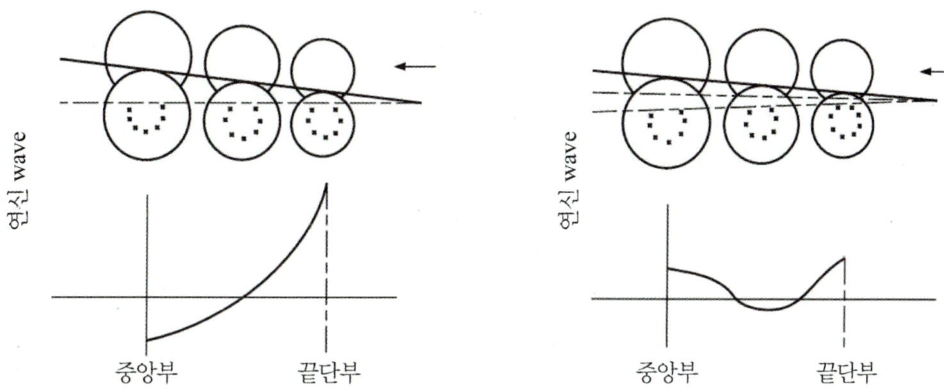


(a) 하부 라인 일정 방식 (b) 다운 힐 방식

그림 11.14

핀 패스(fin pass) 압하량을 크게 잡으면 끝단 좌굴의 방지에 유효하다. 다만 핀 패스 압하량을 충분히 견딜 수 있을 정도로 조관기가 견고해야 한다. 또, 압하량이 지나치면 대강 끝단부의 손상을 초래하므로 그림 11.15와 같이 되지 않도록 주의할 필요가 있다. 압하량이 지나치면 롤 스크래치를 발생시키므로 적당한 압하량이 필요하다.

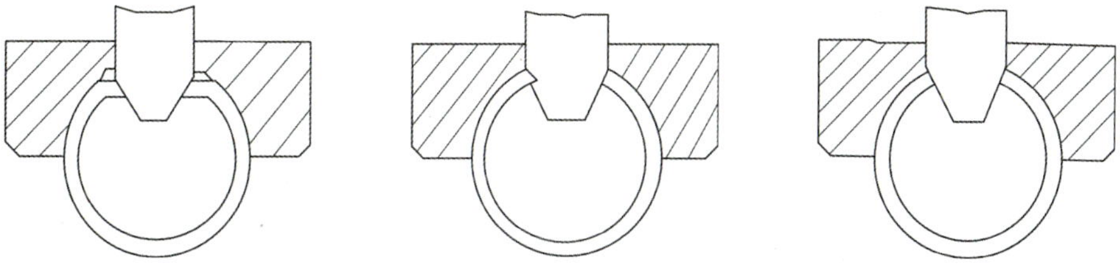

(a) 압하량 과다 (b) 핀의 마모 (c)핀 패스 롤 마모

그림 11.15 핀 패스에 있어서 에지 불량

### 11.4.3 두께가 두꺼운 강관의 성형

두께가 두꺼운 강관의 에지부성형이 불량하면 그림 11.16과 같은 루핑(looping)이 관의 단면에 발생되기 쉬우며 이로 인해 용접강도의 저하가 초래된다. 대책으로, 브레이크다운 시 끝단부 성형(edge forming)을 실시하거나 핀 패스에서의 성형을 강하게 하는 것이 바람직하다. 두께가 두꺼운 강관의 특수 조관기에서는 통상 3단의 핀 패스 스탠드를 4단으로 하여 늘리는 경우가 많다. 두께가 두꺼운 강관에서는 롤 마크가 발생되기 쉽기 때문에 브레이크다운 롤을 무동력(idle)화 하거나, 성형 스탠드 수를 증가시켜 1패스당 성형량을 감소시키거나, 브레이크다운 후반에서 측면 롤을 사용하는 방법 등을 적용한다.

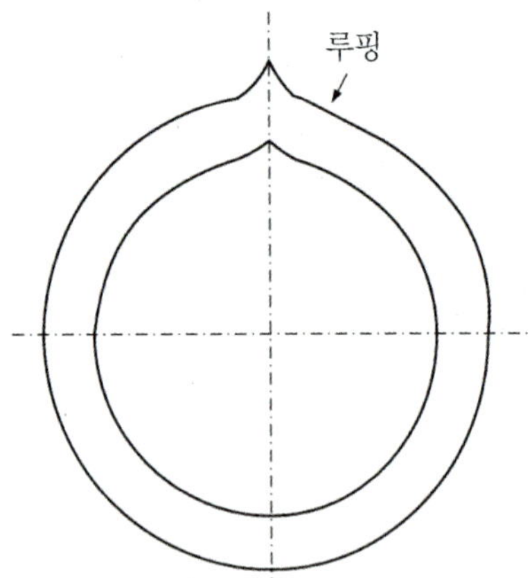


그림 11.16 후육관 대 강 에지부 성형불량

## 11.5 용접

성형된 미용접 강관(open pipe)은 전기저항 용접법(ERW법)에 의해 접합되고, 이때 생긴 내외면 비드를 제거하여 직선형의 심(seam)을 가진 용접강관이 된다(그림 11.17). 일부의 조관기에는, 조관 후 소둔처리를 통해 용접부 열처리를 행한다. 관은 연속적으로 용접된 후 냉각과 함께 정형공정으로 보내진다. 여기에서 사용되는 용접은 미용접 강관의 양 끝단부를 전류에 의해 저항열로 가열하고, 스퀴즈 롤로 횡 방향부터 압력을 가해 접합되는 것으로, 사용하는 전류의 주파수에 따라 저주파법(직류도 포함)이나 고주파법을 채용한다.

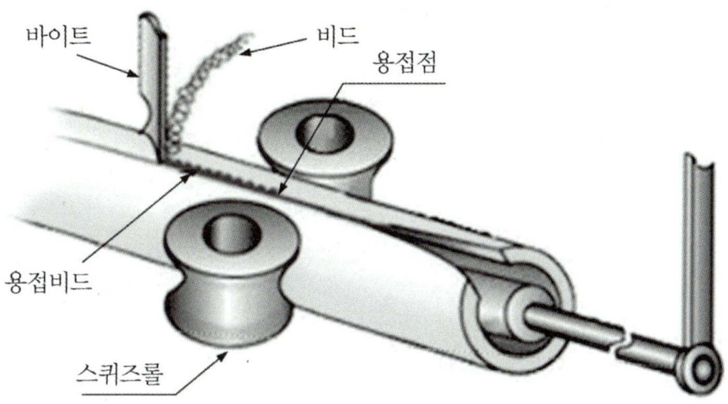


**그림 11.17** 조관 파이프 용접 도식도

CHAPTER 12

# 하이드로 포밍

하이드로 포밍(액압성형) 공정은 액체의 압력을 이용하여 성형하는 방법으로 차체 설계 및 생산기술 측면에서 활발히 적용되고 있다. 일반적으로 하이드로 포밍기술은 성형에 사용되는 소재의 형태에 따라서 그림 5.29에 보인 바와 같이, 판재(sheet) 하이드로 포밍기술과 튜브(tube) 하이드로 포밍기술로 대별되며 튜브 하이드로 포밍기술이 많이 적용되고 있다.

## 12.1 튜브 하이드로 포밍

튜브 하이드로 포밍기술은 그림 12.1에 보인 바와 같이 구조물의 폐단면 형상을 원형 강관의 내부에 압력을 가하여 확관시켜 외부 금형 형상에 따라 성형하여 원하는 모양의 부품을 제작하는 방식으로 복잡한 형상의 부품을 하나의 다이(die)로 생산이 가능하며 냉간공정에서의 가공경화(work hardening)로 인한 구조강성의 증가, 용접 공정의 감소, 금형의 절감, 높은 소재 회수율 등의 장점을 갖는다.

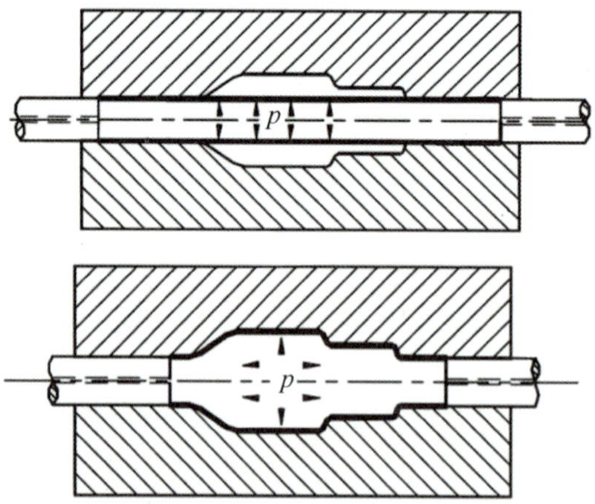


**그림 12.1** 튜브 하이드로 포밍공정 도식도

표 12.1에 하이드로 포밍기술 적용 시 얻을 수 있는 장점을 나타내었다.

표 12.1 하이드로 포밍기술 공정의 장점

| 항목 | 구성 내용 |
|---|---|
| 공정단축 | 여러 금형에 의해 생산되는 복잡형상의 부품을 하나의 하이드로 포밍 다이를 이용하여 생산가능. 용접공정 생략 가능 |
| 경량화 | 하이드로 포밍 시 가공경화 효과로 인해 얇은 두께로도 충분한 강성 유지. 점용접에 필요한 플랜지 절감 및 고강도재 선택에 따른 경량화 |
| 경제성 | 높은 소재 회수율, 금형비 절감. 용접공수 생략 |
| 품질향상 | 치수 정밀도 향상. 강도향상. 요구되는 다양한 단면형상 제작 가능 |
| 신속성 | 개발기간 및 생산에 소요되는 기간의 단축 |

하지만 하이드로 포밍기술은 종래의 프레스성형과는 달리 하이드로 포밍용 설비운용/제어기술, 금형 설계기술, 튜브재의 소재특성 및 소재와 금형 간 마찰 특성 등에 대한 종합해석이 이루어져야만 최적의 성형이 가능하므로 기술적으로 고려인자가 많은 기술이기도 하다. 표 12.2에 대표적인 하이드로 포밍 요소기술을 나타내었다.

표 12.2 하이드로 포밍 요소기술

| 요소기술 항목 | 구성 내용 |
|---|---|
| 소성 가공 기본 이론 | • 내압(internal pressure) 하에서의 튜브재의 소성변형<br>• 가공 시 최대 변형율과 응력상태와의 관계<br>• 소재의 특성(유동응력, 미세조직, 가공경화) |
| 공정운용기술 | • 축압입(axial feeding) 최적화 기술<br>• 내압의 생성 및 축압입과의 동기방법<br>• 각 부품의 특성별 공정진행기술 |
| 공정 시뮬레이션기술 | • 전체 공정도(master layout) 및 부품기초설계<br>• 하이드로 포밍 모델링을 통한 형상 및 중량 최적화<br>• 하이드로 포밍 구조해석 및 금형 최적화 설계 |
| 기계설비와 금형기술 | • 특수설계 유압 프레스(밀폐, 압축, 고압생성 구조 등)<br>• 압축운동과 내압의 정밀제어 서브시스템<br>• 위치 및 압력제어용 On-line 감지기술 |

| 요소기술 항목 | 구성 내용 |
|---|---|
| | • 최적 성형용 하이드로 포밍 금형 제작기술 |
| 기계 및 공정제어기술 | • 컴퓨터 응용 공정제어기술<br>• 제어 알고리즘 및 제어 소프트웨어 개발 |
| 재료, 형상D/B기술 | • 소재 및 부품의 치수/ 형상 치밀도 관리<br>• 재질별 기계적 성질 관리 D/B 구축 및 관리 |

## 12.2 튜브 하이드로 포밍공정

그림 12.2에 튜브 하이드로 포밍공정을 이용한 성형 가능한 형상들을 예시하였다. 열거된 다양한 제품을 성형하기 위해서는 튜브소재, 금형, 펀치, 축압입량, 내부압력 등에 대한 종합적인 설계가 선행되어야 한다.

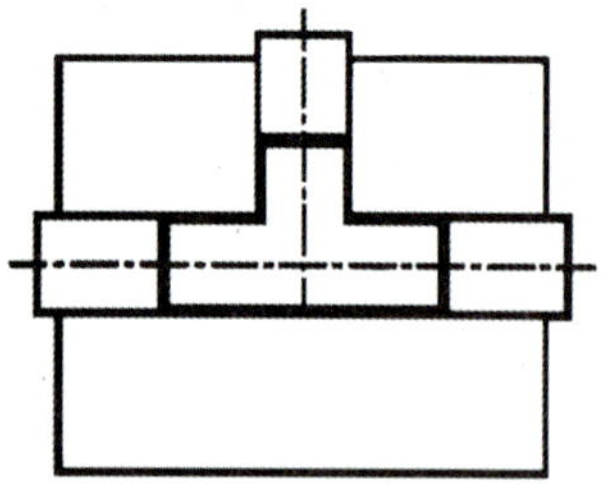

(a) 비축대칭 H/F

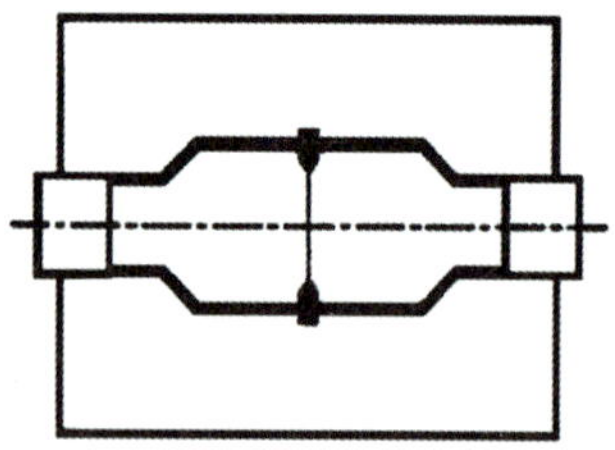

(b) 플랜지 H/F

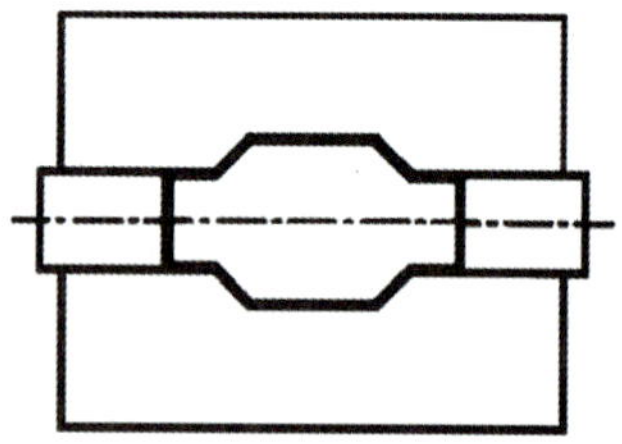

(c) 축대칭 H/F

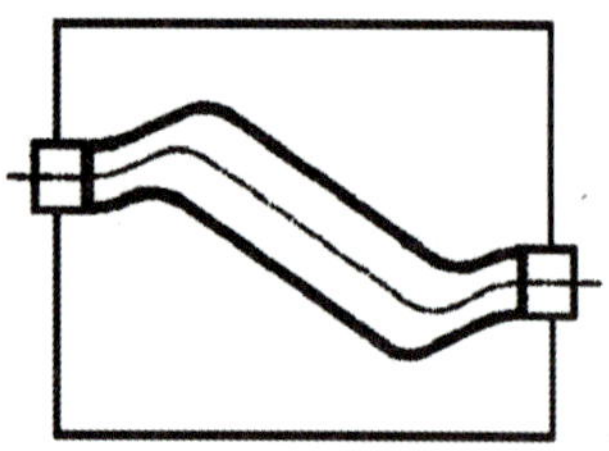

(d) 예비 굽힘된 파이프 H/F

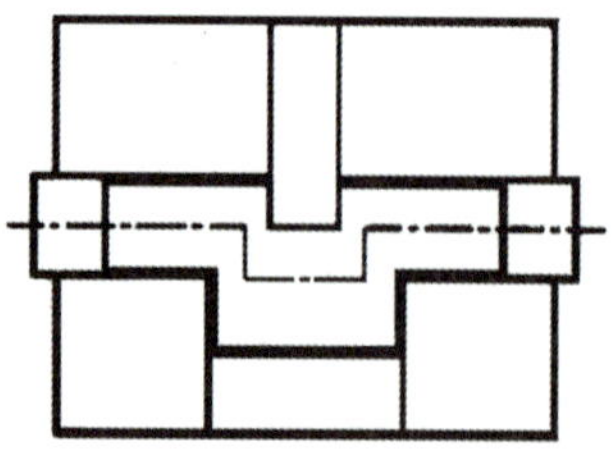

(e) 아치형 H/F

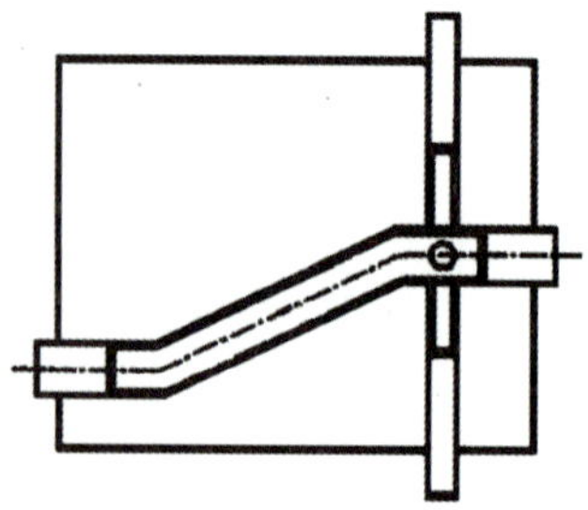

(f) 복합형상 H/F

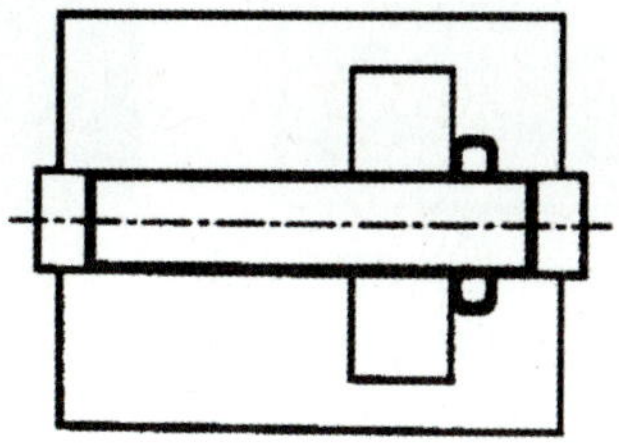

(g) 체결 H/F

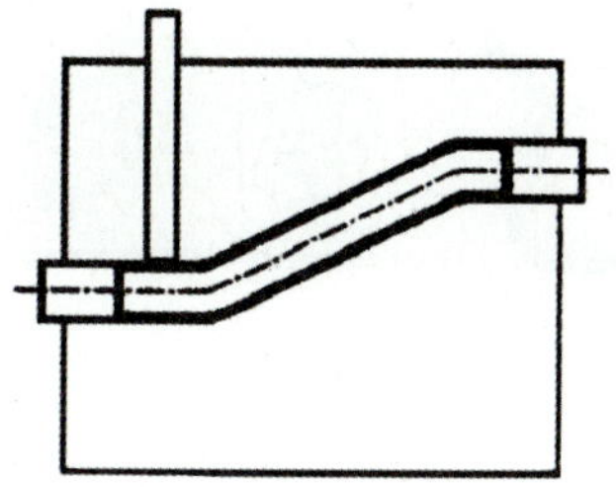

(h) 피어싱+H/F

**그림 12.2** 튜브재를 이용한 하이드로 포밍 성형공정 예

자동차 엔진 클레들(engine cradle)의 제조공정을 예로 들어 튜브 하이드로 포밍공정을 단계별로 설명한다(그림 12.3).

① 튜브를 원하는 길이만큼 절단을 하고 절단된 시료의 끝부분을 디버링(deburring) 한다.

② 엔진 크레들의 최종형상을 갖는 금형에 장입이 가능한 예비성형 튜브를 만들기 위해 튜브 굽힘을 실시한다(그림 12.3(a)).

③ 굽힘된 튜브를 이용하여 예비성형(preforming)한다(그림 12.3(b)).

④ 성형 시 다이와 튜브 사이의 마찰로 인한 불균일한 성형을 방지하도록 윤활한 후 예비성형 튜브를 하형 다이에 넣고 상형 다이를 프레스를 이용해 하강시켜 고정한다.

⑤ 정해진 부가순서(loading path)에 따라 액압(internal pressure)과 축방향 압입(axial feeding) 제어 시스템을 작동시키면서 다이 형상에 따라 튜브를 성형한다. 축압입 펀치는 튜브 양쪽 끝을 밀폐하여 압력매체의 누수를 방지함은 물론, 액압을 튜브 내부에 가해준다. 또한 축방향 압입을 통해 확관부로 소재를 보충시켜주는 역할을 한다. 공정 종료단계에는 조정압력을 가하여 소재를 금형벽면에 밀착시켜서 치수와 형상을 조정하여 최종형상으로 성형함으로써, 제품형상이 금형면에 정확하고 재현성 있게 생산되도록 한다(그림 12.3(c)).

⑥ 내부압력을 제거하고 프레스를 작동하여 상형 다이의 체결을 완화시킨다. 제품 취출 후 마무리 절단한다(그림 12.3(d)).

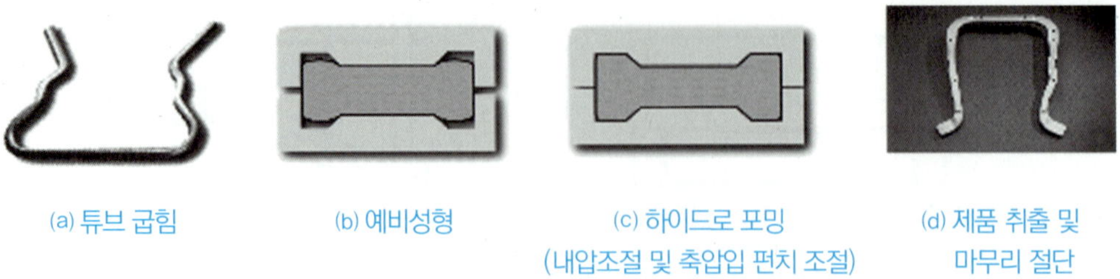


**그림 12.3** 엔진 크래들의 하이드로 포밍 성형순서

하이드로 포밍에서는 제품과 재료에 따라서 공정변수를 적절하게 선정하여야 하며, 그 대표적인 것으로 그림 12.4에 성형압력곡선을 예시하였다. 튜브 하이드로 포밍기술은 스탬핑 성형공정과는 다른 개념으로 차량 구조물의 폐단면 형상을 원형 강관의 내부에 압력을 가하여 확관시켜 외부의 금형형상에 따라 성형하여 원하는 모양의 차체 골격을 만드는 방식이다. 성형품이 무게에 비교하여 높은 구조강성을 가지며, 복잡한 형상의 부품을 하나의 다이로 생산이 가능하며, 소재 회수율이 높다는 장점이 있다. 하지만 하이드로 포밍기술은 종래의 프레스 방법과는 달리 관재의 기계적 물성 평가방법, 소재와 금형 간 마찰 특성, 금형 소재 선택 및 설계기술, 기본적인 소재의 변형 거동에 대한 종합 해석이 이루어져야만 최적의 성형이 가능하므로 기술적으로 고려인자가 많은 기술이기도 하다.

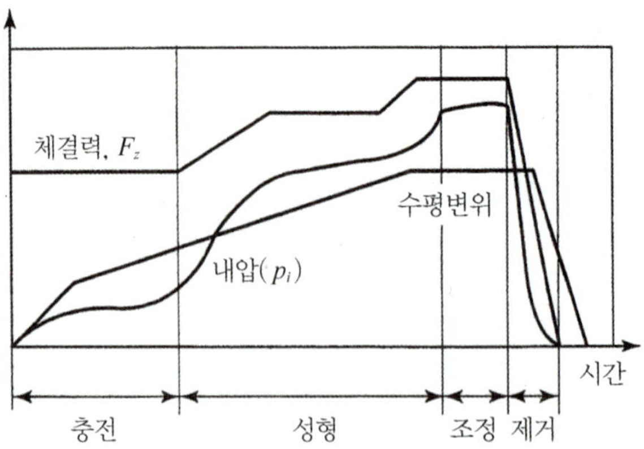


**그림 12.4** 성형순서에 따른 체결력, 내압, 수평변위의 예

## 12.3 하이드로 포밍공정 병행공정

엔진 크레들을 하이드로 포밍공정으로 제작하는 과정을 보면 하이드로 포밍공정 이전에 예비-굽힘(pre-bending)과정을 거치고 하이드로 포밍성형 중에 피어싱(piercing)과정도 거치게 된다. 이와 같이 하이드로 포밍성형 시 필요에 따라서는 피어싱(piercing) 및 굽힘(bending)공정을 하이드로 포밍공정과 병행하여 동시에 수행해야 할 경우가 있다. 이러한 공정을 병행공정이라 하며, 그림 12.5에 하이드로 포밍 성형공정과 병행하여 필요한 구멍의 피어싱을 동시에 진행하는 공정을 나타내었다. 이때의 피어싱은 구멍이 작은 경우에 한하며 큰 경우는 레이저 절단법을 주로 사용한다. 그림 12.6에 하이드로 포밍과 굽힘 병행공정을 도식적으로 나타내었다.

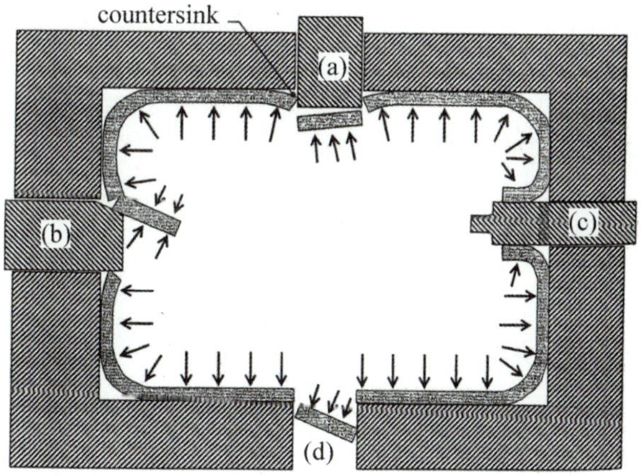


**그림 12.5** 하이드로 포밍과 피어싱 병행공정
(a) 슬러그 분리형 내방향(inward) 피어싱 (b) 슬러그 부착형 내방향(inward) 피어싱
(c) 연결 요소 체결용 피어싱 (d)슬러그 분리형 외방향(outward) 피어싱

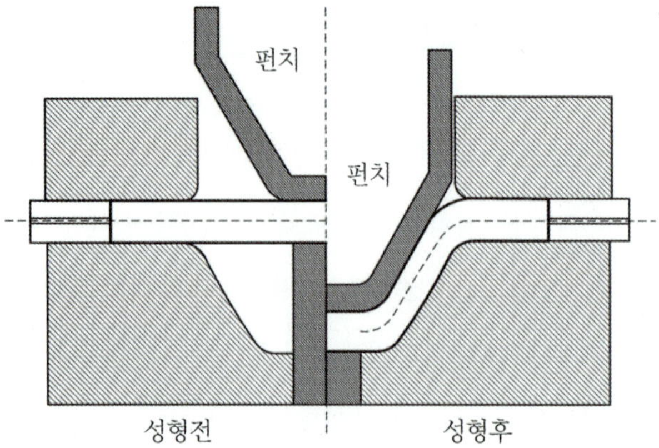


그림 12.6 하이드로 포밍과 굽힘 병행공정

한편 하이드로 포밍으로 성형된 제품은 항상 튜브소재를 사용하므로 스탬핑 제품같이 다른 부품과의 점용접 또는 볼팅(bolting)의 제한성이 있을 것으로 생각할 수 있다. 그러나 다른 부품과의 결합을 위해 기계적인 리베팅(riveting)방법으로 튜브의 표면에 너트(nut)를 심으며, 점용접이 필요한 부분은 점용접용 텁(gun)이 삽입될 수 있도록 그림 12.7과 같이 튜브의 한 부분에 구멍을 내어 점용접이 가능한 구조로 제작을 할 수 있고, 한쪽에 구리전극을 부착해 편측용접(single side welding)이 가능한 구조로 할 수도 있다.

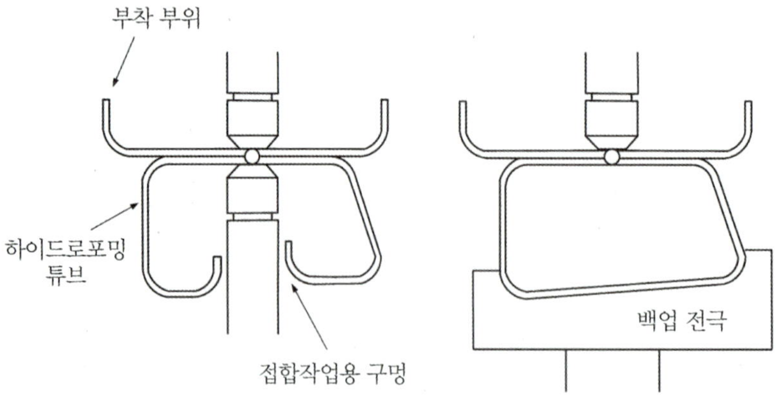


그림 12.7 하이드로 포밍된 튜브의 점용접 방법

## 12.4 하이드로 포밍 제품

하이드로 포밍으로 제조된 부품은 치수 안정성과 강도가 높고, 디프 드로잉공정에 비해 훨씬 높은 정수압 응력을 받음에 따라 성형 난이도가 높은 부품의 성형도 가능하다. 제품의 형상과 공정 중의 마찰에 따라서 제품은 다음과 같은 3가지 유형의 공정을 적용하여 성형한다.

① 지속적인 확장과 압축(그림 12.8(a)) : 전체적인 형상을 따라서 축방향으로 소재의 유동량이 많은 유형의 제품이다. 이런 유형의 제품은 소재가 공정 내내 확장과 압축을 받는다. 축방향 소재유동의 결과로 소재의 벽 두께만을 변화시켜 성형하는 경우보다 고도의 변형이 가능하다. 경우에 따라서는 재료의 국부적인 압축이 일어나기도 한다.

② 부분적인 확장과 압축(그림 12.8(b)) : 길이방향을 따라서 부분적인 확장이 여러 곳에서 일어난 것으로, 경우에 따라서는 부품의 형상이 굽힘을 받는 것도 있다. 따라서 축방향 소재유동은 소재의 양단 근처에서만 효과를 준다. 특히, 소재를 미리 굽힘 가공하였거나 끝단 근처에 확장부위를 예비 성형한 경우에는 소재의 축방향 유동은 거의 없고 단지 확장과 조정 단계만을 거친다.

③ 소성을 적용(그림 12.8(c)) : 여러 가지 이유로 축방향 유동이 불가능하여 조정(calibration)공정만을 수행하므로 주로 소재 벽두께의 변화만으로 성형이 된다.

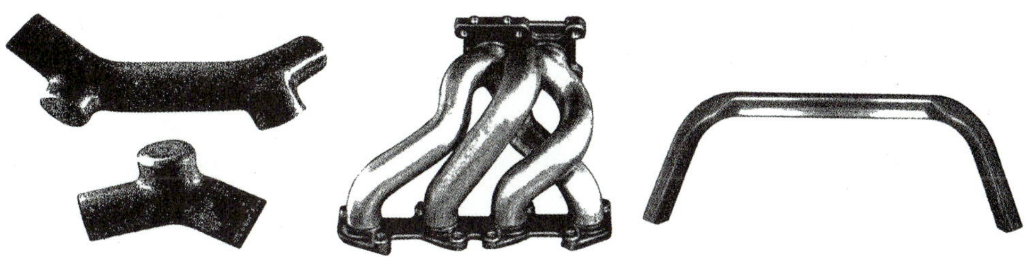

(a) 지속적인 확장/압축 제품 (b) 부분적인 확장/압축 제품 (c) 조정만을 적용하는 제품

**그림 12.8** 하이드로 포밍 제품의 예

## 12.5 하이드로 포밍 공정인자

### 12.5.1 하이드로 포밍용 튜브재 물성

하이드로 포밍용 튜브는 파단 연신율이 높은 재료를 사용해야만 최적의 성형결과를 얻을 수 있다. 하이드로 포밍 시 파단이 일어나는 방향이 튜브길이 방향에 평행하므로, 튜브의 길이방향과 직각인 방향, 즉 판재의 압연방향과 직각인 방향에서의 파단 연신율이 중요하다.

1회 성형으로 재료의 성형한계를 초과할 경우에는 공정을 몇 단계로 나누어 순차적으로 성형하는 방법을 고려해야 하며 필요 시 열처리공정을 추가한다. 그러나 이렇게 되면 추가비용이 소요되므로 설계변경이나 재료변경과 같은 다른 모든 가능한 방법을 동원하여 열처리 횟수를 최소화시켜야 한다. 가공경화 능력이 높은 재료일수록 최종제품의 강성이 우수하다. 일반적으로 소재는 튜브 제조공정과 예비 성형단계를 거치면서 상당량의 변형경화가 이미 되어있으므로, 경우에 따라서는 하이드로 포밍공정에 들어가기 전에 풀림처리를 해야 한다.

튜브 소재는 용접관(인발된 용접관 포함)과 압출관을 사용할 수 있다. 공정진행 시 압력누출을 방지하고 파단 없는 양호한 제품을 얻기 위해서는 소재로 사용되는 튜브의 길이방향 정밀절단, 균일한 튜브 벽두께 및 절단면 각도 등이 요구된다.

하이드로 포밍에 이상적인 예비 성형체는 직선의 원형관이지만, 최종 제품형상이 직선형상이 아닌 경우에는 예비 성형공정을 통해 예비 성형을 해주는 것이 필요하다. 일반적으로 예비 성형공정도 후속 성형성을 감소시키고 벽두께가 불균일해지며, 국부적인 변형경화로 인해 제품의 성형거동에 좋지 않은 영향을 줄 수 있으므로 예비 성형체의 최적 설계가 중요하다.

하이드로 포밍용 튜브물성은 튜브 생산 시 재료가 되는 박판(sheet), 즉 롤 포밍과 용접공정 이전의 재료와 차이가 날 수 있다. 튜브의 조관 시 발생할 수 있는 재료학적 강도 증가인자로는 ①판재의 롤 포밍으로 인한 원주방향으로의 판재 굽힘변형 ②전기용접부의 열영향으로 인한 용접부 가공경화 ③파이프 용접 후의 사이징(sizing)공정으로 인한 길이 및 원주방향으로의 변형 등을 들 수 있다. 또, 인장 시험결과가 튜브 하이드로 포밍공정 시 응력상황을 정확히 반영하지 못하는데, 이는 단축인장 시 응력-변형 거동을 측정하는 인장 시험 특성상 내부 압력으로 인한 이축변형(bi-axial stretching)을 주로 일으키는 하이드로 포밍 변형 모드를 설명하기는 어렵기 때문이다. 표 12.3 에 하이드로 포밍용 튜브재에서 고려되어져야 할 물성들을 나타내었다.

**표 12.3** 하이드로 포밍용 튜브재 요구 물성

| | 요구 물성 |
|---|---|
| 튜브품질 | • 튜브 치수: 외경, 두께, 길이 |
| | • 튜브 끝단: 진원도(no ovalization), 버어 제거(burr free/brushed), 직각도 |
| | • 튜브상태: 표면손상(요철, 스크레치, 흠 등)여부 및 청결도 |
| | • 용접심: 모재상당의 성형성, 굴곡 및 치수불량(offset) 여부 |
| 성형성 | • 재료인장 물성: 균일 연신량, 항복강도, 인장강도, 유동곡선 |
| | • 성형한계선도(forming limit curve) |

## 12.5.2 하이드로 포밍장비

하이드로 포밍 장비는 하이드로 포밍 프레스(ram), 증압기(intensifier), 금형, 축 압입장치(axial cylinder), 제어장치 등으로 구성되며 온간성형 시 선택적으로 튜브 가열장치(heating system)를 장착할 수 있다. 그림 12.9에 하이드로 포밍장비를 도식적으로 나타내었다.

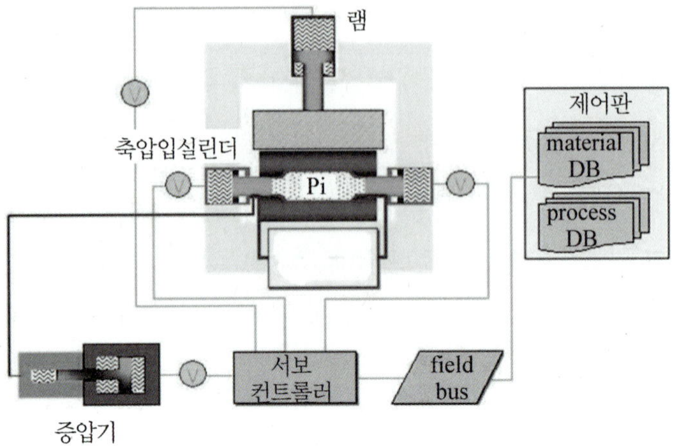


그림 12.9 하이드로 포밍장비 도식도

- 하이드로 포밍 프레스: 성형 시 상하부 다이의 체결을 유지하여 성형 시 탄성변형과 다이의 분리를 막아주는 중요한 역할
- 증압기는 초기관에 주입된 액체에 고압을 발생시키는 역할
- 상부 다이는 낮은 압력과 긴 행정거리(stroke)로 작동
- 하부 다이는 높은 압력과 짧은 행정거리로 구동되며, 다이를 닫고 체결력을 제공

사용 프레스의 용량은 제품의 성형압력에 의존하며 이를 결정짓는 것은 제품단면의 형상이다. 만약 제품의 단면의 모서리가 매우 작다면 이를 성형하기 위한 액압은 매우 높아야만 한다. 일반적으로 제품의 모서리 R은 두께의 3배정도로 설계하는 것이 보통이다.

일반적인 압력용기를 성형하기 위해 필요한 내부압력은 식(12.1)을 통해 계산한다.

$$P_i = \frac{\sigma_o\ t}{R_i} \tag{12.1}$$

여기서, $P_i$ = 내부 압력, $\sigma_o$ = 재료의 항복강도

$t$ = 튜브 두께, $R_i$ = 튜브의 유효내부반경

즉, 재료의 두께와 항복응력이 증가함에 따라 성형을 위한 내부압력은 증가하게 되고 Ri가 감소할수록 큰 내부압력이 필요하게 된다. 또한 프레스의 용량을 결정하는 것은 제품의 전체 면적이므로 프레스 용량, $F_{clamp}$는 식 (12.2)에 보인 바와 같이 주입압력($P_i$)과 제품 면적의 곱으로 나타난다.

$$F_{clamp} = P_i \, d_i l \tag{12.2}$$

여기서 $d_i$는 제품의 직경, $l$은 튜브의 길이이다.

하이드로 포밍공정의 압력부하방식은 그 크기에 따라 일반적으로 저압-다단(low pressure multi stage) 하이드로 포밍공정과 고압(high pressure) 하이드로 포밍으로 나눌 수 있으며 표 12.4 에 이를 비교하였다.

**표 12.4** 하이드로 포밍공정 시 압력부하방식 비교

| 항목 | 고압성형 | 저압-다단성형 |
|---|---|---|
| 내부압력 | 15,000psi 이상 | 15,000psi 이하 |
| 축 압입 | 적용(튜브두께 thinning 저감) | 일반적으로 고정형 |
| 성형한계 | 재료가 디이 모서리부분으로 확장되면서 성형이 진행:<br>• 50%수준 단면확관 가능<br>• 스프링 백 현상이 제거<br>• 모서리 곡률부에 대한 제한 없음 | 재료가 다이 모서리부분으로 밀려들어가는 형태로 성형 진행:<br>• 10%수준 단면확관 가능<br>• 스프링 백 현상이 존재<br>• 모서리 곡률부에 대한 제한 있음 |
| 피어싱 병행공정 | 편평한 구멍 | 변형이 구멍 주변에 남을 수 있음 |
| 프레스 용량 | 3,500Ton 이상 대용량 | 1,500Ton 이하 저용량 |
| 유압장비 | Hydraulic Press 포함 | separated unit |
| 기계장비 | 특수 유압프레스 | 일반 유압프레스 |
| 유지비 | 고 가 | 저 가 |
| 부품 치수 | 한계 | 한계 없음 |

고압 및 저압성형장비의 주요한 차이점은 하이드로 포밍성형 시 튜브에 가하는 액압의 차이이며, 이에 따라 크게 튜브의 성형 한계(단면적 확장비율, 모서리 반경) 및 금형 체결력이 결정된다. 이 두 공정은 각기 나름대로의 장단점을 가지고 있으며 생산하고자 하는 제품에 따라 적당한 장비사양을 선택하여야 한다. 개략적인 사용용도에 따른 장비 용량에 대해 알아보면 재료의 가공기술 개발이나 섀시부품의 개발을 위해서는 프레스의 용량이 1,500~2,000Ton, 내압이 2,000kg/cm$^2$ 정도여야 하며 차체 구조 부품의 개발을 위해서는 프레스용량이 3,500~5,000Ton 이 필요한 것으로 평가된다.

## 12.5.3 하이드로 포밍 금형

하이드로 포밍 금형은 그림 12.10에 나타낸 것처럼 상부금형과 하부금형으로 이루어진 금형세트에 기능적인 요소들을 추가하여 장착한다. 축압입 펀치는 수평 실린더에 의해 변위제어 또는 압력제어되며, 소재의 양단을 밀봉하면서 밀어 넣는 역할을 한다. 실린더 지지 브라켓은 축방향 하중을 지지하면서 수평 실린더를 끝단 가이드의 중심과 일치시키는 역할을 한다. 다이 홀더판을 사용하면 프레스의 행정이나 실린더 지지 브라켓에 맞도록 금형세트의 높이를 조절할 수 있다.

금형의 기본구조는 가능한 모듈화 설계를 함으로써 성형하고자 하는 제품의 형상에 맞추어 유연하게 조정될 수 있도록 하고 다양한 치수 및 형상에 대응이 가능하도록 호환적인 설계를 해주는 것이 중요하며, 이를 통해 생산비용, 금형교체시간, 마모부품의 교환시간을 최소화할 수 있다. 설계 시 금형공동부 인서트와 슬라이딩 인서트 등을 고려해주면 여러 형상 및 치수에 맞추어 신속하고 간단하게 금형수정이 가능하다.

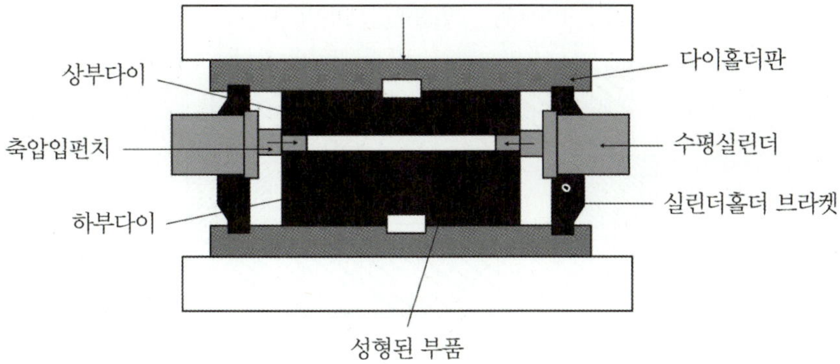


그림 12.10 하이드로 포밍 금형 배치의 개략도

## 12.5.4 하이드로 포밍의 마찰 조건

그림 12.11에 보인 바와 같이 튜브 하이드로 포밍 시 마찰영역은 가이드영역과 변형영역으로 대별할 수 있으며 각각의 영역들은 서로 다른 변형 및 마찰 특성을 갖는다. 가이드영역에서는 변형이 일어나지 않고, 내부압력 작용 하에 실린더의 축 압입력을 받아 변형영역으로 이동한다. 따라서 튜브와 다이가 접촉된 상태에서 상대적으로 미끄러지는 슬라이딩 마찰이 주로 일어난다. 변형영역에서는 튜브의 변형이 집중되며 재료가 다이형상으로 최종 성형되는 영역이다. 따라서 다이 벽으로 튜브가 확관되면서 다이와 재료의 마찰표면을 넓혀가는 영역이다. 이와 같이 부위별로 불균일한 마찰 특성의 정확한 해석을 위해서는 두 가지 영역에 대해 각각 다른 해석을 해야한다는 것을 알 수 있다. 하이드로포밍 공정의 마찰특성에 영향을 미치는 주요인자는 윤활제, 튜브재질, 다이표면상태 및 재질 특성, 내부압력, 변형속도 및 상대이동거리 등이 복합적으로 작용하므로 이러한 인자에 대한 고려가 필요하다.

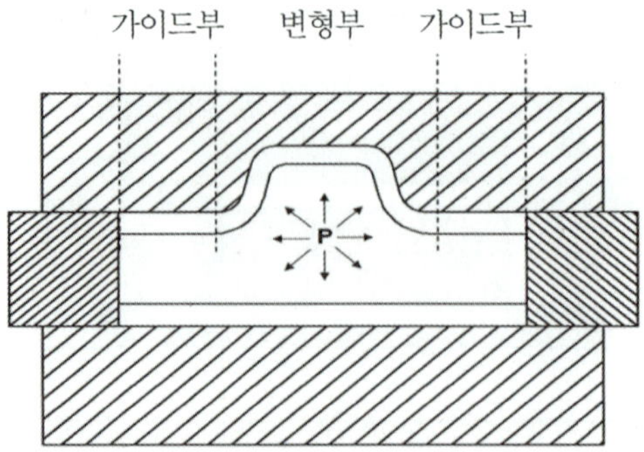


그림 12.11 튜브 하이드로 포밍 시 마찰구역의 분류

다른 냉간성형 작업에서와 마찬가지로 하이드로 포밍공정에서도 윤활을 통하여 금형과 소재 간의 상대운동이 발생하는 부위의 마찰을 줄이고 있다. 대부분의 제품은 적절한 윤활제를 사용하여야만 원하는 형상으로 가공될 수 있다. 윤활제를 사용함으로써 보다 균일한 벽두께를 얻고 국부적인 신장이 일어나는 것을 방지하며 축방향 소재유동이 불가능한 부위에서의 성형을 향상시킨다. 하이드로 포밍에는 흑연이나 $MoS_2$를 기초로 한 고체 윤활제, 분산폴리머에 기초한 윤활제, 왁스, 오일, 유화액 등이 다양하게 사용된다. 윤활제는 분사 또는 침적을 통하여 도포할 수 있다. 오일의 경우를 제외하고는 성형작업에 들어가기 전에 도포된 윤활제를 건조 및 경화시키는 과정이 필요하다. 원칙적으로는 도포두께가 일정하도록 주의하여야 한다. 윤활제 도포층의 최적두께는 시행오차를 통하여 결정된다.

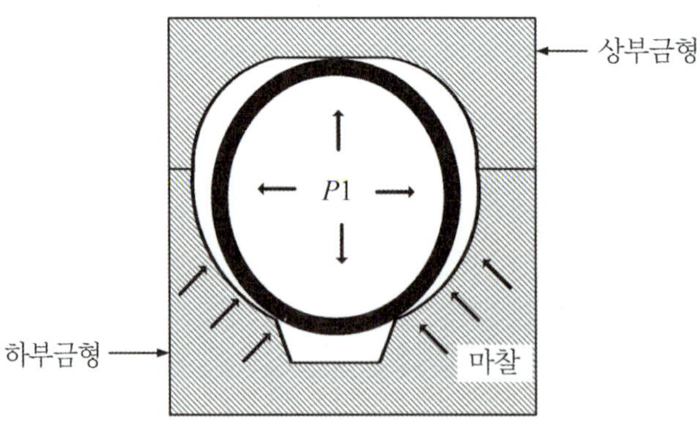


그림 12.12 하이드로 포밍 마찰계면

윤활은 튜브 단면형상이 최종형상으로 변형하는 조정(calibration)단계에서 중요한데 이는 튜브표면이 다이와 부분적으로 접촉이 시작되면 이로 인한 마찰 때문에 변형분포가 그림 12.12와 같이 불균일해지기 때문이다.

튜브단면이 보다 넓게 확관되려면 마찰이 가능한 한 적어야 하며, 재료가 변형영역(deformation zone)으로 들어갈 수 있도록 해야 한다. 하이드로 포밍공정 시 윤활상태는 경계윤활상태로 볼 수 있으나, 내부압력이 증가함에 따라 튜브와 다이 표면의 접촉이 증가하여 스티킹(sticking) 마찰상태에 놓여질 수도 있으므로 접촉 압력의 크기에 따라 그것에 맞는 마찰 조건을 적용하는 것이 일반적이다.

낮은 압력에서의 마찰력은 쿨롬 마찰 조건이 사용되지만 접촉응력이 튜브의 유동응력과 비슷해지면 쿨롬 법칙이 더 이상 적용되지 않고 식 (12.3)의 전단응력 모델(shear stress model)이 사용된다.

$$\text{경계마찰인자(interface friction factor)}, \ m = \frac{\tau}{k} \tag{12.3}$$

여기서 $\tau$ : 전단강도(interface shear strength), $k$ : 전단항복강도

## 12.6 하이드로 포밍의 성형결함

하이드로포밍 공정 시 다양한 형태의 결함이 발생가능하며 여기서는 대표적 하이드로 포밍 성형결함으로 분류되는 터짐(bursting), 주름(wrinkling) 및 좌굴(buckling)의 결함형태를 그림 12.13에 나타내었으며 발생원인 및 방지대책을 표 12.5에 나타내었다.

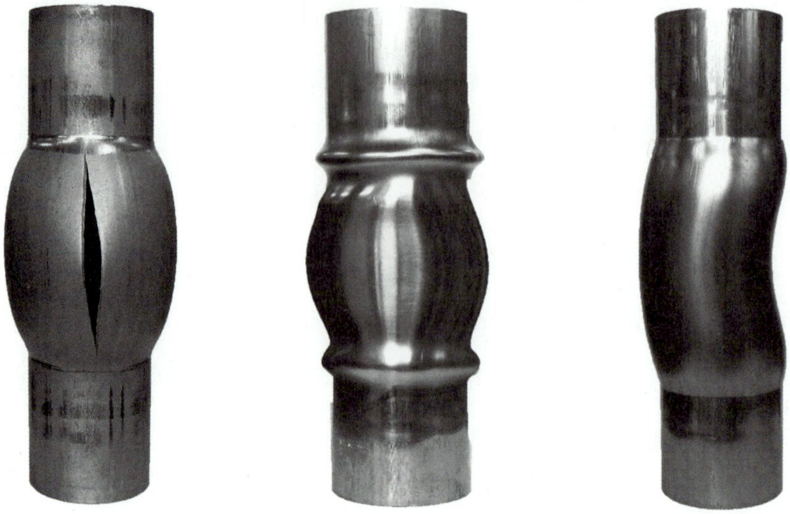

(a) 터짐 (b) 주름 (c) 좌굴

**그림 12.13** 하이드로 포밍 성형결함

**표 12.5** 하이드로 포밍의 성형결함 발생원인 및 방지대책

| 결함종류 | 결함 특성 |
|---|---|
| 터짐 | • $d_{1(\text{성형직경})}/d_{0(\text{초기직경})} \geq 1.4$의 높은 확관율로 성형 시 과도한 내압에 의해 주로 발생하며, 튜브 벽면의 국부 네킹(local necking)에 의해 발생<br>• 과도한 내압에 의해 국부 네킹이 발생하기 전 튜브 벽면이 다이와 접촉할 경우 발생 가능성이 적어짐<br>• 축 압입을 통해 방지 가능 |
| 주름 | • 과도한 축력에 의해 변형 양단부에서 축대칭 모양으로 주로 발생하며 축력이 아주 클 경우 튜브 중간부분에서도 발생<br>• 확관의 끝단계에서 내압을 증가시켜 방지 가능 |
| 좌굴 | • 공정시작단계에서 초기 튜브에 가해지는 과도한 축력에 의해 주로 발생<br>• 발생 위험성은 시작 초기 뿐 아니라 공정 전 과정에 걸쳐 상존<br>• 압축력을 받는 튜브 길이를 가능한 줄임 |

위에서 제시된 결함들은 공정제어의 건전성 여부에 따라 원론적으로 제어가 가능한데 그림 12.14에 내압과 축 압입량의 제어에 의해 주름과 터짐의 제어가 가능한 공정도를 나타내었다.

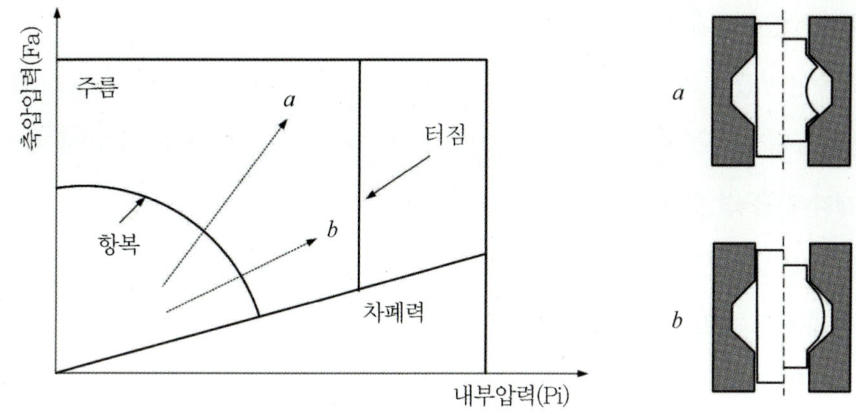


그림 12.14 튜브 하이드로 포밍공정도

## 12.7 하이드로 포밍공정 타당성

하이드로 포밍 제품을 개발할 때는 주어진 조건을 정밀하게 분석하여 타당성을 검토할 필요가 있다. 타당성 검토를 통해 긍정적인 결과가 도출되었다면 그 부품에 대한 시제품 개발을 시작하는 것이 가능하다고 할 수 있다. 타당성 검토과정을 거치면서 공정인자를 미리 고려하게 되므로 부품의 최적설계와 비용효용성 측면에서도 유리하다.

타당성을 검토할 때는 하이드로 포밍공정을 전제로 부품형상을 새로 결정하는 개발방법과 기존 부품의 생산에 하이드로 포밍기술을 이용하는 방법 간에 차이를 알고 적용하는 것이 중요하다. 또한 제품형상, 재료, 예비성형의 적용여부와 같은 인자들도 함께 고려한다.

재료데이터, 벽두께, 튜브소재의 예비성형 여부, 기타 경계 조건들을 감안하여 가공의 타당성을 검토하며 필요 시 컴퓨터 시뮬레이션기술을 활용한다. 성형장비 측면에서 내압, 체결력, 수평 실린더의 하중 및 운동부하 등도 고려한다. 원하는 부품을 얻기 위한 재료인자, 공정인자, 장비 특성을 엄밀하게 검토하고 이를 토대로 경제성을 평가하는 것이 타당성 평가의 핵심이다.

부품의 형상측면에서는 부품의 상세 모양과 금형 내 장착위치 등에 관해 평가한다. 제작을 고려중인 부품이 하이드로 포밍기술로 제조 가능한지의 여부를 부품의 기능적 특성, 형상, 대체 가능성, 부품분할, 공정 능력을 감안하여 최적화되어야 한다. 필요 시 재료의 대체도 생각해 볼 수 있다. 이러한 일련의 타당성 검토과정에서 부품 실수율, 신뢰성, 비용 효율성, 양산성 등은 항상 고려되어야 한다. 특히 양산생산 측면에서는 가공순서와 소요되는 생산 라인을 정확하게 선정하는 것이 중요하다.

성형 시뮬레이션의 한 예로 그림 12.15에 유한 요소법을 이용한 하이드로 포밍 시뮬레이션 결과를 나타내었다. 타당성 평가에 필요한 고려사항들이 유한요소 해석에 실용적으로 접목되게 하기 위해서 최대한 실제 상황에 비슷하게 공정 특성을 고려해 주어야 하는데, 예비성형된 튜브의 부분적인 변형경화, 공정변수들 간의 관계, 공정변수들 간의 간섭 여부, 공정결함 발생 가능성, 재료 특성, 마찰 및 윤활 조건 등이 이에 해당된다.

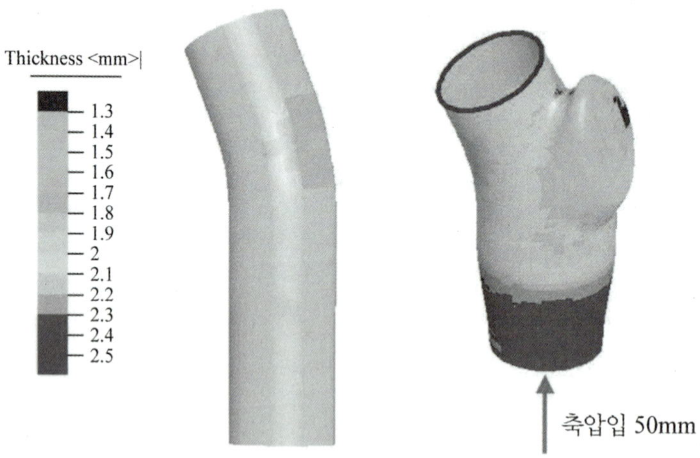


그림 12.15 하이드로 포밍 후 성형두께분포 FEM 해석결과

## 12.8 하이드로 포밍 부품설계

튜브를 하이드로 포밍하면서 여러 가지 병행공정이 추가되면 굽힘, 단면형상 변화, 플랜지 형성, 피어싱 구멍, 돌출 형상부여 등이 동일 금형 내에서 가능해진다. 그림 12.16에 보인 바와 같이 튜브를 예비 굽힘 가공하면 재료의 후속변형이 제한되므로 성형 가능한 확장가지(bulged branch)의 최대 높이가 줄어들 수 있다. 그러나 확장가지의 위치가 수평 실린더에 가깝다면 높이를 증가시킬 수도 있다.

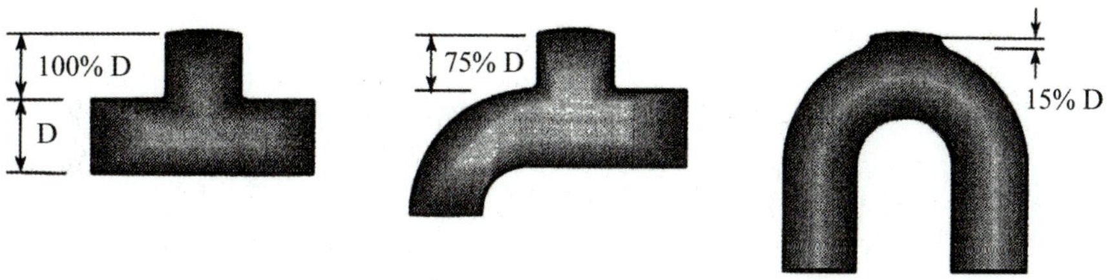


그림 12.16 튜브에 확장가지를 성형할 때 가능한 높이의 예

따라서 부품설계 시 $t/r$비가 높은 예리한 코너나 에지는 부품의 설계에서 원칙적으로 피해야 한다.

하이드로 포밍 부품을 설계할 때의 기본적인 지침을 요약하면 다음과 같다.

- 부품의 직선부 : 확장한계는 소재의 터짐과 좌굴로 결정된다. 확장단면의 길이가 길면 좌굴의 가능성도 높다.
- 튜브축의 곡률 : 확장부위가 굴곡진 성형의 경우라도 축방향 압입이 가능하지만 굽힘부의 곡률 반지름이 예비성형체 지름의 5배보다 큰 것이 바람직하다.
- 단면형상 : 단면이 축대칭형상이 아니고 깊고 좁은 면을 갖고 있다면, 재료가 축방향으로 유동하여 깊고 좁은 면을 채울 수 있어야 성형이 가능하다. 연결곡면의 단면변화가 급격하면 소재벽에서 국부적인 신장을 일으켜서 조기에 파단이 일어난다. 튜브

축을 포함하지 않는 바깥쪽에 위치한 비축대칭 단면은 튜브소재의 둘레의 절반 이상이 금형면으로 지지되어야 성형이 가능하다.

- 길이방향 형상 : 연결곡면에는 가급적 최대의 곡률반지름을 주는 것이 바람직하다. 소재가 유동하는 방향에서의 단면변화가 급격하면 좌굴의 일종인 원주방향 주름이 생겨서 축방향으로의 재료 유동을 막는 역할을 한다.
- 순수확장/압축 : 튜브 지름 $D$와 벽두께 $t$간의 최적비율은 $D/t = 20 \sim 45$ 정도이다. $D/t > 45$인 경우에는 터짐이나 좌굴의 위험이 있다. 이 경우에는 구속되지 않는 좌굴 길이를 감소시킴으로써 파단을 방지하여야 한다. $D/t > 20$인 경우에는 벽두께에 따라서 좌굴 길이를 길게 하여도 무방하다. 재료를 축방향으로 유동시킴으로써 벽두께의 감소분을 보상할 수 있지만, 이로 인해 벽두께가 두꺼워지기도 한다. 좌굴의 가능성은 매우 낮다.
- 확장/압축과 국부조정 : 최대 확장 가능양은 재료의 파단 연신율에 따른다. 축방향 재료유동이 불가능한 경우라면, 파단 변형률의 절반이 근사적인 성형 가능 한계이다.

## 12.9 하이드로 포밍기술의 응용분야

하이드로 포밍기술이 갖고 있는 많은 기술적 장점에도 불구하고 적용에 제한을 받고 있는 주된 이유는 하이드로 포밍공정이 안고 있는 단점 또한 무시할 수 없기 때문이다. 먼저 하이드로 포밍공정을 적용할 경우 생산성이 느려질 수 있다는 점과, 초기투자에 대한 부담, 공정제어 및 금형설계에 관한 축적된 D/B의 부족 등을 대표적으로 들 수 있다. 따라서 기존의 '스탬핑 + 용접'공정과 하이드로 포밍공정에 대한 엄밀한 기술적-경제적 타당성 비교가 선행되기 전에는 하이드로 포밍공정의 적용이 쉽지 않다는 것을 예상할 수 있다.

부품의 양산화를 위해 거쳐야 하는 많은 단계에서 알 수 있듯이 하이드로 포밍기술의 급속한 적용 가능성은 낮아 보이나, 하이드로 포밍공정이 갖는 여러 장점으로 인해 하이드로 포밍기술의 양산화를 위한 노력이 지속될 것으로 예상된다.

그림 12.17에 튜브 하이드로 포밍을 이용한 자동차 부품의 성형 예를 나타내었으며 표 12.6에는 하이드로 포밍기술의 응용 가능분야를 나타내었다.

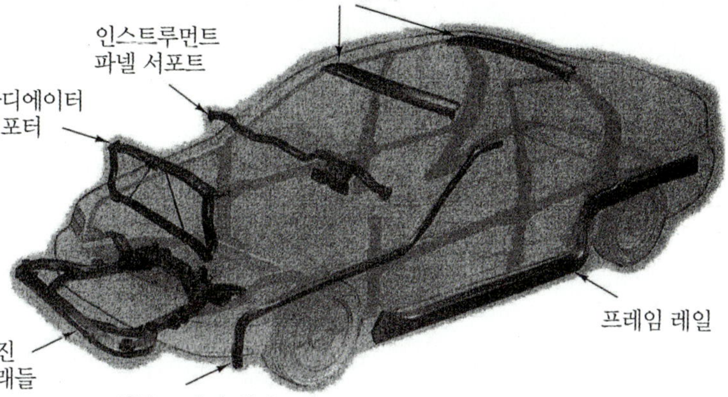


그림 12.17 튜브 하이드로 포밍을 이용한 자동차 부품의 성형 예

표 12.6 하이드로 포밍기술의 응용분야

| 응용신업분야 | 조립품 | 부품(예) |
|---|---|---|
| 수송기계 | 섀시, 배기계, 흡기계, 부착부품, 구동계, 좌석, 프레임, 바디, 조향계 | 크로스 멤버, 사이드 멤버, 다기관, 루프레일, 스포일러, 기어축, 시트 프레임, 필러, 조향축 |
| 석유화학 | 배관 및 탱크부품, 연결관 | T-조인트, 수축관, 하우징, 패널 |
| 기계산업 | 연결관, 기계부품류 | L튜브, T-연결관, 수축관, 교차관, 굽힘부품 |
| 레저 산업 | 파이프 연결부 | 페달 베어링, 조인트, 프레임 |
| 펌프 및 연결재 산업 | 하우징 | 흡입 파이프 |
| 냉난방 공조산업 | 연결재 | 굽힘 튜브, 수축관, T-연결관, 다기관 |
| 가구산업 | 프레임, 몰드부품 | 다리, 구조재, 조인트, 셀, 선반 |
| 조명기기산업 | 가로등 | 등받이, 등갓 |
| 광학 | 망원경, 토치 | 하우징 |

# INDEX

ㄴ

ㅂ



ㅅ

## ㅎ